线性回归方法的相对有效性和估值漂移

葛永慧　著

科学出版社

北　京

内 容 简 介

本书根据作者多年从事测量数据处理的教学与研究工作成果撰写而成。书中讨论和确定了常用稳健估计方法的相对有效性，以及总体最小二乘法与最小二乘法、稳健总体最小二乘法与稳健最小二乘法线性回归在不同误差模型影响下的相对有效性；提出了参数估计方法线性回归估值漂移的概念，讨论了最小二乘法和总体最小二乘法线性回归估值漂移的相关问题，建立了判定估值漂移的基本方法；讨论了一元线性回归自变量的优化、可线性化的一元非线性回归中直接观测值与间接观测值回归的差异和总体最小二乘法验后方差因子的实用性。

本书可供研究参数估计理论与方法的学者参考，也可作为高等院校测绘类相关专业研究生的参考用书，还可供参数估计领域的相关专业人员和工程技术人员参考。

图书在版编目（CIP）数据

线性回归方法的相对有效性和估值漂移／葛永慧著. —北京：科学出版社，2017.12

ISBN 978-7-03-056152-7

Ⅰ. ①线…　Ⅱ. ①葛…　Ⅲ. ①线性回归-应用-测量方法　Ⅳ. ①P204

中国版本图书馆 CIP 数据核字（2017）第 317905 号

责任编辑：裴　育　王　苏／责任校对：桂伟利
责任印制：张　伟／封面设计：蓝　正

科学出版社 出版
北京东黄城根北街 16 号
邮政编码：100717
http://www.sciencep.com

北京中石油彩色印刷有限责任公司 印刷

科学出版社发行　各地新华书店经销

*

2017 年 12 月第　一　版　开本：720 × 1000　B5
2021 年　1 月第二次印刷　印张：21 3/4
字数：426 000

定价：150.00元

（如有印装质量问题，我社负责调换）

前　言

回归分析是建模和分析数据的重要工具。线性回归是利用数理统计中的回归分析确定两种或两种以上变量间相互依赖的定量关系的一种统计分析方法，运用十分广泛。按照自变量和因变量之间的关系类型，回归分析可分为线性回归分析和非线性回归分析。如果回归分析中只包括一个自变量和一个因变量且二者的关系可用一条直线近似表示，则称为一元线性回归分析。如果回归分析中包括两个或两个以上的自变量且因变量和自变量之间是线性关系，则称为多元线性回归分析。在进行非线性回归分析时，有些非线性回归方程可以通过适当的数学变换将非线性模型转化为线性模型进行求解，这类回归分析称为可线性化的非线性回归分析。线性回归求解的常用方法是最小二乘法、稳健最小二乘法、总体最小二乘法和稳健总体最小二乘法等。

本书讨论和确定了常用稳健估计方法的相对有效性。在粗差不可避免的情况下，用稳健估计方法能够有效地消除或减弱粗差对参数估计的影响。稳健估计方法的稳健特性取决于稳健估计方法自身、具体的参数估计问题及其观测值的数量等。对于不同观测值数量、不同粗差个数、不同母体随机误差的一元至五元线性回归，采用仿真实验的方法讨论和确定了常用稳健估计方法的相对有效性，以及当观测值中不包含粗差时常用稳健估计方法的精度损失。

本书讨论和确定了总体最小二乘法与最小二乘法、稳健总体最小二乘法与稳健最小二乘法线性回归在三种误差模型影响下的相对有效性。定义了三种误差模型：①因变量含有随机误差，自变量也含有随机误差；②因变量含有随机误差但自变量不含随机误差；③因变量不含随机误差但自变量含随机误差。对于不同观测值数量、不同母体随机误差的一元至五元线性回归，采用仿真实验的方法讨论和确定了总体最小二乘法与最小二乘法、稳健总体最小二乘法与稳健最小二乘法在不同误差模型影响下的相对有效性。对于最常用的一元线性回归，还讨论和确定了它们在不同斜率下的相对有效性。

本书提出了参数估计方法线性回归估值漂移的概念，讨论了最小二乘法和总体最小二乘法线性回归估值漂移的相关问题，建立了判定估值漂移的基本方法。用参数估计方法得到的参数估值显著偏离其真值的现象称为参数的估值漂移。线性回归通常采用相关系数或复相关系数和复判定系数来检验回归方程的拟合程度，相关系数或复相关系数和复判定系数越趋近于 1，说明因变量和自变量的线性关系越密切，回归方程的有效性越好。然而，在实践中发现，最小二乘法或其他参数估计方法解算一元或多元线性回归系数时，即使相关系数或复相关系数和复判定系数都趋近于 1，也存在回归系数估值显著偏离其真值的现象。相对于仅用相关系数或复相关系数和复判定系数确定，增加回归系数估值漂移的确定，对线性回归参数特别是回归系数的有效性确定具有更高的可靠性。

本书讨论了一元线性回归自变量的优化、可线性化的一元非线性回归中直接观测值与间接观测值回归的差异和总体最小二乘法验后方差因子的实用性，介绍了各种线性回归方法的计算，提供了各种线性回归方法的具体算例。

本书根据作者多年从事测量数据处理的教学与研究工作成果撰写而成，基础理论是测量平差与稳健估计，而其应用不限于测绘类专业。本书既可作为高等院校测绘类相关专业研究生的参考用书，还可供参数估计领域的相关专业人员和广大工程技术人员参考。

在撰写本书过程中得到了许多同行和同事的热心帮助，他们提出了许多宝贵意见，高庚、董巧玲和刘清等硕士研究生对本书的插图和表格进行了整理与校对，在此深表感谢。同时，对本书参阅和引用的有关文献资料的作者表示真诚的感谢。

由于作者水平所限，书中难免存在不妥之处，敬请读者批评指正。

目　录

前言
第1章　概述……1
1.1　回归分析……1
1.2　回归分析的分类……2
1.3　两种参数估计方法的比较……2
1.3.1　两种参数估计方法比较的指标……2
1.3.2　仿真实验方法……4
第2章　一元线性回归……5
2.1　一元线性回归模型的建立……5
2.2　一元线性回归方程的通解……5
2.3　一元线性回归方程的拟合效果度量……6
2.3.1　相关系数……7
2.3.2　总变差平方和的分解……8
2.3.3　判定系数……8
2.4　一元线性回归方程的算例……9
2.5　一元线性回归自变量的优化……13
2.5.1　可靠性矩阵……14
2.5.2　自变量黄金分割及其可靠性矩阵……16
2.5.3　自变量等差级数和自变量双向黄金分割的比较……18
第3章　多元线性回归……21
3.1　多元线性回归模型的建立……21
3.2　多元线性回归方程的通解……21
3.3　多元线性回归方程的有效性度量……22
3.3.1　复相关系数……23
3.3.2　复判定系数……23
3.4　逐步线性回归……29
3.4.1　逐步线性回归数学模型……29
3.4.2　数据的标准化……30
3.4.3　选入变量与剔除变量的原则……31

3.4.4 逐步线性回归的计算 …… 31
3.4.5 逐步线性回归算例 …… 36
第 4 章 一元非线性回归 …… 42
4.1 一元非线性回归模型的建立 …… 42
4.2 一元非线性回归的不同模型 …… 44
4.2.1 间接观测值回归与直接观测值回归的定义 …… 44
4.2.2 间接观测值回归与直接观测值回归的计算 …… 44
4.2.3 间接观测值回归与直接观测值回归的算例 …… 55
4.2.4 间接观测值回归与直接观测值回归的比较 …… 60
第 5 章 稳健最小二乘法线性回归 …… 66
5.1 稳健估计原理 …… 66
5.1.1 极大似然估计准则 …… 66
5.1.2 正态分布密度下的极大似然估计准则 …… 66
5.1.3 稳健估计的极大似然估计准则 …… 67
5.2 稳健估计的选权迭代法 …… 68
5.2.1 等权独立观测的选权迭代法 …… 68
5.2.2 不等权独立观测的选权迭代法 …… 69
5.2.3 选权迭代算法 …… 70
5.3 常用稳健最小二乘法估计方法 …… 71
5.4 稳健最小二乘法线性回归算例 …… 72
第 6 章 再生权最小二乘法线性回归 …… 87
6.1 再生权最小二乘法原理和线性回归计算 …… 87
6.1.1 再生权最小二乘法原理 …… 87
6.1.2 再生权最小二乘法线性回归计算 …… 89
6.2 稳健线性回归相对有效的稳健估计方法 …… 97
6.2.1 一元线性回归模型 …… 97
6.2.2 二元线性回归模型 …… 102
6.2.3 三元线性回归模型 …… 105
6.2.4 四元线性回归模型 …… 107
6.2.5 五元线性回归模型 …… 110
6.2.6 稳健线性回归相对有效的稳健估计方法总结 …… 113
第 7 章 总体最小二乘法线性回归的相对有效性 …… 117
7.1 总体最小二乘原理 …… 117
7.2 总体最小二乘线性回归的基本模型 …… 118

7.3 总体最小二乘解算方法 …… 118
7.3.1 总体最小二乘奇异值分解法 …… 118
7.3.2 总体最小二乘最小奇异值解法 …… 120
7.3.3 总体最小二乘的 Euler-Lagrange 逼近法 …… 122
7.4 总体最小二乘法线性回归的算例 …… 124
7.5 总体最小二乘法与最小二乘法的几何解释 …… 134
7.6 总体最小二乘法与最小二乘法在线性回归中的相对有效性 …… 136
7.6.1 不同误差影响模型 …… 136
7.6.2 相对有效性的比较 …… 136
7.6.3 一元线性回归中的相对有效性 …… 137
7.6.4 二元线性回归中的相对有效性 …… 141
7.6.5 三元线性回归中的相对有效性 …… 144
7.6.6 四元线性回归中的相对有效性 …… 147
7.6.7 五元线性回归中的相对有效性 …… 150
7.6.8 总体最小二乘法与最小二乘法的相对有效性 …… 154
第 8 章 稳健总体最小二乘法线性回归的相对有效性 …… 155
8.1 稳健总体最小二乘法线性回归 …… 155
8.1.1 多元线性回归模型 …… 155
8.1.2 总体最小二乘法 …… 156
8.1.3 稳健总体最小二乘法解算 …… 157
8.1.4 稳健总体最小二乘法算例 …… 158
8.2 不同误差影响模型和仿真实验 …… 163
8.2.1 不同误差影响模型 …… 163
8.2.2 不同误差影响模型下稳健总体最小二乘法算例 …… 164
8.3 稳健总体最小二乘法一元线性回归的相对有效性 …… 180
8.3.1 一元线性回归算例 …… 180
8.3.2 一元线性回归仿真实验 …… 183
8.4 稳健总体最小二乘法多元线性回归的相对有效性 …… 190
8.4.1 稳健总体最小二乘法二元线性回归的相对有效性 …… 190
8.4.2 稳健总体最小二乘法三元线性回归的相对有效性 …… 195
8.4.3 稳健总体最小二乘法四元线性回归的相对有效性 …… 200
8.4.4 稳健总体最小二乘法五元线性回归的相对有效性 …… 206
8.5 稳健总体最小二乘法线性回归的相对有效性总结 …… 213

第 9 章　最小二乘法线性回归的估值漂移 …… 214
9.1　参数的估值漂移和检验方法 …… 214
9.2　最小二乘法线性回归的估值漂移现象 …… 216
9.2.1　线性回归的计算 …… 216
9.2.2　估值漂移算例 …… 218
9.3　一元线性回归的估值漂移 …… 222
9.3.1　一元线性回归估值漂移算例 …… 222
9.3.2　一元线性回归仿真实验 …… 226
9.3.3　一元线性回归估值漂移的讨论 …… 233
9.4　二元线性回归的估值漂移 …… 234
9.4.1　二元线性回归仿真实验 …… 234
9.4.2　二元线性回归估值漂移的讨论 …… 241
9.5　三元线性回归的估值漂移 …… 242
9.5.1　三元线性回归仿真实验 …… 242
9.5.2　三元线性回归估值漂移的讨论 …… 249
9.6　四元线性回归的估值漂移 …… 250
9.6.1　四元线性回归仿真实验 …… 250
9.6.2　四元线性回归估值漂移的讨论 …… 257
9.7　五元线性回归的估值漂移 …… 258
9.7.1　五元线性回归算例 …… 258
9.7.2　五元线性回归仿真实验 …… 263
9.7.3　五元线性回归估值漂移的讨论 …… 270
9.8　最小二乘法线性回归中回归系数估值漂移的判定 …… 271
第 10 章　总体最小二乘法线性回归的估值漂移 …… 273
10.1　一元线性回归的估值漂移 …… 273
10.1.1　一元线性回归估值漂移算例 …… 273
10.1.2　一元线性回归仿真实验 …… 276
10.1.3　一元线性回归估值漂移的讨论 …… 285
10.2　二元线性回归的估值漂移 …… 286
10.2.1　二元线性回归仿真实验 …… 286
10.2.2　二元线性回归估值漂移的讨论 …… 294
10.3　三元线性回归的估值漂移 …… 295
10.3.1　三元线性回归估值漂移算例 …… 295
10.3.2　三元线性回归仿真实验 …… 299

10.3.3　三元线性回归估值漂移的讨论 …… 307
10.4　四元线性回归的估值漂移 …… 308
10.4.1　四元线性回归仿真实验 …… 308
10.4.2　四元线性回归估值漂移的讨论 …… 316
10.5　五元线性回归的估值漂移 …… 317
10.5.1　五元线性回归估值漂移算例 …… 317
10.5.2　五元线性回归仿真实验 …… 324
10.5.3　五元线性回归估值漂移的讨论 …… 332
10.6　总体最小二乘法线性回归估值漂移总结 …… 333
参考文献 …… 335

第1章　概　　述

1.1　回 归 分 析

“回归”这一概念是19世纪80年代由英国生物学家弗朗西斯·高尔顿(Francis Golton)在研究父代身高与子代身高时首先提出的。他发现子代身高有向族群平均身高“回归”的趋势。之后，高尔顿的学生卡尔·皮尔逊(Karl Pearson)把回归的概念同数学的方法联系起来，把代表现象之间一般数量关系的统计模型称为回归直线或回归曲线，从此诞生了统计学上著名的回归理论[1]。现代统计学的“回归”概念已不是原来生物学的特殊规律性，而是指变量之间的依存关系。

如今，回归分析已经成为社会科学定量研究方法中最基本、应用最广泛的一种数据分析技术。它既可以用于探索和检验自变量与因变量之间的因果关系，也可以基于自变量的取值变化来预测因变量的取值，还可以用于描述自变量和因变量之间的关系[2]。概括地说，回归分析是研究自然界变量之间存在的非确定性的相互依赖和制约关系，并把这种关系用数学表达式表达出来的一种方法。其目的是利用这些数学表达式以及对这些表达式的精确估计，对未知变量做出预测或检验其变化，为决策服务[3]。

较早的、比较成熟的回归模型是经典回归模型，它包括线性回归模型和非线性回归模型。其中，线性回归模型是最基本、最简单的回归形式。19世纪初，高斯首先提出了在线性关系下的回归方程的最小二乘法，这可以说是回归分析的起点，在实际应用中发挥了很重要的作用。然而，在实际应用中，严格符合线性回归模型规律的问题并不多见，虽然大多数问题可近似为线性回归模型，但在不少情况下，用非线性回归模型可能更加符合实际。从回归分析的发展来看，非线性回归模型是线性模型的自然推广，目前已发展成为近代回归分析的一个重要研究分支[4]。

从方法论的角度看，回归分析主要研究回归模型的参数估计、假设检验、模型选择等理论和有关计算方法。其一般步骤是，首先根据理论和对问题的分析判断，将变量分为自变量和因变量；其次设法找出合适的数学方程(即回归模型)描述变量间的关系；由于涉及的变量具有不确定性，接着还要对回归模型进行统计检验；统计检验通过后，最后是利用回归模型，根据自变量估计、预测因变量。

1.2　回归分析的分类

回归分析是一种最基础、最重要的统计分析方法，在建立实验模型和理论模型的检验系统中，回归分析起着不可或缺的作用。在统计学中，回归分析包括进行建模和分析几个变量的任何技术，其焦点在于一个因变量和一个或多个自变量之间的关系。更具体地说，回归分析有助于人们了解当任一自变量变化而其余自变量保持不变时，因变量典型值的变化情况[5]。

回归分析有不同的种类，按照自变量和因变量之间的关系类型，即回归模型的形式，回归分析可以分为线性回归分析和非线性回归分析；按照回归模型涉及的自变量数目，回归分析可以分为一元回归分析和多元回归分析。如果在回归分析中只包括一个自变量和一个因变量，且二者的关系可用一条直线近似表示，则称为一元线性回归分析；如果回归分析中包含两个或两个以上的自变量，且因变量和自变量之间是线性关系，则称为多元线性回归分析。这样，按自变量数目和回归模型的形式，回归分析的分类如表 1.1 所示[4]。

表 1.1　回归分析的分类

回归模型形式	变量的数目	回归类型
线性回归	一个因变量，一个自变量 一个因变量，多个自变量	一元线性回归 多元线性回归
非线性回归	一个因变量，一个自变量 一个因变量，多个自变量	一元非线性回归 多元非线性回归

实际分析时，应根据客观现象的性质、特点、研究目的和任务选取回归分析的方法。

1.3　两种参数估计方法的比较[6-9]

1.3.1　两种参数估计方法比较的指标

1. 绝对指标——残余真误差均方误差

定义 1-1　观测值的真误差与观测值的改正数之和，即观测值的估值与观测值的真值之差称为观测值估值的残余真误差，简称残余真误差(RTE)：

$$f_k = \Delta_k + V_k = \hat{L}_k - \tilde{L}_k , \qquad k = 1,2,\cdots,n \tag{1-1}$$

式中，Δ_k 为观测值 L_k 的真误差；V_k 为通过参数估计方法得到的观测值 L_k 的改正数；$\tilde{L}_k$ 为观测值 L_k 的真值；$\hat{L}_k$ 为通过参数估计方法得到的观测值 L_k 的估值。$L_k = \tilde{L}_k + \Delta_k$，$\hat{L}_k = L_k + V_k$。$f_k$ 为观测值估值 $\hat{L}_k$ 相对于观测值真值 $\tilde{L}_k$ 的真误差，称为残余真误差。

定义 1-2　残余真误差均方误差(MSRTE)：

$$\hat{\sigma}_f = \sqrt{\frac{1}{n}\sum_{k=1}^{n} f_k^2} \tag{1-2}$$

式中，$\hat{\sigma}_f$ 称为残余真误差均方误差，它是观测值估值的标准差，能从实质上说明参数估计方法的有效性。为了从统计上说明参数估计方法的有效性，$\hat{\sigma}_f$ 通常取同一个参数估计方法对同一个参数估计问题的多次(如 1000 次)仿真实验的平均值，仍然称为残余真误差均方误差。

2. 相对指标——相对增益

定义 1-3　设有两种参数估计方法 A 和 B，它们对于同一个参数估计问题得到的残余真误差均方误差分别为 $\hat{\sigma}_{fa}$ 和 $\hat{\sigma}_{fb}$。B 方法相对于 A 方法的残余真误差均方误差比(简称均方误差比)为

$$\mathrm{RR} = \frac{\hat{\sigma}_{fb}}{\hat{\sigma}_{fa}} \tag{1-3}$$

当 RR>1 时，A 方法优于 B 方法；当 RR<1 时，B 方法优于 A 方法；当 RR=1(或接近于 1)时，A 和 B 两种方法等价。

定义 1-4　设有两种参数估计方法 A 和 B，它们对于同一个参数估计问题得到的残余真误差均方误差分别为 $\hat{\sigma}_{fa}$ 和 $\hat{\sigma}_{fb}$，B 方法相对于 A 方法的相对增益为

$$\mathrm{RG} = \frac{\hat{\sigma}_{fa} - \hat{\sigma}_{fb}}{\hat{\sigma}_{fa}} \times 100\% \tag{1-4}$$

当 RG>0 时，B 方法优于 A 方法；当 RG<0 时，A 方法优于 B 方法；当 RG=0(或接近于 0)时，A 和 B 两种方法等价。

RR 和 RG 能说明两种参数估计方法哪种更有效。为了从统计上说明两种参数估计方法哪种更有效，$\hat{\sigma}_{fa}$ 和 $\hat{\sigma}_{fb}$ 通常取 A 和 B 两种参数估计方法对同一个参数估计问题的多次(如 1000 次)仿真实验的平均值，仍然分别将 RR 和 RG 称为 B 方法相对于 A 方法的残余真误差均方误差比和相对增益。

1.3.2　仿真实验方法

设 $i=1,2,\cdots,S$ ， S 表示仿真实验的次(组)数； $j=1,2,\cdots,n$ ， n 表示观测值的数量。

用 $\tilde{L}_j$ 表示观测值的真值；用 δ_{ij} 表示服从正态分布 $N(0,\sigma_0^2)$ 的随机误差[10]，由随机误差模拟函数生成。

(1) 观测值中不包含粗差时：

$$\Delta_{ij}=\delta_{ij}\,,\qquad i=1,2,\cdots,S\;;\quad j=1,2,\cdots,n \tag{1-5}$$

(2) 观测值中包含粗差时：

$$\Delta_{ij}=\begin{cases}\varepsilon, & \theta_{ij}=1\\ \delta_{ij}, & \theta_{ij}=0\end{cases},\qquad i=1,2,\cdots,S\;;\quad j=1,2,\cdots,n \tag{1-6}$$

式中，θ_{ij} 表示随机误差 δ_{ij} 是否被粗差 ε 代替，每一组 θ_{ij} ($j=1,2,\cdots,n$)由 g 个 1 和 $(n-g)$ 个 0 构成，由随机函数生成。对于每一组随机误差 δ_{ij} ($j=1,2,\cdots,n$)，当 $\theta_{ij}=1$ 时，随机误差 δ_{ij} 用粗差 ε 代替，生成 S 组同时包含 g 个粗差的随机误差 Δ_{ij} 。

用观测值的真值 $\tilde{L}_j$ 加上对应的 S 组随机误差得到 S 组模拟观测值 L_{ij} ：

$$L_{ij}=\tilde{L}_j+\Delta_{ij}\,,\qquad i=1,2,\cdots,S\;;\quad j=1,2,\cdots,n \tag{1-7}$$

对于 S 组模拟观测值中的每一组，用参数估计方法计算观测值的估值 $\hat{L}_{ij}$ 和改正数 V_{ij} ，进而计算残余真误差均方误差。用 S 组残余真误差均方误差的平均值作为该参数估计方法在观测值中的残余真误差均方误差。用同样的方法计算不同参数估计方法的残余真误差均方误差。用不同参数估计方法得到的残余真误差均方误差可以计算它们相互之间的相对增益。

在仿真实验中， σ_0=1.0 或 σ_0=3.0 ，随机误差 $\left|\delta_{ij}\right|\leqslant 2.5\sigma_0$ ，仿真实验的次数 $S=1000$ ，粗差 ε 的取值为 $0.0\sigma_0$ 、 $5.0\sigma_0$ 和 $10.0\sigma_0$ 。当需要迭代计算时，终止条件是相邻两次观测值改正数差值的绝对值均小于 0.1。

第 2 章　一元线性回归

2.1　一元线性回归模型的建立

假设某一自变量 x 与某一因变量 y 之间呈线性相关关系，通过 n 组观测值得到一组数据为 (y_i, x_i)，其中 $i=1,2,\cdots,n$。假定一元线性回归模型结构为[11]

$$y_i = b_0 + b_1 x_i + \varepsilon_i$$

式中，b_0、b_1 为待定参数；$i=1,2,\cdots,n$ 表示观测值的个数；ε_i 为随机误差项。参数 b_0、b_1 一般是未知的，需根据 y_i 与 x_i 的观测值采用最小二乘法(least square method, LS 法)估计得到。设 β_0 和 β_1 分别为参数 b_0 和 b_1 的 LS 估值，可得一元线性回归模型为

$$\hat{y}_i = \beta_0 + \beta_1 x_i$$

式中，β_0 为常数；β_1 为回归系数；$i=1,2,\cdots,n$ 表示观测值的个数。

对回归模型进行回归分析时，通常有三个基本假定，结合一元线性回归模型进行具体说明[4]：

(1) 误差项 ε_i 是一个期望值为 0 的随机变量，即 $E(\varepsilon_i)=0$。这意味着回归模型中，b_0 和 b_1 都是常数，所以有 $E(b_0)=b_0, E(b_1)=b_1$。因此，对于一个给定的 x 值，y 的期望为 $E(y)=b_0+b_1x$。

(2) 对于所有的 x 值(即 x_i，$i=1,2,\cdots,n$)，误差项 ε_i 的方差 σ^2 都相同。

(3) 误差项 ε_i 是一个服从正态分布的随机变量，且相互独立，即 $\varepsilon_i \sim N(0,\sigma^2)$。独立性意味着对于一个特定的 x 值，它所对应的 y 值与其他 x 所对应的 y 值也不相关。

2.2　一元线性回归方程的通解

在线性回归中，通过将参数的线性组合作为因变量来确立模型。一元线性回归有一个自变量和两个回归系数(参数)。

设一元线性回归方程的一般形式[5]为

$$\hat{y} = \hat{a}z + \hat{b}x \tag{2-1}$$

数学模型是

$$y_i + v_i = z_i\hat{a} + x_i\hat{b}, \quad i = 1, 2, \cdots, n \tag{2-2}$$

$$v_i = z_i\hat{a} + x_i\hat{b} - y_i, \quad i = 1, 2, \cdots, n \tag{2-3}$$

$$\begin{bmatrix} v_1 \\ v_2 \\ \vdots \\ v_n \end{bmatrix} = \begin{bmatrix} z_1 & x_1 \\ z_2 & x_2 \\ \vdots & \vdots \\ z_n & x_n \end{bmatrix} \begin{bmatrix} \hat{a} \\ \hat{b} \end{bmatrix} - \begin{bmatrix} y_1 \\ y_2 \\ \vdots \\ y_n \end{bmatrix} \tag{2-4}$$

式中，$\hat{a}$ 和 $\hat{b}$ 是回归系数；y_i 是观测值(因变量)；x_i 相当于自变量；z_i 是 $\hat{a}$ 的系数(通常为 1)；$v_i = \hat{y}_i - y_i$ 是观测值 y_i 的残差，$\hat{y}_i$ 是观测值 y_i 的估计值；n 表示观测值的数量。

由 LS 法得一元线性回归的法方程为

$$\begin{bmatrix} \sum(z_i z_i) & \sum(z_i x_i) \\ \sum(x_i z_i) & \sum(x_i x_i) \end{bmatrix} \begin{bmatrix} \hat{a} \\ \hat{b} \end{bmatrix} - \begin{bmatrix} \sum(z_i y_i) \\ \sum(x_i y_i) \end{bmatrix} = 0 \tag{2-5}$$

回归系数 $\hat{a}$ 和 $\hat{b}$ 的解为

$$\begin{bmatrix} \hat{a} \\ \hat{b} \end{bmatrix} = \begin{bmatrix} \sum(z_i z_i) & \sum(z_i x_i) \\ \sum(x_i z_i) & \sum(x_i x_i) \end{bmatrix}^{-1} \begin{bmatrix} \sum(z_i y_i) \\ \sum(x_i y_i) \end{bmatrix} \tag{2-6}$$

$$\begin{cases} \hat{a} = \dfrac{\sum x_i^2 \sum(y_i z_i) - \sum(x_i z_i)\sum(x_i y_i)}{\sum z_i^2 \sum x_i^2 - \sum(x_i z_i)\sum(x_i z_i)} \\ \hat{b} = \dfrac{\sum z_i^2 \sum(x_i y_i) - \sum(x_i z_i)\sum(y_i z_i)}{\sum z_i^2 \sum x_i^2 - \sum(x_i z_i)\sum(x_i z_i)} \end{cases} \tag{2-7}$$

在式(2-7)中，用 $\ln\hat{a}$ 替代 $\hat{a}$，得

$$\begin{cases} \hat{a} = \exp\left\{ \dfrac{\sum x_i^2 \sum(y_i z_i) - \sum(x_i z_i)\sum(x_i y_i)}{\sum z_i^2 \sum x_i^2 - \sum(x_i z_i)\sum(x_i z_i)} \right\} \\ \hat{b} = \dfrac{\sum z_i^2 \sum(x_i y_i) - \sum(x_i z_i)\sum(y_i z_i)}{\sum z_i^2 \sum x_i^2 - \sum(x_i z_i)\sum(x_i z_i)} \end{cases} \tag{2-8}$$

式(2-7)和式(2-8)是一元线性回归方程(2-1)的回归系数解的一般形式。根据一元线性回归方程的一般形式，可直接写出不同回归模型的一元线性回归方程和可转换成一元线性回归的非线性回归方程的解。

2.3 一元线性回归方程的拟合效果度量

回归方程在一定程度上描述了变量 Y 与 X 之间的内在规律。根据回归方程，

可由自变量 X 的取值来估计因变量 Y 的取值。但其估计的精度如何将取决于回归方程的拟合程度。分析一元线性回归方程的拟合程度时，最常用的指标是相关系数和判定系数。

2.3.1　相关系数

相关系数是测定变量之间关系密切程度的一个统计量，它能够通过定量的方式准确地描述变量之间的相关程度。相关系数有多种，对于不同类型的变量数据，应计算不同的相关系数。

皮尔逊简单相关系数(以下简称相关系数)是常用的相关系数之一，它主要是用来度量两个变量 x 与 y 之间的线性相关程度，如人均可支配收入与消费支出的相关程度、身高与体重之间的相关程度等。一般用 r 来表示。

设 $(x_i, y_i)\ (i=1,2,\cdots,n)$ 是 (x, y) 的 n 组观测值，相关系数的定义公式是

$$r=\frac{\sum_{i=1}^{n}(x_i-\overline{x})(y_i-\overline{y})/n}{\sqrt{\sum_{i=1}^{n}(x_i-\overline{x})^2/n}\sqrt{\sum_{i=1}^{n}(y_i-\overline{y})^2/n}}$$

上式可简化为

$$r=\frac{\sum_{i=1}^{n}(x_i-\overline{x})(y_i-\overline{y})}{\sqrt{\sum_{i=1}^{n}(x_i-\overline{x})^2(y_i-\overline{y})^2}}=\frac{n\sum_{i=1}^{n}x_iy_i-\sum_{i=1}^{n}x_i\sum_{i=1}^{n}y_i}{\sqrt{n\sum_{i=1}^{n}x_i^2-(\sum_{i=1}^{n}x_i)^2}\sqrt{n\sum_{i=1}^{n}y_i^2-(\sum_{i=1}^{n}y_i)^2}}$$

式中，n 表示观测值数量；x 为自变量；y 为因变量。

相关系数的性质与具体含义理解如下[4]。

(1) r 的取值范围是 $[-1,+1]$，即 $-1\leqslant r\leqslant 1$。当 $|r|=1$ 时，表现为完全相关；当 $r=0$ 时，表现为无线性相关或完全不相关，但两个变量之间有可能存在非线性相关；当 $0<|r|<1$ 时，表现为不完全相关。

(2) $r>0$ 表明两个变量之间存在正线性相关关系；$r<0$ 表明两个变量之间存在负线性相关关系。

(3) r 具有对称性。x 与 y 之间的相关系数和 y 与 x 之间的相关系数相等。

(4) r 的数值与 x 和 y 的计量单位无关，改变 x 和 y 的计量单位，并不影响 r 的数值。

(5) r 是两个变量之间线性关系的度量指标，但无法反映两个变量之间的因果关系，即使 $|r|$ 接近于 1.0，也不一定意味着 x 与 y 之间一定存在着因果关系。

值得注意的是，相关系数是反映两个变量的线性相关程度，但它并不能够度

量变量之间的非线性相关程度。

2.3.2　总变差平方和的分解

因变量 y 的取值是不同的，y 取值的这种差异称为变差。导致 y 的变差的主要因素有两个方面：一是由自变量 x 的取值不同造成的；二是除 x 外的其他因素的影响。对每一个具体的观测值来说，变差的大小可以通过该实际观测值与其均值之差 $(y_i-\overline{y})$ 来表示。而 n 次观测值的总变差可以由这些离差的平方和来表示，称为总变差平方和，即 $\mathrm{SST}=\sum_{i=1}^{n}(y_i-\overline{y})^2$ 。

以一元线性回归方程为例，估计的回归方程为直线方程 $\hat{y}=b_0+b_1x$ 。每个观测点的离差都可以分解为两个部分，即 $y_i-\overline{y}=(y_i-\hat{y}_i)+(\hat{y}_i-\overline{y})$ 。

将上式两边平方，并对所有 n 个点求和得到：$\sum_{i=1}^{n}(y_i-\overline{y})^2=\sum_{i=1}^{n}(y_i-\hat{y}_i)^2+\sum_{i=1}^{n}(\hat{y}_i-\overline{y})^2$ 。

上式可解释为总变差平方和可以分解成如下两个部分[4]：

(1) $\sum_{i=1}^{n}(\hat{y}_i-\overline{y})^2$ 是回归值 $\hat{y}_i$ 与均值 $\overline{y}$ 的离差平方和，它可以看做总变差中因 x 与 y 的线性关系而引起的 y 变化的部分，可以由回归直线来解释，因而称为可解释的变差平方和或回归平方和，记为 SSR 。

(2) $\sum_{i=1}^{n}(y_i-\hat{y}_i)^2$ 是 y 的各实际观测点与其回归方程估计值的残差的平方和，它是除了 x 对 y 的线性影响之外的其他因素对 y 的变差的作用，是不能用回归直线来解释的，因而称为不可解释的变差平方和或剩余平方和，记为 SSE 。

三个平方和的关系是

$$\mathrm{SST}=\mathrm{SSR}+\mathrm{SSE}$$

2.3.3　判定系数

回归直线拟合的好坏取决于 SSR 及 SSE 的大小，各观测值越靠近直线，SSR 就越大，即 SSR 占 SST 的比例就越大。因此，可以通过这一比例来反映直线对观测值的拟合程度，这一比例称为判定系数，记为 R^2 ，即

$$R^2=\frac{\mathrm{SSR}}{\mathrm{SST}}=\frac{\sum_{i=1}^{n}(\hat{y}_i-\overline{y})^2}{\sum_{i=1}^{n}(y_i-\overline{y})^2}=1-\frac{\sum_{i=1}^{n}(y_i-\hat{y}_i)^2}{\sum_{i=1}^{n}(y_i-\overline{y})^2}$$

判定系数 R^2 的取值范围为 $[0,1]$，当 $R^2=1$ 时，拟合是完全的，即所有观测值都在直线上。若 x 与 y 无关，x 完全无助于解释 y 的变差，此时 $\hat{y}=\overline{y}$，则 $R^2=0$。可见 R^2 越接近于 1，表明回归平方和占总变差平方和的比例越大，回归直线与各观测点越接近，用 x 的变化来解释 y 的变差部分越多，回归直线的拟合程度就越好。反之，R^2 越接近于 0，回归直线的拟合程度就越差。然而，在社会科学中，R^2 通常都偏低，尤其是在横截面数据分析当中，情况更是如此。因此，需要注意的是，低的 R^2 并不意味着回归直线的拟合是无效的。

此外，需要说明的是，判定系数在数值上恰好等于相关系数的平方(这也说明符号 R^2 的合理性)，但两者在概念上有明显的区别。相关系数建立在相关分析的理论基础之上，研究两个随机变量之间的线性相关关系；判定系数建立在回归分析的理论基础之上，研究非随机变量 X 对随机变量 Y 的解释程度。在回归分析中，人们更倾向于使用判定系数来度量拟合优度，因为它比相关系数有更直观的含义。

2.4　一元线性回归方程的算例

算例 2-1　表 2.1 为 1990～2001 年我国城镇居民收入与消费支出情况的数据资料[12]，试估计消费支出 y (元)与城镇居民人均可支配收入 x (元)满足的一元线性回归模型。

表 2.1　一元线性回归算例(1)

序号	年份	消费支出 y/元	人均可支配收入 x/元	改正数/元	改正结果/元
1	1990	1278.89	1510.2	33.612	1312.502
2	1991	1453.81	1700.6	5.054	1458.864
3	1992	1671.73	2026.6	37.733	1709.463
4	1993	2110.81	2577.4	22.058	2132.868
5	1994	2851.34	3496.2	−12.183	2839.157
6	1995	3537.57	4283.0	−93.593	3443.977
7	1996	3919.50	4838.9	−48.197	3871.303
8	1997	4185.60	5160.3	−67.234	4118.366
9	1998	4331.60	5425.1	−9.68	4321.92
10	1999	4615.90	5854.0	35.719	4651.619
11	2000	4998.00	6280.0	−18.911	4979.089
12	2001	5309.01	6859.6	115.622	5424.632

(1) 设一元线性回归方程为 $\hat{y}=\hat{a}z+\hat{b}x$。

(2) 列出误差方程：

$$\begin{bmatrix} v_1 \\ v_2 \\ v_3 \\ v_4 \\ v_5 \\ v_6 \\ v_7 \\ v_8 \\ v_9 \\ v_{10} \\ v_{11} \\ v_{12} \end{bmatrix} = \begin{bmatrix} 1 & 1510.2 \\ 1 & 1700.6 \\ 1 & 2026.6 \\ 1 & 2577.4 \\ 1 & 3496.2 \\ 1 & 4283.0 \\ 1 & 4838.9 \\ 1 & 5160.3 \\ 1 & 5425.1 \\ 1 & 5854.0 \\ 1 & 6280.0 \\ 1 & 6859.6 \end{bmatrix} \begin{bmatrix} \hat{a} \\ \hat{b} \end{bmatrix} - \begin{bmatrix} 1278.89 \\ 1453.81 \\ 1671.73 \\ 2110.81 \\ 2851.34 \\ 3537.57 \\ 3919.50 \\ 4185.60 \\ 4331.60 \\ 4615.90 \\ 4998.00 \\ 5309.01 \end{bmatrix}$$

(3) 由 LS 法得到线性回归的法方程：

$$\begin{bmatrix} 12 & 50011.9 \\ 50011.9 & 246727533.63 \end{bmatrix} \begin{bmatrix} \hat{a} \\ \hat{b} \end{bmatrix} - \begin{bmatrix} 40263.76 \\ 197243312.88 \end{bmatrix} = 0$$

(4) 回归系数 $\hat{a}$ 和 $\hat{b}$ 的解：

$$\begin{bmatrix} \hat{a} \\ \hat{b} \end{bmatrix} = \begin{bmatrix} 12 & 50011.9 \\ 50011.9 & 246727533.63 \end{bmatrix}^{-1} \begin{bmatrix} 40263.76 \\ 197243312.88 \end{bmatrix} = \begin{bmatrix} 151.598 \\ 0.769 \end{bmatrix}$$

所以，城镇居民消费支出 y (元)与人均可支配收入 x (元)所满足的一元线性回归方程为

$$y = 151.598 + 0.769x$$

(5) 相关系数 r 及判定系数 R^2 的计算过程见表 2.2。

表 2.2 相关系数和判定系数的计算

序号	y_i	x_i	$x_i y_i$	y_i^2	x_i^2
1	1278.89	1510.2	1931379.678	1635559.632	2280704.04
2	1453.81	1700.6	2472349.286	2113563.516	2892040.36
3	1671.73	2026.6	3387928.018	2794681.193	4107107.56
4	2110.81	2577.4	5440401.694	4455518.856	6642990.76
5	2851.34	3496.2	9968854.908	8130139.796	12223414.44
6	3537.57	4283.0	15151412.310	12514401.505	18344089.00

续表

序号	y_i	x_i	x_iy_i	y_i^2	x_i^2
7	3919.50	4838.9	18966068.550	15362480.250	23414953.21
8	4185.60	5160.3	21598951.680	17519247.360	26628696.09
9	4331.60	5425.1	23499363.160	18762758.560	29431710.01
10	4615.90	5854.0	27021478.600	21306532.810	34269316.00
11	4998.00	6280.0	31387440.000	24980004.000	39438400.00
12	5309.01	6859.6	36417684.996	28185587.180	47054112.16
总计	40263.76	50011.9	197243312.880	157760474.658	246727533.63

$$
\begin{aligned}
r &= \frac{n\sum_{i=1}^{n}x_iy_i-\sum_{i=1}^{n}x_i\sum_{i=1}^{n}y_i}{\sqrt{n\sum_{i=1}^{n}x_i^2-(\sum_{i=1}^{n}x_i)^2}\sqrt{n\sum_{i=1}^{n}y_i^2-(\sum_{i=1}^{n}y_i)^2}}\\
&= \frac{12\times197243312.880-50011.9\times40263.76}{\sqrt{12\times246727533.63-50011.9^2}\times\sqrt{12\times155760474.658-40263.76^2}}\\
&= 0.999251521
\end{aligned}
$$

$$R^2=r^2=0.999251521^2=0.998503602$$

相关系数$r=0.9993$，表明城镇居民人均可支配收入与消费支出的关系很密切。判定系数$R^2=0.9985$，表明回归方程的解释能力为 99.85%，在消费支出的变化中，可以通过城镇居民人均可支配收入的差异解释的部分占 99.85%，模型的拟合效果很理想。

算例 2-2　“阿曼德比萨”是一个制作和销售意大利比萨的餐饮连锁店，其主要客户群是在校大学生。表 2.3 为 10 个分店的季度销售额与店铺附近地区大学生人数的资料数据[13]，试估计季度销售额y(万元)与区内大学生人数x(万人)满足的一元线性回归模型。

表 2.3　一元线性回归算例(2)

序号	季度销售额 y/万元	区内大学生人数 x/万人	改正数/万元	改正结果/万元
1	5.8	0.2	1.2	7
2	10.5	0.6	−1.5	9
3	8.8	0.8	1.2	10
4	11.8	0.8	−1.8	10
5	11.7	1.2	0.3	12

续表

序号	季度销售额 y/万元	区内大学生人数 x/万人	改正数/万元	改正结果/万元
6	13.7	1.6	0.3	14
7	15.7	2.0	0.3	16
8	16.9	2.0	–0.9	16
9	14.9	2.2	2.1	17
10	20.2	2.6	–1.2	19

根据表 2.3，建立一元线性回归方程为

$$y = 6 + 5x$$

相关系数 $r = 0.950$，表明店铺的季度销售额与店铺附近地区大学生人数的关系很密切。判定系数 $R^2 = 0.903$，表明回归方程的解释能力为 90.3%，在店铺季度销售额的变化中，可以通过区内大学生人数差异解释的部分占 90.3%，模型的拟合效果较好。

算例 2-3 表 2.4 为 2003 年我国部分地区的供水情况[14]。试估计全年供水总量 y (万 m^3)与管道长度 x (km)满足的一元线性回归模型。

表 2.4 一元线性回归算例(3)

序号	地区	全年供水总量 y/万 m^3	管道长度 x/km	改正数/万 m^3	改正结果/万 m^3
1	北京	128823	15896	76295.27	205118.3
2	天津	64537	6822	26883.82	91420.82
3	河北	160132	10771.2	–19227.6	140904.4
4	山西	77525	5669.3	–547.543	76977.46
5	内蒙古	59276	5635.5	17277.94	76553.94
6	辽宁	280510	21999	1079.011	281589
7	河南	185092	11405.6	–36238.6	148853.4
8	湖北	257787	15668.6	–55518.1	202268.9
9	广东	568949	35728.8	–115325	453623.8
10	黑龙江	153387	9065.9	–33850.1	119536.9
11	上海	308309	22098.8	–25469.5	282839.5
12	江苏	380395	36632.4	84550.88	464945.9

续表

序号	地区	全年供水总量 y/万 m^3	管道长度 x/km	改正数/万 m^3	改正结果/万 m^3
13	山东	259782	26073.9	72865.61	332647.6
14	四川	165632	12251.3	−6181.92	159450.1
15	贵州	45198	3275.3	1782.576	46980.58
16	甘肃	62127	5010	6589.411	68716.41
17	青海	14390	893	2740.297	17130.3
18	宁夏	22921	1538.2	2293.669	25214.67

根据表 2.4，建立一元线性回归方程为

$$y = 5940.984 + 12.53x$$

相关系数 $r = 0.943$，表明全年供水总量与管道长度的关系较为密切。判定系数 $R^2 = 0.89$，表明回归方程的解释能力为 89%，在全年供水总量的变化中，可以通过管道长度差异解释的部分占 89%，模型的拟合效果较为理想。

2.5　一元线性回归自变量的优化

一元线性回归是应用最为广泛的参数估计方法之一，其自变量通常为等差级数。回归方程本身的特点和自变量的设定方式决定了观测值之间的多余观测分量有着较大的差异，两端点观测值的多余观测分量较小，而中间点观测值的多余观测分量较大。当相同的粗差包含在不同的观测值中时，同一种稳健估计方法消除或减弱粗差的能力是不同的。

设直线回归的理论方程为：$\tilde{y} = 1.5 + 0.5x$。

观测值的真值$(\tilde{y}_i, x_i)$分别为：(6.50, 10)，(15.50, 28)，(24.50, 46)，(33.50, 64)，(42.50, 82)，(51.50, 100)。观测值个数 n=6，$\tilde{y}_i$ 的单位为 m。将 5.0cm 粗差分别加到第 1 个和第 3 个观测值中，用 Danish 法计算观测值的改正数，结果见表 2.5。

表 2.5　不同位置包含粗差时观测值的改正数

$\tilde{y}$	x	Δ_1	Y_1	V_1	Δ_3	Y_3	V_3
6.50	10	5.0	6.55	−2.4	0.0	6.50	0.0
15.50	28	0.0	15.50	1.9	0.0	15.50	0.0
24.50	46	0.0	24.50	1.2	5.0	24.55	−5.0

续表

$\tilde{y}$	x	Δ_1	Y_1	V_1	Δ_3	Y_3	V_3
33.50	64	0.0	33.50	0.5	0.0	33.50	0.0
42.50	82	0.0	42.50	−0.2	0.0	42.50	0.0
51.50	100	0.0	51.50	−1.0	0.0	51.50	0.0

注：x 为自变量；$\tilde{y}$ 为观测值(因变量)的真值；观测值等于观测值的真值加真误差，Δ_1 和 Δ_3 分别为观测值 Y_1 和 Y_3 的真误差(cm)；Y_1 和 Y_3 分别为第 1 个和第 3 个包含 5.0cm 粗差的观测值；V_1 和 V_3 分别为 Danish 法得到的观测值 Y_1 和 Y_3 的改正数(cm)。

由表 2.5 可知，当第 1 个观测值包含 5.0cm 的粗差时，观测值的改正数 V_1 与真误差 Δ_1 在数值上不相同，Danish 法不能完全消除粗差对参数估计的影响。当第 3 个观测值包含 5.0cm 的粗差时，观测值的改正数 V_3 与真误差 Δ_3 在数值上相同，Danish 法消除了粗差对参数估计的影响。

2.5.1　可靠性矩阵

1. 一元线性回归的可靠性矩阵

观测值包含粗差时能否被发现和定位，与观测值的多余观测分量有着紧密的关系。观测值的多余观测分量是观测值可靠性矩阵的主对角线元素。

设自变量 x 与因变量 y 直线相关。观测值为 (y_i, x_i)，其中 $i=1,2,\cdots,n$。x_i 为非随机变量，y_i 为随机变量。v_i 为 y_i 的残差，$\hat{a}$ 和 $\hat{b}$ 为回归系数的估值。n 为观测值数量，$t=2$ 为参数数量，$r=n-2$ 为自由度。

用估值表示的观测方程为

$$\hat{y}_i = \hat{a} + \hat{b}x_i, \quad i=1,2,\cdots,n \tag{2-9}$$

将 $\hat{y}_i = y_i + v_i$ 代入式(2-9)得

$$v_i = \hat{a} + \hat{b}x_i - y_i, \quad i=1,2,\cdots,n \tag{2-10}$$

用矩阵表示为

$$V = X\hat{A} - Y \tag{2-11}$$

式中，$V=\begin{bmatrix} v_1 & v_2 & \cdots & v_n \end{bmatrix}^{\mathrm{T}}$；$\hat{A}=\begin{bmatrix} \hat{a} \\ \hat{b} \end{bmatrix}$；$X=\begin{bmatrix} 1 & 1 & \cdots & 1 \\ x_1 & x_2 & \cdots & x_n \end{bmatrix}^{\mathrm{T}}$；$Y=[y_1 \quad y_2 \quad \cdots \quad y_n]^{\mathrm{T}}$。

按照 LS 法得

$$\hat{A} = N^{-1}X^{\mathrm{T}}Y \tag{2-12}$$

式中，$N = X^{\mathrm{T}} X = \begin{bmatrix} n & \sum_{k=1}^{n} x_k \\ \sum_{k=1}^{n} x_k & \sum_{k=1}^{n} x_k^2 \end{bmatrix}$。

可靠性矩阵 $(P = I)$ 为

$$R = I - X(X^{\mathrm{T}} P X)^{-1} X^{\mathrm{T}} \tag{2-13}$$

$$R = \begin{bmatrix} r_{11} & r_{12} & \cdots & r_{1n} \\ r_{21} & r_{22} & \cdots & r_{2n} \\ \vdots & \vdots & & \vdots \\ r_{n1} & r_{n2} & \cdots & r_{nn} \end{bmatrix} = I - \begin{bmatrix} 1 & x_1 \\ 1 & x_2 \\ \vdots & \vdots \\ 1 & x_n \end{bmatrix} \begin{bmatrix} n & \sum_{k=1}^{n} x_k \\ \sum_{k=1}^{n} x_k & \sum_{k=1}^{n} x_k^2 \end{bmatrix}^{-1} \begin{bmatrix} 1 & 1 & \cdots & 1 \\ x_1 & x_2 & \cdots & x_n \end{bmatrix} \tag{2-14}$$

$$R = I - \frac{1}{nc - d^2} \cdot \begin{bmatrix} c-(x_1+x_1)d+nx_1^2 & c-(x_1+x_2)d+nx_1x_2 & \cdots & c-(x_1+x_n)d+nx_1x_n \\ c-(x_2+x_1)d+nx_2x_1 & c-(x_2+x_2)d+nx_2^2 & \cdots & c-(x_2+x_n)d+nx_2x_n \\ \vdots & \vdots & & \vdots \\ c-(x_n+x_1)d+nx_nx_1 & c-(x_n+x_2)d+nx_nx_2 & \cdots & c-(x_n+x_n)d+nx_n^2 \end{bmatrix} \tag{2-15}$$

式中，$c = \sum_{k=1}^{n} x_k^2$；$d = \sum_{k=1}^{n} x_k$。

$$r_{ij} = \begin{cases} 1 - r_{ij}^0, & i = j \\ -r_{ij}^0, & i \neq j \end{cases} \tag{2-16}$$

$$r_{ij}^0 = \frac{c - (x_i + x_j)d + nx_ix_j}{nc - d^2} \tag{2-17}$$

当 $i = j$ 时，r_{ij} 为第 i 个观测值的多余观测分量。

2. 自变量等差级数时的可靠性矩阵

设自变量等差级数中，q 为公差，x_1 为首项，$x_1 < x_2 < \cdots < x_n$。通项公式为

$$x_k = x_1 + (k-1)q \tag{2-18}$$

用通项公式计算得

$$c = \sum_{k=1}^{n} x_k^2 = nx_1^2 + (n-1)nx_1q + \frac{(n-1)n(2n-1)}{6}q^2 \tag{2-19}$$

$$d = \sum_{k=1}^{n} x_k = nx_1 + \frac{(n-1)n}{2}q \tag{2-20}$$

将式(2-18)～式(2-20)代入式(2-17)得

$$r_{ij}^0 = \frac{2(n-1)(2n-1) - 6(i-1)(n-1) - 6(j-1)(n-1) + 12(i-1)(j-1)}{2(n-1)n(2n-1) - 3(n-1)^2 n} \tag{2-21}$$

由式(2-21)可知，当自变量为等差级数时，可靠性矩阵与自变量的数值大小和公差的取值无关，只与观测值的数量有关。

2.5.2 自变量黄金分割及其可靠性矩阵[15]

以自变量等差级数为基础，进行双向黄金分割变换。设自变量为

$$x_1, x_2, \cdots, x_{n-1}, x_n \ , \qquad x_1 < x_2 < \cdots < x_{n-1} < x_n$$

公差和通项公式为 $q = \dfrac{x_n - x_1}{n-1}$ 和 $x_k = x_1 + (k-1)q$ ，其中 $k = 1, 2, \cdots, n$ 。

变换后的自变量为 $z_1, z_2, \cdots, z_n$ 。

设 $\lambda = \dfrac{\sqrt{5}-1}{2}$ ，且有 $(1+\lambda)(1-\lambda) = \lambda$ ，$(1+\lambda)\lambda = 1$ 。变换的具体步骤如下。

(1) 取中点为 h：当 n 为偶数时，$h = \dfrac{n}{2}$；当 n 为奇数时，$h = \dfrac{n+1}{2}$ 。

(2) 两端点保持不变：$z_1 = x_1$ ，$z_n = x_n$ 。

(3) 正向变换：$z_i = x_i - \lambda(x_i - z_{i-1})$ ，其中 $i = 2, 3, \cdots, h$ 。

(4) 反向变换：$z_i = x_i + \lambda(z_{i+1} - x_i)$ ，其中 $i = n-1, n-2, \cdots, h+2, h+1$ 。

(5) 当 n 为奇数时，保持中点不变。

此变换结果称为自变量双向黄金分割。变换的结果是中间的点向两边靠拢，5～9 个点的自变量双向黄金分割见表 2.6。

表 2.6　5～9 个点的自变量双向黄金分割

n	5	6	7	8	9
q	$(x_5 - x_1)/4$	$(x_6 - x_1)/5$	$(x_7 - x_1)/6$	$(x_8 - x_1)/7$	$(x_9 - x_1)/8$
z_1	x_1	x_1	x_1	x_1	x_1
z_2	$x_1 - \lambda q + q$	$x_1 - \lambda q + q$	$x_1 - \lambda q + q$	$x_1 - \lambda q + q$	$x_1 - \lambda q + q$
z_3	$x_1 + 2q$	$x_1 + q$	$x_1 + q$	$x_1 + q$	$x_1 + q$
z_4	$x_1 + \lambda q + 3q$	$x_1 + 4q$	$x_1 + 3q$	$x_1 - 2\lambda q + 3q$	$x_1 - 2\lambda q + 3q$
z_5	$x_1 + 4q$	$x_1 + \lambda q + 4q$	$x_1 + 5q$	$x_1 + 2\lambda q + 4q$	$x_1 + 4q$
z_6		$x_1 + 5q$	$x_1 + \lambda q + 5q$	$x_1 + 6q$	$x_1 + 2\lambda q + 5q$
z_7			$x_1 + 6q$	$x_1 + \lambda q + 6q$	$x_1 + 7q$
z_8				$x_1 + 7q$	$x_1 + \lambda q + 7q$
z_9					$x_1 + 8q$

当 $n=5$ 时，自变量双向黄金分割为

$$x_1,\quad x_1+q-\lambda q,\quad x_1+2q,\quad x_1+3q+\lambda q,\quad x_1+4q$$

可靠性矩阵计算如下：

$$d=\sum_{k=1}^{5} z_k = 5x_1+10q\ ,\qquad c=\sum_{k=1}^{5} z_k^2 = 5x_1^2+20x_1q+(30+2\lambda^2+4\lambda)q^2$$

设 $z_i = x_1+k_iq$ ，$z_j = x_1+k_jq$ ，其中 k_i 和 k_j 为常系数。

$$r_{ij}^0 = \frac{c-(z_i+z_j)d+nz_iz_j}{nc-d^2} = \frac{30+2\lambda^2+4\lambda-10k_i-10k_j+5k_ik_j}{50+10\lambda^2+20\lambda}$$

$$k_1=0,\quad k_2=1-\lambda,\quad k_3=2,\quad k_4=3+\lambda,\quad k_5=4$$

由此可见，自变量双向黄金分割的可靠性矩阵只与观测值的数量有关。同理可得不同观测值数量的可靠性矩阵。

当 $n=6$ 时：

$$r_{ij}^0 = \frac{59+2\lambda^2+6\lambda-15k_i-15k_j+6k_ik_j}{129+12\lambda^2+36\lambda}$$

$$k_1=0,\quad k_2=1-\lambda,\quad k_3=1,\quad k_4=4,\quad k_5=4+\lambda,\quad k_6=5$$

当 $n=7$ 时：

$$r_{ij}^0 = \frac{100+2\lambda^2+8\lambda-21k_i-21k_j+7k_ik_j}{259+14\lambda^2+56\lambda}$$

$$k_1=0,\quad k_2=1-\lambda,\quad k_3=1,\quad k_4=3,\quad k_5=5,\quad k_6=5+\lambda,\quad k_7=6$$

当 $n=8$ 时：

$$r_{ij}^0 = \frac{148+10\lambda^2+14\lambda-28k_i-28k_j+8k_ik_j}{400+80\lambda^2+112\lambda}$$

$$k_1=0,\quad k_2=1-\lambda,\quad k_3=1,\quad k_4=3-2\lambda,$$

$$k_5=4+2\lambda,\quad k_6=6,\quad k_7=6+\lambda,\quad k_8=7$$

当 $n=9$ 时：

$$r_{ij}^0 = \frac{214+10\lambda^2+20\lambda-36k_i-36k_j+9k_ik_j}{630+90\lambda^2+180\lambda}$$

$$k_1=0,\quad k_2=1-\lambda,\quad k_3=1,\quad k_4=3-2\lambda,\quad k_5=4,$$

$$k_6=5+2\lambda,\quad k_7=7,\quad k_8=7+\lambda,\quad k_9=8$$

由上述公式计算得到不同观测值数量的自变量等差级数和自变量双向黄金分割的可靠性矩阵的主对角线元素见表 2.7。

表 2.7 自变量等差级数和自变量双向黄金分割的可靠性矩阵的主对角线元素

n	类别	r_{11}	r_{22}	r_{33}	r_{44}	r_{55}	r_{66}	r_{77}	r_{88}	r_{99}
5	AP	0.40	0.70	0.80	0.70	0.40				
5	GS	0.50	0.60	0.80	0.60	0.50				
6	AP	0.48	0.70	0.82	0.82	0.70	0.48			
6	GS	0.59	0.66	0.75	0.75	0.66	0.59			
7	AP	0.54	0.71	0.82	0.86	0.82	0.71	0.54		
7	GS	0.63	0.68	0.76	0.86	0.76	0.68	0.63		
8	AP	0.58	0.73	0.82	0.87	0.87	0.82	0.73	0.58	
8	GS	0.68	0.72	0.78	0.83	0.83	0.78	0.72	0.68	
9	AP	0.62	0.74	0.82	0.87	0.89	0.87	0.82	0.74	0.62
9	GS	0.70	0.74	0.78	0.83	0.89	0.83	0.78	0.74	0.70

注：AP 表示自变量等差级数；GS 表示自变量双向黄金分割；n 表示观测值的数量；r_{ii} 表示可靠性矩阵的主对角线元素。

由表 2.7 可知，对于一定的观测值数量，两端点的多余观测值分量小于中间点的多余观测值分量，即两端点和中间点发现和定位粗差的能力是不相同的。对于相同的观测值数量，自变量双向黄金分割两端点的多余观测值分量相对于等差级数的多余观测值分量增加约 0.1，即自变量双向黄金分割减小了各个观测值多余观测分量之间的差异，提高了两端点发现和定位粗差的能力。

2.5.3 自变量等差级数和自变量双向黄金分割的比较[16]

用仿真实验方法比较自变量等差级数和自变量双向黄金分割的回归效果。

设直线回归的理论方程为 $\tilde{y} = a + bx$ 。

取 $a = 1.5$ ， $b=0.5$ (a 和 b 的取值不影响计算结果)，观测值的真值为 $(\tilde{y}_i, x_i)$ ，其中 $i = 1,2,\cdots,n$ ，自变量 x_i 的取值范围为 10～100。因变量 y_i 根据自变量 x_i 计算(单位为 m)。不同观测值数量和自变量不同取值方式的观测值的真值 $(\tilde{y}_i, x_i)$ 如下。

$n = 5$ ，自变量等差级数：

(6.50,10), (18.00,33), (29.00,55), (40.50,78), (51.50,100)

$n = 5$ ，自变量双向黄金分割：

(6.50,10), (11.00,19), (29.00,55), (47.50,92), (51.50,100)

$n = 6$ ，自变量等差级数：

(6.50,10), (15.50,28), (24.50,46), (33.50,64), (42.50,82), (51.50,100)

$n = 6$ ，自变量双向黄金分割：

(6.50,10), (10.00,17), (15.50,28), (42.50,82), (48.00,93), (51.50,100)

在仿真实验中，观测值数量分别为 5 和 6，观测值中包含一个粗差，$\sigma_0 = 1.0\text{cm}$，粗差数值 $\varepsilon = 10.0\sigma_0$，随机误差服从形状参数为 2.0 的正态分布，迭代终止条件是相邻两次迭代观测值改正数之差的绝对值均小于 0.1cm。仿真实验结果见表 2.8。

表 2.8　不同稳健估计方法的仿真实验结果($\varepsilon = 10.0\sigma_0$)

自变量方式	n	MLS	M1	R1	M2	R2	M3	R3	M4	R4
等差级数	5	2.80	1.22	56	2.76	1	1.21	57	2.60	7
双向黄金分割	5	2.83	1.01	64	2.78	2	0.97	66	2.62	7
等差级数	6	2.32	0.86	63	1.30	44	0.83	64	1.31	44
双向黄金分割	6	2.36	0.72	70	1.07	55	0.72	70	0.93	60

注：ε 表示粗差的数值，n 表示观测值的数量；MLS 表示 LS 法的残余真误差均方误差(记为 MLS(LS 法))，M1(L1 法)，M2(Danish 法)，M3(German-McClure 法)，M4(IGGIII 方案)；R1 表示 L1 法相对于 LS 法的相对增益(记为 R1(L1 法)，单位为%)，R2(Danish 法)，R3(German-McClure 法)，R4(IGGIII 方案)。

由表 2.8 可知，当观测值数量 $n = 5$ 时，对于自变量为等差级数的情形，L1 法、Danish 法、German-McClure 法和 IGGIII 方案相对于 LS 法的相对增益分别是 56%、1%、57%和 7%；对于自变量为黄金分割的情形，L1 法、Danish 法、German-McClure 法和 IGGIII 方案相对于 LS 法的相对增益分别是 64%、2%、66%和 7%。当观测值数量 $n = 6$ 时，对于自变量为等差级数的情形，L1 法、Danish 法、German-McClure 法和 IGGIII 方案相对于 LS 法的相对增益分别是 63%、44%、64%和 44%；对于自变量为黄金分割的情形，L1 法、Danish 法、German-McClure 法和 IGGIII 方案相对于 LS 法的相对增益分别是 70%、55%、70%和 60%。自变量在等差级数的基础上进行双向黄金分割(通常自变量是可以人为设定的)，提高了最小多余观测分量的数值。在不改变观测值数量和观测值精度的前提下，自变量双向黄金分割与自变量等差级数相比，降低了观测值多余观测分量之间的差异，显著提高了一元线性回归稳健估计的效率。

以下为自变量等差级数和自变量双向黄金分割的算例比较。

算例 2-4　设已给出 10 组实验数据如表 2.9 所示[17]。当观测值数量 $n = 5$ 时，自变量为等差级数的算例见表 2.10，自变量为双向黄金分割的算例见表 2.11。

表 2.9　实验数据

x	1.0	2.0	3.0	4.0	5.0	6.0	7.0	8.0	9.0	10.0
y	5.9	8.4	9.4	12.8	14.2	15.9	18.6	19.6	21.8	24.8

表 2.10　自变量为等差级数的算例

序号	因变量	自变量	改正数	改正结果
1	5.9	1.0	−0.12	5.78
2	9.4	3.0	0.48	9.88
3	14.2	5.0	−0.22	13.98
4	18.6	7.0	−0.52	18.08
5	21.8	9.0	0.38	22.18

表 2.11　自变量为双向黄金分割的算例

序号	因变量	自变量	改正数	改正结果
1	5.9	1.0	0.304	6.204
2	8.4	2.0	−0.252	8.148
3	14.2	5.0	−0.22	13.98
4	19.6	8.0	0.212	19.812
5	21.8	9.0	−0.044	21.756

根据表 2.10，建立一元线性回归方程为

$$y = 3.73 + 2.05x$$

相关系数 $r = 0.9979$ ，判定系数 $R^2 = 0.9958$ 。

根据表 2.11，建立一元线性回归方程为

$$y = 4.26 + 1.944x$$

相关系数 $r = 0.9993$ ，判定系数 $R^2 = 0.9987$ 。

通过比较判定系数可知，自变量双向黄金分割与自变量等差级数相比所得到的一元线性回归模型的拟合效果更为理想。

第 3 章　多元线性回归

第 2 章定义了简单线性回归模型。“简单”是因为该模型只包含一个自变量。但是，在社会科学研究中，导致某一社会现象的原因总是多方面的，因此在很多情况下都必须考虑多个自变量的情形。当模型纳入多个自变量时，就扩展为本章要介绍的多元线性回归模型。

3.1　多元线性回归模型的建立

假设某一因变量 y 受 $t-1$ 个自变量 $x_1, x_2, \cdots, x_{t-1}$ 的影响，其内在联系是线性关系，通过 n 组观测值，得到一组数据为 $(y_i, x_{i1}, x_{i2}, \cdots, x_{i(t-1)})$，其中 $i=1,2,\cdots,n$ 。设其数学结构模型为

$$y_i = b_0 + b_1 x_{i1} + b_2 x_{i2} + \cdots + b_{t-1} x_{i(t-1)} + \varepsilon_i$$

式中，$b_0, b_1, b_2, \cdots, b_{t-1}$ 为待定参数；ε_i 为随机误差项。如果 $\beta_0, \beta_1, \beta_2, \cdots, \beta_{t-1}$ 分别为 $b_0, b_1, b_2, \cdots, b_{t-1}$ 的 LS 估值，则可得多元线性回归模型为[11,18]

$$\hat{y}_i = \beta_0 + \beta_1 x_{i1} + \beta_2 x_{i2} + \cdots + \beta_{t-1} x_{i(t-1)}$$

式中，β_0 为常数；$\beta_1, \beta_2, \cdots, \beta_{t-1}$ 为偏回归系数(partial regression coefficient)；$i=1,2,\cdots,n$ 表示观测值的个数。

3.2　多元线性回归方程的通解

在线性回归中，通过将参数的线性组合作为因变量来确立模型。多元线性回归有一个自变量和多个回归系数(参数)。

设多元线性回归方程的一般形式为

$$\hat{y} = \hat{b}_0 z + \hat{b}_1 x_1 + \hat{b}_2 x_2 + \cdots + \hat{b}_{t-1} x_{t-1} \tag{3-1}$$

数学模型是

$$y_i + v_i = z_i \hat{b}_0 + x_{i1} \hat{b}_1 + x_{i2} \hat{b}_2 + \cdots + x_{i(t-1)} \hat{b}_{t-1}, \quad i=1,2,\cdots,n \tag{3-2}$$

$$v_i = z_i \hat{b}_0 + x_{i1} \hat{b}_1 + x_{i2} \hat{b}_2 + \cdots + x_{i(t-1)} \hat{b}_{t-1} - y_i, \quad i=1,2,\cdots,n \tag{3-3}$$

$$\begin{bmatrix} v_1 \\ v_2 \\ \vdots \\ v_n \end{bmatrix} = \begin{bmatrix} z_1 & x_{11} & x_{12} & \cdots & x_{1(t-1)} \\ z_2 & x_{21} & x_{22} & \cdots & x_{2(t-1)} \\ \vdots & \vdots & \vdots & & \vdots \\ z_n & x_{n1} & x_{n2} & \cdots & x_{n(t-1)} \end{bmatrix} \begin{bmatrix} \hat{b}_0 \\ \hat{b}_1 \\ \vdots \\ \hat{b}_{t-1} \end{bmatrix} - \begin{bmatrix} y_1 \\ y_2 \\ \vdots \\ y_n \end{bmatrix} \tag{3-4}$$

式中，$\hat{b}_0, \hat{b}_1, \hat{b}_2, \cdots, \hat{b}_{t-1}$ 是回归系数；y_i 表示观测值(因变量)；$x_{i1}, x_{i2}, \cdots, x_{i(t-1)}$ 相当于自变量；z_i 是 $\hat{b}_0$ 的系数(通常为 1)；$v_i = \hat{y}_i - y_i$ 是观测值 y_i 的残差，$\hat{y}_i$ 是观测值 y_i 的估计值；n 表示观测值的数量。

由最小二乘法得多元线性回归的法方程为

$$\begin{bmatrix} \sum(z_i z_i) & \sum(z_i x_{i1}) & \sum(z_i x_{i2}) & \cdots & \sum(z_i x_{i(t-1)}) \\ \sum(x_i z_i) & \sum(x_{i1} x_{i1}) & \sum(x_{i1} x_{i2}) & \cdots & \sum(x_{i1} x_{i(t-1)}) \\ \vdots & \vdots & \vdots & & \vdots \\ \sum(x_i z_i) & \sum(x_{i(t-1)} x_{i1}) & \sum(x_{i(t-1)} x_{i2}) & \cdots & \sum(x_{i(t-1)} x_{i(t-1)}) \end{bmatrix} \begin{bmatrix} \hat{b}_0 \\ \hat{b}_1 \\ \vdots \\ \hat{b}_{t-1} \end{bmatrix} - \begin{bmatrix} \sum(z_i y_i) \\ \sum(x_{i1} y_i) \\ \vdots \\ \sum(x_{i(t-1)} y_i) \end{bmatrix} = 0 \tag{3-5}$$

回归系数的解为

$$\begin{bmatrix} \hat{b}_0 \\ \hat{b}_1 \\ \vdots \\ \hat{b}_{t-1} \end{bmatrix} = \begin{bmatrix} \sum(z_i z_i) & \sum(z_i x_{i1}) & \sum(z_i x_{i2}) & \cdots & \sum(z_i x_{i(t-1)}) \\ \sum(x_{i1} z_i) & \sum(x_{i1} x_{i1}) & \sum(x_{i1} x_{i2}) & \cdots & \sum(x_{i1} x_{i(t-1)}) \\ \vdots & \vdots & \vdots & & \vdots \\ \sum(x_{i(t-1)} z_i) & \sum(x_{i(t-1)} x_{i1}) & \sum(x_{i(t-1)} x_{i2}) & \cdots & \sum(x_{i(t-1)} x_{i(t-1)}) \end{bmatrix}^{-1} \begin{bmatrix} \sum(z_i y_i) \\ \sum(x_{i1} y_i) \\ \vdots \\ \sum(x_{i(t-1)} y_i) \end{bmatrix} \tag{3-6}$$

式(3-6)是多元线性回归方程(3-1)的回归系数解的一般形式。根据多元线性回归方程的一般形式，可直接写出不同模型的多元线性回归方程的解。

3.3 多元线性回归方程的有效性度量

对多元线性回归方程的有效性度量，是指在利用多元线性模型对一组数据进行拟合后，对这一拟合结果适合性的测量。其指标主要包括复相关系数、复判定系数等[4]。

3.3.1　复相关系数

进行多元线性回归分析时，若因变量与自变量之间存在高度的线性相关关系，则所拟合的回归方程的精度就能得到很好的保证。而因变量 y 与自变量 $x_1, x_2, \cdots, x_k$ 之间线性关系的强弱可以通过 y 与 $\hat{y}$ 散点图以及 y 与 $\hat{y}$ 的复相关系数反映。复相关系数的计算公式为

$$R = \frac{\sum_{i=1}^{n}(y_i - \overline{y})(\hat{y}_i - \overline{y})}{\sqrt{\sum_{i=1}^{n}(y_i - \overline{y})^2 \sum_{i=1}^{n}(\hat{y}_i - \overline{y})^2}}$$

式中，n 表示观测值的数量；$\overline{y}$ 是因变量 y 的均值；$\hat{y}_i$ 是因变量 y 的估值。

3.3.2　复判定系数

与一元线性回归的情形一样，多元线性回归复判定系数的计算公式为

$$R^2 = 1 - \frac{\sum_{i=1}^{n}(y_i - \hat{y}_i)^2}{\sum_{i=1}^{n}(y_i - \overline{y})^2}$$

式中，n 表示观测值的数量；$\overline{y}$ 是因变量 y 的均值；$\hat{y}_i$ 是因变量 y 的估值。

R^2 表示因变量 y 的全部变差中可由 $x_1, x_2, \cdots, x_k$ 的差异解释的部分所占的比例。当模型较好地拟合数据时，R^2 显然很接近于 1，此时观测值和估计值很接近。

算例 3-1　表 3.1 为某地区 1995～2004 年的粮食产量 y(万 t)，其中影响粮食产量的三种主要因素有：种植面积 x_1(万 hm^2)、粮食单产 x_2(kg/hm^2)、降水量 x_3(mm)。

表 3.1　三元线性回归的算例

序号	年份	粮食产量 y/万 t	种植面积 x_1/万 hm^2	粮食单产 x_2/(kg/hm^2)	降水量 x_3/mm	改正数 /万 t	改正结果 /万 t
1	1995	1553.3	366.27	4117.7	1532.7	−15.49	1537.81
2	1996	1509.3	370.80	4070.4	1625.2	32.26	1541.56
3	1997	1544.8	373.85	4132.1	1826.1	3.75	1548.55
4	1998	1557.1	375.75	4143.8	1746.4	3.99	1561.09
5	1999	1575.0	372.54	4227.6	1682.5	−9.99	1565.01
6	2000	1511.4	364.19	4150.0	1948.6	−0.15	1511.25
7	2001	1486.8	355.69	4180.0	2085.4	−8.14	1478.66
8	2002	1465.1	347.00	4222.2	1581.9	18.60	1483.70
9	2003	1516.3	335.09	4391.0	1444.3	−42.62	1473.68
10	2004	1396.6	298.40	4831.0	1332.2	17.78	1414.38

(1) 设三元线性回归方程为 $\hat{y}=\hat{b}_0 z+\hat{b}_1 x_1+\hat{b}_2 x_2+\hat{b}_3 x_3$。

(2) 列出误差方程如下：

$$\begin{bmatrix} v_1 \\ v_2 \\ v_3 \\ v_4 \\ v_5 \\ v_6 \\ v_7 \\ v_8 \\ v_9 \\ v_{10} \end{bmatrix}=\begin{bmatrix} 1 & 366.27 & 4117.7 & 1532.7 \\ 1 & 370.80 & 4070.4 & 1625.2 \\ 1 & 373.85 & 4132.1 & 1826.1 \\ 1 & 375.75 & 4143.8 & 1746.4 \\ 1 & 372.54 & 4227.6 & 1682.5 \\ 1 & 364.19 & 4150.0 & 1948.6 \\ 1 & 355.69 & 4180.0 & 2085.4 \\ 1 & 347.00 & 4222.2 & 1581.9 \\ 1 & 355.09 & 4391.0 & 1444.3 \\ 1 & 298.40 & 4831.0 & 1332.2 \end{bmatrix}\begin{bmatrix} \hat{b}_0 \\ \hat{b}_1 \\ \hat{b}_2 \\ \hat{b}_3 \end{bmatrix}-\begin{bmatrix} 1553.3 \\ 1509.3 \\ 1544.8 \\ 1557.1 \\ 1575.0 \\ 1511.4 \\ 1486.8 \\ 1465.1 \\ 1516.3 \\ 1396.6 \end{bmatrix}$$

(3) 由 LS 法得到线性回归的法方程为

$$\begin{bmatrix} 10 & 3559.58 & 42465.8 & 16805.3 \\ 3559.58 & 1272270.89 & 15070489.528 & 6011536.851 \\ 42465.8 & 15070489.528 & 180782854.9 & 71082249.68 \\ 16805.3 & 6011536.851 & 71082249.68 & 28714906.81 \end{bmatrix}\begin{bmatrix} \hat{b}_0 \\ \hat{b}_1 \\ \hat{b}_2 \\ \hat{b}_3 \end{bmatrix}-\begin{bmatrix} 15115.7 \\ 5390438.701 \\ 64111654.31 \\ 25437744.55 \end{bmatrix}=0$$

(4) 回归系数 $\hat{a}$、$\hat{b}_1$、$\hat{b}_2$、$\hat{b}_3$ 的解为

$$\begin{bmatrix} \hat{b}_0 \\ \hat{b}_1 \\ \hat{b}_2 \\ \hat{b}_3 \end{bmatrix}=\begin{bmatrix} 10 & 3559.58 & 42465.8 & 16805.3 \\ 3559.58 & 1272270.89 & 15070489.528 & 6011536.851 \\ 42465.8 & 15070489.528 & 180782854.9 & 71082249.68 \\ 16805.3 & 6011536.851 & 71082249.68 & 28714906.81 \end{bmatrix}^{-1}\begin{bmatrix} 15115.7 \\ 5390438.701 \\ 64111654.31 \\ 25437744.55 \end{bmatrix}$$

$$=\begin{bmatrix} -158.738 \\ 3.381 \\ 0.133 \\ -0.057 \end{bmatrix}$$

所以，粮食产量 y (万 t)与种植面积 x_1 (万 hm^2)、粮食单产 x_2 ($\mathrm{kg/hm}^2$)、降水量 x_3 (mm)所满足的三元线性回归方程为

$$\hat{y}=-158.738+3.381x_1+0.133x_2-0.057x_3$$

复相关系数 $R=0.917$，表明粮食产量与种植面积、粮食单产、降水量关系较为密切。复判定系数 $R^2=0.842$，表明回归方程的解释能力为 84.2%，在粮食产

量的变化中，可以通过种植面积、粮食单产、降水量解释的部分占 84.2%，模型的拟合效果较为理想。

算例 3-2　某企业 8 年的利润率 y (%)与劳动效率 x_1 (万元/人)、流通费用率 x_2 (%)满足二元线性回归关系。统计数据资料如表 3.2 所示[4]。

表 3.2　二元线性回归的算例

序号	利润率 y /%	劳动效率 x_1 /(万元/人)	流通费用率 x_2 /%	改正数 /%	改正结果 /%
1	9.0	9.4	2.5	−0.1608	8.839
2	9.2	8.8	2.6	−0.5884	8.612
3	9.6	11.8	2.4	−0.0323	9.568
4	7.9	8.6	4.1	−0.2554	7.645
5	8.0	6.1	3.0	−0.3826	7.617
6	7.3	7.0	3.1	0.5070	7.807
7	9.8	12.1	1.7	0.2764	10.076
8	7.1	7.4	3.4	0.6360	7.736

根据表 3.2，建立二元线性回归方程为

$$\hat{y} = 7.743 + 0.278x_1 - 0.608x_2$$

复相关系数 $R = 0.909$，表明利润率与劳动效率、流通费用率的关系较为密切。复判定系数 $R^2 = 0.827$，表明回归方程的解释能力为 82.7%，在利润率的变化中，可以通过劳动效率和流通费用率解释的部分占 82.7%，模型的拟合效果较为理想。

算例 3-3　表 3.3 列出了 1978～1994 年我国国有独立核算工业企业的有关统计资料[19]。工业总产值 y (亿元)与时间 x_1、职工人数 x_2 (万人)、固定资产 x_3 (亿元)满足三元线性回归关系。

表 3.3　三元线性回归的算例

序号	年份	工业总产值 y /亿元	时间 x_1	职工人数 x_2 /万人	固定资产 x_3 /亿元	改正数 /亿元	改正结果 /亿元
1	1978	3289.18	1	3139	2225.70	−66.0912	3223.089
2	1979	3581.26	2	3208	2376.34	−117.533	3463.727
3	1980	3782.17	3	3334	2522.81	−43.0426	3739.127
4	1981	3877.86	4	3488	2700.90	179.8847	4057.745
5	1982	4151.25	5	3582	2902.19	203.125	4354.375
6	1983	4541.05	6	3632	3141.76	110.3433	4651.393

续表

序号	年份	工业总产值 y/亿元	时间 x_1	职工人数 x_2/万人	固定资产 x_3/亿元	改正数/亿元	改正结果/亿元
7	1984	4946.11	7	3669	3350.95	−29.9525	4916.157
8	1985	5586.14	8	3815	3835.79	−118.533	5467.607
9	1986	5931.36	9	3955	4302.25	69.4266	6000.787
10	1987	6601.60	10	4086	4786.05	−60.171	6541.429
11	1988	7434.06	11	4229	5251.90	−357.925	7076.135
12	1989	7721.01	12	4273	5808.71	−105.547	7615.463
13	1990	7949.55	13	4364	6365.79	236.785	8186.335
14	1991	8634.80	14	4472	7071.35	249.0223	8883.822
15	1992	9705.52	15	4521	7757.25	−178.808	9526.712
16	1993	10261.65	16	4498	8628.77	4.0704	10265.72
17	1994	10928.66	17	4545	9374.34	24.9455	10953.61

根据表 3.3，建立三元线性回归方程为

$$\hat{y} = -675.321 + 77.679x_1 + 0.667x_2 + 0.776x_3$$

复相关系数 $R = 0.998$，表明我国国有独立核算工业企业总产值与时间、职工人数、固定资产的关系非常密切。复判定系数 $R^2 = 0.996$，表明回归方程的解释能力为 99.6%，在工业总产值的变化中，可以通过时间、职工人数、固定资产解释的部分占 99.6%，模型的拟合效果很理想。

算例 3-4　福建省半日潮区理论深度基准面值 y (cm)与 M2、S2、K1、O1 四个主要分潮的平均振幅 x_1 (cm)、x_2 (cm)、x_3 (cm)、x_4 (cm)满足四元线性回归关系。15 组观测数据如表 3.4 所示[20]。

表 3.4　四元线性回归的算例

序号	y/cm	x_1/cm	x_2/cm	x_3/cm	x_4/cm	改正数/cm	改正结果/cm
1	216	113	24	30	27	0.108	216.108
2	275	152	34	30	21	−1.248	273.752
3	319	186	40	27	18	0.062	319.062
4	336	198	46	27	18	3.228	339.228
5	339	198	46	27	18	0.228	339.228
6	352	201	55	27	18	−1.692	350.308
7	364	204	61	27	21	−4.905	359.095
8	373	207	67	27	21	−5.241	367.759
9	370	210	67	27	21	1.593	371.593

续表

序号	y/cm	x_1/cm	x_2/cm	x_3/cm	x_4/cm	改正数/cm	改正结果/cm
10	380	213	70	30	21	0.690	380.69
11	353	204	58	27	24	3.803	356.803
12	401	225	79	30	21	2.271	403.271
13	380	213	73	30	21	3.105	383.105
14	449	256	79	34	24	−2.192	446.808
15	369	204	70	30	21	0.188	369.188

根据表 3.4，建立四元线性回归方程为

$$\hat{y}=22.791+1.278x_1+0.805x_2+0.949x_3+0.041x_4$$

复相关系数 $R=0.999$，表明福建省半日湖区理论深度基准面值与 M2、S2、K1、O1 四个主要分潮的平均振幅的关系非常密切。复判定系数 $R^2=0.997$，表明回归方程的解释能力为 99.7%，在福建省半日湖区理论深度基准面值的变化中，可以由 M2、S2、K1、O1 四个主要分潮的平均振幅解释的部分占 99.7%，模型的拟合效果很理想。

算例 3-5　表 3.5 是我国 1978～1997 年钢材产量的相关统计资料。钢材产量 y(万 t)与生铁产量 x_1(万 t)、发电量 x_2(亿 kW · h)、固定资产投资 x_3(亿元)、国内生产总值 x_4(亿元)、铁路运输量 x_5(万 t)满足五元线性回归关系[19]。

表 3.5　五元线性回归的算例

序号	年份	钢材产量 y/万 t	生铁产量 x_1/万 t	发电量 x_2/(亿 kW · h)	固定资产投资 x_3/亿元	国内生产总值 x_4/亿元	铁路运输量 x_5/万 t	改正数/万 t	改正结果/万 t
1	1978	2208	3479	2566	668.72	3264	110119	112.4524	2320.452
2	1979	2497	3673	2820	699.36	4038	111893	16.3813	2513.381
3	1980	2716	3802	3006	746.90	4518	111279	−32.9345	2683.065
4	1981	2670	3417	3093	638.21	4862	107673	39.1215	2709.122
5	1982	2920	3551	3277	805.90	5295	113495	−30.4576	2889.542
6	1983	3072	3738	3514	885.26	5935	118784	2.8802	3074.88
7	1984	3372	4001	3770	1052.43	7171	124074	−107.351	3264.649
8	1985	3693	4384	4107	1523.51	8964	130709	−91.2166	3601.783
9	1986	4058	5064	4495	1795.32	10202	135635	−81.2085	3976.791
10	1987	4386	5503	4973	2101.69	11963	140653	17.3682	4403.368
11	1988	4689	5704	5452	2554.86	14928	144948	94.8584	4783.858
12	1989	4859	5820	5848	2340.52	16909	151489	29.0715	4888.072
13	1990	5153	6238	6212	2534.00	18548	150681	48.7597	5201.76

续表

序号	年份	钢材产量 y/万 t	生铁产量 x_1/万 t	发电量 x_2 /(亿 kW · h)	固定资产投资 x_3/亿元	国内生产总值 x_4/亿元	铁路运输量 x_5/万 t	改正数 /万 t	改正结果 /万 t
14	1991	5638	6765	6775	3139.03	21618	152893	99.4342	5737.434
15	1992	6697	7589	7539	4473.76	26638	157627	−111.445	6585.555
16	1993	7716	8956	8395	6811.35	34634	162663	−38.954	7677.046
17	1994	8428	9741	9281	9355.35	46759	163093	111.1303	8539.13
18	1995	8980	10529	10070	10702.97	58478	165855	−124.267	8855.733
19	1996	9338	10723	10813	12185.79	67885	168803	22.6206	9360.621
20	1997	9979	11511	11356	13838.96	74463	169734	23.7557	10002.76

根据表 3.5，建立五元线性回归方程为

$$\hat{y} = 354.588 + 0.026x_1 + 0.995x_2 + 0.393x_3 - 0.085x_4 - 0.006x_5$$

复相关系数 $R = 0.9995$，表明钢材产量与生铁产量、发电量、固定资产投资、国内生产总值、铁路运输量的关系非常密切。复判定系数 $R^2 = 0.999$，表明回归方程的解释能力为 99.9%，在钢材产量的变化中，可以由生铁产量、发电量、固定资产投资、国内生产总值、铁路运输量解释的部分占 99.9%，模型的拟合效果很理想。

算例 3-6　已知因变量 y 与 6 个自变量的数据资料如表 3.6 所示[4]。y 与 x_1、x_2、x_3、x_4、x_5、x_6 满足六元线性回归关系。

表 3.6　六元线性回归的算例

序号	y	x_1	x_2	x_3	x_4	x_5	x_6	改正数	改正结果
1	43	51	30	39	61	92	45	6.562	49.562
2	63	64	51	54	63	73	47	−3.200	59.800
3	71	70	68	69	76	84	48	−3.809	67.191
4	61	63	45	47	54	84	35	−2.850	58.150
5	71	75	50	55	70	66	41	2.910	73.909
6	72	82	72	67	71	83	31	7.001	79.001
7	67	61	45	47	62	80	41	−7.616	59.385
8	64	53	53	58	58	67	34	−2.566	61.434
9	69	62	57	42	55	63	25	−1.479	67.521
10	68	83	83	45	59	77	35	0.126	68.126
11	77	77	54	72	79	77	46	−0.806	76.194
12	81	90	50	72	60	54	36	1.336	82.336
13	65	70	46	57	75	85	46	2.815	67.815
14	50	58	68	54	64	70	52	4.289	54.289

续表

序号	y	x_1	x_2	x_3	x_4	x_5	x_6	改正数	改正结果
15	50	40	33	34	43	64	33	−2.855	47.145
16	64	61	52	62	66	80	41	−1.063	62.937
17	40	37	42	58	50	57	49	4.443	44.443
18	63	54	42	48	66	75	33	1.847	64.847
19	66	77	66	63	88	74	72	−0.949	65.051
20	78	75	58	74	80	78	49	−4.135	73.865

根据表 3.6，建立六元线性回归方程为

$$\hat{y}=37.782+0.431x_1-0.078x_2+0.119x_3+0.578x_4-0.236x_5-0.579x_6$$

复相关系数 $R=0.937$，表明 y 与 x_1、x_2、x_3、x_4、x_5、x_6 的关系非常密切。复判定系数 $R^2=0.878$，表明回归方程的解释能力为 87.8%，在 y 的变化中，可以由 x_1、x_2、x_3、x_4、x_5、x_6 解释的部分占 87.8%，模型的拟合效果较为理想。

3.4　逐步线性回归

3.4.1　逐步线性回归数学模型

设因变量为 X_t，自变量为 $X_1,X_2,\cdots,X_{t-1}$。这 $t-1$ 个自变量是对过程可能有影响的因素，它们是可测量或可控制的一般变量，其中某些变量可能是独立的自变量，某些可能是独立自变量间的交互作用或自身的多次作用。虽然不知道“黑箱”的内部结构，但因变量 X_t 总可以用自变量 $X_1,X_2,\cdots,X_{t-1}$ 的一个函数来表示，即

$$X_t=f(X_1,X_2,\cdots,X_{t-1}) \tag{3-7}$$

假设因变量 X_t 与 $t-1$ 个自变量 $X_1,X_2,\cdots,X_{t-1}$ 的内在联系是线性的，并且它的 m 组实验数据中第 i 次实验数据是

$$(X_{i(t-1)};X_{i1},X_{i2},\cdots,X_{i(t-1)}),\quad i=1,2,\cdots,m \tag{3-8}$$

那么这 m 组数据可以假设有如下的结构式：

$$\begin{cases} X_{1t}=\beta_0+\beta_1X_{11}+\beta_2X_{12}+\cdots+\beta_{t-1}X_{1(t-1)}+\varepsilon_1 \\ X_{2t}=\beta_0+\beta_1X_{21}+\beta_2X_{22}+\cdots+\beta_{t-1}X_{2(t-1)}+\varepsilon_2 \\ \quad\vdots \\ X_{mt}=\beta_0+\beta_1X_{m1}+\beta_2X_{m2}+\cdots+\beta_{t-1}X_{m(t-1)}+\varepsilon_m \end{cases} \tag{3-9}$$

或写成

$$X_{it} = \beta_0 + \beta_1 X_{i1} + \beta_2 X_{i2} + \cdots + \beta_{t-1} X_{i(t-1)} + \varepsilon_i, \quad i = 1,2,\cdots,m \tag{3-10}$$

式中，$\beta_0,\beta_1,\cdots,\beta_{t-1}$ 是 t 个待估计的参数；$\varepsilon_1,\varepsilon_2,\cdots,\varepsilon_m$ 是 m 个相互独立且服从同一正态分布 $N(0,\sigma^2)$ 的随机变量，它们分别表示其他随机因素对因变量受影响的总和；实验次数 m 应大于 t。式(3-9)或式(3-10)就是通常所说的多元线性回归分析的数学模型[21]。

3.4.2 数据的标准化

若 $b_0,b_1,\cdots,b_{t-1}$ 分别为参数 $\beta_0,\beta_1,\cdots,\beta_{t-1}$ 的 LS 估计值，则相应于式(3-9)或式(3-10)的原回归方程为

$$\hat{X}_t = b_0 + b_1 X_1 + b_2 X_2 + \cdots + b_{t-1} X_{t-1} \tag{3-11}$$

令

$$Z_{ij} = \frac{X_{ij} - \bar{X}_j}{\sigma_j} \tag{3-12}$$

其中

$$\bar{X}_j = \frac{1}{m}\sum_{k=1}^{m} X_{kj}, \quad \sigma_j^2 = \sum_{k=1}^{m}(X_{kj} - X_j)^2, \quad i = 1,2,\cdots,m;\ j = 1,2,\cdots,t-1 \tag{3-13}$$

利用式(3-12)进行变量变换，则式(3-10)变成

$$Z_{it} = \beta_1' Z_{i1} + \beta_2' Z_{i2} + \beta_3' Z_{i3} + \cdots + \beta_{t-1}' Z_{i(t-1)} + \varepsilon_i, \quad i = 1,2,\cdots,m$$

因为 β_0' 的 LS 估计值为零[22]，所以在式(3-13)中已把它去掉，而式(3-11)变成如下新回归方程：

$$\hat{Z}_t = d_0 + d_1 Z_1 + d_2 Z_2 + \cdots + d_{t-1} Z_{t-1} \tag{3-14}$$

式中，$d_0,d_1,\cdots,d_{t-1}$ 表示新回归系数。

逐步线性回归分析的数学模型及相应的回归方程在结构形式上与多元线性回归分析是一样的。然而，在应用下述算法求取回归方程时，考虑的则是式(3-13)和式(3-14)的形式。因此，只要求得了原回归方程(3-11)中的系数 $b_j\,(j = 1,2,\cdots,t-1)$，就能由式(3-15)求得新回归方程(3-14)中的系数 $d_j\,(j = 1,2,\cdots,t-1)$[23]。

$$\begin{cases} d_j = \dfrac{\sigma_t}{\sigma_j} \times b_j \\ d_0 = \bar{X}_t - \displaystyle\sum_{j=1}^{t-1} b_j \times \bar{X}_j \end{cases}, \quad j = 1,2,\cdots,t-1 \tag{3-15}$$

3.4.3　选入变量与剔除变量的原则

首先根据具体情况，用 F 检验法，确定选入变量和剔除变量的标准 F_1 和 F_2 $(F_1 \geqslant F_2)$，显著水平 α 一般取 0.1 左右，其具体值可通过查表获得。从一个回归方程中引入一个新变量 X_i，则回归平方和增加(剩余平方和减少)。若用 p_i 表示新回归平方和和原回归平方和之差，则定义公式为

$$p_i = S_{回}^{(新)} - S_{回}^{(原)} \tag{3-16}$$

这就是说，新回归平方和增加了 p_i，因此 p_i 可看做变量 X_i 对回归方程的作用，p_i 越大，X_i 对回归方程的作用就越大，p_i 称为 X_i 的偏回归平方和[24]。

(1) 对于不在原回归方程中的变量 X_i，若

$$F = ((m-l-1)p_i / S_{偏}^{(新)}) > F_1 \tag{3-17}$$

则 X_i 对 X_t 起重要作用，应当引入新的回归方程中，否则不予引入。

(2) 对于已在新回归方程中的变量 X_i，若

$$F' = ((m-l-1)p_i / S_{偏}^{(新)}) < F_2 \tag{3-18}$$

则 X_i 对 X_t 的作用已不显著，应当从新回归方程中剔除。

(3) 在引入变量或剔除变量过程中，偏回归平方和都在发生变化，所以在剔除变量时，应当只剔除偏平方和最小同时又满足剔除标准的那一个变量[25]。

(4) 在剔除变量或没有变量可以剔除后，则应考虑是否引入变量。对于不在回归方程中的所有变量，选择其中偏回归平方和最大并且满足引入标准的一个变量引入回归方程[23]。

(5) 若回归方程中既不能引入变量也不能剔除变量，则逐步线性回归计算到此结束。

3.4.4　逐步线性回归的计算

多元逐步线性回归分析主要是针对多个自变量对一个因变量的影响程度，从而进行对回归方程的具体确定以及对非重要自变量的剔除过程。

准备表 3.7 中的数据。

表 3.7　原始数据

编号	X_1	X_2	…	X_k	$Y = X_{k+1}$
1	X_{11}	X_{21}	…	X_{k1}	$Y = X_{k1+1}$
2	X_{12}	X_{22}	…	X_{k2}	$Y = X_{k2+1}$
⋮	⋮	⋮		⋮	⋮
n	X_{1n}	X_{2n}	…	X_{kn}	$Y = X_{kn+1}$

首先，应算出各 $X_i(i=1,2,\cdots,k)$ 的平均值 $\bar{X}_i$ ，以及 Y 的平均值 $\bar{Y}$ ，然后根据如下公式算出 L 矩阵：

$$l_{ij}=\sum_{t=1}^{n}(X_{it}-\bar{X}_i)(X_{jt}-\bar{X}_j),\quad i,j=1,2,\cdots,k \tag{3-19}$$

算出 L 矩阵后，就可以通过以下公式计算出引入变量之前的 R 矩阵：

$$r_{ij}=l_{ij}/\sqrt{l_{ii}\times l_{jj}},\quad i,j=1,2,\cdots,k \tag{3-20}$$

至此，逐步线性回归分析前的数据处理部分已经完毕。

在进行逐步线性回归分析前，首先介绍引入变量后的 R 矩阵的计算方法。这种算法称为求解求逆紧凑变换法[26]。逐步线性回归分析每次引入一个变量与剔除一个变量都需要使用这种方法进行矩阵变换，至于如何得到此公式，在这里不做具体的数学公式推导过程。用 $R^{(t)}$ 表示第 t 次变换后的 R 矩阵， $r_{ij}^{(t)}$ 表示 $R^{(t)}$ 矩阵中的每个元素，v 表示每次引入或剔除变量的下标值，消元变换公式如下：

$$r_{ij}^{(t)}=\begin{cases}1/r_{vv}^{(t-1)}, & i=v;j=v\\ r_{vj}^{(t-1)}/r_{vv}^{(t-1)}, & i=v;j\neq v\\ -r_{iv}^{(t-1)}/r_{vv}^{(t-1)}, & i\neq v;j=v\\ r_{ij}^{(t-1)}-r_{iv}^{(t-1)}\times r_{ij}^{(t-1)}/r_{vv}^{(t-1)}, & i\neq v;j\neq v\end{cases} \tag{3-21}$$

在有了 $R^{(t)}$ 矩阵的计算方法后，现在开始回归计算。

第一步，计算所有自变量的偏回归平方和：

$$p_i^{(0)}=(r_{i(k+1)}^{(0)})^2/r_{ii}^{(0)} \tag{3-22}$$

选择其中最大的一个：

$$p_{m1}^{(0)}=\max_{1\leqslant i\leqslant k}p_i^{(0)} \tag{3-23}$$

然后进行 F 检验，此时应该分为如下两种情况。

(1) 若

$$F=\frac{(n-2)\times p_{m1}^{(0)}}{r_{(k+1)(k+1)}^{(0)}-p_{m1}^{(0)}}>F_1 \tag{3-24}$$

则自变量 X_{m1} 的偏回归平方和是最显著的，因此引入变量 X_{m1} ，取 $v=m_1$ [23]，调用 R 矩阵的计算方法，得到 $R^{(1)}$ 。

(2) 若

$$F=\frac{(n-2)\times p_{m1}^{(0)}}{r_{(k+1)(k+1)}^{(0)}-p_{m1}^{(0)}}\leqslant F_1 \tag{3-25}$$

则自变量 X_{m1} 的偏回归平方和不显著，因此不能将此变量引入回归方程，那么回归就到此结束。最后得到如下结果：所有自变量的偏回归平方和都不显著，即 X_i 对 Y 的作用都不明显， X_i 不能引入回归方程。

第二步，对于第一步中的第一种情况，也需要进行以下讨论。

(1) X_{m1} 是刚引入回归方程的，所以不需要检验是否应该剔除变量[27]；

(2) 此时需要检验是否需要引入新的变量，利用 $R^{(1)}$ 矩阵的元素 $r_{ij}^{(1)}$，计算不在回归方程中的其他自变量的偏回归平方和：

$$p_i^{(1)} = (r_{i(k+1)}^{(1)})^2 / r_{ii}^{(1)}, \quad i = 1, 2, \cdots, k; i \neq v \tag{3-26}$$

再选出其中的最大值，设为 $p_{m2}^{(1)}$。

(3) 若

$$F = \frac{(n-3) \times p_{m2}^{(1)}}{r_{(k+1)(k+1)}^{(1)} - p_{m2}^{(1)}} > F_1 \tag{3-27}$$

则此时在回归方程中再引入 X_{m2}，同时取 $v = m_2$，调用 R 矩阵的计算方法，得到 $R^{(2)}$。

(4) 若

$$F = \frac{(n-3) \times p_{m2}^{(1)}}{r_{(k+1)(k+1)}^{(1)} - p_{m2}^{(1)}} \leqslant F_1 \tag{3-28}$$

则逐步线性回归到此结束。回归结果可以由 $R^{(1)}$ 得出如下结果。

标准回归系数为

$$a_{m1}^{(1)} = r_{m1(k+1)}^{(1)} \tag{3-29}$$

回归方程为

$$y = \overline{y} + \frac{\sigma_y}{\sigma_{m1}} \times r_{m1(k+1)}^{(1)} (x_{m1} - \overline{x}_{m1}) \tag{3-30}$$

剩余平方和为

$$S_{剩}^{(1)} = r_{(k+1)(k+1)}^{(1)} \tag{3-31}$$

回归平方和为

$$S_{回}^{(1)} = 1 - r_{(k+1)(k+1)}^{(1)} \tag{3-32}$$

复相关系数为

$$R^{(1)} = \sqrt{1 - r_{(k+1)(k+1)}^{(1)}} \tag{3-33}$$

第三步，对于第二步的第三种情况，因为此时引入回归方程中的变量个数已经大于等于两个，所以需要首先检验是否应该剔除变量。X_{m2} 是刚引入的，所以不需要剔除，只需利用 $R^{(2)}$ 计算在回归方程中的变量 X_{m1} 的偏回归平方和：

$$p_{m1}^{(2)} = (r_{m1(k+1)}^{(2)})^2 / r_{m1m1}^{(2)} \tag{3-34}$$

(1) 若

$$F' = \frac{(n-3)\times p_{m2}^{(2)}}{r_{(k+1)(k+1)}^{(2)}} \leqslant F_2\ (\text{剔除标准}) \tag{3-35}$$

则从方程中剔除自变量 X_{m1}，取 $v=m_1$，利用 $R^{(2)}$，调用 R 矩阵的计算函数，得到 $R^{(3)}$。

(2) 若

$$F' = \frac{(n-3)\times p_{m2}^{(2)}}{r_{(k+1)(k+1)}^{(2)}} > F_2 \tag{3-36}$$

则不能从回归方程中剔除 X_{m1}，这时需要考虑是否能够再引入变量。利用 $R^{(2)}$中的元素 $r_{ij}^{(2)}$，计算此时不在回归方程中所有变量的偏回归平方和，选出其中的最大者 $p_{m2}^{(2)}$，若

$$F = \frac{(n-4)\times p_{m3}^{(2)}}{r_{(k+1)(k+1)}^{(2)} - p_{m3}^{(2)}} > F_1 \tag{3-37}$$

则引入变量 X_{m3}，取 $v=m_3$，调用 R 矩阵计算方法对 $R^{(2)}$进行变换，得到 $R^{(3)}$。

(3) 若

$$F' = \frac{(n-3)\times p_{m2}^{(2)}}{r_{(k+1)(k+1)}^{(2)}} > F_2 \tag{3-38}$$

同时

$$F = \frac{(n-4)\times p_{m3}^{(2)}}{r_{(k+1)(k+1)}^{(2)} - p_{m3}^{(2)}} \leqslant F_1 \tag{3-39}$$

说明此时回归方程中既不能剔除变量也不能引入变量，那么，逐步线性回归结束。通过 $R^{(2)}$，可以得到如下结果。

标准回归系数为

$$a_{mi}^{(2)} = r_{mi(k+1)}^{(2)} \tag{3-40}$$

回归方程为

$$y = \overline{y} + \frac{\sigma_y}{\sigma_{mi}} \times r_{mi(k+1)}^{(2)}(x_{mi} - \overline{x}_{mi}) \tag{3-41}$$

剩余平方和为

$$S_{\text{剩}}^{(2)} = r_{(k+1)(k+1)}^{(2)} \tag{3-42}$$

回归平方和为

$$S_{\text{回}}^{(2)} = 1 - r_{(k+1)(k+1)}^{(2)} \tag{3-43}$$

复相关系数为

$$R^{(2)}=\sqrt{1-r^{(2)}_{(k+1)(k+1)}} \tag{3-44}$$

逐步线性回归计算的过程是循环重复的过程，以上的步骤仅是整个循环的基础部分，以后的计算都与前面的类似，在此不再重复。下面给出逐步线性回归各部分计算的通用公式。

设已引入回归方程中的变量集合为$\phi=\{X_{m1},X_{m2},\cdots,X_{md}\}$，集合中的元素总个数为$d$，不在回归方程中的变量的集合为$\varphi=\{X_{ij}\}(i\neq mi, j\neq mi)$，则偏回归平方和的计算公式为

$$p^{(t)}_{ii}=(r^{(t)}_{i(k+1)})^2/r^{(t)}_{ii},\quad i=1,2,\cdots,k \tag{3-45}$$

$$p_{\lambda}=\min_{i\in\{\phi\}}p^{(t)}_{i},\quad \lambda\in\{\phi\} \tag{3-46}$$

$$p_{\mu}=\max_{i\in\{\varphi\}}p^{(t)}_{i},\quad \mu\in\{\varphi\} \tag{3-47}$$

在第t步中，分如下三种情况。

(1) 若

$$F'=\frac{(n-d-1)\times p^{(t-1)}_{\lambda}}{r^{(t-1)}_{(k+1)(k+1)}}\leqslant F_2 \tag{3-48}$$

则剔除引入的变量X_{λ}，取$v=\lambda$，通过$R^{(t-1)}$计算得到$R^{(t)}$。

(2) 若

$$F'=\frac{(n-d-1)\times p^{(t-1)}_{\lambda}}{r^{(t-1)}_{(k+1)(k+1)}}>F_2 \tag{3-49}$$

但

$$F=\frac{(n-d-2)\times p^{(t-1)}_{\mu}}{r^{(t)}_{(k+1)(k+1)}-p^{(t-1)}_{\mu}}>F_1 \tag{3-50}$$

则向回归方程中引入变量X_{μ}，同时取$v=\mu$，利用$R^{(t-1)}$计算公式变换得到$R^{(t)}$。

(3) 若

$$F'=\frac{(n-d-1)\times p^{(t-1)}_{\lambda}}{r^{(t-1)}_{(k+1)(k+1)}}>F_2 \tag{3-51}$$

并且

$$F=\frac{(n-d-2)\times p^{(t-1)}_{\mu}}{r^{(t)}_{(k+1)(k+1)}-p^{(t-1)}_{\mu}}\leqslant F_1 \tag{3-52}$$

则意味着回归方程中既不能引入变量也不能剔除变量，逐步线性回归到此结束，

此时可以根据 $R^{(t-1)}$ 得到如下结果。

标准回归系数为

$$a_{mi}^{(t-1)} = r_{mi(k+1)}^{(t-1)} \tag{3-53}$$

回归方程为

$$y = \overline{y} + \frac{\sigma_y}{\sigma_{mi}} \times r_{mi(k+1)}^{(t-1)} (x_{mi} - \overline{x}_{mi}) \tag{3-54}$$

剩余平方和为

$$S_{剩}^{(t-1)} = r_{(k+1)(k+1)}^{(t-1)} \tag{3-55}$$

回归平方和为

$$S_{回}^{(t-1)} = 1 - r_{(k+1)(k+1)}^{(t-1)} \tag{3-56}$$

复相关系数为

$$R^{(t-1)} = \sqrt{1 - r_{(k+1)(k+1)}^{(t-1)}} \tag{3-57}$$

显而易见,整个回归计算过程都是有规律可以寻找的,都是多次循环的结果,运用 for 循环语句就可以比较轻松地实现这些重复的过程, F 检验也只需使用 if 语句进行判断即可,但整个循环过程中很关键的一点就是如何运用计算机语言找出引入变量时不在回归方程中的变量的偏回归平方和的最大值和其上限值,以及剔除变量时已在回归方程中的变量的偏回归平方和的最小值和其下限值。

3.4.5　逐步线性回归算例

算例 3-7　在某一次地质考察中,对一岩石的化学成分进行检验,发现其中某一不知名的混合物中的化合物 Fe_2O_3 、 P_2O_3 、 NaOH 有如表 3.8 所示的关系。试用逐步线性回归分析这种混合物含量与这三种化合物之间的关系[24]。

表 3.8　三元逐步线性回归算例

编号	X_1	X_2	X_3	Y	编号	X_1	X_2	X_3	Y
1	4.61	0.29	8.8	4.5	11	9.63	0.16	3.11	0.11
2	5.5	0.35	10.4	2.5	12	9.0	0.1	3.64	0.16
3	5.85	0.31	9.1	2.0	13	9.32	0.13	2.11	0.33
4	4.89	0.25	6.9	1.37	14	9.62	0.24	7.8	0.0012
5	5.75	0.2	4.8	1.0	15	8.04	0.16	5.08	0.41
6	9.31	0.16	4.4	0.16	16	7.91	0.49	5.8	0.41
7	3.37	0.15	3.7	0.58	17	8.91	0.24	3.66	0.2
8	7.94	0.19	3.81	0.19	18	25.58	0.14	2.31	0.23
9	8.61	0.2	3.97	0.25	19	11.31	0.07	3.09	0.0005
10	9.08	0.15	3.26	0.18	20	10.67	0.05	3.26	0.0

计算过程如下。

第一步，由以上数据，通过式(3-19)和式(3-20)由程序计算出 L 矩阵与 $R^{(0)}$ 矩阵，结果如下：

$$L=\begin{bmatrix} 386.697 & -3.038 & -100.380 & -40.336 \\ -3.038 & 0.200 & 3.259 & 1.053 \\ -100.380 & 3.259 & 109.532 & 38.383 \\ -40.336 & 1.053 & 38.383 & 23.814 \end{bmatrix}$$

$$R^{(0)}=\begin{bmatrix} 1.0 & -0.345 & -0.488 & -0.420 \\ -0.345 & 1.0 & 0.696 & 0.482 \\ -0.488 & 0.696 & 1.0 & 0.752 \\ -0.420 & 0.482 & 0.752 & 1.0 \end{bmatrix}$$

在进行引入与剔除变量之前，取显著性水平 $\alpha=0.10$，通过查表可确定引入与剔除标准的值分别为 $F_1=F_2=2.80$。

第二步，由式(3-22)计算出 $p^{(0)}$：

$$p^{(0)}=[0.177 \quad 0.233 \quad 0.565]$$

其中，X_3 的偏回归平方和最大，为 0.565，计算 F：

$$F=\frac{(n-2)\times p_3^{(0)}}{r_{44}^{(0)}-p_3^{(0)}}=23.36>F_1=2.80$$

因此，对 Y 的影响是显著的，向回归方程中引入 X_3，取 $v=3$，调用 R 矩阵计算函数，由 $R^{(0)}$ 变换为 $R^{(1)}$：

$$R^{(1)}=\begin{bmatrix} 0.762 & -0.006 & 0.488 & -0.787 \\ -0.685 & 0.516 & -0.696 & 1.005 \\ -0.488 & 0.696 & 1.0 & 0.752 \\ -0.787 & 1.005 & -0.752 & 0.435 \end{bmatrix}$$

第三步，X_3 是刚引入的变量，不会马上被剔除，所以应该考虑是否应该引入新变量，由式(3-22)计算不在回归方程中的自变量的偏回归平方和 $p^{(1)}$：

$$p^{(1)}=\left[0.812 \quad 1.916\right]$$

其中，X_2 的偏回归平方和最大，为 1.916，接着进行 F 检验：

$$F=\frac{(n-3)\times p_2^{(1)}}{r_{44}^{(1)}-p_2^{(1)}}=-21.852<F_1=2.80$$

故不能将 X_2 引入回归方程，此时回归方程中既不能引入变量又不能剔除变量，逐步线性回归计算到此结束，可由式(3-29)～式(3-33)得到输出结果。

以下为软件计算后得出的逐步线性回归计算结果。

引入变量为 X_3，标准回归系数：$a = 0.7515$。

回归方程：$Y = 0.3504X_3 - 1.0055$。

剩余平方和：$S_1 = 0.4352$。

回归平方和：$S_2 = 0.5648$。

复相关系数：$R = 0.7515$。

算例 3-8　设某地区政府总收入近似为 Y, 其中主要收入有以下四种：社会保险基金收入 V_1、税收 V_2、债务收入 V_3、非税收入 V_4，最近 13 年的数据如表 3.9 所示。试用逐步线性回归计算分析哪些因素对政府的收入影响最大。

表 3.9　四元逐步线性回归算例

编号	V_1	V_2	V_3	V_4	Y
1	7	26	6	60	78.5
2	1	29	15	52	74.3
3	11	56	8	20	104.3
4	11	31	8	47	87.6
5	7	52	6	33	95.9
6	11	55	9	22	109.2
7	3	71	17	6	102.7
8	2	31	22	44	72.5
9	2	54	18	22	93.1
10	21	47	4	26	115.9
11	1	40	23	34	83.8
12	11	66	9	12	113.3
13	10	68	8	12	109.4

第一步，由以上数据，通过式(3-19)和式(3-20)由程序计算出 L 矩阵与 $R^{(0)}$ 矩阵，结果如下：

$$L = \begin{bmatrix} 403.231 & 233.923 & -362.385 & 753.038 & 233.923 \\ 2905.692 & 2905.692 & -166.538 & -3041.0 & 2292.954 \\ -362.385 & -166.538 & 492.308 & 38.0 & -618.231 \\ -276.0 & -3041.0 & 38.0 & 3362.0 & -2481.7 \\ 753.038 & 2292.954 & -618.231 & -2481.7 & 2715.763 \end{bmatrix}$$

$$R^{(0)} = \begin{bmatrix} 1.000 & 0.216 & -0.813 & -0.237 & 0.720 \\ 0.216 & 1.000 & -0.139 & -0.973 & 0.816 \\ -0.813 & -0.139 & 1.000 & 0.030 & -0.535 \\ -0.237 & -0.973 & 0.030 & 1.000 & -0.821 \\ 0.720 & 0.816 & -0.535 & -0.821 & 1.000 \end{bmatrix}$$

在进行引入与剔除变量之前，取显著性水平 $\alpha = 0.10$ ，通过查表确定引入与剔除标准的值分别为 $F_1 = F_2 = 3.80$ 。

第二步，由式(3-22)计算出 $p^{(0)}$ ：

$$p^{(0)} = [0.518 \quad 0.666 \quad 0.286 \quad 0.675]$$

其中， X_4 的偏回归平方和最大，为 0.675，接着进行 F 检验：

$$F = \frac{(n-2) \times p_4^{(0)}}{r_{55}^{(0)} - p_4^{(0)}} = 22.80 > F_1 = 3.80$$

故 X_4 对 Y 的影响显著，可以将其引入回归方程，同时取 $v = 4$ ，调用 R 矩阵计算函数，由 $R^{(0)}$ 变换为 $R^{(1)}$ ：

$$R^{(1)} = \begin{bmatrix} 0.944 & -0.015 & -0.806 & 0.237 & 0.914 \\ 0.447 & 0.053 & -0.111 & 0.973 & 1.615 \\ -0.820 & -0.168 & 0.999 & -0.030 & -0.559 \\ -0.237 & -0.973 & 0.030 & 1.000 & -0.821 \\ 0.914 & 1.615 & -0.559 & 0.821 & 0.325 \end{bmatrix}$$

第三步， X_4 是刚引入的变量，因此不会马上被剔除，此时考虑是否应该引入新变量，同样，由式(3-22)计算不在回归方程中的自变量的偏回归平方和：

$$p^{(1)} = [0.886 \quad 48.902 \quad 0.313]$$

可以看出，此时 X_2 的偏回归平方和最大，下面进行 F 检验：

$$F = \frac{(n-3) \times p_2^{(1)}}{r_{55}^{(1)} - p_2^{(1)}} = -10.067 < F_1 = 3.80$$

可以看出，不能将 X_2 引入回归方程，此时回归方程中既不能引入变量又不能剔除变量，逐步线性回归计算到此结束。

以下为软件计算后得出的逐步线性回归计算结果。

引入变量为 X_4 ，标准回归系数： $a = 0.8213$ 。

回归方程： $Y = -0.7382X_4 + 117.5679$ 。

剩余平方和： $S_1 = 0.3255$ 。

回归平方和： $S_2 = 0.6745$ 。

复相关系数： $R = 0.8213$ 。

算例 3-9　为研究医院所需的人力，某部门对所辖的 17 家医院调查了一组数据，共 6 个变量；x_1 为月平均每天患者人数，x_2 为月平均每天体检的人数，x_3 为月平均所占用床位的天数，x_4 为当地人口数除以 1000，x_5 为月平均每天做手术的台数，y 为月平均工作人员工作的小时数。表 3.10 为此次收集的数据，试用逐步线性回归分析哪些变量对 y 的影响最大[28]。

表 3.10　五元逐步线性回归算例

编号	x_1	x_2	x_3	x_4	x_5	y
1	15.57	2463	472.92	18.0	4.45	566.52
2	44.02	2048	1339.75	9.5	6.92	696.82
3	20.42	3940	620.25	12.8	4.28	1033.15
4	18.74	6505	568.33	36.7	3.90	1603.62
5	49.2	5723	1497.60	35.7	5.50	1611.37
6	44.92	11520	1365.83	24.0	4.60	1613.27
7	55.48	5779	1687.00	43.3	5.62	1854.17
8	59.28	5969	1639.92	46.7	5.15	2160.55
9	94.39	8461	2872.33	78.7	6.18	2305.58
10	128.02	20106	3655.08	180.5	6.15	3503.93
11	96.00	13313	2912.00	60.9	5.88	3571.89
12	131.42	10771	3921.00	103.7	4.88	3741.40
13	127.21	15543	3865.67	126.8	5.50	4026.52
14	252.90	36194	7684.10	157.7	7.00	1043.81
15	409.20	34703	12446.33	169.4	10.78	11732.17
16	463.70	39204	14098.40	331.4	7.05	15414.94
17	510.22	86533	15524.00	371.6	6.35	18854.45

第一步，由以上数据，通过式(3-19)和式(3-20)由程序计算出 $R^{(0)}$ 矩阵，结果如下：

$$R^{(0)}=\begin{bmatrix} 1.00 & 0.905 & 1.000 & 0.936 & 0.671 & 0.985 \\ 0.905 & 1.000 & 0.905 & 0.909 & 0.441 & 0.944 \\ 1.000 & 0.905 & 1.000 & 0.933 & 0.671 & 0.986 \\ 0.936 & 0.908 & 0.933 & 1.000 & 0.463 & 0.940 \\ 0.671 & 0.441 & 0.671 & 0.463 & 1.000 & 0.579 \\ 0.985 & 0.944 & 0.986 & 0.940 & 0.579 & 1.000 \end{bmatrix}$$

在进行引入与剔除变量之前，取显著性水平 $\alpha=0.10$ ，通过查表确定引入与剔除标准的值分别为 $F_1=F_2=2.22$ 。

第二步，由式(3-22)计算出 $p^{(0)}$：

$$p^{(0)}=\begin{bmatrix}0.971 & 0.891 & 0.972 & 0.884 & 0.335\end{bmatrix}$$

可以看出，此时 x_3 的偏回归平方和最大，为 0.972。下面进行 F 检验：

$$F=\frac{(n-2)\times p_4^{(0)}}{r_{55}^{(0)}-p_4^{(0)}}=524.204>F_1=2.22$$

因此，x_3 对于 y 是显著的，引入回归方程，取 $v=3$，由 $R^{(0)}$ 变换为 $R^{(1)}$：

$$R^{(1)}=\begin{bmatrix}0.0002 & 0.0003 & -1.0000 & 1.8688 & 1.3422 & 1.9715\\ 1.8107 & 0.1804 & -0.9053 & 1.7535 & 1.0488 & 1.8364\\ 1.0000 & 0.9053 & 1.0000 & 0.9332 & 0.6711 & 0.9860\\ 1.8688 & 1.7535 & -0.9332 & 0.1292 & 1.0891 & 1.8605\\ 1.3422 & 1.0488 & -0.6711 & -0.1634 & 0.5496 & 1.2403\\ 1.9715 & 0.8364 & -0.9860 & 0.2030 & -0.0831 & 0.0278\end{bmatrix}$$

第三步，x_3 是刚引入的变量，因此不会马上被剔除，此时考虑是否应该引入新变量。同样，利用式(3-22)计算不在回归方程中的自变量的偏回归平方和：

$$p^{(1)}=[20236.806 \quad 18.695 \quad 26.791 \quad 2.799]$$

可以看出，x_1 的偏回归平方和最大，为 20236.806。下面进行 F 检验：

$$F=\frac{(n-3)\times p_1^{(1)}}{r_{66}^{(1)}-p_1^{(1)}}=-14.00<F_1=2.22$$

故不能引入变量 x_1，此时回归方程中既不能引入变量又不能剔除变量，逐步线性回归计算到此结束。逐步线性回归计算结果如下。

引入变量为 x_3，标准回归系数：$a=0.986$。

回归方程：$y=1.1174x_3-28.1286$。

剩余平方和：$S_1=0.0278$。

回归平方和：$S_2=0.9722$。

复相关系数：$R=0.986$。

第 4 章　一元非线性回归

在许多实际问题中，变量之间的关系并非都是线性的，可能相当复杂。经常会碰到某些研究对象系统中的因变量与自变量之间呈现某种非线性关系。在非线性回归中，当只涉及一个自变量时，两个变量之间的回归分析称为一元非线性回归分析；若涉及多个自变量，则称为多元非线性回归分析。

在进行非线性回归分析时，大部分的回归方程通常可以通过适当的数学变换转换为线性模型。这样便可将非线性回归问题转换为线性回归问题来完成参数的估计、模型的拟合和应用，这类回归称为可线性化的非线性回归。然而，也有一些回归方程无法通过简单的数学变换转换为线性形式，则称为纯非线性回归，只能采用非线性方法对其进行估计。本章主要介绍一些常见的可线性化的一元非线性回归模型。

4.1　一元非线性回归模型的建立

假设某一自变量 x_i 与某一因变量 y_i 之间呈非线性关系，设一元非线性回归模型结构为

$$y_i = f(x_i, b_1, b_2, \cdots, b_r) + \varepsilon_i \tag{4-1}$$

式中，$b_1, b_2, \cdots, b_r$ 为待定参数；$i = 1, 2, \cdots, n$ 表示观测值的个数；ε_i 为随机误差项。参数 $b_1, b_2, \cdots, b_r$ 一般是未知的，需要根据 y_i 与 x_i 的观测值采用 LS 法估计得到。设 $\beta_1, \beta_2, \cdots, \beta_r$ 分别为参数 $b_1, b_2, \cdots, b_r$ 的 LS 估值，则可得一元非线性回归模型为

$$\hat{y}_i = f(x_i, \beta_1, \beta_2, \cdots, \beta_r) \tag{4-2}$$

式中，$\beta_1, \beta_2, \cdots, \beta_r$ 为常数；$i = 1, 2, \cdots, n$ 表示观测值的个数。

以下为九种可线性化的一元非线性回归模型，它们的函数模型及线性化数学变换过程如下。

(1) 指数函数模型：

$$y = a\mathrm{e}^{bx}$$

作变换：$y' = \ln y, x' = x$。化为线性关系：

$$y' = A + bx'$$

式中，$A=\ln a$。

(2) 幂函数模型：

$$y=ax^{b}$$

作变换：$y'=\ln y, x'=\ln x$。化为线性关系：

$$y'=A+bx'$$

式中，$A=\ln a$。

(3) 正态分布函数模型：

$$y=a\mathrm{e}^{bx^{2}}$$

作变换：$y'=\ln y, x'=x^{2}$。化为线性关系：

$$y'=A+bx'$$

式中，$A=\ln a$。

(4) 生长函数模型：

$$y=\frac{k}{1+a\mathrm{e}^{-bx}}$$

作变换：$y'=\ln\left(\frac{k}{y}-1\right), x'=-x$。化为线性关系：

$$y'=A+bx'$$

式中，$A=\ln a$。

(5) 双曲线函数模型：

$$y=\frac{x}{ax+b}$$

作变换：$y'=\frac{1}{y}, x'=\frac{1}{x}$。化为线性关系：

$$y'=a+bx'$$

(6) 生长曲线函数模型：

$$y=\mathrm{e}^{a+bx}$$

作变换：$y'=\ln y, x'=x$。化为线性关系：

$$y'=a+bx'$$

(7) 复合曲线函数模型：

$$y=ab^{x}$$

作变换：$y'=\ln y, x'=x$。化为线性关系：

$$y' = A+Bx'$$

式中，$A = \ln a$; $B = \ln b$。

(8) S 形曲线函数模型：

$$y = a\mathrm{e}^{b/x}$$

作变换：$y' = \ln y, x' = \dfrac{1}{x}$。化为线性关系：

$$y' = A + bx'$$

式中，$A = \ln a$。

(9) Logistic 曲线函数模型：

$$y = \frac{1}{a + b\mathrm{e}^{-x}}$$

作变换：$y' = \dfrac{1}{y}, x' = \mathrm{e}^{-x}$。化为线性关系：

$$y' = a + bx'$$

4.2　一元非线性回归的不同模型

4.2.1　间接观测值回归与直接观测值回归的定义[5]

可线性化的一元非线性回归模型的基本处理方法是通过数学变换将非线性模型转换为线性模型，然后用 LS 法计算回归系数。将非线性模型转换成线性模型有两种数学模型：一种是经过线性化后，以直接观测值的函数作为因变量，称为间接观测值回归；另一种是经过线性化后，以直接观测值作为因变量，称为直接观测值回归。

间接观测值回归是将一元非线性回归转换为一元线性回归的一种常用方法，其所得到的改正数是观测值函数的改正数。而直接观测值回归得到的改正数是观测值的改正数。

4.2.2　间接观测值回归与直接观测值回归的计算

以九种相对常见的一元非线性回归模型为例来说明间接观测值回归和直接观测值回归的计算过程。

1. 指数函数

函数模型为

$$y = a\mathrm{e}^{bx} \tag{4-3}$$

回归方程为

$$\hat{y} = \hat{a}\mathrm{e}^{\hat{b}x} \tag{4-4}$$

间接观测值回归的数学模型为

$$\ln y_i + \overline{v}_i = \ln\hat{a} + x_i\hat{b} \tag{4-5}$$

$$\overline{v}_i = \ln\hat{a} + x_i\hat{b} - \ln y_i \tag{4-6}$$

式中，$\overline{v}_i$是因变量$\ln y_i$的残差。

比较式(4-6)和式(2-3)，用 1、x_i和$\ln y_i$分别替换式(2-8)中的z_i、x_i和y_i，得到回归系数$\hat{a}$和$\hat{b}$的解为

$$\begin{cases} \hat{a} = \exp\left\{\dfrac{\sum x_i^2 \sum \ln y_i - \sum x_i \sum (x_i \ln y_i)}{n\sum x_i^2 - \sum x_i \sum x_i}\right\} \\ \hat{b} = \dfrac{n\sum (x_i \ln y_i) - \sum x_i \sum \ln y_i}{n\sum x_i^2 - \sum x_i \sum x_i} \end{cases} \tag{4-7}$$

直接观测值回归的数学模型为

$$\ln(y_i + v_i) = \ln\hat{a} + x_i\hat{b} \tag{4-8}$$

式中，v_i是因变量y_i的残差。

第一项用泰勒级数展开，可得

$$\ln y_i + \frac{v_i}{y_i} = \ln\hat{a} + x_i\hat{b} \tag{4-9}$$

$$v_i = y_i\ln\hat{a} + x_i y_i\hat{b} - y_i\ln y_i \tag{4-10}$$

比较式(4-10)和式(2-3)，用y_i、$x_i y_i$和$y_i\ln y_i$分别替换式(2-8)中的z_i、x_i和y_i，得到回归系数$\hat{a}$和$\hat{b}$的解为

$$\begin{cases} \hat{a} = \exp\left\{\dfrac{\sum (x_i^2 y_i^2) \sum (y_i^2 \ln y_i) - \sum (x_i y_i^2) \sum (x_i y_i^2 \ln y_i)}{\sum y_i^2 \sum (x_i^2 y_i^2) - \sum (x_i y_i^2) \sum (x_i y_i^2)}\right\} \\ \hat{b} = \dfrac{\sum y_i^2 \sum (x_i y_i^2 \ln y_i) - \sum (x_i y_i^2) \sum (y_i^2 \ln y_i)}{\sum y_i^2 \sum (x_i^2 y_i^2) - \sum (x_i y_i^2) \sum (x_i y_i^2)} \end{cases} \tag{4-11}$$

2. 幂函数

函数模型为

$$y = ax^b \tag{4-12}$$

回归方程为

$$\hat{y} = \hat{a}x^{\hat{b}} \tag{4-13}$$

间接观测值回归的数学模型为

$$\ln y_i + \overline{v}_i = \ln \hat{a} + \ln x_i \hat{b} \tag{4-14}$$

$$\overline{v}_i = \ln \hat{a} + \ln x_i \hat{b} - \ln y_i \tag{4-15}$$

式中，$\overline{v}_i$ 是因变量 $\ln y_i$ 的残差。

比较式(4-15)和式(2-3)，用 1、$\ln x_i$ 和 $\ln y_i$ 分别替换式(2-8)中的 z_i、x_i 和 y_i，得到回归系数 $\hat{a}$ 和 $\hat{b}$ 的解为

$$\begin{cases} \hat{a} = \exp\left\{\dfrac{\sum \ln^2 x_i \sum \ln y_i - \sum \ln x_i \sum (\ln x_i \ln y_i)}{n\sum \ln^2 x_i - \sum \ln x_i \sum \ln x_i}\right\} \\ \hat{b} = \dfrac{n\sum (\ln x_i \ln y_i) - \sum \ln x_i \sum \ln y_i}{n\sum \ln^2 x_i - \sum \ln x_i \sum \ln x_i} \end{cases} \tag{4-16}$$

直接观测值回归的数学模型为

$$\ln(y_i + v_i) = \ln \hat{a} + \ln x_i \hat{b} \tag{4-17}$$

式中，v_i 是因变量 y_i 的残差。

第一项用泰勒级数展开，可得

$$\ln y_i + \frac{v_i}{y_i} = \ln \hat{a} + \ln x_i \hat{b} \tag{4-18}$$

$$v_i = y_i \ln \hat{a} + y_i \ln x_i \hat{b} - y_i \ln y_i \tag{4-19}$$

比较式(4-19)和式(2-3)，用 y_i、$y_i \ln x_i$ 和 $y_i \ln y_i$ 分别替换式(2-8)中的 z_i、x_i 和 y_i，得到回归系数 $\hat{a}$ 和 $\hat{b}$ 的解为

$$\begin{cases} \hat{a} = \exp\left\{\dfrac{\sum (y_i^2 \ln^2 x_i) \sum (y_i^2 \ln y_i) - \sum (y_i^2 \ln x_i) \sum (y_i^2 \ln x_i \ln y_i)}{\sum y_i^2 \sum (y_i^2 \ln^2 x_i) - \sum (y_i^2 \ln x_i) \sum (y_i^2 \ln x_i)}\right\} \\ \hat{b} = \dfrac{\sum y_i^2 \sum (y_i^2 \ln x_i \ln y_i) - \sum (y_i^2 \ln x_i) \sum (y_i^2 \ln y_i)}{\sum y_i^2 \sum (y_i^2 \ln^2 x_i) - \sum (y_i^2 \ln x_i) \sum (y_i^2 \ln x_i)} \end{cases} \tag{4-20}$$

3. 正态分布函数

函数模型为

$$y = a\mathrm{e}^{bx^2} \tag{4-21}$$

回归方程为

$$\hat{y} = \hat{a}e^{\hat{b}x^2} \tag{4-22}$$

间接观测值回归的数学模型为

$$\ln y_i + \overline{v}_i = \ln \hat{a} + x_i^2 \hat{b} \tag{4-23}$$

$$\overline{v}_i = \ln \hat{a} + x_i^2 \hat{b} - \ln y_i \tag{4-24}$$

式中，$\overline{v}_i$ 是因变量 $\ln y_i$ 的残差。

比较式(4-24)和式(2-3)，用 1、x_i^2 和 $\ln y_i$ 分别替换式(2-8)中的 z_i、x_i 和 y_i，得到回归系数 $\hat{a}$ 和 $\hat{b}$ 的解为

$$\begin{cases} \hat{a} = \exp\left\{ \dfrac{\sum x_i^4 \sum(\ln y_i) - \sum x_i^2 \sum(x_i^2 \ln y_i)}{n\sum x_i^4 - \sum x_i^2 \sum x_i^2} \right\} \\ \hat{b} = \dfrac{n\sum(x_i^2 \ln y_i) - \sum x_i^2 \sum(\ln y_i)}{n\sum x_i^4 - \sum x_i^2 \sum x_i^2} \end{cases} \tag{4-25}$$

直接观测值回归的数学模型为

$$\ln(y_i + v_i) = \ln \hat{a} + x_i^2 \hat{b} \tag{4-26}$$

式中，v_i 是因变量 y_i 的残差。

第一项用泰勒级数展开，可得

$$\ln y_i + \frac{v_i}{y_i} = \ln \hat{a} + x_i^2 \hat{b} \tag{4-27}$$

$$v_i = y_i \ln \hat{a} + x_i^2 y_i \hat{b} - y_i \ln y_i \tag{4-28}$$

比较式(4-28)和式(2-3)，用 y_i、$x_i^2 y_i$ 和 $y_i \ln y_i$ 分别替换式(2-8)中的 z_i、x_i 和 y_i，得到回归系数 $\hat{a}$ 和 $\hat{b}$ 的解为

$$\begin{cases} \hat{a} = \exp\left\{ \dfrac{\sum(x_i^4 y_i^2)\sum(y_i^2 \ln y_i) - \sum(x_i^2 y_i^2)\sum(x_i^2 y_i^2 \ln y_i)}{\sum y_i^2 \sum(x_i^4 y_i^2) - \sum(x_i^2 y_i^2)\sum(x_i^2 y_i^2)} \right\} \\ \hat{b} = \dfrac{\sum y_i^2 \sum(x_i^2 y_i^2 \ln y_i) - \sum(x_i^2 y_i^2)\sum(y_i^2 \ln y_i)}{\sum y_i^2 \sum(x_i^4 y_i^2) - \sum(x_i^2 y_i^2)\sum(x_i^2 y_i^2)} \end{cases} \tag{4-29}$$

4. 生长函数(逻辑函数)

函数模型为

$$y = \frac{k}{1 + ae^{-bx}} \tag{4-30}$$

回归方程为

$$\hat{y}=\frac{k}{1+\hat{a}\mathrm{e}^{-\hat{b}x}} \tag{4-31}$$

间接观测值回归的数学模型为

$$\ln\left(\frac{k}{y_i}-1\right)+\overline{v}_i=\ln\hat{a}-x_i\hat{b} \tag{4-32}$$

$$\overline{v}_i=\ln\hat{a}-x_i\hat{b}-\ln\left(\frac{k}{y_i}-1\right) \tag{4-33}$$

式中，$\overline{v}_i$ 是因变量 $\ln\left(\frac{k}{y_i}-1\right)$ 的残差。

比较式(4-33)和式(2-3)，用 1、$-x_i$ 和 $\ln\left(\frac{k}{y_i}-1\right)$ 分别替换式(2-8)中的 z_i、x_i 和 y_i，得到回归系数 $\hat{a}$ 和 $\hat{b}$ 的解为

$$\begin{cases}\hat{a}=\exp\left\{\dfrac{\sum x_i^2\sum\left(\ln\left(\dfrac{k}{y_i}-1\right)\right)-\sum x_i\sum\left(x_i\ln\left(\dfrac{k}{y_i}-1\right)\right)}{n\sum x_i^2-\sum x_i\sum x_i}\right\}\\ \hat{b}=\dfrac{n\sum\left(-x_i\ln\left(\dfrac{k}{y_i}-1\right)\right)-\sum(-x_i)\sum\left(\ln\left(\dfrac{k}{y_i}-1\right)\right)}{n\sum x_i^2-\sum x_i\sum x_i}\end{cases} \tag{4-34}$$

直接观测值回归的数学模型为

$$\ln\left(\frac{k}{y_i+v_i}-1\right)=\ln\hat{a}-x_i\hat{b} \tag{4-35}$$

式中，v_i 是因变量 y_i 的残差。

第一项用泰勒级数展开，可得

$$\frac{y_i(y_i-k)}{k}\ln\left(\frac{k}{y_i}-1\right)+v_i=\frac{y_i(y_i-k)}{k}\ln\hat{a}-\frac{y_i(y_i-k)}{k}x_i\hat{b} \tag{4-36}$$

$$v_i=\frac{y_i(y_i-k)}{k}\ln\hat{a}-\frac{y_i(y_i-k)}{k}x_i\hat{b}-\frac{y_i(y_i-k)}{k}\ln\left(\frac{k}{y_i}-1\right) \tag{4-37}$$

比较式(4-37)和式(2-3)，用 $\frac{y_i(y_i-k)}{k}$、$-\frac{y_i(y_i-k)x_i}{k}$ 和 $\frac{y_i(y_i-k)}{k}\ln\left(\frac{k}{y_i}-1\right)$ 分别替换式(2-8)中的 z_i、x_i 和 y_i，得到回归系数 $\hat{a}$ 和 $\hat{b}$ 的解为

$$\begin{cases} \hat{a} = \exp\left\{ \dfrac{\sum \dot{x}_i^2 \sum (\dot{y}_i \dot{z}_i) - \sum (\dot{x}_i \dot{z}_i) \sum (\dot{x}_i \dot{y}_i)}{\sum \dot{z}_i^2 \sum \dot{x}_i^2 - \sum (\dot{x}_i \dot{z}_i) \sum (\dot{x}_i \dot{z}_i)} \right\} \\ \hat{b} = \dfrac{\sum \dot{z}_i^2 \sum (\dot{x}_i \dot{y}_i) - \sum (\dot{x}_i \dot{z}_i) \sum (\dot{y}_i \dot{z}_i)}{\sum \dot{z}_i^2 \sum \dot{x}_i^2 - \sum (\dot{x}_i \dot{z}_i) \sum (\dot{x}_i \dot{z}_i)} \end{cases} \tag{4-38}$$

式中，$\dot{z}_i = \dfrac{y_i (y_i - k)}{k}$；$\dot{x}_i = -\dfrac{y_i (y_i - k) x_i}{k}$；$\dot{y}_i = \dfrac{y_i (y_i - k)}{k} \ln\left(\dfrac{k}{y_i} - 1 \right)$。

5. 双曲线函数

函数模型为

$$y = \frac{x}{ax + b} \tag{4-39}$$

回归方程为

$$\hat{y} = \frac{x}{\hat{a}x + \hat{b}} \tag{4-40}$$

间接观测值回归的数学模型为

$$\frac{1}{y_i} + \overline{v}_i = \hat{a} + \frac{1}{x_i} \hat{b} \tag{4-41}$$

$$\overline{v}_i = \hat{a} + \frac{1}{x_i} \hat{b} - \frac{1}{y_i} \tag{4-42}$$

式中，$\overline{v}_i$ 是因变量 $\dfrac{1}{y_i}$ 的残差。

比较式(4-42)和式(2-3)，用 1、$\dfrac{1}{x_i}$ 和 $\dfrac{1}{y_i}$ 分别替换式(2-7)中的 z_i、x_i 和 y_i，得到回归系数 $\hat{a}$ 和 $\hat{b}$ 的解为

$$\begin{cases} \hat{a} = \dfrac{\sum \dfrac{1}{x_i^2} \sum \dfrac{1}{y_i} - \sum \dfrac{1}{x_i} \sum \dfrac{1}{x_i y_i}}{n \sum \dfrac{1}{x_i^2} - \sum \dfrac{1}{x_i} \sum \dfrac{1}{x_i}} \\ \hat{b} = \dfrac{n \sum \dfrac{1}{x_i y_i} - \sum \dfrac{1}{x_i} \sum \dfrac{1}{y_i}}{n \sum \dfrac{1}{x_i^2} - \sum \dfrac{1}{x_i} \sum \dfrac{1}{x_i}} \end{cases} \tag{4-43}$$

直接观测值回归的数学模型为

$$\frac{1}{y_i + v_i} = \hat{a} + \frac{1}{x_i}\hat{b} \tag{4-44}$$

式中，v_i 是因变量 y_i 的残差。

第一项用泰勒级数展开，可得

$$\frac{1}{y_i}\left(1 - \frac{v_i}{y_i}\right) = \hat{a} + \frac{1}{x_i}\hat{b} \tag{4-45}$$

$$v_i = -y_i^2\hat{a} - \frac{y_i^2}{x_i}\hat{b} + y_i \tag{4-46}$$

比较式(4-46)和式(2-3)，用 $-y_i^2$、$-\frac{y_i^2}{x_i}$ 和 $-y_i$ 分别替换式(2-7)中的 z_i、x_i 和 y_i，得到回归系数 $\hat{a}$ 和 $\hat{b}$ 的解为

$$\begin{cases} \hat{a} = \dfrac{\sum\dfrac{y_i^4}{x_i^2}\sum y_i^3 - \sum\dfrac{y_i^4}{x_i}\sum\dfrac{y_i^3}{x_i}}{\sum y_i^4\sum\dfrac{y_i^4}{x_i^2} - \sum\dfrac{y_i^4}{x_i}\sum\dfrac{y_i^4}{x_i}} \\ \hat{b} = \dfrac{\sum y_i^4\sum\dfrac{y_i^3}{x_i} - \sum\dfrac{y_i^4}{x_i}\sum y_i^3}{\sum y_i^4\sum\dfrac{y_i^4}{x_i^2} - \sum\dfrac{y_i^4}{x_i}\sum\dfrac{y_i^4}{x_i}} \end{cases} \tag{4-47}$$

6. 生长曲线函数

函数模型为

$$y = \mathrm{e}^{a+bx} \tag{4-48}$$

回归方程为

$$\hat{y} = \mathrm{e}^{\hat{a}+\hat{b}x} \tag{4-49}$$

间接观测值回归的数学模型为

$$\ln y_i + \overline{v}_i = \hat{a} + x_i\hat{b} \tag{4-50}$$

$$\overline{v}_i = \hat{a} + x_i\hat{b} - \ln y_i \tag{4-51}$$

式中，$\overline{v}_i$ 是因变量 $\ln y_i$ 的残差。

比较式(4-51)和式(2-3)，用 1、x_i 和 $\ln y_i$ 分别替换式(2-7)中的 z_i、x_i 和 y_i，得到回归系数 $\hat{a}$ 和 $\hat{b}$ 的解为

$$
\begin{cases}
\hat{a} = \dfrac{\sum x_i^2 \sum(\ln y_i) - \sum x_i \sum(x_i \ln y_i)}{n\sum x_i^2 - \sum x_i \sum x_i} \\
\hat{b} = \dfrac{n\sum(x_i \ln y_i) - \sum x_i \sum(\ln y_i)}{n\sum x_i^2 - \sum x_i \sum x_i}
\end{cases} \tag{4-52}
$$

直接观测值回归的数学模型为

$$\ln(y_i + v_i) = \hat{a} + x_i\hat{b} \tag{4-53}$$

式中，v_i 是因变量 y_i 的残差。

第一项用泰勒级数展开，可得

$$\ln y_i + \frac{v_i}{y_i} = \hat{a} + x_i\hat{b} \tag{4-54}$$

$$v_i = y_i\hat{a} + y_i x_i\hat{b} - y_i \ln y_i \tag{4-55}$$

比较式(4-55)和式(2-3)，用 y_i、$y_i x_i$ 和 $y_i \ln y_i$ 分别替换式(2-7)中的 z_i、x_i 和 y_i，得到回归系数 $\hat{a}$ 和 $\hat{b}$ 的解为

$$
\begin{cases}
\hat{a} = \dfrac{\sum(x_i^2 y_i^2)\sum(y_i^2 \ln y_i) - \sum(x_i y_i^2)\sum(x_i y_i^2 \ln y_i)}{\sum y_i^2 \sum(x_i^2 y_i^2) - \sum(x_i y_i^2)\sum(x_i y_i^2)} \\
\hat{b} = \dfrac{\sum y_i^2 \sum(x_i y_i^2 \ln y_i) - \sum(x_i y_i^2)\sum(y_i^2 \ln y_i)}{\sum y_i^2 \sum(x_i^2 y_i^2) - \sum(x_i y_i^2)\sum(x_i y_i^2)}
\end{cases} \tag{4-56}
$$

7. 复合曲线函数

函数模型为

$$y = ab^x \tag{4-57}$$

回归方程为

$$\hat{y} = \hat{a}\hat{b}^x \tag{4-58}$$

间接观测值回归的数学模型为

$$\ln y_i + \overline{v}_i = \ln\hat{a} + x_i \ln\hat{b} \tag{4-59}$$

$$\overline{v}_i = \ln\hat{a} + x_i \ln\hat{b} - \ln y_i \tag{4-60}$$

式中，$\overline{v}_i$ 是因变量 $\ln y_i$ 的残差。

比较式(4-60)和式(2-3)，用 1、x_i、$\ln\hat{b}$ 和 $\ln y_i$ 分别替换式(2-8)中的 z_i、x_i、$\hat{b}$ 和 y_i，得到回归系数 $\hat{a}$ 和 $\hat{b}$ 的解为

$$\begin{cases} \hat{a} = \exp\left\{\dfrac{\sum x_i^2 \sum(\ln y_i) - \sum x_i \sum(x_i \ln y_i)}{n\sum x_i^2 - \sum x_i \sum x_i}\right\} \\ \hat{b} = \exp\left\{\dfrac{n\sum(x_i \ln y_i) - \sum x_i \sum(\ln y_i)}{n\sum x_i^2 - \sum x_i \sum x_i}\right\} \end{cases} \tag{4-61}$$

直接观测值回归的数学模型为

$$\ln(y_i + v_i) = \ln \hat{a} + x_i \ln \hat{b} \tag{4-62}$$

式中，v_i 是因变量 y_i 的残差。

第一项用泰勒级数展开，可得

$$\ln y_i + \frac{v_i}{y_i} = \ln \hat{a} + x_i \ln \hat{b} \tag{4-63}$$

$$v_i = y_i \ln \hat{a} + y_i x_i \ln \hat{b} - y_i \ln y_i \tag{4-64}$$

比较式(4-64)和式(2-3)，用 y_i 、$y_i x_i$ 、$\ln \hat{b}$ 和 $y_i \ln y_i$ 分别替换式(2-8)中的 z_i 、x_i 、$\hat{b}$ 和 y_i，得到回归系数 $\hat{a}$ 和 $\hat{b}$ 的解为

$$\begin{cases} \hat{a} = \exp\left\{\dfrac{\sum(x_i^2 y_i^2)\sum(y_i^2 \ln y_i) - \sum(x_i y_i^2)\sum(x_i y_i^2 \ln y_i)}{\sum y_i^2 \sum(x_i^2 y_i^2) - \sum(x_i y_i^2)\sum(x_i y_i^2)}\right\} \\ \hat{b} = \exp\left\{\dfrac{\sum y_i^2 \sum(x_i y_i^2 \ln y_i) - \sum(x_i y_i^2)\sum(y_i^2 \ln y_i)}{\sum y_i^2 \sum(x_i^2 y_i^2) - \sum(x_i y_i^2)\sum(x_i y_i^2)}\right\} \end{cases} \tag{4-65}$$

8. S 形曲线函数

函数模型为

$$y = a\mathrm{e}^{b/x} \tag{4-66}$$

回归方程为

$$\hat{y} = \hat{a}\mathrm{e}^{\hat{b}/x} \tag{4-67}$$

间接观测值回归的数学模型为

$$\ln y_i + \overline{v}_i = \ln \hat{a} + \frac{\hat{b}}{x_i} \tag{4-68}$$

$$\overline{v}_i = \ln \hat{a} + \frac{1}{x_i}\hat{b} - \ln y_i \tag{4-69}$$

式中，$\overline{v}_i$ 是因变量 $\ln y_i$ 的残差。

比较式(4-69)和式(2-3)，用 1、$\frac{1}{x_i}$ 和 $\ln y_i$ 分别替换式(2-8)中的 z_i、x_i 和 y_i，得到回归系数 $\hat{a}$ 和 $\hat{b}$ 的解为

$$\begin{cases} \hat{a} = \exp\left\{ \dfrac{\sum \frac{1}{x_i^2} \sum (\ln y_i) - \sum \frac{1}{x_i} \sum \left(\frac{1}{x_i} \ln y_i \right)}{n \sum \frac{1}{x_i^2} - \sum \frac{1}{x_i} \sum \frac{1}{x_i}} \right\} \\ \hat{b} = \dfrac{n \sum \left(\frac{1}{x_i} \ln y_i \right) - \sum \frac{1}{x_i} \sum (\ln y_i)}{n \sum \frac{1}{x_i^2} - \sum \frac{1}{x_i} \sum \frac{1}{x_i}} \end{cases} \tag{4-70}$$

直接观测回归的数学模型为

$$\ln(y_i + v_i) = \ln \hat{a} + \frac{1}{x_i} \hat{b} \tag{4-71}$$

式中，v_i 是因变量 y_i 的残差。

第一项用泰勒级数展开，可得

$$\ln y_i + \frac{v_i}{y_i} = \ln \hat{a} + \frac{1}{x_i} \hat{b} \tag{4-72}$$

$$v_i = y_i \ln \hat{a} + \frac{y_i}{x_i} \hat{b} - y_i \ln y_i \tag{4-73}$$

比较式(4-73)和式(2-3)，用 y_i、$\frac{y_i}{x_i}$ 和 $y_i \ln y_i$ 分别替换式(2-8)中的 z_i、x_i 和 y_i，得到回归系数 $\hat{a}$ 和 $\hat{b}$ 的解为

$$\begin{cases} \hat{a} = \exp\left\{ \dfrac{\sum \frac{y_i^2}{x_i^2} \sum (y_i^2 \ln y_i) - \sum \frac{y_i^2}{x_i} \sum \left(\frac{y_i^2}{x_i} \ln y_i \right)}{\sum y_i^2 \sum \frac{y_i^2}{x_i^2} - \sum \frac{y_i^2}{x_i} \sum \frac{y_i^2}{x_i}} \right\} \\ \hat{b} = \dfrac{\sum y_i^2 \sum \left(\frac{y_i^2}{x_i} \ln y_i \right) - \sum \frac{y_i^2}{x_i} \sum (y_i^2 \ln y_i)}{\sum y_i^2 \sum \frac{y_i^2}{x_i^2} - \sum \frac{y_i^2}{x_i} \sum \frac{y_i^2}{x_i}} \end{cases} \tag{4-74}$$

9. Logistic 曲线函数

函数模型为

$$y = \frac{1}{a + b\mathrm{e}^{-x}} \tag{4-75}$$

回归方程为

$$\hat{y} = \frac{1}{\hat{a} + \hat{b}\mathrm{e}^{-x}} \tag{4-76}$$

间接观测值回归的数学模型为

$$\frac{1}{y_i} + \overline{v}_i = \hat{a} + \mathrm{e}^{-x_i}\hat{b} \tag{4-77}$$

$$\overline{v}_i = \hat{a} + \mathrm{e}^{-x_i}\hat{b} - \frac{1}{y_i} \tag{4-78}$$

式中，$\overline{v}_i$ 是因变量 $\frac{1}{y_i}$ 的残差。

比较式(4-78)和式(2-3)，用 1、e^{-x_i} 和 $\frac{1}{y_i}$ 分别替换式(2-7)中的 z_i 、x_i 和 y_i，得到回归系数 $\hat{a}$ 和 $\hat{b}$ 的解为

$$\begin{cases} \hat{a} = \dfrac{\sum \mathrm{e}^{-2x_i} \sum \dfrac{1}{y_i} - \sum \mathrm{e}^{-x_i} \sum \dfrac{\mathrm{e}^{-x_i}}{y_i}}{n\sum \mathrm{e}^{-2x_i} - \sum \mathrm{e}^{-x_i} \sum \mathrm{e}^{-x_i}} \\ \hat{b} = \dfrac{n\sum \dfrac{\mathrm{e}^{-x_i}}{y_i} - \sum \mathrm{e}^{-x_i} \sum \dfrac{1}{y_i}}{n\sum \mathrm{e}^{-2x_i} - \sum \mathrm{e}^{-x_i} \sum \mathrm{e}^{-x_i}} \end{cases} \tag{4-79}$$

直接观测值回归的数学模型为

$$\frac{1}{y_i + v_i} = \hat{a} - \mathrm{e}^{-x_i}\hat{b} \tag{4-80}$$

式中，v_i 是因变量 y_i 的残差。

第一项用泰勒级数展开，可得

$$\frac{1}{y_i}\left(1 - \frac{v_i}{y_i}\right) = \hat{a} - \mathrm{e}^{-x_i}\hat{b} \tag{4-81}$$

$$v_i = -y_i^2\hat{a} - y_i^2\mathrm{e}^{-x_i}\hat{b} + y_i \tag{4-82}$$

比较式(4-82)和式(2-3)，用 $-y_i^2$ 、$-y_i^2\mathrm{e}^{-x_i}$ 和 $-y_i$ 分别替换式(2-7)中的 z_i 、x_i 和 y_i，得到回归系数 $\hat{a}$ 和 $\hat{b}$ 的解为

$$\begin{cases}\hat{a}=\dfrac{\sum\left(y_i^4\mathrm{e}^{-2x_i}\right)\sum y_i^3-\sum\left(y_i^4\mathrm{e}^{-x_i}\right)\sum\left(y_i^3\mathrm{e}^{-x_i}\right)}{\sum y_i^4\sum\left(y_i^4\mathrm{e}^{-2x_i}\right)-\sum\left(y_i^4\mathrm{e}^{-x_i}\right)\sum\left(y_i^4\mathrm{e}^{-x_i}\right)}\\ \hat{b}=\dfrac{\sum y_i^4\sum\left(y_i^3\mathrm{e}^{-x_i}\right)-\sum\left(y_i^4\mathrm{e}^{-x_i}\right)\sum\left(y_i^3\right)}{\sum y_i^4\sum\left(y_i^4\mathrm{e}^{-2x_i}\right)-\sum\left(y_i^4\mathrm{e}^{-x_i}\right)\sum\left(y_i^4\mathrm{e}^{-x_i}\right)}\end{cases}\tag{4-83}$$

4.2.3　间接观测值回归与直接观测值回归的算例

算例 4-1　指数函数

函数模型：$\tilde{y}=a\mathrm{e}^{bx}$。

理论回归系数：$a=12.5$，$b=0.5$。

用三组不同大小的自变量 X_A、X_B 和 X_C 分别计算三组因变量的真值 Y_A、Y_B 和 Y_C。三组因变量 Y_A、Y_B 和 Y_C 的区别在于，因变量 Y_A 之间数值差异小，因变量 Y_B 之间数值差异中，因变量 Y_C 之间数值差异大。模拟一组观测值的真误差 $\varDelta$，进而用 Y_A、Y_B 和 Y_C 分别加真误差 $\varDelta$ 得到模拟观测值 L_A、L_B 和 L_C，见表 4.1、表 4.2 和表 4.3。分别用间接观测值回归和直接观测值回归对每一组模拟观测值进行计算，模拟观测值数值差异小的计算结果见表 4.1，模拟观测值数值差异中的计算结果见表 4.2，模拟观测值数值差异大的计算结果见表 4.3。

表 4.1　指数函数观测值之间数值差异小时两种方法的比较

序号	Y_A	X_A	$\varDelta$	L_A	LI	FLI	LD	FLD
1	20.609	1.0	0.8	21.409	20.103	0.506	20.187	0.422
2	21.666	1.1	–2.2	19.466	21.223	0.443	21.307	0.359
3	22.776	1.2	0.1	22.876	22.405	0.371	22.490	0.286
4	23.944	1.3	0.4	24.344	23.653	0.291	23.738	0.206
5	25.172	1.4	–1.3	23.872	24.971	0.201	25.055	0.117
6	26.463	1.5	–0.5	25.963	26.361	0.102	26.446	0.017
7	27.819	1.6	0.9	28.719	27.830	–0.011	27.914	–0.095
8	29.246	1.7	–0.7	28.546	29.380	–0.134	29.463	–0.217
9	30.745	1.8	1.8	32.545	31.017	–0.272	31.099	–0.354
10	32.321	1.9	–0.2	32.121	32.744	–0.423	32.825	–0.504
MSRTE	—	—	—	—	—	0.32	—	0.30

注：Y_A 表示观测值的真值，X_A 表示自变量，$\varDelta$ 表示真误差，L_A 表示模拟观测值；LI 表示间接观测值回归的观测值的估值，FLI 表示间接观测值回归的观测值的估值的残余真误差；LD 表示直接观测值回归的观测值的估值，FLD 表示直接观测值回归的观测值的估值的残余真误差；MSRTE 表示残余真误差均方误差。表 4.2～表 4.9 中的数值含义与表 4.1 相同。

表 4.2 指数函数观测值之间数值差异中时两种方法的比较

序号	Y_B	X_B	Δ	L_B	LI	FLI	LD	FLD
1	20.609	1.0	0.8	21.409	20.331	0.278	20.420	0.189
2	26.463	1.5	−2.2	24.263	26.154	0.309	26.256	0.207
3	33.979	2.0	0.1	34.079	33.644	0.335	33.761	0.218
4	43.629	2.5	0.4	44.029	43.281	0.348	43.410	0.219
5	56.021	3.0	−1.3	54.721	55.677	0.344	55.817	0.204
6	71.933	3.5	−0.5	71.433	71.624	0.309	71.771	0.162
7	92.363	4.0	0.9	93.263	92.138	0.225	92.284	0.079
8	118.597	4.5	−0.7	117.897	118.528	0.069	118.660	−0.063
9	152.281	5.0	1.8	154.081	152.477	−0.196	152.574	−0.293
10	195.533	5.5	−0.2	195.333	196.149	−0.616	196.182	−0.649
MSRTE	—	—	—	—	—	0.33	—	0.28

表 4.3 指数函数观测值之间数值差异大时两种方法的比较

序号	Y_C	X_C	Δ	L_C	LI	FLI	LD	FLD
1	20.609	1.0	0.8	21.409	20.482	0.127	20.610	−0.001
2	33.979	2.0	−2.2	31.779	33.793	0.186	33.980	−0.001
3	56.021	3.0	0.1	56.121	55.756	0.265	56.025	−0.004
4	92.363	4.0	0.4	92.763	91.993	0.370	92.372	−0.009
5	152.281	5.0	−1.3	150.981	151.781	0.500	152.300	−0.019
6	251.069	6.0	−0.5	250.569	250.426	0.643	251.106	−0.037
7	413.943	7.0	0.9	414.843	413.183	0.760	414.013	−0.070
8	682.477	8.0	−0.7	681.777	681.719	0.758	682.608	−0.131
9	1125.214	9.0	1.8	1127.014	1124.783	0.431	1125.457	−0.243
10	1855.164	10.0	−0.2	1854.964	1855.803	−0.639	1855.607	−0.443
MSRTE	—	—	—	—	—	0.52	—	0.17

对于因变量之间数值差异小的情形(表 4.1)，间接观测值回归的残余真误差均方误差为 0.32，直接观测值回归的残余真误差均方误差为 0.30，两者的回归结果差异不显著。对于因变量之间数值差异中的情形(表 4.2)，间接观测值回归的残余

真误差均方误差为 0.33，直接观测值回归的残余真误差均方误差为 0.28，两者的回归结果具有一定的差异。对于因变量之间数值差异大的情形(表 4.3)，间接观测值回归的残余真误差均方误差为 0.52，直接观测值回归的残余真误差均方误差为 0.17，两者回归结果的差异十分显著。因此，直接观测值回归的结果优于间接观测值回归的结果，特别是当因变量之间的数值差异大时。

算例 4-2　幂函数

函数模型：$\tilde{y} = ax^b$。

理论回归系数：$a = 12.5$，$b = 1.5$。

用三组不同大小的自变量 X_A、X_B 和 X_C 分别计算三组因变量的真值 Y_A、Y_B 和 Y_C。三组因变量 Y_A、Y_B 和 Y_C 的区别在于，因变量 Y_A 之间数值差异小，因变量 Y_B 之间数值差异中，因变量 Y_C 之间数值差异大。模拟一组观测值的真误差 $\varDelta$，进而用 Y_A、Y_B 和 Y_C 分别加真误差 $\varDelta$ 得到模拟观测值 L_A、L_B 和 L_C，见表 4.4、表 4.5 和表 4.6。分别用间接观测值回归和直接观测值回归对每一组模拟观测值进行计算，模拟观测值数值差异小的计算结果见表 4.4，模拟观测值数值差异中的计算结果见表 4.5，模拟观测值数值差异大的计算结果见表 4.6。

表 4.4　幂函数观测值之间数值差异小时两种方法的比较

序号	Y_A	X_A	$\varDelta$	L_A	LI	FLI	LD	FLD
1	12.500	1.0	0.8	13.300	12.084	0.416	12.141	0.359
2	14.421	1.1	−2.2	12.221	14.031	0.390	14.101	0.320
3	16.432	1.2	0.1	16.532	16.083	0.349	16.165	0.267
4	18.528	1.3	0.4	18.928	18.233	0.295	18.329	0.199
5	20.706	1.4	−1.3	19.406	20.480	0.226	20.591	0.115
6	22.964	1.5	−0.5	22.464	22.820	0.144	22.947	0.017
7	25.298	1.6	0.9	26.198	25.251	0.047	25.393	−0.095
8	27.707	1.7	−0.7	27.007	27.769	−0.062	27.929	−0.222
9	30.187	1.8	1.8	31.987	30.373	−0.186	30.551	−0.364
10	32.737	1.9	−0.2	32.537	33.060	−0.323	33.258	−0.521
MSRTE	—	—	—	—	—	0.27	—	0.29

表 4.5　幂函数观测值之间数值差异中时两种方法的比较

序号	Y_B	X_B	$\varDelta$	L_B	LI	FLI	LD	FLD
1	12.500	1.0	0.8	13.300	12.440	0.060	12.258	0.242
2	22.964	1.5	−2.2	20.764	22.863	0.101	22.646	0.318
3	35.355	2.0	0.1	35.455	35.208	0.147	35.005	0.350

续表

序号	Y_B	X_B	Δ	L_B	LI	FLI	LD	FLD
4	49.411	2.5	0.4	49.811	49.215	0.196	49.073	0.338
5	64.952	3.0	−1.3	63.652	64.706	0.246	64.672	0.280
6	81.849	3.5	−0.5	81.349	81.551	0.298	81.670	0.179
7	100.000	4.0	0.9	100.900	99.648	0.352	99.967	0.033
8	119.324	4.5	−0.7	118.624	118.917	0.407	119.479	−0.155
9	139.754	5.0	1.8	141.554	139.291	0.463	140.141	−0.387
10	161.233	5.5	−0.2	161.033	160.712	0.521	161.893	−0.660
MSRTE	—	—	—	—	—	0.31	—	0.33

表 4.6　幂函数观测值之间数值差异大时两种方法的比较

序号	Y_C	X_C	Δ	L_C	LI	FLI	LD	FLD
1	12.500	1.0	0.8	13.300	12.658	−0.158	12.351	0.149
2	35.355	2.0	−2.2	33.155	35.592	−0.237	35.079	0.276
3	64.952	3.0	0.1	65.052	65.163	−0.211	64.601	0.351
4	100.000	4.0	0.4	100.400	100.082	−0.082	99.631	0.369
5	139.754	5.0	−1.3	138.454	139.605	0.149	139.424	0.330
6	183.712	6.0	−0.5	183.212	183.234	0.478	183.477	0.235
7	231.503	7.0	0.9	232.403	230.601	0.902	231.420	0.083
8	282.843	8.0	−0.7	282.143	281.423	1.420	282.966	−0.123
9	337.500	9.0	1.8	339.300	335.472	2.028	337.884	−0.384
10	395.285	10.0	−0.2	395.085	392.560	2.725	395.983	−0.698
MSRTE	—	—	—	—	—	1.21	—	0.34

对于因变量之间数值差异小的情形(表 4.4)，间接观测值回归的残余真误差均方误差为 0.27，直接观测值回归的残余真误差均方误差为 0.29，两者的回归结果差异不显著。对于因变量之间数值差异中的情形(表 4.5)，间接观测值回归的残余真误差均方误差为 0.31，直接观测值回归的残余真误差均方误差为 0.33，两者的回归结果差异不显著。对于因变量之间数值差异大的情形(表 4.6)，间接观测值回归的残余真误差均方误差为 1.21，直接观测值回归的残余真误差均方误差为 0.34，两者回归结果的差异十分显著。因此，直接观测值回归的结果优于间接观测值回归的结果，特别是当因变量之间的数值差异大时。

算例 4-3　正态分布函数

函数模型：$\tilde{y}=ae^{bx^2}$。

理论回归系数：$a=12.5,b=0.08$。

用三组不同大小的自变量 X_A、X_B 和 X_C 分别计算三组因变量的真值 Y_A、Y_B 和 Y_C。三组因变量 Y_A、Y_B 和 Y_C 的区别在于，因变量 Y_A 之间数值差异小，因变量 Y_B 之间数值差异中，因变量 Y_C 之间数值差异大。模拟一组观测值的真误差 Δ，进而用 Y_A、Y_B 和 Y_C 分别加真误差 Δ 得到模拟观测值 L_A、L_B 和 L_C，见表 4.7、表 4.8 和表 4.9。分别用间接观测值回归和直接观测值回归对每一组模拟观测值进行计算，模拟观测值数值差异小的计算结果见表 4.7，模拟观测值数值差异中的计算结果见表 4.8，模拟观测值数值差异大的计算结果见表 4.9。

表 4.7　正态分布函数观测值之间数值差异小时两种方法的比较

序号	Y_A	X_A	Δ	L_A	LI	FLI	LD	FLD
1	13.541	1.0	0.8	14.341	12.991	0.550	13.182	0.359
2	13.771	1.1	−2.2	11.571	13.284	0.487	13.470	0.301
3	14.026	1.2	0.1	14.126	13.612	0.414	13.792	0.234
4	14.310	1.3	0.4	14.710	13.979	0.331	14.151	0.159
5	14.622	1.4	−1.3	13.322	14.385	0.237	14.549	0.073
6	14.965	1.5	−0.5	14.465	14.835	0.130	14.989	−0.024
7	15.341	1.6	0.9	16.241	15.332	0.009	15.475	−0.134
8	15.751	1.7	−0.7	15.051	15.879	−0.128	16.009	−0.258
9	16.199	1.8	1.8	17.999	16.480	−0.281	16.595	−0.396
10	16.685	1.9	−0.2	16.485	17.140	−0.455	17.238	−0.553
MSRTE	—	—	—	—	—	0.35	—	0.29

表 4.8　正态分布函数观测值之间数值差异中时两种方法的比较

序号	Y_B	X_B	Δ	L_B	LI	FLI	LD	FLD
1	13.541	1.0	0.8	14.341	13.182	0.359	13.481	0.060
2	14.965	1.5	−2.2	12.765	14.593	0.372	14.904	0.061
3	17.214	2.0	0.1	17.314	16.824	0.390	17.152	0.062
4	20.609	2.5	0.4	21.009	20.202	0.407	20.548	0.061
5	25.680	3.0	−1.3	24.380	25.265	0.415	25.624	0.056
6	33.306	3.5	−0.5	32.806	32.908	0.398	33.263	0.043
7	44.958	4.0	0.9	45.858	44.641	0.317	44.947	0.011
8	63.164	4.5	−0.7	62.464	63.070	0.094	63.223	−0.059
9	92.363	5.0	1.8	94.163	92.806	−0.443	92.573	−0.210
10	140.573	5.5	−0.2	140.373	142.227	−1.654	141.099	−0.526
MSRTE	—	—	—	—	—	0.63	—	0.19

表 4.9 正态分布函数观测值之间数值差异大时两种方法的比较

序号	Y_C	X_C	Δ	L_C	LI	FLI	LD	FLD
1	13.541	1.0	0.8	14.341	13.315	0.226	13.552	−0.011
2	17.214	2.0	−2.2	15.014	16.938	0.276	17.227	−0.013
3	25.680	3.0	0.1	25.780	25.298	0.382	25.699	−0.019
4	44.958	4.0	0.4	45.358	44.361	0.597	44.988	−0.030
5	92.363	5.0	−1.3	91.063	91.328	1.035	92.418	−0.055
6	222.678	6.0	−0.5	222.178	220.747	1.931	222.790	−0.112
7	630.006	7.0	0.9	630.906	626.437	3.569	630.257	−0.251
8	2091.692	8.0	−0.7	2090.992	2087.128	4.564	2092.279	−0.587
9	8149.637	9.0	1.8	8151.437	8164.141	−14.504	8150.830	−1.193
10	37261.975	10.0	−0.2	37261.775	37493.980	−232.005	37261.840	0.135
MSRTE	—	—	—	—	—	73.54	—	0.43

对于因变量之间数值差异小的情形(表 4.7)，间接观测值回归的残余真误差均方误差为 0.35，直接观测值回归的残余真误差均方误差为 0.29，两者的回归结果差异不显著。对于因变量之间数值差异中的情形(表 4.8)，间接观测值回归的残余真误差均方误差为 0.63，直接观测值回归的残余真误差均方误差为 0.19，两者的回归结果具有较大的差异。对于因变量之间数值差异大的情形(表 4.9)，间接观测值回归的残余真误差均方误差为 73.54，直接观测值回归的残余真误差均方误差为 0.43，两者回归结果的差异十分显著。因此，直接观测值回归的结果优于间接观测值回归的结果，特别是当因变量之间的数值差异大时。

4.2.4 间接观测值回归与直接观测值回归的比较

为了确定直接观测值回归和间接观测值回归哪种方法更有效，用仿真实验的方法，以指数函数、幂函数、正态分布函数、生长函数(逻辑函数)、双曲线函数五种回归模型为例进行比较说明。

对于相同的函数模型，A、B、C 三组观测值的真值由三组自变量计算得出。其区别在于，A 组观测值之间的数值差异较小，B 组观测值之间的数值差异适中，C 组观测值之间的数值差异较大。对于不同的回归模型和具有不同观测值数量的 A、B、C 三组观测值，用 LS 法分别进行 1000 次仿真实验(观测值中不包含粗差)，计算它们的残余真误差均方误差和相对增益。

1. 指数函数

函数模型：$\tilde{y}=ae^{bx}$。式中，$a=12.5$，$b=0.5$。

A、B、C 三组观测值的真值见表 4.10。A、B、C 三组观测值的残余真误差均方误差和相对增益见表 4.11。

表 4.10　指数函数 A、B、C 三组观测值的真值

序号	Y_A	X_A	Y_B	X_B	Y_C	X_C
1	20.609	1.0	20.609	1.0	20.609	1.0
2	21.666	1.1	26.463	1.5	33.979	2.0
3	22.776	1.2	33.979	2.0	56.021	3.0
4	23.944	1.3	43.629	2.5	92.363	4.0
5	25.172	1.4	56.021	3.0	152.281	5.0
6	26.463	1.5	71.933	3.5	251.069	6.0
7	27.819	1.6	92.363	4.0	413.943	7.0
8	29.246	1.7	114.597	4.5	682.477	4.0
9	30.745	1.8	152.281	5.0	1125.214	9.0
10	32.321	1.9	195.533	5.5	1855.164	10.0

注：Y_A 和 X_A 分别表示 A 组的观测值真值和 A 组的自变量；Y_B 和 X_B 分别表示 B 组的观测值真值和 B 组的自变量；Y_C 和 X_C 分别表示 C 组的观测值真值和 C 组的自变量。表 4.12、表 4.14、表 4.16 和表 4.18 中的数值含义与表 4.10 相同。

表 4.11　指数函数 A、B、C 三组观测值的残余真误差均方误差和相对增益

n	AI	AD	AR	BI	BD	BR	CI	CD	CR
3	0.70	0.70	0	0.71	0.70	2	0.77	0.69	10
4	0.61	0.60	0	0.63	0.60	5	0.76	0.60	21
5	0.54	0.54	0	0.59	0.54	8	0.84	0.54	36
6	0.50	0.49	0	0.56	0.48	13	1.02	0.49	52
7	0.46	0.46	1	0.56	0.45	19	1.33	0.45	66
8	0.43	0.43	1	0.56	0.42	26	1.84	0.43	77
9	0.41	0.40	1	0.60	0.41	32	2.63	0.41	84
10	0.39	0.38	1	0.63	0.38	39	3.83	0.39	90

注：n 表示观测值的数量；AI、BI、CI 表示由间接观测值回归获得的残余真误差均方误差，AD、BD、CD 表示由直接观测值回归获得的残余真误差均方误差，AR、BR、CR 是直接观测值回归相对于间接观测值回归的相对增益(百分数)；AI、AD、AR 是 A 组的结果，BI、BD、BR 是 B 组的结果，CI、CD、CR 是 C 组的结果。表 4.13、表 4.15、表 4.17 和表 4.19 中的数值含义与表 4.11 相同。

2. 幂函数

函数模型：$\tilde{y} = ax^b$。式中，$a = 12.5$，$b = 1.5$。

A、B、C 三组观测值的真值见表 4.12。A、B、C 三组观测值的残余真误差均方误差和相对增益见表 4.13。

表 4.12 幂函数 *A*、*B*、*C* 三组观测值的真值

序号	Y_A	X_A	Y_B	X_B	Y_C	X_C
1	12.500	1.0	12.500	1.0	12.500	1.0
2	14.421	1.1	22.964	1.5	35.355	2.0
3	16.432	1.2	35.355	2.0	64.952	3.0
4	14.528	1.3	49.411	2.5	100.000	4.0
5	20.706	1.4	64.952	3.0	139.754	5.0
6	22.964	1.5	81.849	3.5	183.712	6.0
7	25.298	1.6	100.000	4.0	231.503	7.0
8	27.707	1.7	119.324	4.5	282.843	4.0
9	30.187	1.8	139.754	5.0	337.500	9.0
10	32.737	1.9	161.233	5.5	395.285	10.0

表 4.13 幂函数 *A*、*B*、*C* 三组观测值的残余真误差均方误差和相对增益

n	AI	AD	AR	BI	BD	BR	CI	CD	CR
3	0.70	0.70	1	0.76	0.69	9	0.87	0.70	20
4	0.62	0.61	1	0.72	0.60	17	0.95	0.61	36
5	0.55	0.54	2	0.72	0.55	24	1.05	0.53	49
6	0.51	0.49	4	0.73	0.50	32	1.16	0.49	58
7	0.47	0.45	4	0.74	0.47	37	1.27	0.45	64
8	0.45	0.42	5	0.76	0.43	43	1.39	0.42	70
9	0.43	0.40	6	0.78	0.41	48	1.50	0.40	73
10	0.41	0.38	7	0.81	0.39	52	1.61	0.38	76

3. 正态分布函数

函数模型：$\tilde{y}=ae^{bx^2}$。式中，$a=12.5$，$b=0.08$。

A、*B*、*C* 三组观测值的真值见表 4.14。*A*、*B*、*C* 三组观测值的残余真误差均方误差和相对增益见表 4.15。

表 4.14 正态分布函数 *A*、*B*、*C* 三组观测值的真值

序号	Y_A	X_A	Y_B	X_B	Y_C	X_C
1	13.541	1.0	13.541	1.0	13.541	1.0
2	13.771	1.1	14.965	1.5	17.214	2.0
3	14.026	1.2	17.214	2.0	25.680	3.0
4	14.310	1.3	20.609	2.5	44.958	4.0
5	14.622	1.4	25.680	3.0	92.363	5.0

续表

序号	Y_A	X_A	Y_B	X_B	Y_C	X_C
6	14.965	1.5	33.306	3.5	222.678	6.0
7	15.341	1.6	44.958	4.0	630.006	7.0
8	15.751	1.7	63.164	4.5	2091.692	4.0
9	16.199	1.8	92.363	5.0	8149.637	9.0
10	16.685	1.9	140.573	5.5	37261.975	10.0

表 4.15　正态分布函数 *A*、*B*、*C* 三组观测值的残余真误差均方误差和相对增益

n	AI	AD	AR	BI	BD	BR	CI	CD	CR
3	0.70	0.70	0	0.70	0.70	1	0.71	0.69	3
4	0.62	0.62	0	0.62	0.61	1	0.69	0.60	13
5	0.52	0.52	0	0.56	0.55	2	0.77	0.54	30
6	0.49	0.49	0	0.52	0.50	5	1.18	0.49	58
7	0.45	0.45	0	0.51	0.46	11	2.52	0.45	82
8	0.43	0.43	0	0.53	0.43	19	7.07	0.42	94
9	0.40	0.40	0	0.57	0.40	30	24.32	0.41	98
10	0.39	0.39	0	0.66	0.38	42	99.74	0.38	100

4. 生长函数(逻辑函数)

函数模型：$\tilde{y}=\dfrac{k}{1+a\mathrm{e}^{-bx}}$。式中，$a=50.0$，$b=0.8$，$k=500$。

A、*B*、*C* 三组观测值的真值见表 4.16。*A*、*B*、*C* 三组观测值的残余真误差均方误差和相对增益见表 4.17。

表 4.16　生长函数 *A*、*B*、*C* 三组观测值的真值

序号	Y_A	X_A	Y_B	X_B	Y_C	X_C
1	21.307	1.0	21.307	1.0	21.307	1.0
2	23.000	1.1	31.134	1.5	45.066	2.0
3	24.820	1.2	45.066	2.0	90.320	3.0
4	26.777	1.3	64.377	2.5	164.576	4.0
5	24.878	1.4	90.320	3.0	260.990	5.0
6	31.134	1.5	123.747	3.5	354.236	6.0
7	33.553	1.6	164.576	4.0	421.979	7.0
8	36.145	1.7	211.311	4.5	461.647	4.0
9	34.921	1.8	260.990	5.0	482.007	9.0
10	41.892	1.9	309.815	5.5	491.752	10.0

表 4.17　生长函数 *A*、*B*、*C* 三组观测值的残余真误差均方误差和相对增益

n	AI	AD	AR	BI	BD	BR	CI	CD	CR
3	0.69	0.69	0	0.72	0.70	4	0.81	0.69	14
4	0.60	0.60	0	0.66	0.60	9	0.80	0.60	25
5	0.54	0.54	0	0.63	0.54	14	0.78	0.54	31
6	0.49	0.49	1	0.61	0.50	19	0.71	0.49	31
7	0.46	0.46	1	0.60	0.46	24	0.68	0.46	32
8	0.43	0.43	2	0.58	0.43	25	0.71	0.44	38
9	0.40	0.40	2	0.56	0.40	30	0.80	0.41	48
10	0.39	0.38	2	0.54	0.38	30	1.01	0.39	61

5. 双曲线函数

函数模型：$\tilde{y}=\dfrac{x}{ax+b}$。式中，$a=0.005$，$b=0.05$。

A、*B*、*C* 三组观测值的真值见表 4.18。*A*、*B*、*C* 三组观测值的残余真误差均方误差和相对增益见表 4.19。

表 4.18　双曲线函数 *A*、*B*、*C* 三组观测值的真值

序号	Y_A	X_A	Y_B	X_B	Y_C	X_C
1	14.182	1.0	14.182	1.0	14.182	1.0
2	19.820	1.1	26.087	1.5	33.333	2.0
3	21.429	1.2	33.333	2.0	46.154	3.0
4	23.009	1.3	40.000	2.5	57.143	4.0
5	24.561	1.4	46.154	3.0	66.667	5.0
6	26.087	1.5	51.852	3.5	75.000	6.0
7	27.586	1.6	57.143	4.0	82.353	7.0
8	29.060	1.7	62.069	4.5	84.889	4.0
9	30.508	1.8	66.667	5.0	94.737	9.0
10	31.933	1.9	70.968	5.5	100.000	10.0

表 4.19　双曲线函数 *A*、*B*、*C* 三组观测值的残余真误差均方误差和相对增益

n	AI	AD	AR	BI	BD	BR	CI	CD	CR
3	0.69	0.68	1	0.78	0.70	10	0.87	0.70	19
4	0.61	0.60	2	0.76	0.61	20	0.92	0.61	34
5	0.56	0.54	3	0.75	0.55	28	0.99	0.52	47
6	0.52	0.50	4	0.76	0.50	34	1.06	0.49	54
7	0.49	0.47	4	0.77	0.46	40	1.12	0.45	60
8	0.47	0.44	6	0.79	0.43	45	1.17	0.42	64
9	0.45	0.42	7	0.81	0.41	50	1.22	0.39	68
10	0.43	0.39	9	0.83	0.39	54	1.26	0.37	70

间接观测值回归以直接观测值的函数作为因变量，直接观测值回归以直接观测值作为因变量。它们具有相同形式的函数模型和回归方程。然而，它们的数学模型不同。以指数函数为例，间接观测值回归和直接观测值回归的数学模型分别为式(4-6)和式(4-10)。数学模型的差异导致了这两种回归结果间的差异。对于幂函数(式(4-15)和式(4-19))、正态分布函数(式(4-24)和式(4-28))、生长函数(逻辑函数)(式(4-33)和式(4-37))和双曲线函数(式(4-42)和式(4-46))等，都可以得到相同的结论。

理论上，随着观测值数量的增加，残余真误差均方误差的值将会减小。以指数函数为例，无论观测值之间的数值差异是小还是大(见表 4.10，列 Y_A 、列 Y_B 、列 Y_C)，直接观测值回归都满足这条基本规律(见表 4.11，列 AD、列 BD、列 CD)。然而，间接观测值回归并非如此。当观测值之间的数值差异较小时，间接观测值回归才满足这条基本规律(见表 4.11，列 AI)。当观测值之间的数值差异较大时，间接观测值回归并不满足这条基本规律(见表 4.11，列 BI、列 CI)。对于幂函数(表 4.12 和表 4.13)、正态分布函数(表 4.14 和表 4.15)、生长函数(逻辑函数)(表 4.16 和表 4.17)和双曲线函数(表 4.18 和表 4.19)等，都可以得到相同的结论。

当观测值之间的数值差异较小时，间接观测值回归的结果近似等于直接观测值回归的结果。以指数函数为例，对于观测值的数量从 3 到 10，直接观测值回归相对于间接观测值回归的相对增益从 0%到 1%(见表 4.11，列 AR)。当观测值之间的数值差异较大时，直接观测值回归的结果优于间接观测值回归的结果。仍以指数函数为例，对于观测值的数量从 3 到 10，直接观测值回归相对于间接观测值回归的相对增益从 2%到 39%(见表 4.11，列 BR)、从 10%到 90%(见表 4.11，列 CR)。换句话说，当观测值之间的数值差异越大时，间接观测值回归的结果和直接观测值回归的结果的差异越显著，且直接观测值回归的结果优于间接观测值回归的结果。对于幂函数(表 4.12 和表 4.13)、正态分布函数(表 4.14 和表 4.15)、生长函数(逻辑函数)(表 4.16 和表 4.17)和双曲线函数(表 4.18 和表 4.19)等，都可以得到相同的结论。

因此，间接观测值回归和直接观测值回归具有相同形式的函数模型和回归方程，然而它们的数学模型不同。当观测值的数值差异较小时，间接观测值回归的结果与直接观测值回归的结果等价；当观测值的数值差异较大时，直接观测值回归的结果优于间接观测值回归的结果。无论观测值的数值差异是小还是大，直接观测值回归都比间接观测值回归更实用和有效。

第 5 章　稳健最小二乘法线性回归

5.1　稳健估计原理

稳健估计(robust estimation，也称抗差估计)是指在粗差不可避免的情况下，选择适当的估计方法，使参数估值尽可能地减免其影响，得出正常模式下的最优或接近最优的参数估值[29]。

稳健估计讨论问题的方式是：对于实际问题有一个假定模型，同时又认为这个模型并不准确，而只是实际问题理论模型的一个近似。它要求稳健估计方法应达到如下三个目标[30]：

(1) 假定的观测分布模型下，估值应是最优的或接近最优的。

(2) 当假定的分布模型与实际的理论分布模型有较小差异时，估值受到粗差的影响较小。

(3) 当假设的分布模型与实际的理论分布模型有较大偏离时，估值不至于受到破坏性影响。

稳健估计是建立在观测数据的实际分布上而不是理论分布上，这是稳健估计理论与经典估计理论的根本区别。稳健估计的原则是充分利用观测数据中的有效信息，限制利用可用信息，排除有害信息。

5.1.1　极大似然估计准则

设独立观测样本为 $L_1, L_2, \cdots, L_n$，X 为待估参数，L_i 的分布密度函数为 $f(l_i, \hat{X})$，其极大似然估计准则为

$$f(l_1, l_2, \cdots, l_n, \hat{X}) = f(l_1, \hat{X}) \times f(l_2, \hat{X}) \times \cdots \times f(l_n, \hat{X}) = \max \tag{5-1}$$

或

$$\sum_{i=1}^{n} \ln f(l_i, \hat{X}) = \max \tag{5-2}$$

5.1.2　正态分布密度下的极大似然估计准则

设独立观测样本 $L_i \sim N(\mu_i, \sigma^2)$，其分布密度函数为

$$f(l_i)=\frac{1}{\sqrt{2\pi}\sigma}\exp\left\{-\frac{(l_i-\hat{\mu}_i)^2}{2\sigma^2}\right\} \tag{5-3}$$

参数 X 的极大似然估计准则为

$$f(l_1,l_2,\cdots,l_n,\hat{X})=\left(\frac{1}{\sqrt{2\pi}\sigma}\right)^n\exp\left\{-\frac{\sum_{i=1}^{n}(l_i-\hat{\mu}_i)^2}{2\sigma^2}\right\}=\max \tag{5-4}$$

或

$$\sum_{i=1}^{n}(l_i-\hat{\mu}_i)^2=\sum_{i=1}^{n}v_i^2=\min \tag{5-5}$$

即正态分布密度下的极大似然估计准则就是最小二乘估计准则。

5.1.3　稳健估计的极大似然估计准则

稳健估计基本可以分为如下三大类型：

(1) M 估计，又称为极大似然估计，基于 1964 年 Huber 所提出的 M 估计理论。

(2) L 估计，又称为排序线性组合估计，在测绘界有一定的应用范围。

(3) R 估计，又称为秩估计，目前在测绘界的应用还很少。

其中，M 估计是测量平差中最主要的稳健估计(抗差估计)准则。

设独立观测样本为 $L_1,L_2,\cdots,L_n$， X 为待估参数， L_i 的分布密度为 $f(l_i,\hat{X})$，其极大似然估计准则为

$$\sum_{i=1}^{n}\ln f(l_i,\hat{X})=\max \tag{5-6}$$

若以 $\rho(\cdot)$代替 $-\ln f(\cdot)$，则极大似然估计准则可改写为

$$\sum_{i=1}^{n}\rho(l_i,\hat{X})=\min \tag{5-7}$$

对式(5-7)求导并令其为 0，可得

$$\sum_{i=1}^{n}\varphi(l_i,\hat{X})=0 \tag{5-8}$$

式中， $\varphi(l_i,\hat{X})=\dfrac{\partial\rho(l,\hat{X})}{\partial\hat{X}}$。

因此，M 估计就是指由式(5-6)或式(5-7)定义的一类估计。一个 ρ(或φ) 函数，定义一个 M 估计。通常，取对称、连续、严凸或者在正半轴上非降的函数作为 ρ 函数，取 ρ 函数的导函数作为 φ 函数。

确定 ρ(或φ) 函数是 M 估计的关键。作为一种稳健估计方法，在选取 ρ 函数时，必须要求满足上述参数稳健估计的三个目标。

5.2　稳健估计的选权迭代法[30,31]

M 估计的估计方法有许多种，在测量平差中应用最广泛、计算简单、算法类似于最小二乘平差、易于程序实现的是选权迭代法。

设独立观测值为 $\underset{n\times1}{L}$ ，未知参数向量为 $\underset{t\times1}{\hat{X}}$ ，误差方程及权阵为

$$V = B\hat{X} - l = \begin{bmatrix} b_1 \\ b_2 \\ \vdots \\ b_n \end{bmatrix}\hat{X} - \begin{bmatrix} l_1 \\ l_2 \\ \vdots \\ l_n \end{bmatrix}, \quad p = \begin{bmatrix} p_1 & & & \\ & p_2 & & \\ & & \ddots & \\ & & & p_n \end{bmatrix} \tag{5-9}$$

式中， $\underset{n\times1}{l}$ 为误差方程的常数项[31]； b_i 为$1\times t$ 的系数向量。

考虑误差方程，M 估计的函数 $\rho(l_i, \hat{X})$ 可表示为

$$\rho(l_i, \hat{X}) = \rho(v_i) \tag{5-10}$$

5.2.1　等权独立观测的选权迭代法

设式(5-9)中的权阵 $p = I$ ，即 $p_1 = p_2 = \cdots = p_n = 1$ ，按 M 估计准则并取 ρ 函数为式(5-10)，则为

$$\sum_{i=1}^{n}\rho(v_i) = \min \tag{5-11}$$

式(5-11)对 X 求导，同时记 $\varphi(v_i) = \dfrac{\partial\rho}{\partial v_i}$ ，可得

$$\sum_{i=1}^{n}\varphi(v_i)b_i = 0$$

对上式进行转置，得

$$\sum_{i=1}^{n}b_i^{\mathrm{T}}\varphi(v_i) = 0$$

或

$$\sum_{i=1}^{n}b_i^{\mathrm{T}}\frac{\varphi(v_i)}{v_i} = 0 \tag{5-12}$$

令 $\omega_i = \dfrac{\varphi(v_i)}{v_i}$，并将式(5-12)写成矩阵形式，可得

$$B^{\mathrm{T}}WV = 0 \tag{5-13}$$

式中

$$\underset{n\times n}{W} = \begin{bmatrix} w_1 & & & \\ & w_2 & & \\ & & \ddots & \\ & & & w_n \end{bmatrix} = \begin{bmatrix} \dfrac{\varphi(v_1)}{v_1} & & & \\ & \dfrac{\varphi(v_2)}{v_2} & & \\ & & \ddots & \\ & & & \dfrac{\varphi(v_n)}{v_n} \end{bmatrix} \tag{5-14}$$

称为稳健权矩阵，其元素 w_i 称为稳健权因子，简称权因子，是相应残差 v_i 的函数。

将误差方程(5-9)代入式(5-13)，可得 M 估计的法方程为

$$B^{\mathrm{T}}WB\hat{X} = B^{\mathrm{T}}Wl \tag{5-15}$$

当选定 ρ 函数后，稳健权阵 W 就可以确定，但 w_i 是 v_i 的函数，故稳健估计需要对权进行迭代求解。

5.2.2　不等权独立观测的选权迭代法

误差方程及权阵为式(5-9)，Huber 于 1964 提出的 M 估计准则(5-11)没有考虑测量中不等精度观测的情况，但这种情况在测量平差中是普遍情形。为此，周江文于 1989 年提出了不等权独立观测情况下的 M 估计准则为

$$\sum_{i=1}^{n} \rho_i \rho(v_i) = \sum_{i=1}^{n} p_i \rho(b_i \hat{X} - l_i) = \min \tag{5-16}$$

与 5.2.1 节的推导类似，将式(5-16)对 X 求导，同时记 $\varphi(v_i) = \dfrac{\partial \rho}{\partial v_i}$，可得

$$\sum_{i=1}^{n} p_i \varphi(v_i) b_i = 0 \tag{5-17}$$

令 $\overline{p}_i = p_i w_i$，$w_i = \dfrac{\varphi(v_i)}{v_i}$，则有

$$\sum_{i=1}^{n} b_i^{\mathrm{T}} \overline{p}_i v_i = 0$$

或

$$B^{\mathrm{T}} \overline{P} V = 0 \tag{5-18}$$

将$V = B\hat{X} - l$代入式(5-18)，可得M估计的法方程为

$$B^{\mathrm{T}}\overline{P}B\hat{X} - B^{\mathrm{T}}\overline{P}l = 0 \tag{5-19}$$

式中，$\overline{P}$为等价权阵，$\overline{p}_i$为等价权元素，是观测权p_i与权因子w_i之积，其定义由周江文给出。当$p_1 = p_2 = \cdots = p_n = 1$时，$\overline{P} = W$，准则(5-16)就是准则(5-11)，可见后者是前者的特殊情况。

式(5-19)与LS估计中的法方程形式完全一致，仅用等价权阵$\overline{P}$代替观测权阵P。由于$\overline{P}$是残差V的函数，计算前V未知，只能通过给其赋予一定的初值，采用迭代方法估计参数$\hat{X}$。由此得参数的稳健M估计为

$$\hat{X} = (B^{\mathrm{T}}\overline{P}B)^{-1}B^{\mathrm{T}}\overline{P}l \tag{5-20}$$

5.2.3　选权迭代算法

选权迭代法计算的迭代过程如下。

(1) 列出误差方程，令各权因子初值均为1，即令$w_1 = w_2 = \cdots = w_n = 1$，$W = I$，则$\overline{P}^{(0)} = P$，$P$为观测权阵。

(2) 解算法方程(5-19)，得出参数$\hat{X}$和残差V的第一次估值，即

$$\hat{X}^{(1)} = (B^{\mathrm{T}}PB)^{-1}B^{\mathrm{T}}Pl$$

$$V^{(1)} = B\hat{X}^{(1)} - l$$

(3) 由$V^{(1)}$按$\dfrac{\varphi(v_i)}{v_i} = w_i$确定各观测值新的权因子，按$\overline{p}_i = pw_i$构造新的等价权阵$\overline{P}^{(1)}$，再解算法方程(5-19)，得出参数$\hat{X}$和残差$V$的第二次估值，即

$$\hat{X}^{(2)} = (B^{\mathrm{T}}\overline{P}^{(1)}B)^{-1}B^{\mathrm{T}}\overline{P}^{(1)}l$$

$$V^{(2)} = B\hat{X}^{(2)} - l$$

(4) 由$V^{(2)}$构造新的等价权阵$\overline{P}^{(2)}$，再解算法方程，通过类似的迭代计算，直至前后两次解的差值符合限差要求为止。

(5) 最后结果为

$$\hat{X}^{(k)} = (B^{\mathrm{T}}\overline{P}^{(k-1)}B)^{-1}B^{\mathrm{T}}\overline{P}^{(k-1)}l \quad V^{(k)} = B\hat{X}^{(k)} - l$$

因为$\overline{p}_i = p_i w_i$，而$w_i = \dfrac{\varphi(v_i)}{v_i}$，$\varphi(v_i) = \dfrac{\partial\rho}{\partial v_i}$，故随着$\rho$函数的选取不同，构成了权函数的多种不同形式，但权函数总是一个在平差过程中随改正数变化的量，其中w_i与v_i的大小成反比，v_i越大，w_i就越小，因此经过多次迭代，可以使含有粗差的观测值的权函数为零(或接近为零)，使其在平差中不起作用，而相应的观

测值残差在很大程度上反映了其粗差值。这样一种通过在平差过程中变权实现参数估计稳健性的方法，称为选权迭代法。

5.3　常用稳健最小二乘法估计方法

六种常用的稳健估计方法如下。其中，u 表示标准化的残差($u_i = v_i/\hat{\sigma}$)，$w(u)$ 表示权函数；a、b 和 c 表示稳健估计方法的调和系数，它们的值采用相关文献的推荐值。

(1) Huber 法[32]：

$$w(u)=\begin{cases}1, & |u|\leqslant c \\ \dfrac{c}{|u|}, & |u|>c\end{cases};\quad c=1.3450$$

(2) L1 法(残差绝对和最小法)[33]：

$$w(u)=\frac{1}{|u|}$$

(3) Danish 法[32,34]：

$$w(u)=\begin{cases}1, & |u|\leqslant c \\ \exp\left\{1-\left(\dfrac{u}{c}\right)^2\right\}, & |u|>c\end{cases};\quad c=1.5$$

(4) German-McClure 法[33]：

$$w(u)=\frac{1}{(1+u^2)^2}$$

(5) IGG 方案[32,35]：

$$w(u)=\begin{cases}1, & |u|<b \\ \dfrac{b}{|u|}, & b\leqslant|u|<c \\ 0, & |u|\geqslant c\end{cases};\quad b=1.5,\quad c=2.5$$

(6) IGGIII 方案[36,37]：

$$w(u)=\begin{cases}1, & |u|<b \\ \dfrac{b}{|u|}\left(\dfrac{c-|u|}{c-b}\right)^2, & b\leqslant|u|<c \\ 0, & |u|\geqslant c\end{cases};\quad b=1.5,\quad c=3.0$$

5.4　稳健最小二乘法线性回归算例

算例 5-1　三元线性回归观测值中包含一个粗差

三元线性回归理论方程为

$$y = 440.862 + 2.860x_1 + 2.513x_2 + 1.147x_3$$

用理论回归方程模拟 10 组观测值的真值($\tilde{y}_i, x_{i1}, x_{i2}, x_{i3}$)，如表 5.1 所示。$\tilde{Y}$ 表示观测值的真值，Y 表示观测值。其中第 10 个观测值包含 10.0 的粗差。

表 5.1　三元线性回归观测值 ($n = 10, g = 1$)

序号	真值 $\tilde{Y}$	自变量 x_1	自变量 x_2	自变量 x_3	真误差	粗差	观测值 Y
1	440.862	0.00	0.00	0.00	0.5	0.0	441.362
2	569.146	0.00	32.00	41.75	–1.4	0.0	567.746
3	594.242	22.83	16.00	41.75	0.4	0.0	594.642
4	610.455	22.83	32.00	20.83	0.3	0.0	610.755
5	619.309	45.65	0.00	41.75	0.3	0.0	619.609
6	635.522	45.65	16.00	20.83	–0.8	0.0	634.722
7	651.839	45.65	32.00	0.00	2.2	0.0	654.039
8	659.512	45.65	16.00	41.75	–0.1	0.0	659.412
9	675.726	45.65	32.00	20.83	–0.4	0.0	675.326
10	699.716	45.65	32.00	41.75	–0.6	–10.0	689.716

注：n 表示观测值的数量；g 表示粗差的数量。

设回归方程为

$$\hat{Y} = \hat{\beta}_0 + \hat{\beta}_1 x_1 + \hat{\beta}_2 x_2 + \hat{\beta}_3 x_3$$

回归系数的近似值为 β_i^0 ，对应的改正数为 $\hat{\delta}_i$ ，则

$$\hat{\beta}_i = \beta_i^0 + \hat{\delta}_i, \quad i = 0,1,2,3$$

(1) 以 L1 法为例说明计算过程。

取回归系数的近似值：

$$\beta_0^0 = 0.000, \quad \beta_1^0 = 0.000, \quad \beta_2^0 = 0.000, \quad \beta_3^0 = 0.000$$

列出如下误差方程：

$$
\begin{bmatrix} v_1 \\ v_2 \\ v_3 \\ v_4 \\ v_5 \\ v_6 \\ v_7 \\ v_8 \\ v_9 \\ v_{10} \end{bmatrix} = \begin{bmatrix} 1.00 & 0.00 & 0.00 & 0.00 \\ 1.00 & 0.00 & 32.00 & 41.75 \\ 1.00 & 22.83 & 16.00 & 41.75 \\ 1.00 & 22.83 & 32.00 & 20.83 \\ 1.00 & 45.65 & 0.00 & 41.75 \\ 1.00 & 45.65 & 16.00 & 20.83 \\ 1.00 & 45.65 & 32.00 & 0.00 \\ 1.00 & 45.65 & 16.00 & 41.75 \\ 1.00 & 45.65 & 32.00 & 20.83 \\ 1.00 & 45.65 & 32.00 & 41.75 \end{bmatrix} \begin{bmatrix} \hat{\delta}_0 \\ \hat{\delta}_1 \\ \hat{\delta}_2 \\ \hat{\delta}_3 \end{bmatrix} - \begin{bmatrix} 441.36 \\ 567.75 \\ 594.64 \\ 610.76 \\ 619.61 \\ 634.72 \\ 654.04 \\ 659.41 \\ 675.33 \\ 689.72 \end{bmatrix}
$$

观测值权 P 的初始值为

$$P^0 = \mathrm{diag}[1.00 \quad 1.00 \quad 1.00 \quad 1.00 \quad 1.00 \quad 1.00 \quad 1.00 \quad 1.00 \quad 1.00 \quad 1.00]$$

第一次迭代如下。

观测值权 P 为

$$P^{(1)} = \mathrm{diag}[1.00 \quad 1.00 \quad 1.00 \quad 1.00 \quad 1.00 \quad 1.00 \quad 1.00 \quad 1.00 \quad 1.00 \quad 1.00]$$

观测值改正数为

$$V^{(1)} = [2.75 \quad -1.06 \quad -2.03 \quad -1.36 \quad -1.10 \quad 0.57 \quad -1.87 \quad -1.84 \quad -0.97 \quad 6.91]^{\mathrm{T}}$$

回归系数的解为

$$\hat{\beta}_0 = 444.1137, \quad \hat{\beta}_1 = 2.8464, \quad \hat{\beta}_2 = 2.4412, \quad \hat{\beta}_3 = 1.0648$$

第二次迭代如下。

取回归系数的近似值为

$$\beta_0^0 = 444.1137, \quad \beta_1^0 = 2.8464, \quad \beta_2^0 = 2.4412, \quad \beta_3^0 = 1.0648$$

误差方程为

$$
\begin{bmatrix} v_1 \\ v_2 \\ v_3 \\ v_4 \\ v_5 \\ v_6 \\ v_7 \\ v_8 \\ v_9 \\ v_{10} \end{bmatrix} = \begin{bmatrix} 1.00 & 0.00 & 0.00 & 0.00 \\ 1.00 & 0.00 & 32.00 & 41.75 \\ 1.00 & 22.83 & 16.00 & 41.75 \\ 1.00 & 22.83 & 32.00 & 20.83 \\ 1.00 & 45.65 & 0.00 & 41.75 \\ 1.00 & 45.65 & 16.00 & 20.83 \\ 1.00 & 45.65 & 32.00 & 0.00 \\ 1.00 & 45.65 & 16.00 & 41.75 \\ 1.00 & 45.65 & 32.00 & 20.83 \\ 1.00 & 45.65 & 32.00 & 41.75 \end{bmatrix} \begin{bmatrix} \hat{\delta}_0 \\ \hat{\delta}_1 \\ \hat{\delta}_2 \\ \hat{\delta}_3 \end{bmatrix} - \begin{bmatrix} 2.75 \\ -1.06 \\ -2.03 \\ -1.36 \\ -1.10 \\ 0.57 \\ -1.87 \\ -1.84 \\ -0.97 \\ 6.91 \end{bmatrix}
$$

观测值权 P 为

$$P^{(2)}=\mathrm{diag}\begin{bmatrix}1.26 & 3.26 & 1.70 & 2.54 & 3.13 & 6.03 & 1.85 & 1.87 & 3.54 & 0.50\end{bmatrix}$$

观测值改正数为

$$V^{(2)}=\begin{bmatrix}1.30 & 0.10 & -1.26 & -0.69 & -0.73 & 0.84 & -1.69 & -0.87 & -0.10 & 8.49\end{bmatrix}^{\mathrm{T}}$$

回归系数的解为

$$\hat{\beta}_0=442.6601,\quad \hat{\beta}_1=2.8557,\quad \hat{\beta}_2=2.4790,\quad \hat{\beta}_3=1.0984$$

第三次迭代如下。

取回归系数的近似值为

$$\beta_0^0=442.6601,\quad \beta_1^0=2.8557,\quad \beta_2^0=2.4790,\quad \beta_3^0=1.0984$$

误差方程为

$$\begin{bmatrix}v_1\\v_2\\v_3\\v_4\\v_5\\v_6\\v_7\\v_8\\v_9\\v_{10}\end{bmatrix}=\begin{bmatrix}1.00 & 0.00 & 0.00 & 0.00\\1.00 & 0.00 & 32.00 & 41.75\\1.00 & 22.83 & 16.00 & 41.75\\1.00 & 22.83 & 32.00 & 20.83\\1.00 & 45.65 & 0.00 & 41.75\\1.00 & 45.65 & 16.00 & 20.83\\1.00 & 45.65 & 32.00 & 0.00\\1.00 & 45.65 & 16.00 & 41.75\\1.00 & 45.65 & 32.00 & 20.83\\1.00 & 45.65 & 32.00 & 41.75\end{bmatrix}\begin{bmatrix}\hat{\delta}_0\\\hat{\delta}_1\\\hat{\delta}_2\\\hat{\delta}_3\end{bmatrix}-\begin{bmatrix}1.30\\0.10\\-1.26\\-0.69\\-0.73\\0.84\\-1.69\\-0.87\\-0.10\\8.49\end{bmatrix}$$

观测值权 P 为

$$P^{(3)}=\mathrm{diag}\begin{bmatrix}2.32 & 29.40 & 2.38 & 4.34 & 4.13 & 3.57 & 1.79 & 3.47 & 30.14 & 0.36\end{bmatrix}$$

观测值改正数为

$$V^{(3)}=\begin{bmatrix}0.76 & 0.04 & -1.10 & -0.75 & -0.34 & 1.01 & -1.74 & -0.47 & 0.08 & 8.90\end{bmatrix}^{\mathrm{T}}$$

回归系数的解为

$$\hat{\beta}_0=442.1196,\quad \hat{\beta}_1=2.8659,\quad \hat{\beta}_2=2.4797,\quad \hat{\beta}_3=1.1094$$

然后逐次迭代。

第八次迭代(最终结果)如下。

取回归系数的近似值为

$$\beta_0^0=441.5150,\quad \beta_1^0=2.8734,\quad \beta_2^0=2.4787,\quad \beta_3^0=1.1238$$

误差方程为

$$\begin{bmatrix} v_1 \\ v_2 \\ v_3 \\ v_4 \\ v_5 \\ v_6 \\ v_7 \\ v_8 \\ v_9 \\ v_{10} \end{bmatrix} = \begin{bmatrix} 1.00 & 0.00 & 0.00 & 0.00 \\ 1.00 & 0.00 & 32.00 & 41.75 \\ 1.00 & 22.83 & 16.00 & 41.75 \\ 1.00 & 22.83 & 32.00 & 20.83 \\ 1.00 & 45.65 & 0.00 & 41.75 \\ 1.00 & 45.65 & 16.00 & 20.83 \\ 1.00 & 45.65 & 32.00 & 0.00 \\ 1.00 & 45.65 & 16.00 & 41.75 \\ 1.00 & 45.65 & 32.00 & 20.83 \\ 1.00 & 45.65 & 32.00 & 41.75 \end{bmatrix} \begin{bmatrix} \hat{\delta}_0 \\ \hat{\delta}_1 \\ \hat{\delta}_2 \\ \hat{\delta}_3 \end{bmatrix} - \begin{bmatrix} 0.15 \\ -0.00 \\ -0.95 \\ -0.91 \\ -0.01 \\ 1.03 \\ -2.04 \\ -0.15 \\ 0.08 \\ 9.20 \end{bmatrix}$$

观测值权 P 为

$$P^{(8)} = \mathrm{diag}\begin{bmatrix}15.88 & 335.13 & 2.59 & 2.69 & 278.66 & 2.39 & 1.21 & 16.14 & 28.29 & 0.27\end{bmatrix}$$

观测值改正数为

$$V^{(8)} = \begin{bmatrix}0.08 & 0.00 & -0.95 & -0.93 & -0.00 & 1.02 & -2.06 & -0.13 & 0.09 & 9.23\end{bmatrix}^{\mathrm{T}}$$

回归系数的解为

$$\hat{\beta}_0 = 441.4439, \quad \hat{\beta}_1 = 2.8740, \quad \hat{\beta}_2 = 2.4793, \quad \hat{\beta}_3 = 1.1250$$

(2) 稳健估计方法的结果。

Huber 法、L1 法、Danish 法、German-McClure 法、IGG 方案、IGGIII 方案迭代过程中的权和观测值改正数的变化分别见表 5.2～表 5.7。LS 法和不同稳健估计方法得到的回归系数的估值见表 5.8。LS 法和不同稳健估计方法得到的观测值的估值和残余真误差见表 5.9。

表 5.2　三元线性回归 Huber 法迭代过程 ($n=10, g=1$)

序号	P_1	V_1	P_2	V_2	P_3	V_3	P_4	V_4	P_5	V_5	P_6	V_6
1	1.0	2.75	1.0	2.26	1.0	2.00	1.0	1.86	1.0	1.78	1.0	1.78
2	1.0	−1.06	1.0	−0.78	1.0	−0.63	1.0	−0.55	1.0	−0.51	1.0	−0.51
3	1.0	−2.03	1.0	−1.82	1.0	−1.70	1.0	−1.64	1.0	−1.61	1.0	−1.61
4	1.0	−1.36	1.0	−1.15	1.0	−1.03	1.0	−0.97	1.0	−0.94	1.0	−0.94
5	1.0	−1.10	1.0	−0.96	1.0	−0.88	1.0	−0.84	1.0	−0.82	1.0	−0.82
6	1.0	0.57	1.0	0.72	1.0	0.79	1.0	0.83	1.0	0.85	1.0	0.85
7	1.0	−1.87	1.0	−1.72	1.0	−1.65	1.0	−1.61	1.0	−1.58	1.0	−1.58
8	1.0	−1.84	1.0	−1.51	1.0	−1.33	1.0	−1.23	1.0	−1.18	1.0	−1.18
9	1.0	−0.98	1.0	−0.64	1.0	−0.46	1.0	−0.36	1.0	−0.31	1.0	−0.31
10	1.0	6.91	0.8	7.44	0.6	7.73	0.6	7.88	0.5	7.96	0.5	7.96

注：P_i 和 V_i 分别表示第 i 次迭代观测值的权和改正数。表 5.3～表 5.7、表 5.11～表 5.17 中的数值含义与表 5.2 相同。

表 5.3 三元线性回归 L1 法迭代过程 ($n=10, g=1$)

序号	P_1	V_1	P_2	V_2	P_3	V_3	P_4	V_4	P_5	V_5	…	P_9	V_9
1	1.0	2.75	1.3	1.30	2.3	0.76	3.6	0.47	5.5	0.28	…	28.9	0.08
2	1.0	−1.06	3.3	0.10	29.4	0.04	64.0	0.02	132.6	0.01	…	410.5	0.00
3	1.0	−2.03	1.7	−1.27	2.4	−1.10	2.5	−1.01	2.6	−0.96	…	2.6	−0.95
4	1.0	−1.36	2.5	−0.69	4.3	−0.75	3.7	−0.84	3.1	−0.89	…	2.6	−0.93
5	1.0	−1.10	3.1	−0.73	4.1	−0.35	7.9	−0.13	19.6	−0.04	…	766.9	0.00
6	1.0	0.57	6.0	0.84	3.6	1.01	2.7	1.04	2.5	1.04	…	2.4	1.02
7	1.0	−1.87	1.8	−1.69	1.8	−1.74	1.6	−1.90	1.4	−1.99	…	1.2	−2.06
8	1.0	−1.84	1.9	−0.87	3.5	−0.47	5.8	−0.28	9.1	−0.19	…	17.8	−0.14
9	1.0	−0.98	3.5	−0.10	30.1	0.08	34.0	0.08	30.4	0.08	…	27.6	0.09
10	1.0	6.91	0.5	8.49	0.4	8.90	0.3	9.06	0.3	9.15	…	0.3	9.23

表 5.4 三元线性回归 Danish 法迭代过程 ($n=10, g=1$)

序号	P_1	V_1	P_2	V_2	P_3	V_3	P_4	V_4	P_5	V_5	P_6	V_6
1	1.0	2.75	1.0	1.58	1.0	0.31	1.0	0.18	1.0	0.18	1.0	0.18
2	1.0	−1.06	1.0	−0.39	1.0	0.33	1.0	0.41	1.0	0.41	1.0	0.41
3	1.0	−2.03	1.0	−1.52	1.0	−0.97	1.0	−0.92	1.0	−0.92	1.0	−0.92
4	1.0	−1.36	1.0	−0.86	1.0	−0.31	1.0	−0.25	1.0	−0.25	1.0	−0.25
5	1.0	−1.10	1.0	−0.76	1.0	−0.38	1.0	−0.34	1.0	−0.34	1.0	−0.34
6	1.0	0.57	1.0	0.91	1.0	1.29	1.0	1.32	1.0	1.32	1.0	1.32
7	1.0	−1.87	1.0	−1.52	1.0	−1.15	1.0	−1.11	1.0	−1.11	1.0	−1.11
8	1.0	−1.84	1.0	−1.04	1.0	−0.17	1.0	−0.08	1.0	−0.08	1.0	−0.08
9	1.0	−0.98	1.0	−0.17	1.0	0.70	1.0	0.79	1.0	0.79	1.0	0.79
10	1.0	6.91	0.5	8.17	0.0	9.55	0.0	9.68	0.0	9.68	0.0	9.68

表 5.5 三元线性回归 German-McClure 法迭代过程 ($n=10, g=1$)

序号	P_1	V_1	P_2	V_2	P_3	V_3	P_4	V_4	P_5	V_5	P_6	V_6	P_7	V_7
1	1.0	2.75	0.4	0.60	0.6	0.16	0.8	0.04	1.0	0.00	1.0	0.00	1.0	0.00
2	1.0	−1.06	0.8	0.27	0.9	0.25	0.6	0.11	0.7	0.01	1.0	0.00	1.0	0.00
3	1.0	−2.03	0.6	−1.04	0.3	−0.89	0.1	−0.91	0.0	−0.94	0.0	−0.94	0.0	−0.94
4	1.0	−1.36	0.8	−0.43	0.7	−0.52	0.2	−0.65	0.0	−0.80	0.0	−0.81	0.0	−0.81
5	1.0	−1.10	0.8	−0.46	0.7	−0.13	0.9	−0.02	1.0	0.02	1.0	0.02	0.9	0.02
6	1.0	0.57	0.9	1.15	0.2	1.25	0.0	1.24	0.0	1.16	0.0	1.15	0.0	1.15
7	1.0	−1.87	0.6	−1.34	0.2	−1.48	0.0	−1.61	0.0	−1.81	0.0	−1.83	0.0	−1.83
8	1.0	−1.84	0.6	−0.36	0.8	−0.04	1.0	0.00	1.0	−0.03	0.9	−0.04	0.8	−0.04
9	1.0	−0.98	0.9	0.45	0.7	0.53	0.2	0.46	0.0	0.31	0.0	0.28	0.0	0.28
10	1.0	6.91	0.0	9.24	0.0	9.54	0.0	9.52	0.0	9.41	0.0	9.40	0.0	9.40

表 5.6　三元线性回归 IGG 方案迭代过程 ($n=10, g=1$)

序号	P_1	V_1	P_2	V_2	P_3	V_3	P_4	V_4	P_5	V_5	P_6	V_6
1	1.0	2.75	1.0	2.26	1.0	2.00	1.0	0.18	1.0	0.18	1.0	0.18
2	1.0	−1.06	1.0	−0.78	1.0	−0.63	1.0	0.41	1.0	0.41	1.0	0.41
3	1.0	−2.03	1.0	−1.82	1.0	−1.70	1.0	−0.92	1.0	−0.92	1.0	−0.92
4	1.0	−1.36	1.0	−1.15	1.0	−1.03	1.0	−0.25	1.0	−0.25	1.0	−0.25
5	1.0	−1.10	1.0	−0.96	1.0	−0.88	1.0	−0.34	1.0	−0.34	1.0	−0.34
6	1.0	0.57	1.0	0.72	1.0	0.79	1.0	1.32	1.0	1.32	1.0	1.32
7	1.0	−1.87	1.0	−1.72	1.0	−1.65	1.0	−1.11	1.0	−1.11	1.0	−1.11
8	1.0	−1.84	1.0	−1.51	1.0	−1.33	1.0	−0.08	1.0	−0.08	1.0	−0.08
9	1.0	−0.98	1.0	−0.64	1.0	−0.46	1.0	0.79	1.0	0.79	1.0	0.79
10	1.0	6.91	0.8	7.44	0.6	7.73	0.0	9.68	0.0	9.68	0.0	9.68

表 5.7　三元线性回归 IGGIII 方案迭代过程 ($n=10, g=1$)

序号	P_1	V_1	P_2	V_2	P_3	V_3	P_4	V_4	P_5	V_5
1	1.0	2.75	1.0	1.24	1.0	0.18	1.0	0.18	1.0	0.18
2	1.0	−1.06	1.0	−0.20	1.0	0.41	1.0	0.41	1.0	0.41
3	1.0	−2.03	1.0	−1.38	1.0	−0.92	1.0	−0.92	1.0	−0.92
4	1.0	−1.36	1.0	−0.71	1.0	−0.25	1.0	−0.25	1.0	−0.25
5	1.0	−1.10	1.0	−0.66	1.0	−0.34	1.0	−0.34	1.0	−0.34
6	1.0	0.57	1.0	1.01	1.0	1.32	1.0	1.32	1.0	1.32
7	1.0	−1.87	1.0	−1.43	1.0	−1.11	1.0	−1.11	1.0	−1.11
8	1.0	−1.84	1.0	−0.81	1.0	−0.08	1.0	−0.08	1.0	−0.08
9	1.0	−0.98	1.0	0.06	1.0	0.79	1.0	0.79	1.0	0.79
10	1.0	6.91	0.3	8.54	0.0	9.68	0.0	9.68	0.0	9.68

表 5.8　回归系数的估值 ($n=10, g=1$)

回归系数	LS 法	Huber 法	L1 法	Danish 法	German-McClure 法	IGG 方案	IGGIII 方案
$\hat{\beta}_0$	444.1137	443.1441	441.4439	441.5428	441.3597	441.5428	441.5428
$\hat{\beta}_1$	2.8464	2.8572	2.8740	2.87518	2.8776	2.87518	2.87518
$\hat{\beta}_2$	2.4412	2.4650	2.4793	2.50428	2.4838	2.50428	2.50428
$\hat{\beta}_3$	1.0648	1.0830	1.1250	1.11318	1.1235	1.11318	1.11318

表 5.9　观测值的估值和残余真误差 ($n = 10, g = 1$)

序号	$\tilde{Y}$	$\hat{Y}_0$	f_0	$\hat{Y}_1$	f_1	$\hat{Y}_2$	f_2	$\hat{Y}_3$
1	440.862	444.114	3.25	443.144	2.28	441.444	0.58	441.543
2	569.146	566.688	−2.46	567.240	−1.91	567.750	−1.40	568.151
3	594.242	592.613	−1.63	593.031	−1.21	593.693	−0.55	593.723
4	610.455	609.396	−1.06	609.813	−0.64	609.828	−0.63	610.503
5	619.309	618.509	−0.80	618.794	−0.51	619.608	0.30	619.266
6	635.522	635.292	−0.23	635.576	0.05	635.743	0.22	636.046
7	651.839	652.171	0.33	652.456	0.62	651.979	0.14	652.927
8	659.512	657.568	−1.94	658.234	−1.28	659.277	−0.23	659.333
9	675.726	674.351	−1.38	675.016	−0.71	675.412	−0.31	676.113
10	699.716	696.627	−3.09	697.673	−2.04	698.946	−0.77	699.400
MSRTE	—	—	1.91	—	1.33	—	0.62	—

序号	f_3	$\hat{Y}_4$	f_4	$\hat{Y}_5$	f_5	$\hat{Y}_6$	f_6
1	0.68	441.360	0.50	441.543	0.68	441.543	0.68
2	−1.00	567.749	−1.40	568.151	−1.00	568.151	−1.00
3	−0.52	593.704	−0.54	593.723	−0.52	593.723	−0.52
4	0.05	609.941	−0.51	610.503	0.05	610.503	0.05
5	−0.04	619.630	0.32	619.266	−0.04	619.266	−0.04
6	0.52	635.867	0.34	636.046	0.52	636.046	0.52
7	1.09	652.206	0.37	652.927	1.09	652.927	1.09
8	−0.18	659.371	−0.14	659.333	−0.18	659.333	−0.18
9	0.39	675.609	−0.12	676.113	0.39	676.113	0.39
10	−0.32	699.113	−0.60	699.400	−0.32	699.400	−0.32
MSRTE	0.59	—	0.59	—	0.59	—	0.59

注：$\tilde{Y}$ 为观测值真值，$\hat{Y}$ 为观测值估值，$f = \hat{Y} - \tilde{Y}$ 为残余真误差；($\hat{Y}_0$，f_0)、($\hat{Y}_1$，f_1)、($\hat{Y}_2$，f_2)、($\hat{Y}_3$，f_3)、($\hat{Y}_4$，f_4)、($\hat{Y}_5$，f_5)和($\hat{Y}_6$，f_6)分别表示 LS 法、Huber 法、L1 法、Danish 法、German-McClure 法、IGG 方案和 IGGIII 方案的观测值估值和残余真误差；MSRTE 为残余真误差均方误差。表 5.18 中的数值含义与表 5.9 相同。

稳健估计方法能有效地消除或减弱粗差观测值对最终参数估值的影响，不同的稳健估计方法消除或减弱粗差影响的程度不同。由表 5.2～表 5.7 可知，在迭代过程中含有粗差的第 10 个观测值的权越来越小，Huber 法、L1 法、Danish 法、German-McClure 法、IGG 方案和 IGGIII 方案的权由 1.0 分别变为 0.5、0.3、0.0、0.0、0.0 和 0.0，对应的改正数分别为 7.96、9.23、9.68、9.40、9.68 和 9.68，改正数与粗差值 10.0 接近。当权为 0.0 时，对应的观测值对参数的最终估值不产生任何影响。与传统 LS 法回归的改正数 6.91 相比，消除或减弱了粗差观测值对最终参数估值的影响。由表 5.9 可知，Huber 法、L1 法、Danish 法、German-McClure 法、IGG 方案和 IGGIII 方案的残余真误差均方误差分别是 1.33、0.62、0.59、0.59、0.59 和 0.59，说明不同的稳健估计方法消除和减弱粗差的影响时有一定的差异，同样说明相对于传统 LS 法的残余真误差均方误差 1.91，稳健估计方法能明显地消除或减弱粗差观测值对最终参数估值的影响。

算例 5-2　观测值中包含两个粗差的情形

三元线性回归理论方程为

$$y = 440.862 + 2.860x_1 + 2.513x_2 + 1.147x_3$$

如表 5.10 所示，$\tilde{Y}$ 表示观测值的真值，Y 表示观测值，其中在第 9 个和第 10 个观测值同时加入 10.0 的粗差。

表 5.10　三元线性回归观测值 ($n=10, g=2$)

n	真值 $\tilde{Y}$	自变量 x_1	自变量 x_2	自变量 x_3	真误差	粗差	观测值 Y
1	440.862	0.00	0.00	0.00	0.5	0.0	441.362
2	569.146	0.00	32.00	41.75	−1.4	0.0	567.746
3	594.242	22.83	16.00	41.75	0.4	0.0	594.642
4	610.455	22.83	32.00	20.83	0.3	0.0	610.755
5	619.309	45.65	0.00	41.75	0.3	0.0	619.609
6	635.522	45.65	16.00	20.83	−0.8	0.0	634.722
7	651.839	45.65	32.00	0.00	2.2	0.0	654.039
8	659.512	45.65	16.00	41.75	−0.1	0.0	659.412
9	675.726	45.65	32.00	20.83	−0.4	−10.0	665.726
10	699.716	45.65	32.00	41.75	-0.6	−10.0	689.716

设回归方程为

$$\hat{Y} = \hat{\beta}_0 + \hat{\beta}_1 x_1 + \hat{\beta}_2 x_2 + \hat{\beta}_3 x_3$$

回归系数的近似值为 β_i^0，对应的改正数为 $\hat{\delta}_i$，则

$$\hat{\beta}_i = \beta_i^0 + \hat{\delta}_i\,, \qquad i = 0,1,2,3$$

(1) 以 L1 法为例说明计算过程。

取回归系数的近似值：

$$\beta_0^0 = 0.000\,, \quad \beta_1^0 = 0.000\,, \quad \beta_2^0 = 0.000\,, \quad \beta_3^0 = 0.000$$

列出误差方程为

$$
\begin{bmatrix} v_1 \\ v_2 \\ v_3 \\ v_4 \\ v_5 \\ v_6 \\ v_7 \\ v_8 \\ v_9 \\ v_{10} \end{bmatrix} = \begin{bmatrix} 1.00 & 0.00 & 0.00 & 0.00 \\ 1.00 & 0.00 & 32.00 & 41.75 \\ 1.00 & 22.83 & 16.00 & 41.75 \\ 1.00 & 22.83 & 32.00 & 20.83 \\ 1.00 & 45.65 & 0.00 & 41.75 \\ 1.00 & 45.65 & 16.00 & 20.83 \\ 1.00 & 45.65 & 32.00 & 0.00 \\ 1.00 & 45.65 & 16.00 & 41.75 \\ 1.00 & 45.65 & 32.00 & 20.83 \\ 1.00 & 45.65 & 32.00 & 41.75 \end{bmatrix} \begin{bmatrix} \hat{\delta}_0 \\ \hat{\delta}_1 \\ \hat{\delta}_2 \\ \hat{\delta}_3 \end{bmatrix} - \begin{bmatrix} 441.36 \\ 567.75 \\ 594.64 \\ 610.76 \\ 619.61 \\ 634.72 \\ 654.04 \\ 659.41 \\ 665.73 \\ 689.72 \end{bmatrix}
$$

观测值权 P 的初始值为

$$P^0 = \mathrm{diag}\begin{bmatrix}1.00 & 1.00 & 1.00 & 1.00 & 1.00 & 1.00 & 1.00 & 1.00 & 1.00 & 1.00\end{bmatrix}$$

第一次迭代如下。

观测值权 P 为

$$P^{(1)} = \mathrm{diag}\begin{bmatrix}1.00 & 1.00 & 1.00 & 1.00 & 1.00 & 1.00 & 1.00 & 1.00 & 1.00 & 1.00\end{bmatrix}$$

观测值改正数为

$$V^{(1)} = \begin{bmatrix}3.50 & -1.11 & -1.93 & -2.86 & -0.85 & -0.78 & -4.82 & -2.59 & 6.27 & 5.16\end{bmatrix}^{\mathrm{T}}$$

回归系数的解为

$$\hat{\beta}_0 = 444.8621,\quad \hat{\beta}_1 = 2.8092,\quad \hat{\beta}_2 = 2.3787,\quad \hat{\beta}_3 = 1.0936$$

第二次迭代如下。

取回归系数的近似值：

$$\beta_0^0 = 444.8621,\quad \beta_1^0 = 2.8092,\quad \beta_2^0 = 2.3787,\quad \beta_3^0 = 1.0936$$

误差方程为

$$
\begin{bmatrix} v_1 \\ v_2 \\ v_3 \\ v_4 \\ v_5 \\ v_6 \\ v_7 \\ v_8 \\ v_9 \\ v_{10} \end{bmatrix} = \begin{bmatrix} 1.00 & 0.00 & 0.00 & 0.00 \\ 1.00 & 0.00 & 32.00 & 41.75 \\ 1.00 & 22.83 & 16.00 & 41.75 \\ 1.00 & 22.83 & 32.00 & 20.83 \\ 1.00 & 45.65 & 0.00 & 41.75 \\ 1.00 & 45.65 & 16.00 & 20.83 \\ 1.00 & 45.65 & 32.00 & 0.00 \\ 1.00 & 45.65 & 16.00 & 41.75 \\ 1.00 & 45.65 & 32.00 & 20.83 \\ 1.00 & 45.65 & 32.00 & 41.75 \end{bmatrix} \begin{bmatrix} \hat{\delta}_0 \\ \hat{\delta}_1 \\ \hat{\delta}_2 \\ \hat{\delta}_3 \end{bmatrix} - \begin{bmatrix} 3.50 \\ -1.11 \\ -1.93 \\ -2.86 \\ -0.85 \\ -0.78 \\ -4.82 \\ -2.59 \\ 6.27 \\ 5.16 \end{bmatrix}
$$

观测值权 P 的初始值为

$$P^{(2)} = \mathrm{diag}\begin{bmatrix}1.29 & 4.07 & 2.34 & 1.56 & 5.30 & 5.75 & 0.94 & 1.74 & 0.72 & 0.88\end{bmatrix}$$

观测值改正数为

$$V^{(2)} = \begin{bmatrix}2.76 & -0.15 & -1.08 & -2.13 & -0.10 & -0.16 & -4.31 & -1.48 & 7.26 & 6.63\end{bmatrix}^{\mathrm{T}}$$

回归系数的解为

$$\hat{\beta}_0 = 444.1234, \quad \hat{\beta}_1 = 2.8205, \quad \hat{\beta}_2 = 2.4014, \quad \hat{\beta}_3 = 1.1168$$

第三次迭代如下。

取回归系数的近似值:

$$\beta_0^0 = 444.1234, \quad \beta_1^0 = 2.8205, \quad \beta_2^0 = 2.4014, \quad \beta_3^0 = 1.1168$$

误差方程为

$$\begin{bmatrix} v_1 \\ v_2 \\ v_3 \\ v_4 \\ v_5 \\ v_6 \\ v_7 \\ v_8 \\ v_9 \\ v_{10} \end{bmatrix} = \begin{bmatrix} 1.00 & 0.00 & 0.00 & 0.00 \\ 1.00 & 0.00 & 32.00 & 41.75 \\ 1.00 & 22.83 & 16.00 & 41.75 \\ 1.00 & 22.83 & 32.00 & 20.83 \\ 1.00 & 45.65 & 0.00 & 41.75 \\ 1.00 & 45.65 & 16.00 & 20.83 \\ 1.00 & 45.65 & 32.00 & 0.00 \\ 1.00 & 45.65 & 16.00 & 41.75 \\ 1.00 & 45.65 & 32.00 & 20.83 \\ 1.00 & 45.65 & 32.00 & 41.75 \end{bmatrix} \begin{bmatrix} \hat{\delta}_0 \\ \hat{\delta}_1 \\ \hat{\delta}_2 \\ \hat{\delta}_3 \end{bmatrix} - \begin{bmatrix} 2.76 \\ -0.15 \\ -1.08 \\ -2.13 \\ -0.10 \\ -0.16 \\ -4.31 \\ -1.48 \\ 7.26 \\ 6.63 \end{bmatrix}$$

观测值权 P 的初始值为

$$P^{(3)} = \mathrm{diag}\begin{bmatrix}1.60 & 28.30 & 4.09 & 2.07 & 40.56 & 27.37 & 1.03 & 2.98 & 0.61 & 0.67\end{bmatrix}$$

观测值改正数为

$$V^{(3)} = \begin{bmatrix}1.80 & 0.03 & -0.94 & -1.88 & -0.00 & 0.06 & -3.99 & -1.04 & 7.82 & 7.42\end{bmatrix}^{\mathrm{T}}$$

回归系数的解为

$$\hat{\beta}_0 = 443.1665, \quad \hat{\beta}_1 = 2.8336, \quad \hat{\beta}_2 = 2.4228, \quad \hat{\beta}_3 = 1.1277$$

然后逐次迭代计算。

第九次迭代(最终结果)如下。

取回归系数的近似值:

$$\beta_0^0 = 441.5246, \quad \beta_1^0 = 2.8518, \quad \beta_2^0 = 2.4477, \quad \beta_3^0 = 1.1473$$

误差方程为

$$\begin{bmatrix} v_1 \\ v_2 \\ v_3 \\ v_4 \\ v_5 \\ v_6 \\ v_7 \\ v_8 \\ v_9 \\ v_{10} \end{bmatrix} = \begin{bmatrix} 1.00 & 0.00 & 0.00 & 0.00 \\ 1.00 & 0.00 & 32.00 & 41.75 \\ 1.00 & 22.83 & 16.00 & 41.75 \\ 1.00 & 22.83 & 32.00 & 20.83 \\ 1.00 & 45.65 & 0.00 & 41.75 \\ 1.00 & 45.65 & 16.00 & 20.83 \\ 1.00 & 45.65 & 32.00 & 0.00 \\ 1.00 & 45.65 & 16.00 & 41.75 \\ 1.00 & 45.65 & 32.00 & 20.83 \\ 1.00 & 45.65 & 32.00 & 41.75 \end{bmatrix} \begin{bmatrix} \hat{\delta}_0 \\ \hat{\delta}_1 \\ \hat{\delta}_2 \\ \hat{\delta}_3 \end{bmatrix} - \begin{bmatrix} 0.16 \\ 0.00 \\ -0.95 \\ -1.90 \\ -0.00 \\ 0.05 \\ -4.00 \\ -0.64 \\ 8.21 \\ 8.22 \end{bmatrix}$$

观测值权 P 的初始值为

$$P^{(9)} = \text{diag}\begin{bmatrix} 24.26 & 451.52 & 4.25 & 2.13 & 973.48 & 75.81 & 1.01 & 6.28 & 0.49 & 0.49 \end{bmatrix}$$

观测值改正数为

$$V^{(9)} = \begin{bmatrix} 0.09 & 0.00 & -0.95 & -1.90 & -0.00 & 0.05 & -4.00 & -0.62 & 8.23 & 8.26 \end{bmatrix}^{\mathrm{T}}$$

回归系数的解为

$$\hat{\beta}_0 = 441.4473, \quad \hat{\beta}_1 = 2.8527, \quad \hat{\beta}_2 = 2.4490, \quad \hat{\beta}_3 = 1.1482$$

(2) 稳健估计方法的结果。

Huber 法、L1 法、Danish 法、German-McClure 法、IGG 方案、IGGIII 方案迭代过程中的权和观测值改正数的变化分别见表 5.11～表 5.16。LS 法和不同稳健估计方法得到的回归系数估值见表 5.17。LS 法和不同稳健估计方法得到的观测值的估值和残余真误差见表 5.18。

表 5.11　三元线性回归 Huber 法迭代过程 ($n = 10, g = 2$)

序号	P_1	V_1	P_2	V_2	P_3	V_3
1	1.0	3.50	1.0	3.50	1.0	3.50
2	1.0	−1.11	1.0	−1.11	1.0	−1.11
3	1.0	−1.93	1.0	−1.93	1.0	−1.93
4	1.0	−2.86	1.0	−2.86	1.0	−2.86
5	1.0	−0.85	1.0	−0.85	1.0	−0.85
6	1.0	−0.78	1.0	−0.78	1.0	−0.78
7	1.0	−4.82	1.0	−4.82	1.0	−4.82
8	1.0	−2.59	1.0	−2.59	1.0	−2.59
9	1.0	6.27	1.0	6.27	1.0	6.27
10	1.0	5.16	1.0	5.16	1.0	5.16

表 5.12　三元线性回归 L1 法迭代过程 ($n=10, g=2$)

序号	P_1	V_1	P_2	V_2	P_3	V_3	P_4	V_4	P_5	V_5	…	P_9	V_9
1	1.0	3.50	1.3	2.76	1.6	1.80	2.4	1.04	4.0	0.58	…	45.1	0.09
2	1.0	−1.11	4.1	−0.15	28.3	0.03	111.2	0.02	202.2	0.01	…	481.3	0.00
3	1.0	−1.93	2.3	−1.08	4.1	−0.94	4.6	−0.94	4.4	−0.95	…	4.2	−0.95
4	1.0	−2.86	1.6	−2.13	2.1	−1.88	2.3	−1.89	2.2	−1.90	…	2.1	−1.90
5	1.0	−0.85	5.3	−0.11	40.6	−0.01	481.7	0.00	849.9	0.00	…	984.7	0.00
6	1.0	−0.78	5.8	−0.16	27.4	0.06	71.5	0.05	77.1	0.05	…	72.5	0.05
7	1.0	−4.82	0.9	−4.31	1.0	−3.99	1.1	−4.00	1.0	−4.01	…	1.0	−4.00
8	1.0	−2.59	1.7	−1.49	3.0	−1.04	4.1	−0.86	4.9	−0.74	…	6.5	−0.62
9	1.0	6.27	0.7	7.26	0.6	7.82	0.5	7.99	0.5	8.11	…	0.5	8.23
10	1.0	5.16	0.9	6.63	0.7	7.42	0.6	7.79	0.5	8.01	…	0.5	8.26

表 5.13　三元线性回归 Danish 法迭代过程 ($n=10, g=2$)

序号	P_1	V_1	P_2	V_2	P_3	V_3
1	1.0	3.50	1.0	3.50	1.0	3.50
2	1.0	−1.11	1.0	−1.11	1.0	−1.11
3	1.0	−1.93	1.0	−1.93	1.0	−1.93
4	1.0	−2.86	1.0	−2.86	1.0	−2.86
5	1.0	−0.85	1.0	−0.85	1.0	−0.85
6	1.0	−0.78	1.0	−0.78	1.0	−0.78
7	1.0	−4.82	1.0	−4.82	1.0	−4.82
8	1.0	−2.59	1.0	−2.59	1.0	−2.59
9	1.0	6.27	1.0	6.27	1.0	6.27
10	1.0	5.16	1.0	5.16	1.0	5.16

表 5.14　三元线性回归 German-McClure 法迭代过程 ($n=10, g=2$)

序号	P_1	V_1	P_2	V_2	P_3	V_3	P_4	V_4	P_5	V_5	…	P_{11}	V_{11}
1	1.0	3.50	0.4	1.96	0.3	0.00	1.0	−0.03	1.0	−0.02	…	1.0	0.00
2	1.0	−1.11	0.9	0.05	1.0	0.43	0.5	0.30	0.3	0.11	…	1.0	0.00
3	1.0	−1.93	0.7	−1.00	0.7	−0.74	0.2	−0.75	0.0	−0.86	…	0.0	−0.94
4	1.0	−2.86	0.5	−1.76	0.3	−1.11	0.1	−1.27	0.0	−1.20	…	0.0	−0.84
5	1.0	−0.85	0.9	−0.14	1.0	−0.01	1.0	0.11	0.8	0.07	…	1.0	0.02

续表

序号	P_1	V_1	P_2	V_2	P_3	V_3	P_4	V_4	P_5	V_5	…	P_{11}	V_{11}
6	1.0	−0.78	0.9	0.10	1.0	0.63	0.3	0.58	0.0	0.73	…	0.0	1.12
7	1.0	−4.82	0.2	−3.77	0.1	−2.84	0.0	−3.04	0.0	−2.72	…	0.0	−1.88
8	1.0	−2.59	0.6	−1.13	0.6	−0.21	0.8	−0.20	0.5	−0.19	…	0.9	−0.05
9	1.0	6.27	0.1	7.91	0.0	9.22	0.0	9.08	0.0	9.26	…	0.0	9.85
10	1.0	5.16	0.2	7.39	0.0	9.09	0.0	9.00	0.0	9.04	…	0.0	9.37

表 5.15　三元线性回归 IGG 方案迭代过程 ($n=10, g=2$)

序号	P_1	V_1	P_2	V_2	P_3	V_3
1	1.0	3.50	1.0	3.50	1.0	3.50
2	1.0	−1.11	1.0	−1.11	1.0	−1.11
3	1.0	−1.93	1.0	−1.93	1.0	−1.93
4	1.0	−2.86	1.0	−2.86	1.0	−2.86
5	1.0	−0.85	1.0	−0.85	1.0	−0.85
6	1.0	−0.78	1.0	−0.78	1.0	−0.78
7	1.0	−4.82	1.0	−4.82	1.0	−4.82
8	1.0	−2.59	1.0	−2.59	1.0	−2.59
9	1.0	6.27	1.0	6.27	1.0	6.27
10	1.0	5.16	1.0	5.16	1.0	5.16

表 5.16　三元线性回归 IGGIII 方案迭代过程 ($n=10, g=2$)

序号	P_1	V_1	P_2	V_2	P_3	V_3
1	1.0	3.50	1.0	3.50	1.0	3.50
2	1.0	−1.11	1.0	−1.11	1.0	−1.11
3	1.0	−1.93	1.0	−1.93	1.0	−1.93
4	1.0	−2.86	1.0	−2.86	1.0	−2.86
5	1.0	−0.85	1.0	−0.85	1.0	−0.85
6	1.0	−0.78	1.0	−0.78	1.0	−0.78
7	1.0	−4.82	1.0	−4.82	1.0	−4.82
8	1.0	−2.59	1.0	−2.59	1.0	−2.59
9	1.0	6.27	1.0	6.27	1.0	6.27
10	1.0	5.16	1.0	5.16	1.0	5.16

表 5.17　回归系数的估值 ($n=10, g=2$)

回归系数	LS 法	Huber 法	L1 法	Danish 法	German-McClure 法	IGG 方案	IGGIII 方案
$\hat{\beta}_0$	444.8621	444.8621	441.4473	444.8621	441.3591	444.8621	444.8621
$\hat{\beta}_1$	2.8092	2.8092	2.8527	2.8092	2.8771	2.8092	2.8092
$\hat{\beta}_2$	2.3787	2.3787	2.4490	2.3787	2.4830	2.3787	2.3787
$\hat{\beta}_3$	1.0936	1.0936	1.1482	1.0936	1.1242	1.0936	1.0936

表 5.18　观测值的估值和残余真误差 ($n=10, g=2$)

序号	$\tilde{Y}$	$\hat{Y}_0$	f_0	$\hat{Y}_1$	f_1	$\hat{Y}_2$	f_2	$\hat{Y}_3$
1	440.862	444.862	4.00	444.862	4.00	441.447	0.58	444.862
2	569.146	566.640	−2.51	566.640	−2.51	567.750	−1.40	566.640
3	594.242	592.714	−1.53	592.714	−1.53	593.694	−0.55	592.714
4	610.455	607.895	−2.56	607.895	−2.56	608.858	−1.60	607.895
5	619.309	618.760	−0.55	618.760	−0.55	619.609	0.30	618.760
6	635.522	633.941	−1.58	633.941	−1.58	634.773	−0.75	633.941
7	651.839	649.220	−2.62	649.220	−2.62	650.041	−1.80	649.220
8	659.512	656.819	−2.69	656.819	−2.69	658.793	−0.72	656.819
9	675.726	672.000	−3.73	672.000	−3.73	673.957	−1.77	672.000
10	699.716	694.879	−4.84	694.879	−4.84	697.977	−1.74	694.879
MSRTE	—	—	2.92	—	2.92	—	1.25	—

序号	f_3	$\hat{Y}_4$	f_4	$\hat{Y}_5$	f_5	$\hat{Y}_6$	f_6
1	4.00	441.359	0.50	444.862	4.00	444.862	4.00
2	−2.51	567.750	−1.40	566.640	−2.51	566.640	−2.51
3	−1.53	593.706	−0.54	592.714	−1.53	592.714	−1.53
4	−2.56	609.916	−0.54	607.895	−2.56	607.895	−2.56
5	−0.55	619.633	0.32	618.760	−0.55	618.760	−0.55
6	−1.58	635.843	0.32	633.941	−1.58	633.941	−1.58
7	−2.62	652.155	0.32	649.220	−2.62	649.220	−2.62
8	−2.69	659.361	−0.15	656.819	−2.69	656.819	−2.69
9	−3.73	675.572	−0.15	672.000	−3.73	672.000	−3.73
10	−4.84	699.089	−0.63	694.879	−4.84	694.879	−4.84
MSRTE	2.92	—	0.59	—	2.92	—	2.92

稳健估计方法能有效地消除或减弱粗差观测值对最终参数估值的影响，不同的稳健估计方法消除或减弱粗差影响的程度不同[38,39]。由表 5.11～表 5.16 可知，对于含有两个粗差之一的第 9 个观测值，Huber 法、L1 法、Danish 法、German-McClure 法、IGG 方案和 IGGIII 方案的权由 1.0 分别变为 1.0、0.5、1.0、0.0、1.0 和 1.0，对应的改正数分别为 6.27、8.23、6.27、9.85、6.27 和 6.27。对于含有两个粗差之一的第 10 个观测值，Huber 法、L1 法、Danish 法、German-McClure 法、IGG 方案和 IGGIII 方案的权由 1.0 分别变为 1.0、0.5、1.0、0.0、1.0 和 1.0，对应的改正数分别为 5.16、8.26、5.16、9.37、5.16 和 5.16。由表 5.18 可知，Huber 法、L1 法、Danish 法、German-McClure 法、IGG 方案和 IGGIII 方案的残余真误差均方误差分别是 2.92、1.25、2.92、0.59、2.92 和 2.92。相当于传统 LS 法的第 9 和第 10 个观测值的改正数为 6.27 和 5.16 以及残余真误差均方误差为 2.92，Huber 法、Danish 法、IGG 方案和 IGGIII 方案没有消除或减弱粗差的影响，L1 法和 German-McClure 法能够相对有效地消除或减弱粗差的影响。

稳健估计方法消除或减弱粗差的影响需要有足够的多余观测值。当观测值中包含一个粗差时，Huber 法、L1 法、Danish 法、German-McClure 法、IGG 方案和 IGGIII 方案都能有效地消除或减弱粗差对参数估计结果的影响。当观测值中同时包含两个粗差时则不然。究其原因是当观测值中同时包含两个粗差时多余观测值的个数不足。针对具体的问题，是否有足够的多余观测值使稳健估计方法有效地消除或减弱粗差的影响，可用含粗差总体可靠性来说明。用 n 表示观测值个数，t 表示必要观测值的个数，g 表示可能包含粗差的个数，则含粗差总体可靠性为

$$k = \frac{n - t - g}{n} \tag{5-21}$$

在算例 5-1 中，$k = \frac{10 - 4 - 1}{10} = 0.5$。在算例 5-2 中，$k = \frac{10 - 4 - 2}{10} = 0.4$。一般情况下，含粗差总体可靠性在 0.4 以上的稳健估计方法就能够有效地消除或减弱粗差对参数估计的影响。

第 6 章　再生权最小二乘法线性回归

6.1　再生权最小二乘法原理和线性回归计算

6.1.1　再生权最小二乘法原理[40]

再生权最小二乘法(self-born weighted least squares method, SBWLS 法)是一种稳健估计方法，它充分利用观测值的改正数(残差)条件方程提供的有效信息构造观测值的权，而不是像传统方法那样用最小二乘法得到的观测值改正数构造观测值的权，它能更有效地消除或减弱粗差对参数估计的影响[41-43]。

对于一个参数估计问题，用 n 表示观测值的数量，t 表示未知数的数量，r 表示多余观测值的数量(自由度)，则 $r=n-t$ ，$r>0$ 。$\underset{n\times 1}{L}$ 表示观测值矩阵，$\underset{n\times n}{P}$ 表示观测值 L 的权阵，其主对角线元素为 p_j ，初始值为 $p_j^0=1.0$ ，其中 $j=1,2,\cdots,n$ 。$\underset{n\times 1}{\hat{L}}$ 表示观测值 L 的估值。$\underset{n\times 1}{V}$ 表示观测值 L 的改正数，观测值的估值等于观测值与改正数之和，$\hat{L}=L+V$ 。$\underset{n\times t}{B}$ 表示观测方程的系数矩阵，$\underset{n\times 1}{d}$ 表示观测方程的常数项矩阵，$\underset{t\times 1}{\hat{X}}$ 表示未知数矩阵，$\hat{X}=X^0+\hat{x}$ 。

观测方程的一般形式为

$$\hat{L}=F(\hat{X}) \tag{6-1}$$

观测方程的线性形式为

$$\hat{L}=B\hat{x}+(d+BX^0) \tag{6-2}$$

误差方程为

$$V=B\hat{x}-l \tag{6-3}$$

式中，$l=-(d+BX^0-L)$ 。

用 LS 法可得未知数的解、观测值的改正数和单位权方差的估值为

$$\hat{x}=(B^{\mathrm{T}}PB)^{-1}B^{\mathrm{T}}Pl \tag{6-4}$$

$$V=B(B^{\mathrm{T}}PB)^{-1}B^{\mathrm{T}}Pl-l \tag{6-5}$$

$$\hat{\sigma}_0^2=\frac{V^{\mathrm{T}}PV}{r} \tag{6-6}$$

将式(6-3)分为如下两部分：

$$V_t = B_t\hat{x} - l_t \tag{6-7}$$

$$V_r = B_r\hat{x} - l_r \tag{6-8}$$

式中，B_t 为 $t\times t$ 阶的满秩矩阵，可通过对系数矩阵 B 进行线性变换确定。

由式(6-7)可得

$$\hat{x} = B_t^{-1}(V_t + l_t) \tag{6-9}$$

将式(6-9)代入式(6-8)可得

$$V_r = B_{rt}V_t - W_{rt} \tag{6-10}$$

式中，$B_{rt} = B_rB_t^{-1}$；$W_{rt} = -(B_rB_t^{-1}l_t - l_r)$。

按照偶然误差的绝对值不会超过一定限值的规律，用 $\eta\hat{\sigma}_0$ 限制单位权真误差的范围，η 称为单位权真误差取值范围的值域系数，简称值域系数。由式(6-10)可解得满足限制条件(6-12)的 m ($m\to\infty$)组真误差的估值 $V^{(1)},V^{(2)},\cdots,V^{(m)}$ 为

$$V^{(i)} = \begin{bmatrix} v_1^{(i)} & v_2^{(i)} & \cdots & v_n^{(i)} \end{bmatrix}^{\mathrm{T}}, \qquad i=1,2,\cdots,m \tag{6-11}$$

$$\left|v_j^{(i)}\right| \leqslant \frac{\eta\hat{\sigma}_0}{\sqrt{p_j}}, \qquad i=1,2,\cdots,m；\quad j=1,2,\cdots,n \tag{6-12}$$

在实际计算中，$v_j^{(i)}\in V_t$ 以 $-\dfrac{\eta\hat{\sigma}_0}{\sqrt{p_j}}$ 为初值、$\dfrac{\eta\hat{\sigma}_0}{\sqrt{p_j}}$ 为终值、$\dfrac{\eta\hat{\sigma}_0}{\theta\sqrt{p_j}}$ 为步长取值，$v_j^{(i)}\in V_r$ 则由式(6-10)确定。$2\theta+1$ 是 $v_j^{(i)}\in V_t$ 在区间 $\left[-\dfrac{\eta\hat{\sigma}_0}{\sqrt{p_j}},\dfrac{\eta\hat{\sigma}_0}{\sqrt{p_j}}\right]$ 中取值的节点数，θ 则是 $v_j^{(i)}\in V_t$ 在区间 $\left[-\dfrac{\eta\hat{\sigma}_0}{\sqrt{p_j}},0\right)$ 或 $\left(0,\dfrac{\eta\hat{\sigma}_0}{\sqrt{p_j}}\right]$ 中取值的节点数，称为半节点数。

定义 6-1　用同一个观测值真误差的多个(m 个)估值计算得到的该观测值的方差称为观测值的再生方差，简称再生方差。用观测值的再生方差计算得到的该观测值的权称为观测值的再生权，简称再生权。

不同观测值的再生方差、再生方差的平均值和再生权分别按式(6-13)、式(6-14)和式(6-15)计算。

$$\dot{\sigma}_j^2 = \frac{1}{m}\sum_{i=1}^{m}\left(v_j^{(i)}\right)^2, \qquad j=1,2,\cdots,n \tag{6-13}$$

$$\bar{\sigma}_0^2 = \frac{1}{n}\sum_{j=1}^{n}\dot{\sigma}_j^2 \tag{6-14}$$

$$\dot{p}_j = \frac{\bar{\sigma}_0^2}{\dot{\sigma}_j^2}, \qquad j = 1,2,\cdots,n \tag{6-15}$$

式(6-10)称为再生权函数式，式(6-12)称为再生权函数限制条件。不同的参数估计问题具有不同的再生权函数式和相同的再生权函数限制条件。两个基本参数值域系数η和半节点数θ通过仿真实验的方法确定。由于半节点数θ的限制，m不会是无穷大。B_t和B_r具有不唯一性，但是对参数估计结果没有显著的影响。

定义 6-2　用观测值的再生权作为观测值的权，按最小二乘法求解参数的方法称为再生权最小二乘法。

再生权最小二乘法的计算方法与基于 M 估计的稳健估计方法基本相同，即以本次得到的观测值的再生权作为下一次迭代的观测值的权，用最小二乘法进行迭代计算，直到满足终止条件。主要区别是再生权最小二乘法用观测值真误差的多个估值确定观测值的权，基于 M 估计的稳健估计方法则用观测值真误差的一个估值(最小二乘法结果)确定观测值的权。

6.1.2　再生权最小二乘法线性回归计算[44]

以三元线性回归为例说明其计算方法。三元线性回归方程为

$$y = 440.862 + 2.860x_1 + 2.513x_2 + 1.147x_3 \tag{6-16}$$

由回归方程和自变量的取值模拟 10 组观测值的真值($\tilde{y}_i, x_{i1}, x_{i2}, x_{i3}$)分别为

(440.862,0.00,0.00,0.00)，　(569.146,0.00,32.00,41.75)

(594.242,22.83,16.00,41,75)，　(610.455,22.83,32.00,20.83)

(619.309,45.65,0.00,41.75)，　(635.522,45.65,16.00,20.83)

(651.839,45.65,32.00,0.00)，　(659.512,45.65,16.00,41.75)

(675.726,45.65,32.00,20.83)，　(699.716,45.65,32.00,41.75)

算例 6-1　观测值中包含一个粗差的情形

如表 6.1 所示，$\tilde{Y}$表示观测值的真值，Y表示观测值。其中第 10 个观测值包含 10.0 的粗差。

表 6.1　三元线性回归观测值 ($n = 10$, $g = 1$)

序号	真值 $\tilde{Y}$	自变量 x_1	自变量 x_2	自变量 x_3	真误差	粗差	观测值 Y
1	440.862	0.00	0.00	0.00	0.5	0.0	441.362
2	569.146	0.00	32.00	41.75	−1.4	0.0	567.746
3	594.242	22.83	16.00	41.75	0.4	0.0	594.642
4	610.455	22.83	32.00	20.83	0.3	0.0	610.755

续表

序号	真值 $\tilde{Y}$	自变量 x_1	自变量 x_2	自变量 x_3	真误差	粗差	观测值 Y
5	619.309	45.65	0.00	41.75	0.3	0.0	619.609
6	635.522	45.65	16.00	20.83	−0.8	0.0	634.722
7	651.839	45.65	32.00	0.00	2.2	0.0	654.039
8	659.512	45.65	16.00	41.75	−0.1	0.0	659.412
9	675.726	45.65	32.00	20.83	−0.4	0.0	675.326
10	699.716	45.65	32.00	41.75	−0.6	−10.0	689.716

设回归方程为

$$\hat{Y} = \hat{\beta}_0 + \hat{\beta}_1 x_1 + \hat{\beta}_2 x_2 + \hat{\beta}_3 x_3$$

(1) 取回归系数的近似值：

$$\beta_0^0 = 444.1137\,,\ \beta_1^0 = 2.8464\,,\ \beta_2^0 = 2.4412\,,\ \beta_3^0 = 1.0648$$

(2) 列出误差方程：

$$\begin{bmatrix} v_1 \\ v_2 \\ v_3 \\ v_4 \\ v_5 \\ v_6 \\ v_7 \\ v_8 \\ v_9 \\ v_{10} \end{bmatrix} = \begin{bmatrix} 1.00 & 0.00 & 0.00 & 0.00 \\ 1.00 & 0.00 & 32.00 & 41.75 \\ 1.00 & 22.83 & 16.00 & 41.75 \\ 1.00 & 22.83 & 32.00 & 20.83 \\ 1.00 & 45.65 & 0.00 & 41.75 \\ 1.00 & 45.65 & 16.00 & 20.83 \\ 1.00 & 45.65 & 32.00 & 0.00 \\ 1.00 & 45.65 & 16.00 & 41.75 \\ 1.00 & 45.65 & 32.00 & 20.83 \\ 1.00 & 45.65 & 32.00 & 41.75 \end{bmatrix} \begin{bmatrix} \hat{\delta}_0 \\ \hat{\delta}_1 \\ \hat{\delta}_2 \\ \hat{\delta}_3 \end{bmatrix} - \begin{bmatrix} -2.75 \\ 1.06 \\ 2.03 \\ 1.36 \\ 1.10 \\ -0.57 \\ 1.87 \\ 1.84 \\ 0.97 \\ -6.91 \end{bmatrix} \tag{6-17}$$

观测值权 P 的初始值为

$$P^0 = \mathrm{diag}\begin{bmatrix} 1.00 & 1.00 & 1.00 & 1.00 & 1.00 & 1.00 & 1.00 & 1.00 & 1.00 & 1.00 \end{bmatrix} \tag{6-18}$$

(3) 确定再生权函数式。取第 6、2、1、5 个误差方程作为组成最大线性无关组 $t = 4$ 的误差方程，并将式(6-17)写成

$$\begin{bmatrix} V_t \\ V_r \end{bmatrix} = \begin{bmatrix} B_t \\ B_r \end{bmatrix} \hat{x} - \begin{bmatrix} l_t \\ l_r \end{bmatrix} \tag{6-19}$$

式中

$$
V_t=\begin{bmatrix} v_6 \\ v_2 \\ v_1 \\ v_5 \end{bmatrix},\quad B_t=\begin{bmatrix} 1.00 & 45.65 & 16.00 & 20.83 \\ 1.00 & 0.00 & 32.00 & 41.75 \\ 1.00 & 0.00 & 0.00 & 0.00 \\ 1.00 & 45.65 & 0.00 & 41.75 \end{bmatrix},\quad \hat{x}=\begin{bmatrix} \hat{\delta}_0 \\ \hat{\delta}_1 \\ \hat{\delta}_2 \\ \hat{\delta}_3 \end{bmatrix},\quad l_t=\begin{bmatrix} -0.57 \\ 1.06 \\ -2.75 \\ 1.10 \end{bmatrix}
$$

$$
V_r=\begin{bmatrix} v_3 \\ v_4 \\ v_7 \\ v_8 \\ v_9 \\ v_{10} \end{bmatrix},\quad B_r=\begin{bmatrix} 1.00 & 22.83 & 16.00 & 41.75 \\ 1.00 & 22.83 & 32.00 & 20.83 \\ 1.00 & 45.65 & 32.00 & 0.00 \\ 1.00 & 45.65 & 16.00 & 41.75 \\ 1.00 & 45.65 & 32.00 & 20.83 \\ 1.00 & 45.65 & 32.00 & 41.75 \end{bmatrix},\quad l_r=\begin{bmatrix} 2.03 \\ 1.36 \\ 1.87 \\ 1.84 \\ 0.97 \\ -6.91 \end{bmatrix}
$$

再生权函数为

$$
V_r=A_tV_t-W=\begin{bmatrix} v_3 \\ v_4 \\ v_7 \\ v_8 \\ v_9 \\ v_{10} \end{bmatrix}=\begin{bmatrix} 0.00 & 0.50 & 0.00 & 0.50 \\ 1.00 & 0.50 & 0.00 & -0.50 \\ 2.00 & 0.00 & 0.00 & -1.00 \\ 0.50 & 0.25 & -0.25 & 0.50 \\ 1.50 & 0.25 & -0.25 & -0.50 \\ 1.00 & 0.50 & -0.50 & 0.00 \end{bmatrix}\begin{bmatrix} v_6 \\ v_2 \\ v_1 \\ v_5 \end{bmatrix}-\begin{bmatrix} 0.95 \\ 1.95 \\ 4.10 \\ 0.62 \\ 1.43 \\ -8.25 \end{bmatrix} \tag{6-20}
$$

式中

$$
A_t=B_rB_t^{-1}=\begin{bmatrix} 0.00 & 0.50 & 0.00 & 0.50 \\ 1.00 & 0.50 & 0.00 & -0.50 \\ 2.00 & 0.00 & 0.00 & -1.00 \\ 0.50 & 0.25 & -0.25 & 0.50 \\ 1.50 & 0.25 & -0.25 & -0.50 \\ 1.00 & 0.50 & -0.50 & 0.00 \end{bmatrix},\quad W=-(A_tl_t-l_r)=\begin{bmatrix} 0.95 \\ 1.95 \\ 4.10 \\ 0.62 \\ 1.43 \\ -8.25 \end{bmatrix}
$$

(4) SBWLS 法、LS 法和不同稳健估计方法的计算。取值域系数$\eta=3.0$，半节点数$\theta=10$，迭代终止条件是相邻两次观测值改正数之差有效位数的绝对值小于 0.1。当观测值中包含 1 个粗差时，LS 法、SBWLS 法和 L1 法得到的回归系数估值及其中误差见表 6.2，观测值的改正数和观测值的估值见表 6.3。SBWLS 法、LS 法和不同稳健估计方法得到的观测值的改正数见表 6.4。由观测值的改正数(表 6.4)和观测值的真误差或粗差(表 6.1)计算得到的 SBWLS 法、LS 法和不同稳健估计方法的残余真误差见表 6.5。由残余真误差计算得到的 SBWLS 法、LS 法和不同稳健估计方法的残余真误差均方误差同样见表 6.5。

表 6.2　回归系数的估值及其中误差

回归系数	LS 法		SBWLS 法		L1 法	
	回归系数估值	中误差	回归系数估值	中误差	回归系数估值	中误差
$\hat{\beta}_0$	444.1137	3.15	442.1413	1.96	441.4439	0.60
$\hat{\beta}_1$	2.8464	0.06	2.8533	0.03	2.8740	0.01
$\hat{\beta}_2$	2.4412	0.09	2.4947	0.04	2.4793	0.01
$\hat{\beta}_3$	1.0648	0.07	1.1203	0.03	1.1250	0.01

注：LS 法、SBWLS 法和 L1 法的单位权中误差分别为 3.46、3.33 和 2.44。

表 6.3　观测值的改正数和观测值的估值

序号	LS 法		SBWLS 法		L1 法	
	改正数	观测值估值	改正数	观测值估值	改正数	观测值估值
1	2.752	444.114	0.779	442.141	0.082	441.444
2	−1.058	566.688	0.999	568.745	0.004	567.750
3	−2.029	592.613	−0.671	593.971	−0.949	593.693
4	−1.359	609.396	−0.305	610.450	−0.927	609.828
5	−1.100	618.509	−0.441	619.168	−0.001	619.608
6	0.570	635.292	0.925	635.647	1.021	635.743
7	−1.868	652.171	−1.812	652.227	−2.060	651.979
8	−1.844	657.568	−0.328	659.084	−0.135	659.277
9	−0.975	674.351	0.237	675.563	0.086	675.412
10	6.911	696.627	9.284	699.000	9.230	698.946

表 6.4　三元线性回归 SBWLS 法、LS 法和不同稳健估计方法的改正数 ($n = 10, g = 1$)

序号	VS	VL	V1	V2	V3	V4	V5	V6
1	0.78	2.75	1.78	0.08	0.18	0.00	0.18	0.18
2	1.00	−1.06	−0.51	0.00	0.41	0.00	0.41	0.41
3	−0.67	−2.03	−1.61	−0.95	−0.92	−0.94	−0.92	−0.92
4	−0.31	−1.36	−0.94	−0.93	−0.25	−0.81	−0.25	−0.25
5	−0.44	−1.10	−0.82	0.00	−0.34	0.02	−0.34	−0.34
6	0.93	0.57	0.85	1.02	1.32	1.15	1.32	1.32
7	−1.81	−1.87	−1.58	−2.06	−1.11	−1.83	−1.11	−1.11
8	−0.33	−1.84	−1.18	−0.14	−0.08	−0.04	−0.08	−0.08
9	0.24	−0.98	−0.31	0.09	0.79	0.28	0.79	0.79
10	9.28	6.91	7.96	9.23	9.68	9.40	9.68	9.68

注：n 表示观测值的数量，g 表示粗差的数量；VS 表示 SBWLS 法的改正数(记为 VS(SBWLS 法))，VL(LS 法)，V1(Huber 法)，V2(L1 法)，V3(Danish 法)，V4(German-McClure 法)，V5(IGG 方案)，V6(IGGIII 方案)。表 6.9 中的数值含义与表 6.4 相同。

表 6.5　三元线性回归 SBWLS 法、LS 法和不同稳健估计方法的残余真误差 ($n=10, g=1$)

序号	FS	FL	F1	F2	F3	F4	F5	F6
1	1.28	3.25	2.28	0.58	0.68	0.50	0.68	0.68
2	−0.40	−2.46	−1.91	−1.40	−0.99	−1.40	−0.99	−0.99
3	−0.27	−1.63	−1.21	−0.55	−0.52	−0.54	−0.52	−0.52
4	−0.01	−1.06	−0.64	−0.63	0.05	−0.51	0.05	0.05
5	−0.14	−0.80	−0.52	0.30	−0.04	0.32	−0.04	−0.04
6	0.13	−0.23	0.05	0.22	0.52	0.35	0.52	0.52
7	0.39	0.33	0.62	0.14	1.09	0.37	1.09	1.09
8	−0.43	−1.94	−1.28	−0.24	−0.18	−0.14	−0.18	−0.18
9	−0.16	−1.38	−0.71	−0.31	0.39	−0.12	0.39	0.39
10	−0.72	−3.09	−2.04	−0.77	−0.32	−0.60	−0.32	−0.32
MSRTE	0.53	1.91	1.33	0.62	0.59	0.59	0.59	0.59

注：n 表示观测值的数量，g 表示粗差的数量；FS 表示 SBWLS 法的残余真误差(记为 FS(SBWLS 法))，FL(LS 法)，F1(Huber 法)，F2(L1 法)，F3(Danish 法)，F4(German-McClure 法)，F5(IGG 方案)，F6(IGGIII 方案)；MSRTE 表示残余真误差均方误差。表 6.10 中的数值含义与表 6.5 相同。

当观测值中包含一个粗差时，SBWLS 法、LS 法、Huber 法和 L1 法的残余真误差均方误差分别为 0.53、1.91、1.33 和 0.62。SBWLS 法相对于 LS 法、Huber 法和 L1 法的相对增益如下：

SBWLS 法相对于 LS 法的相对增益 $S_0=\dfrac{1.91-0.53}{1.91}\times 100\%=72\%$ 。

SBWLS 法相对于 Huber 法的相对增益 $S_1=\dfrac{1.33-0.53}{1.33}\times 100\%=60\%$ 。

SBWLS 法相对于 L1 法的相对增益 $S_2=\dfrac{0.62-0.53}{0.62}\times 100\%=15\%$ 。

SBWLS 法相对于其他稳健估计方法的相对增益分别为 S_3=10%(Danish 法)，S_4=11%(German-McClure 法)，S_5=10%(IGG 方案)，S_6=10%(IGGIII 方案)。

算例 6-2　观测值中包含两个粗差的情形

如表 6.6 所示，$\tilde{Y}$ 表示观测值的真值，Y 表示观测值，其中在第 9 个和第 10 个观测值中同时加入 10.0 的粗差。

表 6.6　三元线性回归观测值 ($n=10, g=2$)

n	真值 $\tilde{Y}$	自变量 x_1	自变量 x_2	自变量 x_3	真误差	粗差	观测值 Y
1	440.862	0.00	0.00	0.00	0.5	0.0	441.362
2	569.146	0.00	32.00	41.75	−1.4	0.0	567.746
3	594.242	22.83	16.00	41.75	0.4	0.0	594.642
4	610.455	22.83	32.00	20.83	0.3	0.0	610.755
5	619.309	45.65	0.00	41.75	0.3	0.0	619.609

续表

n	真值 $\tilde{Y}$	自变量 x_1	自变量 x_2	自变量 x_3	真误差	粗差	观测值 Y
6	635.522	45.65	16.00	20.83	–0.8	0.0	634.722
7	651.839	45.65	32.00	0.00	2.2	0.0	654.039
8	659.512	45.65	16.00	41.75	–0.1	0.0	659.412
9	675.726	45.65	32.00	20.83	–0.4	–10.0	665.726
10	699.716	45.65	32.00	41.75	–0.6	–10.0	689.716

设回归方程为

$$\hat{Y} = \hat{\beta}_0 + \hat{\beta}_1 x_1 + \hat{\beta}_2 x_2 + \hat{\beta}_3 x_3$$

(1) 取回归系数的近似值：

$$\beta_0^0 = 444.8621, \beta_1^0 = 2.8092, \beta_2^0 = 2.3787, \beta_3^0 = 1.0936$$

(2) 列出误差方程：

$$\begin{bmatrix} v_1 \\ v_2 \\ v_3 \\ v_4 \\ v_5 \\ v_6 \\ v_7 \\ v_8 \\ v_9 \\ v_{10} \end{bmatrix} = \begin{bmatrix} 1.00 & 0.00 & 0.00 & 0.00 \\ 1.00 & 0.00 & 32.00 & 41.75 \\ 1.00 & 22.83 & 16.00 & 41.75 \\ 1.00 & 22.83 & 32.00 & 20.83 \\ 1.00 & 45.65 & 0.00 & 41.75 \\ 1.00 & 45.65 & 16.00 & 20.83 \\ 1.00 & 45.65 & 32.00 & 0.00 \\ 1.00 & 45.65 & 16.00 & 41.75 \\ 1.00 & 45.65 & 32.00 & 20.83 \\ 1.00 & 45.65 & 32.00 & 41.75 \end{bmatrix} \begin{bmatrix} \hat{\delta}_0 \\ \hat{\delta}_1 \\ \hat{\delta}_2 \\ \hat{\delta}_3 \end{bmatrix} - \begin{bmatrix} -3.50 \\ 1.11 \\ 1.93 \\ 2.86 \\ 0.85 \\ 0.78 \\ 4.82 \\ 2.59 \\ -6.27 \\ -5.16 \end{bmatrix}$$

观测值权 P 的初始值为

$$P^0 = \mathrm{diag}\begin{bmatrix} 1.00 & 1.00 & 1.00 & 1.00 & 1.00 & 1.00 & 1.00 & 1.00 & 1.00 & 1.00 \end{bmatrix}$$

(3) 确定再生权函数式。取第 6、2、1、5 个误差方程作为组成最大线性无关组($t = 4$)的误差方程，并将误差方程写成

$$\begin{bmatrix} V_t \\ V_r \end{bmatrix} = \begin{bmatrix} B_t \\ B_r \end{bmatrix} \hat{x} - \begin{bmatrix} l_t \\ l_r \end{bmatrix}$$

式中

$$V_t = \begin{bmatrix} v_6 \\ v_2 \\ v_1 \\ v_5 \end{bmatrix}, \quad B_t = \begin{bmatrix} 1.00 & 45.65 & 16.00 & 20.83 \\ 1.00 & 0.00 & 32.00 & 41.75 \\ 1.00 & 0.00 & 0.00 & 0.00 \\ 1.00 & 45.65 & 0.00 & 41.75 \end{bmatrix}, \quad \hat{x} = \begin{bmatrix} \hat{\delta}_0 \\ \hat{\delta}_1 \\ \hat{\delta}_2 \\ \hat{\delta}_3 \end{bmatrix}, \quad l_t = \begin{bmatrix} 0.78 \\ 1.11 \\ -3.50 \\ 0.85 \end{bmatrix}$$

$$V_r=\begin{bmatrix} v_3 \\ v_4 \\ v_7 \\ v_8 \\ v_9 \\ v_{10} \end{bmatrix},\quad B_r=\begin{bmatrix} 1.00 & 22.83 & 16.00 & 41.75 \\ 1.00 & 22.83 & 32.00 & 20.83 \\ 1.00 & 45.65 & 32.00 & 0.00 \\ 1.00 & 45.65 & 16.00 & 41.75 \\ 1.00 & 45.65 & 32.00 & 20.83 \\ 1.00 & 45.65 & 32.00 & 41.75 \end{bmatrix},\quad l_r=\begin{bmatrix} 1.93 \\ 2.86 \\ 4.82 \\ 2.59 \\ -6.27 \\ -5.16 \end{bmatrix}$$

再生权函数为

$$V_r=A_tV_t-W=\begin{bmatrix} v_3 \\ v_4 \\ v_7 \\ v_8 \\ v_9 \\ v_{10} \end{bmatrix}=\begin{bmatrix} 0.00 & 0.50 & 0.00 & 0.50 \\ 1.00 & 0.50 & 0.00 & -0.50 \\ 2.00 & 0.00 & 0.00 & -1.00 \\ 0.50 & 0.25 & -0.25 & 0.50 \\ 1.50 & 0.25 & -0.25 & -0.50 \\ 1.00 & 0.50 & -0.50 & 0.00 \end{bmatrix}\begin{bmatrix} v_6 \\ v_2 \\ v_1 \\ v_5 \end{bmatrix}-\begin{bmatrix} 0.95 \\ 1.95 \\ 4.10 \\ 0.62 \\ -8.17 \\ -8.25 \end{bmatrix}$$

式中

$$A_t=B_rB_t^{-1}=\begin{bmatrix} 0.00 & 0.50 & 0.00 & 0.50 \\ 1.00 & 0.50 & 0.00 & -0.50 \\ 2.00 & 0.00 & 0.00 & -1.00 \\ 0.50 & 0.25 & -0.25 & 0.50 \\ 1.50 & 0.25 & -0.25 & -0.50 \\ 1.00 & 0.50 & -0.50 & 0.00 \end{bmatrix},\quad W=-(A_tl_t-l_r)=\begin{bmatrix} 0.95 \\ 1.95 \\ 4.10 \\ 0.62 \\ -8.17 \\ -8.25 \end{bmatrix}$$

(4) SBWLS 法、LS 法和不同稳健估计方法的计算。取值域系数 $\eta=3.0$，半节点数 $\theta=10$，迭代终止条件是相邻两次观测值改正数之差的绝对值均小于 0.1。当观测值中包含两个粗差时，SBWLS 法、LS 法和 L1 法得到的回归系数的估值及其中误差见表 6.7，观测值的改正数和观测值的估值见表 6.8。SBWLS 法、LS 法和不同稳健估计方法的改正数见表 6.9。SBWLS 法、LS 法和不同稳健估计方法得到的残余真误差及残余真误差均方误差见表 6.10。

表 6.7　回归系数的估值及其中误差

回归系数	LS 法		SBWLS 法		L1 法	
	回归系数估值	中误差	回归系数估值	中误差	回归系数估值	中误差
$\hat{\beta}_0$	444.8621	4.11	443.1205	3.49	441.4473	0.81
$\hat{\beta}_1$	2.8092	0.08	2.8470	0.04	2.8527	0.01
$\hat{\beta}_2$	2.3787	0.12	2.4758	0.07	2.4490	0.02
$\hat{\beta}_3$	1.0936	0.09	1.1093	0.05	1.1482	0.01

注：LS 法、SBWLS 法和 L1 法的单位权中误差分别为 4.52、4.34 和 4.03。

表 6.8　观测值的改正数和观测值的估值

序号	LS 法		SBWLS 法		L1 法	
	改正数	观测值估值	改正数	观测值估值	改正数	观测值估值
1	3.500	444.862	1.759	443.121	0.085	441.447
2	−1.106	566.640	0.913	568.659	0.004	567.750
3	−1.928	592.714	−0.599	594.043	−0.948	593.694
4	−2.860	607.895	−0.305	610.450	−1.897	608.858
5	−0.849	618.760	−0.210	619.399	0.000	619.609
6	−0.781	633.941	1.084	635.806	0.051	634.773
7	−4.819	649.220	−1.727	652.312	−3.998	650.041
8	−2.593	656.819	−0.400	659.012	−0.619	658.793
9	6.274	672.000	9.692	675.418	8.231	673.957
10	5.163	694.879	8.909	698.625	8.261	697.977

表 6.9　三元线性回归 SBWLS 法、LS 法和不同稳健估计方法的改正数 ($n=10, g=2$)

序号	VS	VL	V1	V2	V3	V4	V5	V6
1	1.76	3.50	3.50	0.09	3.50	0.00	3.50	3.50
2	0.91	−1.11	−1.11	0.00	−1.11	0.00	−1.11	−1.11
3	−0.60	−1.93	−1.93	−0.95	−1.93	−0.94	−1.93	−1.93
4	−0.31	−2.86	−2.86	−1.90	−2.86	−0.84	−2.86	−2.86
5	−0.21	−0.85	−0.85	0.00	−0.85	0.02	−0.85	−0.85
6	1.08	−0.78	−0.78	0.05	−0.78	1.12	−0.78	−0.78
7	−1.73	−4.82	−4.82	−4.00	−4.82	−1.88	−4.82	−4.82
8	−0.40	−2.59	−2.59	−0.62	−2.59	−0.05	−2.59	−2.59
9	9.69	6.27	6.27	8.23	6.27	9.85	6.27	6.27
10	8.91	5.16	5.16	8.26	5.16	9.37	5.16	5.16

表 6.10　三元线性回归 SBWLS 法、LS 法和不同稳健估计方法的残余真误差 ($n=10, g=2$)

序号	FS	FL	F1	F2	F3	F4	F5	F6
1	2.26	4.00	4.00	0.59	4.00	0.50	4.00	4.00
2	−0.49	−2.51	−2.51	−1.40	−2.51	−1.40	−2.51	−2.51
3	−0.20	−1.53	−1.53	−0.55	−1.53	−0.54	−1.53	−1.53
4	−0.01	−2.56	−2.56	−1.60	−2.56	−0.54	−2.56	−2.56
5	0.09	−0.55	−0.55	0.30	−0.55	0.32	−0.55	−0.55

续表

序号	FS	FL	F1	F2	F3	F4	F5	F6
6	0.28	−1.58	−1.58	−0.75	−1.58	0.32	−1.58	−1.58
7	0.47	−2.62	−2.62	−1.80	−2.62	0.32	−2.62	−2.62
8	−0.50	−2.69	−2.69	−0.72	−2.69	−0.15	−2.69	−2.69
9	−0.31	−3.73	−3.73	−1.77	−3.73	−0.15	−3.73	−3.73
10	−1.09	−4.84	−4.84	−1.74	−4.84	−0.63	−4.84	−4.84
MSRTE	0.85	2.92	2.92	1.25	2.92	0.59	2.92	2.92

当观测值中同时包含两个粗差时，SBWLS 法、LS 法、Huber 法和 L1 法的残余真误差均方误差分别为 0.85、2.92、2.92 和 1.25。SBWLS 法相对于 LS 法、Huber 法和 L1 法的相对增益如下：

SBWLS 法相对于 LS 法的相对增益 $S_0 = \dfrac{2.92-0.85}{2.92}\times 100\% = 71\%$ 。

SBWLS 法相对于 Huber 法的相对增益 $S_1 = \dfrac{2.92-0.85}{2.92}\times 100\% = 71\%$ 。

SBWLS 法相对于 L1 法的相对增益 $S_2 = \dfrac{1.25-0.85}{1.25}\times 100\% = 32\%$ 。

SBWLS 法相对于其他稳健估计方法的相对增益分别为 S_3=71%(Danish 法)，S_4=−43%(German-McClure 法)，S_5=71%(IGG 方案)，S_6=71%(IGGIII 方案)。

6.2　稳健线性回归相对有效的稳健估计方法

以一元线性回归和多元(二元至五元)线性回归为例，对观测值中不包含粗差和包含一个或同时包含多个粗差的情形分别进行仿真实验(具体方法参见第 1 章)，粗差分别取 $\varepsilon = 5.0\sigma_0$ 和 $\varepsilon = 10.0\sigma_0$ 。随机误差服从形状参数为 2.0 的正态分布，迭代终止条件是相邻两次观测值改正数之差的绝对值均小于 0.1。

6.2.1　一元线性回归模型[45]

一元线性回归的理论方程为

$$\tilde{y} = 3.65 + 5.25x_1 \tag{6-21}$$

由一元线性回归的理论方程模拟 10 个观测值的真值 $(\tilde{y}_i, x_{i1})$ (i=1,2,⋯,10) 分别为(8.90, 1)，(14.15, 2)，(19.40, 3)，(24.65, 4)，(29.90, 5)，(35.15, 6)，(40.40, 7)，(45.65, 8)，(50.90, 9)，(56.15, 10)。在仿真实验中，值域系数 $\eta = 2.5$ ，半节点数 $\theta = 20$ 。

1. 观测值中不包含粗差的一元线性回归仿真实验

对观测值数量 n=5～10 且观测值中不包含粗差的一元线性回归进行了仿真实验。SBWLS 法、LS 法和不同稳健估计方法的残余真误差均方误差见表 6.11，SBWLS 法和不同稳健估计方法相对于 LS 法的相对增益见表 6.12。相对增益的平均值称为平均相对增益(表 6.12)。SBWLS 法和不同稳健估计方法相对于 LS 法的平均相对增益见图 6.1。

表 6.11 SBWLS 法、LS 法和不同稳健估计方法的残余真误差均方误差 ($\varepsilon=0.0\sigma_0$，一元线性回归)

n	MSW	MLS	M1	M2	M3	M4	M5	M6
5	0.63	0.54	0.54	0.59	0.54	0.60	0.54	0.54
6	0.58	0.49	0.49	0.57	0.51	0.58	0.49	0.51
7	0.56	0.46	0.46	0.53	0.50	0.54	0.46	0.50
8	0.51	0.43	0.43	0.48	0.48	0.49	0.43	0.50
9	0.49	0.40	0.41	0.47	0.48	0.47	0.42	0.50
10	0.47	0.38	0.38	0.44	0.45	0.44	0.39	0.47
平均	0.53	0.43	0.44	0.50	0.49	0.50	0.44	0.50

注：ε 表示粗差的数值，n 表示观测值的数量；MSW 表示 SBWLS 法的残余真误差均方误差(记为 MSW(SBWLS 法))，MLS(LS 法)，M1(Huber 法)，M2(L1 法)，M3(Danish 法)，M4(German-McClure 法)，M5(IGG 方案)，M6(IGGIII 方案)。表 6.13 和表 6.15 中的数值含义与表 6.11 相同。

表 6.12 SBWLS 和不同稳健估计方法相对于 LS 法的相对增益($\varepsilon=0.0\sigma_0$，一元线性回归)

n	MSW	MLS	R0	R1	R2	R3	R4	R5	R6
5	0.63	0.54	−18	0	−10	0	−12	0	0
6	0.58	0.49	−19	0	−18	−5	−19	0	−5
7	0.56	0.46	−23	−1	−16	−8	−17	0	−10
8	0.51	0.43	−19	−1	−12	−12	−14	−1	−16
9	0.49	0.40	−23	−3	−16	−19	−16	−4	−23
10	0.47	0.38	−25	−2	−17	−21	−16	−3	−26
平均	0.53	0.43	−22	−1	−15	−13	−16	−2	−16

注：ε 表示粗差的数值，n 表示观测值的数量；MSW 和 MLS 分别表示 SBWLS 法和 LS 法的残余真误差均方误差；R0 表示 SBWLS 法相对于 LS 法的相对增益(记为 R0(SBWLS 法))，R1(Huber 法)，R2(L1 法)，R3(Danish 法)，R4(German-McClure 法)，R5(IGG 方案)，R6(IGGIII 方案)。表 6.17、表 6.20、表 6.23 和表 6.26 中的数值含义与表 6.12 相同。

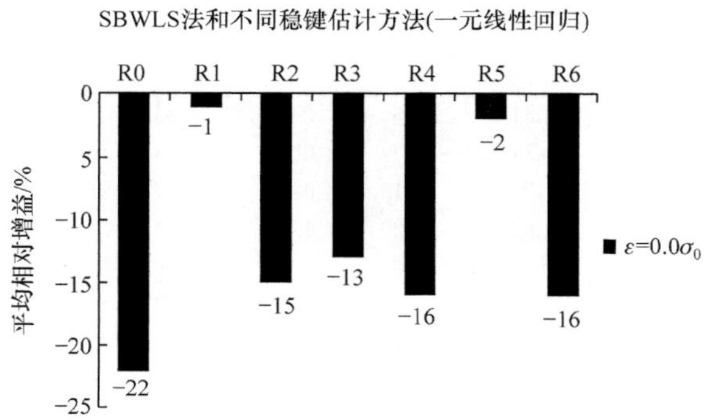

图 6.1　SBWLS 法和不同稳健估计方法相对于 LS 法的平均相对增益(一元线性回归)

当观测值数量 n=5～10 且观测值中不包含粗差时，SBWLS 法、L1 法、Danish 法、German-McClure 法和 IGGIII 方案相对于 LS 法的平均相对增益分别是 −22%、−15%、−13%、−16%和−16%，即它们相对于 LS 法都有一定的精度损失；而其他稳健估计方法相对于 LS 法的平均相对增益均大于等于−3%，可以认为它们相对于 LS 法几乎没有精度损失。在本次实验中，LS 法的残余真误差均方误差的最大值是 0.54(表 6.11)，当稳健估计方法的精度损失是−22%时，可得残余真误差均方误差是 0.66，小于随机误差母体的均方误差 $\sigma_0 = 1.0$。因此，当观测值中不包含粗差时，SBWLS 法和常用稳健估计方法相对于 LS 法的精度损失并不显著。

2. 观测值中包含粗差的一元线性回归仿真实验

当观测值中包含粗差时，粗差的数值分别取 $\varepsilon=5.0\sigma_0$ 和 $\varepsilon=10.0\sigma_0$。这里对具有不同的观测值数量和粗差数量的一元线性回归进行仿真实验。SBWLS 法、LS 法和不同稳健估计方法的残余真误差均方误差分别见表 6.13 和表 6.15，SBWLS 法相对于 LS 法和不同稳健估计方法的相对增益分别见表 6.14 和表 6.16。相对增益的平均值称为平均相对增益。SBWLS 法相对于 LS 法和不同稳健估计方法的平均相对增益见图 6.2。

表 6.13　SBWLS 法、LS 法和不同稳健估计方法的残余真误差均方误差
($\varepsilon=5.0\sigma_0$，一元线性回归)

n	g	MSW	MLS	M1	M2	M3	M4	M5	M6
5	1	0.98	1.46	1.41	1.06	1.43	1.09	1.46	1.43
6	1	0.86	1.23	1.07	0.80	0.96	0.81	1.15	0.96
6	2	1.30	1.98	1.99	1.64	2.00	1.63	1.98	2.00
7	1	0.77	1.07	0.84	0.70	0.71	0.73	0.91	0.72
7	2	1.05	1.71	1.70	1.25	1.70	1.27	1.71	1.66
8	1	0.66	0.94	0.68	0.62	0.58	0.64	0.68	0.59

续表

n	g	MSW	MLS	M1	M2	M3	M4	M5	M6
8	2	0.86	1.51	1.46	0.97	1.43	0.98	1.50	1.32
9	1	0.64	0.84	0.57	0.56	0.53	0.59	0.56	0.55
9	2	0.76	1.34	1.21	0.79	0.97	0.81	1.31	0.91
9	3	1.07	1.87	1.88	1.42	1.95	1.40	1.88	1.96
10	1	0.59	0.75	0.50	0.51	0.50	0.54	0.49	0.53
10	2	0.73	1.23	1.03	0.70	0.77	0.74	1.14	0.74
10	3	0.94	1.70	1.70	1.14	1.73	1.15	1.71	1.69
平均		0.86	1.36	1.23	0.94	1.17	0.95	1.27	1.16

表 6.14　SBWLS 法相对于 LS 法和其他稳健估计方法的相对增益($\varepsilon=5.0\sigma_0$，一元线性回归)

n	g	MSW	MLS	S0	S1	S2	S3	S4	S5	S6
5	1	0.98	1.46	33	30	8	31	10	33	31
6	1	0.86	1.23	30	20	−7	10	−6	25	10
6	2	1.30	1.98	34	35	21	35	20	34	35
7	1	0.77	1.07	28	8	−10	−8	−5	15	−7
7	2	1.05	1.71	39	38	16	38	17	39	37
8	1	0.66	0.94	30	3	−6	−14	−3	3	−12
8	2	0.86	1.51	43	41	11	40	12	43	35
9	1	0.64	0.84	24	−12	−14	−21	−8	−14	−16
9	2	0.76	1.34	43	37	4	22	6	42	16
9	3	1.07	1.87	43	43	25	45	24	43	45
10	1	0.59	0.75	21	−18	−16	−18	−9	−20	−11
10	2	0.73	1.23	41	29	−4	5	1	36	1
10	3	0.94	1.70	45	45	18	46	18	45	44
平均		0.86	1.36	35	23	3	16	6	25	16

注：ε 表示粗差的数值，n 表示观测值的数量，g 表示粗差个数；MSW 和 MLS 分别表示 SBWLS 法和 LS 法的残余真误差均方误差；S0 表示 SBWLS 法相对于 LS 法的相对增益(记为 S0(LS 法))，S1(Huber 法)，S2(L1 法)，S3(Danish 法)，S4(German-McClure 法)，S5(IGG 方案)，S6(IGGIII 方案)。表 6.16、表 6.18、表 6.19、表 6.21、表 6.22、表 6.24、表 6.25、表 6.27 和表 6.28 中的数值含义与表 6.14 相同。

表 6.15　SBWLS 法、LS 法和不同稳健估计方法的残余真误差均方误差($\varepsilon=10.0\sigma_0$，一元线性回归)

n	g	MSW	MLS	M1	M2	M3	M4	M5	M6
5	1	0.93	2.82	2.63	1.23	2.54	1.25	2.80	2.54
6	1	0.84	2.35	1.88	0.81	1.36	0.83	2.07	1.36
6	2	1.63	3.91	3.91	2.42	3.93	2.39	3.91	3.93
7	1	0.72	2.02	1.26	0.71	0.58	0.75	1.18	0.59
7	2	1.03	3.37	3.33	1.71	3.24	1.74	3.36	3.05
8	1	0.61	1.77	0.93	0.63	0.53	0.65	0.62	0.54

续表

n	g	MSW	MLS	M1	M2	M3	M4	M5	M6
8	2	0.79	2.96	2.76	1.16	2.25	1.15	2.93	1.75
9	1	0.57	1.57	0.73	0.56	0.52	0.60	0.45	0.53
9	2	0.70	2.64	2.19	0.81	1.10	0.87	2.47	1.02
9	3	1.22	3.71	3.71	2.03	3.85	2.00	3.72	3.83
10	1	0.58	1.41	0.61	0.51	0.50	0.56	0.42	0.52
10	2	0.67	2.40	1.77	0.71	0.77	0.78	2.05	0.70
10	3	0.89	3.37	3.32	1.40	3.26	1.44	3.36	3.01
平均		0.86	2.64	2.23	1.13	1.88	1.15	2.26	1.80

表 6.16　SBWLS 法相对于 LS 法和其他稳健估计方法的相对增益($\varepsilon=10.0\sigma_0$，一元线性回归)

n	g	MSW	MLS	S0	S1	S2	S3	S4	S5	S6
5	1	0.93	2.82	67	65	24	63	26	67	63
6	1	0.84	2.35	64	55	−4	38	−1	59	38
6	2	1.63	3.91	58	58	33	59	32	58	59
7	1	0.72	2.02	64	43	−1	−24	4	39	−22
7	2	1.03	3.37	69	69	40	68	41	69	66
8	1	0.61	1.77	66	34	3	−15	6	2	−13
8	2	0.79	2.96	73	71	32	65	31	73	55
9	1	0.57	1.57	64	22	−2	−10	5	−27	−8
9	2	0.70	2.64	73	68	14	36	20	72	31
9	3	1.22	3.71	67	67	40	68	39	67	68
10	1	0.58	1.41	59	5	−14	−16	−4	−38	−12
10	2	0.67	2.40	72	62	6	13	14	67	4
10	3	0.89	3.37	74	73	36	73	38	74	70
平均		0.86	2.64	67	53	16	32	19	45	31

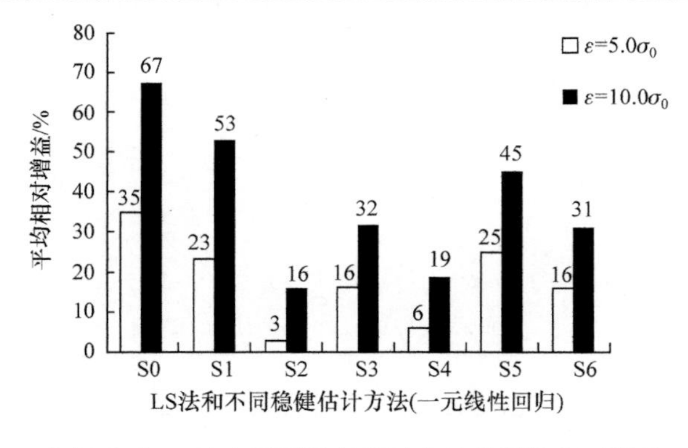

图 6.2　SBWLS 法相对于 LS 法和不同稳健估计方法的平均相对增益(一元线性回归)

对于具有不同的观测值数量($n=5\sim10$)和不同的粗差数量($g=1\sim3$)的一元线性回归，当观测值中包含 $5.0\sigma_0$ 的粗差时，SBWLS 法相对于 LS 法的平均相对增益是 35%，SBWLS 法相对于其他稳健估计方法的平均相对增益均大于等于 3%(图 6.2)；当观测值中包含 $10.0\sigma_0$ 的粗差时，SBWLS 法相对于 LS 法的平均相对增益是 67%，SBWLS 法相对于其他稳健估计方法的平均相对增益均大于等于 16%(图 6.2)。因此，当观测值中包含粗差时，SBWLS 法比 LS 法和常用稳健估计方法能更有效地消除或减弱粗差对一元线性回归的影响。

6.2.2 二元线性回归模型[46]

二元线性回归的理论方程为

$$y = 266.734 + 9.433x_1 - 3.032x_2 \tag{6-22}$$

由二元线性回归的理论方程模拟 12 个观测值的真值 $(\tilde{y}_i, x_{i1}, x_{i2})$ $(i=1,2,\cdots,12)$ 分别为(−10.887, −9.5, 62.0)，(4.003, −7.6, 63.0)，(85.132, −3.5, 49.0)，(101.637, 0.5, 56.0)，(221.372, 10.3, 47.0)，(218.142, 6.1, 35.0)，(309.508, 14.5, 31.0)，(319.544, 19.1, 42.0)，(362.871, 20.8, 33.0)，(384.295, 25.0, 39.0)，(386.587, 24.6, 37.0)，(390.696, 26.0, 40.0)。在仿真实验中，值域系数 $\eta=3.0$ ，半节点数 $\theta=15$ 。

1. 观测值中不包含粗差的二元线性回归仿真实验

这里对观测值数量 n=6～12 且观测值中不包含粗差的二元线性回归进行了仿真实验。SBWLS 法和不同稳健估计方法相对于 LS 法的相对增益见表 6.17，SBWLS 法和不同稳健估计方法相对于 LS 法的平均相对增益见图 6.3。

表 6.17 SBWLS 法和不同稳健估计方法相对于 LS 法的相对增益($\varepsilon=0.0\sigma_0$ ，二元线性回归)

n	MSW	MLS	R0	R1	R2	R3	R4	R5	R6
6	0.64	0.62	−4	0	−7	0	−15	0	0
7	0.61	0.57	−6	0	−9	0	−21	0	−1
8	0.57	0.54	−6	0	−10	−3	−19	0	−4
9	0.54	0.51	−6	−1	−8	−6	−16	0	−8
10	0.52	0.48	−7	−1	−8	−8	−17	−1	−11
11	0.48	0.46	−6	−1	−7	−10	−17	−2	−14
12	0.47	0.44	−7	−2	−7	−12	−15	−2	−17
平均	0.55	0.52	−6	−1	−8	−6	−17	−1	−8

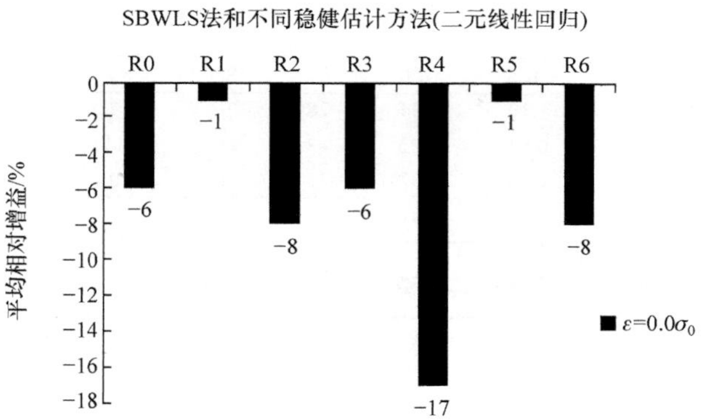

图 6.3 SBWLS 法和不同稳健估计方法相对于 LS 法的平均相对增益(二元线性回归)

当观测值数量 $n=6\sim12$ 且观测值中不包含粗差时，SBWLS 法、L1 法、Danish 法、German-McClure 法和 IGGIII 方案相对于 LS 法的平均相对增益分别是−6%、−8%、−6%、−17%和−8%(图 6.3)，即它们相对于 LS 法都有一定的精度损失；而其他稳健估计方法相对于 LS 法几乎没有精度损失。在本次实验中，LS 法的残余真误差均方误差的最大值是 0.62(表 6.17)，当参数估计方法的精度损失是−17%时，其残余真误差均方误差是 0.73，小于随机误差母体的均方误差 $\sigma_0=1.0$。因此，当观测值中不包含粗差时，SBWLS 法和常用稳健估计方法相对于 LS 法的精度损失并不显著。

2. 观测值中包含粗差的二元线性回归仿真实验

当观测值中包含粗差时，粗差的数值分别取 $\varepsilon=5.0\sigma_0$ 和 $\varepsilon=10.0\sigma_0$，这里对具有不同观测值数量和粗差数量的二元线性回归进行仿真实验。SBWLS 法相对于 LS 法和不同稳健估计方法的相对增益见表 6.18 和表 6.19，SBWLS 法相对于 LS 法和不同稳健估计方法的平均相对增益见图 6.4。

表 6.18 SBWLS 法相对于 LS 法和其他稳健估计方法的相对增益($\varepsilon=5.0\sigma_0$，二元线性回归)

n	g	MSW	MLS	S0	S1	S2	S3	S4	S5	S6
6	1	1.26	1.54	18	18	7	18	12	18	18
7	1	0.88	1.32	33	30	6	29	6	33	27
8	1	0.81	1.18	31	21	4	12	5	26	11
9	1	0.70	1.06	34	17	8	0	8	24	0
10	1	0.66	0.95	31	8	6	−6	7	12	−5
10	2	0.97	1.42	32	29	7	25	5	31	21
11	1	0.62	0.88	30	5	5	−11	6	2	−7

续表

n	*g*	MSW	MLS	S0	S1	S2	S3	S4	S5	S6
11	2	0.86	1.30	34	28	9	17	7	32	15
12	1	0.60	0.82	27	–3	2	–11	3	–9	–9
12	2	0.76	1.20	37	27	8	10	6	32	7
平均		0.81	1.17	31	18	6	8	7	20	8

表 6.19　SBWLS 法相对于 LS 法和其他稳健估计方法的相对增益($\varepsilon=10.0\sigma_0$，二元线性回归)

n	*g*	MSW	MLS	S0	S1	S2	S3	S4	S5	S6
6	1	1.79	2.91	38	38	15	38	19	38	38
7	1	0.77	2.50	69	65	24	54	21	68	53
8	1	0.80	2.20	64	51	10	21	9	55	20
9	1	0.63	1.97	68	46	22	–9	20	34	–5
10	1	0.60	1.74	66	35	18	–5	18	–7	–3
10	2	1.03	2.74	62	59	20	41	16	61	37
11	1	0.59	1.60	63	25	13	–7	11	–18	–5
11	2	0.88	2.51	65	58	23	35	19	62	31
12	1	0.57	1.48	61	16	11	–8	8	–19	–6
12	2	0.71	2.29	69	58	24	25	20	61	25
平均		0.84	2.19	63	45	18	19	16	34	19

对于具有不同的观测值数量($n=6\sim12$)和不同的粗差数量($g=1,2$)的二元线性回归，当观测值中包含$5.0\sigma_0$的粗差时，SBWLS 法相对于 LS 法的平均相对增益是 31%，SBWLS 法相对于其他稳健估计方法的平均相对增益均大于等于 6%(图 6.4)；当观测值中包含$10.0\sigma_0$的粗差时，SBWLS 法相对于 LS 法的平均相对增益是 63%，SBWLS 法相对于其他稳健估计方法的平均相对增益均大于等于 16%(图 6.4)。因此，当观测值中包含粗差时，SBWLS 法比 LS 法和常用稳健估计方法能有效地消除或减弱粗差对二元线性回归的影响。

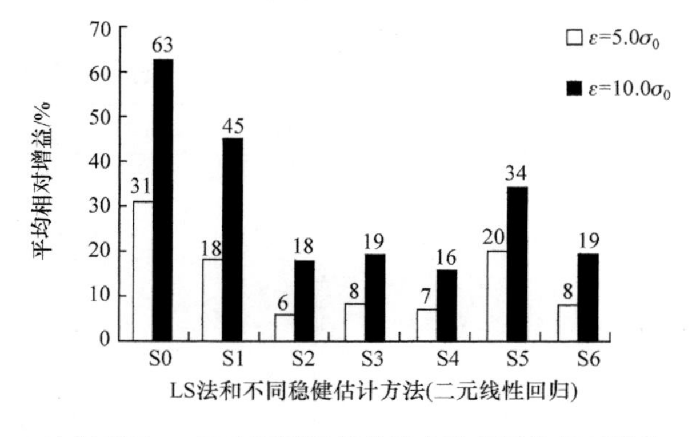

图 6.4　SBWLS 法相对于 LS 法和不同稳健估计方法的平均相对增益(二元线性回归)

6.2.3　三元线性回归模型

三元线性回归的理论方程为

$$y = 440.862 + 2.860x_1 + 2.513x_2 + 1.147x_3 \tag{6-23}$$

由回归方程和自变量的取值模拟 13 个观测值的真值($\tilde{y}_i, x_{i1}, x_{i2}, x_{i3}$)($i = 1,2,\cdots,13$)分别为(440.862, 0.00, 0.00, 0.00)，(569.146, 0.00, 32.00, 41.75)，(594.242, 22.83, 16.00, 41,75)，(610.455, 22.83, 32.00, 20.83)，(619.309, 45.65, 0.00, 41.75)，(635.522, 45.65, 16.00, 20.83)，(651.839, 45.65, 32.00,0.00)，(659.512, 45.65, 16.00, 41.75)，(675.726, 45.65, 32.00, 20.83)，(699.716, 45.65, 32.00, 41.75)，(723.511, 45.65, 32.00, 62.5)，(739.919, 45.65, 48.00, 41.75)，(765.015, 68.48, 32.00, 41.75)。在仿真实验中，值域系数 $\eta = 3.0$ ，半节点数 $\theta = 10$ 。

1. 观测值中不包含粗差的三元线性回归仿真实验

对观测值数量 $n = 8\sim13$ 且观测值中不包含粗差的三元线性回归进行仿真实验，SBWLS 法和不同稳健估计方法相对于 LS 法的相对增益见表 6.20，SBWLS 法和不同稳健估计方法相对于 LS 法的平均相对增益见图 6.5。

表 6.20　SBWLS 法和不同稳健估计方法相对于 LS 法的相对增益($\varepsilon = 0.0\sigma_0$ ，三元线性回归)

n	MSW	MLS	R0	R1	R2	R3	R4	R5	R6
8	0.68	0.63	−8	0	−7	−1	−13	0	−1
9	0.67	0.59	−12	0	−9	−3	−14	0	−4
10	0.62	0.57	−9	0	−8	−4	−15	0	−5
11	0.56	0.53	−7	0	−8	−5	−17	0	−7
12	0.55	0.51	−9	−1	−7	−7	−13	−1	−10
13	0.54	0.50	−8	−1	−9	−9	−17	−1	−12
平均	0.60	0.56	−9	0	−8	−5	−15	0	−7

当观测值数量 $n = 8\sim13$ 且观测值中不包含粗差时，SBWLS 法、L1 法、Danish 法、German-McClure 法和 IGGIII 方案相对于 LS 法的平均相对增益分别是−9%、−8%、−5%、−15%和−7%(图 6.5)，即它们相对于 LS 法都有一定的精度损失；而其他稳健估计方法相对于 LS 法的平均相对增益均大于等于−1%，可以认为它们相对于 LS 法几乎没有精度损失。在本次实验中，LS 法的残余真误差均方误差的最大值是 0.63(表 6.20)，当参数估计方法的精度损失是−15%时，其残余真误差均方误差是 0.72，小于随机误差母体的均方误差 $\sigma_0 = 1.0$ 。因此，当观测值

中不包含粗差时，SBWLS 法和不同稳健估计方法相对于 LS 法的精度损失并不显著。

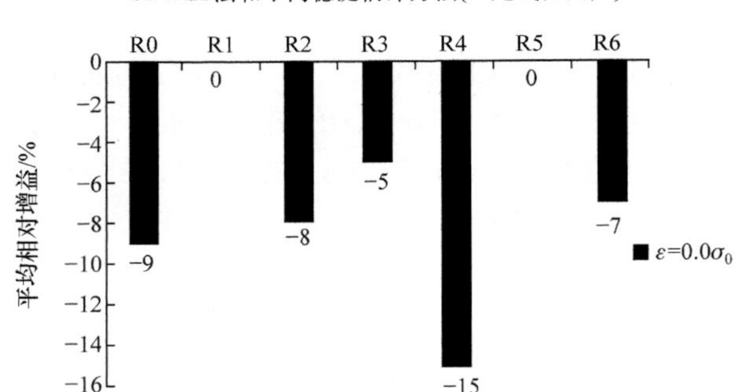

图 6.5　SBWLS 法和不同稳健估计方法相对于 LS 法的平均相对增益(三元线性回归)

2. 观测值中包含粗差的三元线性回归仿真实验

当观测值中包含粗差时，粗差的数值分别取 $\varepsilon = 5.0\sigma_0$ 和 $\varepsilon = 10.0\sigma_0$，对具有不同的观测值数量和粗差数量的三元线性回归进行仿真实验。SBWLS 法相对于 LS 法和不同稳健估计方法的相对增益分别见表 6.21 和表 6.22，SBWLS 法相对于 LS 法和不同稳健估计方法的平均相对增益见图 6.6。

表 6.21　SBWLS 法相对于 LS 法和其他稳健估计方法的相对增益($\varepsilon = 5.0\sigma_0$，三元线性回归)

n	g	MSW	MLS	S0	S1	S2	S3	S4	S5	S6
8	1	1.20	1.36	12	7	−3	2	−2	10	2
9	1	1.06	1.22	13	5	−4	−2	−2	8	−2
10	1	0.86	1.10	22	10	2	4	4	12	4
10	2	1.20	1.58	24	23	10	24	10	24	23
11	1	0.77	1.00	23	8	0	0	3	9	3
11	2	1.08	1.48	27	24	9	23	9	27	20
12	1	0.72	0.95	24	8	3	−1	5	8	0
12	2	0.94	1.33	29	24	8	18	9	28	14
13	1	0.67	0.88	24	3	3	−3	6	4	−2
13	2	0.85	1.24	31	24	8	11	8	28	9
平均		0.94	1.21	23	14	4	8	5	16	7

表 6.22　SBWLS 法相对于 LS 法和其他稳健估计方法的相对增益($\varepsilon=10.0\sigma_0$，三元线性回归)

n	g	MSW	MLS	S0	S1	S2	S3	S4	S5	S6
8	1	1.53	2.50	39	32	1	18	0	36	18
9	1	1.11	2.23	50	39	13	31	14	41	31
10	1	0.83	1.99	58	43	19	23	19	38	24
10	2	1.26	3.03	58	57	35	55	34	58	53
11	1	0.72	1.81	60	38	13	11	13	31	12
11	2	1.11	2.82	61	57	29	47	31	60	40
12	1	0.67	1.70	61	32	15	−6	15	16	−3
12	2	0.94	2.54	63	57	25	25	26	60	15
13	1	0.63	1.56	60	24	14	−9	14	−3	−7
13	2	0.85	2.36	64	55	20	−2	20	56	−4
平均		0.97	2.25	57	43	18	19	19	39	18

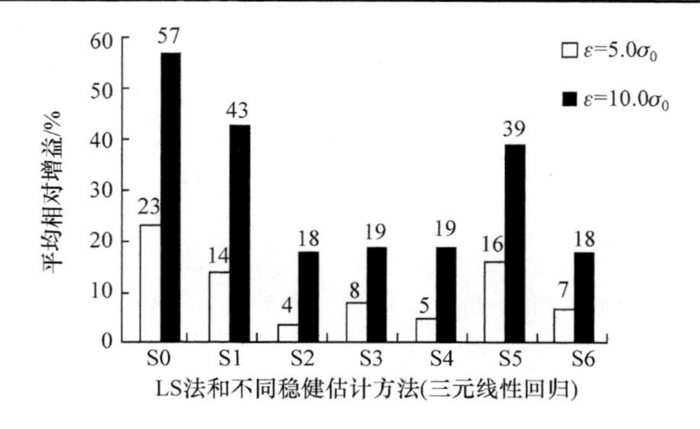

图 6.6　SBWLS 法相对于 LS 法和不同稳健估计方法的平均相对增益(三元线性回归)

对于不同的观测值数量($n=8\sim13$)和不同的粗差数量($g=1,2$)的三元线性回归，当观测值中包含 $5.0\sigma_0$ 的粗差时，SBWLS 法相对于 LS 法的平均相对增益是 23%，SBWLS 法相对于其他稳健估计方法的平均相对增益均大于等于 4%(图 6.6)；当观测值中包含 $10.0\sigma_0$ 的粗差时，SBWLS 法相对于 LS 法的平均相对增益是 57%，SBWLS 法相对于其他稳健估计方法的平均相对增益均大于等于 18%(图 6.6)。因此，当观测值中包含粗差时，SBWLS 法比 LS 法和常用稳健估计方法能更有效地消除或减弱粗差对三元线性回归的影响。

6.2.4　四元线性回归模型

四元线性回归的理论方程为

$$y=-6.074-0.027x_1+5.996x_2+0.011x_3+0.018x_4 \tag{6-24}$$

由四元线性回归的理论方程模拟 14 个观测值的真值($\tilde{y}_i, x_{i1}, x_{i2}, x_{i3}, x_{i4}$)($i=1,2,\cdots,14$)分别为(7.889, 3.458, 0.3, 821, 183.8)，(8.155, 3.772, 0.35, 825, 180)，(8.215, 1.554, 0.35, 825, 180)，(8.455, 2.955, 0.45, 808, 172)，(8.948, 3.335, 0.45, 851, 174)，(8.997, 2.587, 0.5, 826, 174)，(9.156, 1.877, 0.5, 831, 179.2)，(11.304, 2.107, 0.35, 821, 353)，(11.544, 2.945, 0.3, 841, 372)，(12.4, 3.346, 0.45, 840, 370)，(12.516, 2.735, 0.5, 845, 356)，(12.802, 2.385, 0.5, 845, 372)，(13.633, 1.914, 0.35, 834, 473)，(14.078, 1.917, 0.45, 839, 461)。在仿真实验中，值域系数 $\eta=3.0$ ，半节点数 $\theta=6$ 。

1. 观测值中不包含粗差的四元线性回归仿真实验

对观测值数量 $n=10\sim14$ 且观测值中不包含粗差的四元线性回归进行仿真实验。SBWLS 法和不同稳健估计方法相对于 LS 法的相对增益见表 6.23，SBWLS 法和不同稳健估计方法相对于 LS 法的平均相对增益见图 6.7。

表 6.23　SBWLS 法和不同稳健估计方法相对于 LS 法的相对增益
($\varepsilon=0.0\sigma_0$，四元线性回归)

n	MSW	MLS	R0	R1	R2	R3	R4	R5	R6
10	0.67	0.63	−7	0	−13	0	−22	0	−1
11	0.65	0.61	−7	−1	−9	−4	−17	0	−5
12	0.63	0.58	−7	0	−11	−5	−21	0	−7
13	0.62	0.56	−9	−1	−10	−9	−19	−1	−10
14	0.59	0.54	−8	−1	−9	−10	−18	−1	−13
平均	0.63	0.58	−8	−1	−10	−6	−19	0	−7

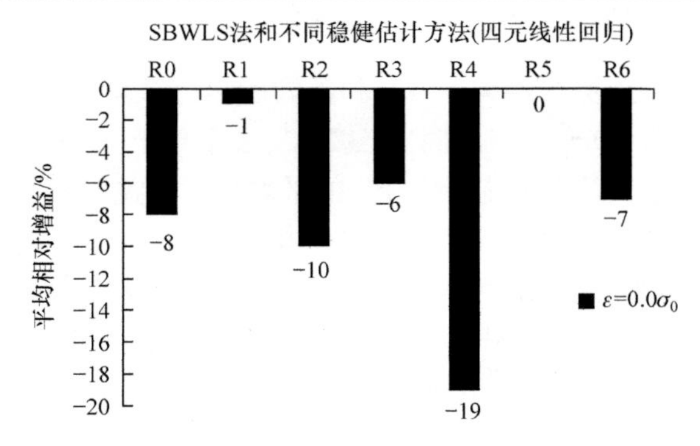

图 6.7　SBWLS 法和不同稳健估计方法相对于 LS 法的平均相对增益(四元线性回归)

当观测值数量 $n=10\sim14$ 且观测值中不包含粗差时，SBWLS 法、L1 法、Danish 法、German-McClure 法和 IGGIII 方案相对于 LS 法的平均相对增益分别是−8%、

−10%、−6%、−19%和−7%(图 6.7)，即它们相对于 LS 法都有一定的精度损失；而其他稳健估计方法相对于 LS 法的平均相对增益均大于等于−1%，可以认为它们相对于 LS 法几乎没有精度损失。在本次实验中，LS 法的残余真误差均方误差的最大值是 0.63(表 6.23)，当参数估计方法的精度损失是−19%时，其残余真误差均方误差是 0.75，小于随机误差母体的均方误差 $\sigma_0 = 1.0$。因此，当观测值中不包含粗差时，SBWLS 法和不同稳健估计方法相对于 LS 法的精度损失并不显著。

2. 观测值中包含粗差的四元线性回归仿真实验

当观测值中包含粗差时，粗差的数值分别取 ε=5.0σ_0 和 ε=10.0σ_0，对具有不同的观测值数量和粗差数量的四元线性回归进行仿真实验。SBWLS 法相对于 LS 法和不同稳健估计方法的相对增益分别见表 6.24 和表 6.25，SBWLS 法相对于 LS 法和不同稳健估计方法的平均相对增益见图 6.8。

表 6.24　SBWLS 法相对于 LS 法和其他稳健估计方法的相对增益(ε=5.0σ_0，四元线性回归)

n	g	MSW	MLS	S0	S1	S2	S3	S4	S5	S6
10	1	0.96	1.26	24	20	4	19	7	23	18
10	2	1.72	1.75	2	2	−1	3	1	2	3
11	1	0.84	1.15	27	18	8	11	11	23	10
11	2	1.43	1.60	11	10	0	12	1	11	12
12	1	0.79	1.06	25	12	7	5	9	16	5
12	2	1.17	1.48	21	19	3	19	3	21	18
13	1	0.76	1.01	25	8	5	1	7	10	3
13	2	1.01	1.37	26	23	6	19	7	26	18
14	1	0.71	0.95	25	7	7	0	9	5	1
14	2	0.87	1.28	32	26	9	18	10	30	17
平均		1.03	1.29	22	15	5	11	7	17	11

表 6.25　SBWLS 法相对于 LS 法和其他稳健估计方法的相对增益(ε=10.0σ_0，四元线性回归)

n	g	MSW	MLS	S0	S1	S2	S3	S4	S5	S6
10	1	0.82	2.30	64	59	23	48	24	63	47
10	2	2.69	3.35	20	20	4	22	4	20	22
11	1	0.75	2.08	64	50	23	26	23	49	25
11	2	1.79	3.06	42	41	14	40	12	41	40
12	1	0.72	1.91	62	41	20	10	21	30	10

续表

n	g	MSW	MLS	S0	S1	S2	S3	S4	S5	S6
12	2	1.21	2.81	57	55	18	46	18	56	45
13	1	0.71	1.79	60	32	16	–6	17	13	–3
13	2	0.86	2.60	67	63	28	40	28	65	37
14	1	0.67	1.66	60	26	16	–5	17	–3	–3
14	2	0.76	2.40	68	62	28	22	29	64	19
平均		1.10	2.40	56	45	19	24	19	40	24

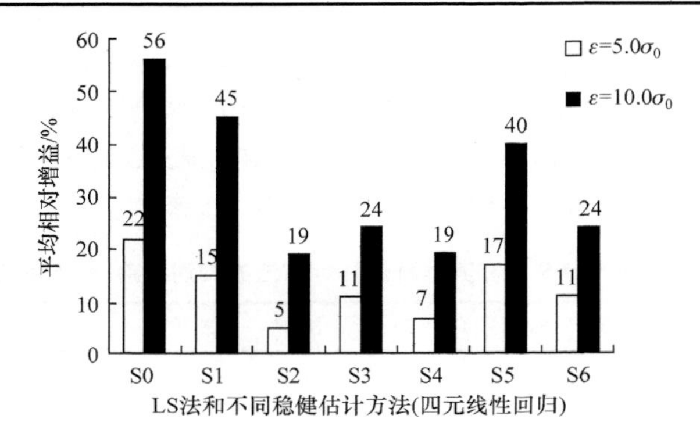

图 6.8　SBWLS 法相对于 LS 法和不同稳健估计方法的平均相对增益(四元线性回归)

对于具有不同的观测值数量(n=10～14)和不同的粗差数量(g=1, 2)的四元线性回归，当观测值中包含 $5.0\sigma_0$ 的粗差时，SBWLS 法相对于 LS 法的平均相对增益是 22%，SBWLS 法相对于其他稳健估计方法的平均相对增益均大于等于 5%(图 6.8)；当观测值中包含 $10.0\sigma_0$ 的粗差时，SBWLS 法相对于 LS 法的平均相对增益是 56%，SBWLS 法相对于其他稳健估计方法的平均相对增益均大于等于 19%(图 6.8)。因此，当观测值中包含粗差时，SBWLS 法比 LS 法和常用稳健估计方法能更有效地消除或减弱粗差对四元线性回归的影响。

6.2.5　五元线性回归模型

五元线性回归的理论方程为

$$y = 116.170 + 0.269x_1 + 0.916x_2 + 41.804x_3 - 0.169x_4 + 0.041x_5 \tag{6-25}$$

由五元线性回归的理论方程模拟 16 个观测值的真值($\hat{y}_i, x_{i1}, x_{i2}, x_{i3}, x_{i4}, x_{i5}$) ($i = 1, 2, \cdots, 16$)分别为(3.676, 3.684, 6, 0, 840, 250)，(5.228, 3.268, 6, 0.35, 840, 239.7)，(6.149, 2.306, 10, 0.35, 838, 171.5)，(6.505, 2.919, 6, 0.35, 818.000, 183)，(7.412, 2.885, 8, 0.3, 825, 240)，(7.529, 3.309, 10, 0.35, 840, 206.5)，(7.906, 2.335, 8, 0.350,

825, 205)，(8.629, 1.953, 6, 0.45, 835, 209)，(9.905, 3.097, 10, 0.45, 843, 176.5)，(10.736, 2.947, 6, 0.5, 830, 182.5)，(10.875, 2.711, 6, 0.5, 843, 240.5)，(11.816, 1.667, 8, 0.5, 828, 164.5)，(14.01, 4.439, 12, 0.45, 846, 235)，(14.653, 2.351, 12, 0.5, 845, 209.5)，(14.925, 3.604, 12, 0.5, 840, 187.5)，(18.945, 3.741, 12, 0.5, 830, 243)。在仿真实验中，值域系数η=3.0，半节点数θ=5。

1. 观测值中不包含粗差的五元线性回归仿真实验

对观测值数量n=12～16 且观测值中不包含粗差的五元线性回归进行仿真实验。SBWLS 法和不同稳健估计方法相对于 LS 法的相对增益见表 6.26，SBWLS 法和不同稳健估计方法相对于 LS 法的平均相对增益见图 6.9。

表 6.26　SBWLS 法和不同稳健估计方法相对于 LS 法的相对增益($\varepsilon=0.0\sigma_0$，五元线性回归)

n	MSW	MLS	R0	R1	R2	R3	R4	R5	R6
12	0.69	0.65	−6	0	−10	−3	−19	0	−3
13	0.68	0.62	−9	0	−10	−4	−18	0	−6
14	0.65	0.60	−8	−1	−9	−8	−18	−1	−9
15	0.63	0.58	−9	−1	−10	−9	−20	−1	−11
16	0.62	0.56	−10	−1	−10	−11	−19	−2	−14
平均	0.65	0.60	−8	−1	−10	−7	−19	−1	−9

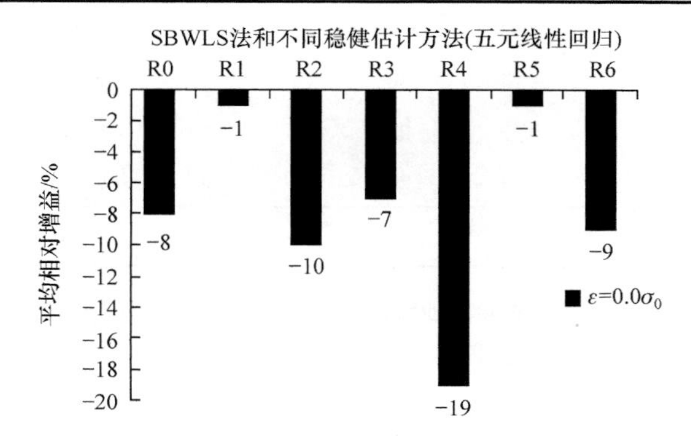

图 6.9　SBWLS 法和不同稳健估计方法相对于 LS 法的平均相对增益(五元线性回归)

当观测值数量n=12～16 且观测值中不包含粗差时，SBWLS 法、L1 法、Danish 法、German-McClure 法和 IGGIII 方案相对于 LS 法的平均相对增益分别是−8%、−10%、−7%、−19%和−9%(图 6.9)，即它们相对于 LS 法都有一定的精度损失；而其他稳健估计方法相对于 LS 法的平均相对增益均大于等于−1%，可以认为它们相对于 LS 法几乎没有精度损失。在本次实验中，LS 法的残余真误差均方误差的最大值是 0.65(表 6.26)，当参数估计方法的精度损失是–19%时，其残余真误差均方误差是 0.77，小于随机误差母体的均方误差 $\sigma_0=1.0$。因此，当观测值中不包含粗差时，SBWLS 法和常用稳健估计方法相对于 LS 法的精度损失并不显著。

2. 观测值中包含粗差的五元线性回归仿真实验

当观测值中包含粗差时，粗差的数值分别取 $\varepsilon=5.0\sigma_0$ 和 $\varepsilon=10.0\sigma_0$，对具有不同的观测值数量和粗差数量的五元线性回归进行仿真实验。SBWLS 法相对于 LS 法和不同稳健估计方法的相对增益分别见表 6.27 和表 6.28，SBWLS 法相对于 LS 法和不同稳健估计方法的平均相对增益见图 6.10。

表 6.27　SBWLS 法相对于 LS 法和其他稳健估计方法的相对增益($\varepsilon=5.0\sigma_0$，五元线性回归)

n	g	MSW	MLS	S0	S1	S2	S3	S4	S5	S6
12	1	0.94	1.19	21	15	4	11	7	18	10
12	2	1.49	1.61	7	7	–1	9	2	7	9
13	1	0.89	1.11	20	10	4	5	8	13	5
13	2	1.30	1.49	13	12	2	13	4	13	12
14	1	0.79	1.03	23	9	6	1	9	12	1
14	2	1.11	1.39	20	18	3	15	5	20	14
15	1	0.75	0.98	23	7	6	–1	11	9	0
15	2	0.87	1.24	30	24	9	13	10	28	12
16	1	0.72	0.93	23	3	5	–3	10	4	1
16	2	0.89	1.23	28	21	6	11	9	25	9
平均		0.98	1.22	21	13	4	7	8	15	7

表 6.28　SBWLS 法相对于 LS 法和其他稳健估计方法的相对增益($\varepsilon=10.0\sigma_0$，五元线性回归)

n	g	MSW	MLS	S0	S1	S2	S3	S4	S5	S6
12	1	0.87	2.13	59	49	19	31	22	51	31
12	2	2.10	3.04	31	30	3	29	2	31	29
13	1	0.85	1.96	57	38	17	9	21	35	10
13	2	1.46	2.82	48	46	18	38	19	47	36
14	1	0.74	1.81	59	35	17	8	20	11	9
14	2	1.11	2.61	57	54	22	37	22	56	35

续表

n	g	MSW	MLS	S0	S1	S2	S3	S4	S5	S6
15	1	0.70	1.71	59	27	18	−4	20	−8	−3
15	2	0.79	2.31	66	57	25	19	26	57	17
16	1	0.69	1.61	57	20	14	−5	17	−10	−1
16	2	0.81	2.30	65	56	23	20	24	56	17
平均		1.01	2.23	56	41	18	18	19	33	18

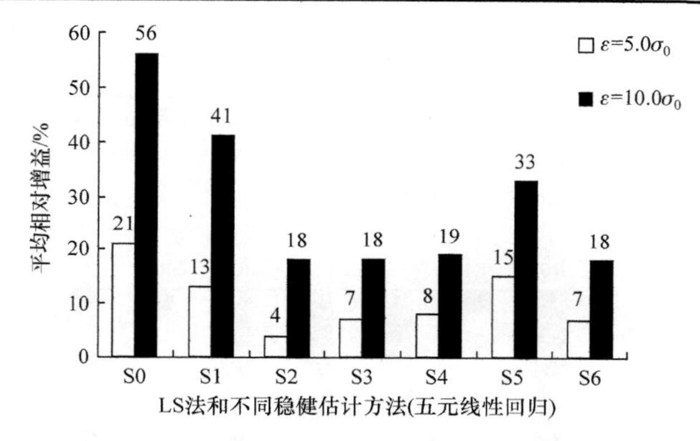

图 6.10　SBWLS 法相对于 LS 法和不同稳健估计方法的平均相对增益(五元线性回归)

对于具有不同的观测值数量($n=12\sim16$)和不同的粗差数量($g=1,2$)的五元线性回归，当观测值中包含 $5.0\sigma_0$ 的粗差时，SBWLS 法相对于 LS 法的平均相对增益是 21%，SBWLS 法相对于其他稳健估计方法的平均相对增益均大于等于 4%(图 6.10)；当观测值中包含 $10.0\sigma_0$ 的粗差时，SBWLS 法相对于 LS 法的平均相对增益是 56%，SBWLS 法相对于其他稳健估计方法的平均相对增益均大于等于 18%(图 6.10)。因此，当观测值中包含粗差时，SBWLS 法比 LS 法和常用稳健估计方法能更有效地消除或减弱粗差对五元线性回归的影响。

6.2.6　稳健线性回归相对有效的稳健估计方法总结

对于包含不同的观测值数量及观测值中包含不同的粗差数量的一元至五元线性回归，将表 6.12、表 6.17、表 6.20、表 6.23 和表 6.26 中的平均值列入表 6.29 中，计算得到当观测值中不包含粗差时，SBWLS 法和不同稳健估计方法相对于 LS 法的总体平均相对增益(图 6.11)。将表 6.14、表 6.18、表 6.21、表 6.24 和表 6.27 中的平均值列入表 6.30 中，计算得到当观测值中包含 $5.0\sigma_0$ 的粗差时，SBWLS 法相对于 LS 法和其他稳健估计方法的总体平均相对增益(图 6.12)；将表 6.16、表 6.19、表 6.22、表 6.25 和表 6.28 中的平均值列入表 6.31 中，计算得到当观测值中包含 $10.0\sigma_0$ 粗差时，SBWLS 法相对于 LS 法和其他稳健估计方法的总体平均相对增益(图 6.13)。

表 6.29　SBWLS 法和不同稳健估计方法相对于 LS 法的平均相对增益($\varepsilon=0.0\sigma_0$)

模型	n	MSW	MLS	R0	R1	R2	R3	R4	R5	R6
一元	5~10	0.53	0.43	−22	−1	−15	−13	−16	−2	−16
二元	6~12	0.55	0.52	−6	−1	−8	−6	−17	−1	−8
三元	8~13	0.60	0.56	−9	0	−8	−5	−15	0	−7
四元	10~14	0.63	0.58	−8	−1	−10	−6	−19	0	−7
五元	12~16	0.65	0.60	−8	−1	−10	−7	−19	−1	−9
总平均		0.59	0.54	−11	−1	−10	−7	−17	−1	−9

注：ε 表示粗差的数值，n 表示观测值的数量；MSW 和 MLS 分别表示 SBWLS 法和 LS 法的残余真误差均方误差；R0 表示 SBWLS 法相对于 LS 法的平均相对增益(记为 R0(SBWLS 法))，R1(Huber 法)，R2(L1 法)，R3(Danish 法)，R4(German-McClure 法)，R5(IGG 方案)，R6(IGGIII 方案)。

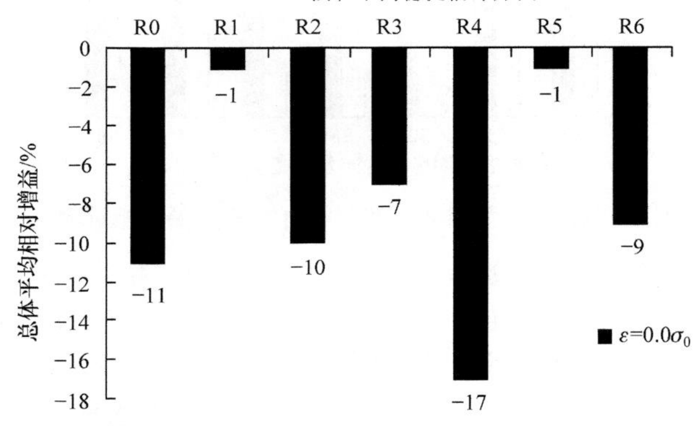

图 6.11　SBWLS 和不同稳健估计方法相对于 LS 的总体平均相对增益

表 6.30　SBWLS 法相对于 LS 法和其他稳健估计方法的平均相对增益($\varepsilon=5.0\sigma_0$)

模型	n	g	MSW	MLS	S0	S1	S2	S3	S4	S5	S6
一元	5~10	1~3	0.86	1.36	35	23	3	16	6	25	16
二元	6~12	1~2	0.81	1.17	31	18	6	8	7	20	8
三元	8~13	1~2	0.94	1.21	23	14	4	8	5	16	7
四元	10~14	1~2	1.03	1.29	22	15	5	11	7	17	11
五元	12~16	1~2	0.98	1.22	21	13	4	7	8	15	7
总平均			0.92	1.25	26	17	4	10	7	19	10

注：ε 表示粗差的数值，n 表示观测值的数量，g 表示粗差个数；MSW 和 MLS 分别表示 SBWLS 法和 LS 法的残余真误差均方误差；S0 表示 SBWLS 法相对于 LS 法的平均相对增益(记为 S0(LS 法))，S1(Huber 法)，S2(L1 法)，S3(Danish 法)，S4(German-McClure 法)，S5(IGG 方案)，S6(IGGIII 方案)。

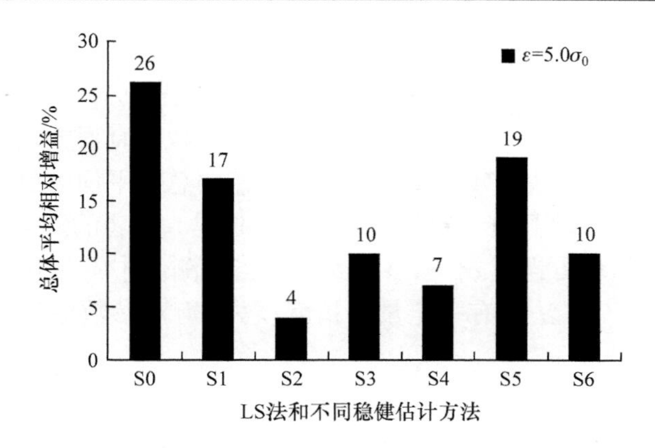

图 6.12　SBWLS 法相对于 LS 法和其他稳健估计方法的总体平均相对增益

表 6.31　SBWLS 法相对于 LS 法和其他稳健估计方法的平均相对增益($\varepsilon=10.0\sigma_0$)

模型	n	g	MSW	MLS	S0	S1	S2	S3	S4	S5	S6
一元	5～10	1～3	0.86	2.64	67	53	16	32	19	45	31
二元	6～12	1～2	0.84	2.19	63	45	18	19	16	34	19
三元	8～13	1～2	0.97	2.25	57	43	18	19	19	39	18
四元	10～14	1～2	1.10	2.40	56	45	19	24	19	40	24
五元	12～16	1～2	1.01	2.23	56	41	18	18	19	33	18
	总平均		0.96	2.34	60	45	18	22	18	38	22

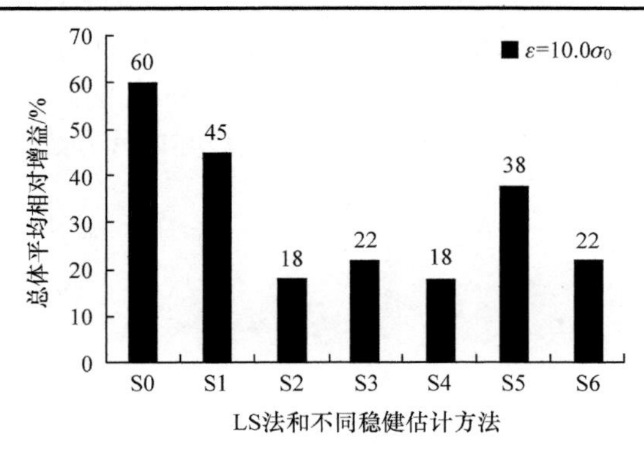

图 6.13　SBWLS 法相对于 LS 法和其他稳健估计方法的总体平均相对增益

1. 观测值中不包含粗差的情形

当观测值中不包含粗差时，SBWLS 法、L1 法、Danish 法、German-McClure 法和 IGGIII 方案相对于 LS 法的总体平均相对增益分别是 −11%、−10%、−7%、

–17%和–9%(图 6.11)，即它们相对于 LS 法都有一定的精度损失；而其他稳健估计方法相对于 LS 法的总体平均相对增益均大于等于–1%，可以认为它们相对于 LS 法几乎没有精度损失。在仿真实验中，LS 法的残余真误差均方误差的总体平均值是 0.54，SBWLS 法的残余真误差均方误差的总体平均值是 0.59(表 6.29)，SBWLS 法相对于 LS 法具有一定的精度损失。但是，两者的差异并不显著，均小于随机误差母体的均方误差 $\sigma_0 = 1.0$。因此，当观测值中不包含粗差时，其他稳健估计方法相对于 LS 法具有一定量的精度损失，但对参数估计结果的影响并不显著。

2. 观测值中包含粗差的情形

当观测值中包含 $5.0\sigma_0$ 的粗差时，SBWLS 法相对于 LS 法的总体平均相对增益是 26%，SBWLS 法相对于其他稳健估计方法的总体平均相对增益均大于等于 4%(图 6.12)；当观测值中包含 $10.0\sigma_0$ 的粗差时，SBWLS 法相对于 LS 法的总体平均相对增益是 60%，SBWLS 法相对于其他稳健估计方法的总体平均相对增益均大于等于 18%(图 6.13)。因此，当观测值中包含粗差时，SBWLS 法比 LS 法和常用稳健估计方法能有效地消除或减弱粗差对多元线性回归的影响。

当观测值中包含 $5.0\sigma_0$ 的粗差时，SBWLS 法相对于常用稳健估计方法的总体平均相对增益小于等于 10%的稳健估计方法有 L1 法(4%)、Danish 法(10%)、German-McClure 法(7%)和 IGGIII 方案(10%)；当观测值中包含 $10.0\sigma_0$ 的粗差时，SBWLS 法相对于常用稳健估计方法的总体平均相对增益小于等于 22%的稳健估计方法有 L1 法(18%)、Danish 法(22%)、German-McClure 法(18%)和 IGGIII 方案(22%)。因此，当观测值中包含粗差时，L1 法、Danish 法、German-McClure 法和 IGGIII 方案是常用稳健估计方法中相对有效的稳健估计方法。

第 7 章　总体最小二乘法线性回归的相对有效性

总体最小二乘法是一种能同时兼顾观测向量和系数矩阵，同时包含误差的参数估计方法，最小二乘法则是只能顾及观测向量包含误差的参数估计方法。本章讨论在不同的误差影响模型下，比较最小二乘法线性回归和总体最小二乘法线性回归的有效性[47]。

7.1　总体最小二乘原理

总体最小二乘法(TLS 法)是一种能同时兼顾观测向量和系数矩阵误差的参数估计方法[47-50]。其核心思想可以表述为在观测方程 $\underset{n\times 1}{Y}=\underset{n\times t}{X}\underset{t\times 1}{\beta}$ 中，不仅观测向量 Y 中包含误差 ε_Y，而且系数矩阵 X 中也包含误差 ε_X。此时，就可用 TLS 法求解未知量 $\hat{\beta}$。即，在 TLS 法中，考虑的是矩阵方程

$$Y+\varepsilon_Y=\left(X+\varepsilon_X\right)\hat{\beta} \tag{7-1}$$

的解 $\hat{\beta}$。式中，Y 是维数为 $n\times 1$ 的观测向量；ε_Y 是观测向量的随机误差，维数也为 $n\times 1$；X 是维数为 $n\times t$ ($t<n$)的列满秩系数矩阵；ε_X 是系数矩阵的随机误差，维数也为 $n\times t$；$\hat{\beta}$ 是维数为 $t\times 1$ 的独立参数矩阵。n 是观测向量个数，t 是参数个数，一般情况下，$n>t$。

式(7-1)可改写为

$$\left(\begin{bmatrix}X & Y\end{bmatrix}+\begin{bmatrix}\varepsilon_X & \varepsilon_Y\end{bmatrix}\right)\begin{bmatrix}\hat{\beta}\\ -1\end{bmatrix}=0 \tag{7-2}$$

或等价为

$$\left(B+D\right)Z=0 \tag{7-3}$$

式中，$\underset{n\times(t+1)}{B}=\begin{bmatrix}\underset{n\times t}{X} & \underset{n\times 1}{Y}\end{bmatrix}$ 为增广矩阵；$\underset{n\times(t+1)}{D}=\begin{bmatrix}\underset{n\times t}{\varepsilon_X} & \underset{n\times 1}{\varepsilon_Y}\end{bmatrix}$ 为误差矩阵；$Z=\begin{bmatrix}\underset{t\times 1}{\hat{\beta}}\\ -1\end{bmatrix}$。

求解式(7-3)的 TLS 法可以表示为约束最优化问题：

$$\left\|D\right\|_F=\min \tag{7-4}$$

式中，$\left\|D\right\|_F$ 是 D 的 F(Frobenius)范数。

求得满足式(7-4)约束条件的问题就是 TLS 问题。若能求得满足式(7-1)的一个最小点$\left[\varepsilon_{X0} \quad \varepsilon_{Y0}\right]$，那么任何满足$Y+\varepsilon_{Y0}=\left(X+\varepsilon_{X0}\right)\hat{\beta}$的$\hat{\beta}$都称为 TLS 的解。

7.2 总体最小二乘线性回归的基本模型

线性回归方程的通式为

$$y=\beta_0+\beta_1 x_1+\beta_2 x_2+\cdots+\beta_{t-1} x_{t-1} \tag{7-5}$$

当进行 n 次观测时，得到 n 组观测值(y_i, x_i) $(i=1,2,\cdots,n)$，同时顾及自变量 x 和因变量 y 的误差，得到误差方程为

$$y_i+\varepsilon_{y_i}=\hat{\beta}_0+\hat{\beta}_k\left(x_{ik}+\varepsilon_{x_{ik}}\right), \quad i=1,2,\cdots,n; \quad k=1,2,\cdots,t-1 \tag{7-6}$$

表示成矩阵形式为

$$Y+\varepsilon_Y=(A+\varepsilon_A)\hat{\beta} \tag{7-7}$$

式中，$Y=\begin{bmatrix} y_1 \\ y_2 \\ \vdots \\ y_n \end{bmatrix}$；$\varepsilon_Y=\begin{bmatrix} \varepsilon_{y_1} \\ \varepsilon_{y_2} \\ \vdots \\ \varepsilon_{y_n} \end{bmatrix}$；$A=\begin{bmatrix} 1 & x_{11} & x_{12} & \cdots & x_{1(t-1)} \\ 1 & x_{21} & x_{22} & \cdots & x_{2(t-1)} \\ \vdots & \vdots & \vdots & & \vdots \\ 1 & x_{n1} & x_{n2} & \cdots & x_{n(t-1)} \end{bmatrix}$；$\hat{\beta}=\begin{bmatrix} \hat{\beta}_0 \\ \hat{\beta}_1 \\ \vdots \\ \hat{\beta}_{t-1} \end{bmatrix}$；

$\varepsilon_A=\begin{bmatrix} 0 & \varepsilon_{x_{11}} & \varepsilon_{x_{12}} & \cdots & \varepsilon_{x_{1(t-1)}} \\ 0 & \varepsilon_{x_{21}} & \varepsilon_{x_{22}} & \cdots & \varepsilon_{x_{2(t-1)}} \\ \vdots & \vdots & \vdots & & \vdots \\ 0 & \varepsilon_{x_{n1}} & \varepsilon_{x_{n2}} & \cdots & \varepsilon_{x_{n(t-1)}} \end{bmatrix}$。$t$ 表示未知数的个数，$t-1$ 表示线性回归的元数。

由式(7-7)可知，观测向量 Y 和系数矩阵 A 均含有误差，则将式(7-7)称为总体最小二乘多元线性回归的基本模型。

根据 TLS 准则有

$$\left\|\left[\varepsilon_A \quad \varepsilon_Y\right]\right\|_F=\min \tag{7-8}$$

式中，$\|\bullet\|_F$ 表示 F 范数。

7.3 总体最小二乘解算方法

7.3.1 总体最小二乘奇异值分解法

文献[48]提出求 TLS 解的主要方法是奇异值分解法(singular value decomposition method, SVD 法)，具体过程如下。

由式(7-3)可知增广矩阵 $\underset{n\times(t+1)}{B}=\begin{bmatrix}\underset{n\times t}{X} & \underset{n\times 1}{Y}\end{bmatrix}$，将其进行奇异值分解，即

$$\underset{n\times(t+1)}{B}=\begin{bmatrix}\underset{n\times t}{X} & \underset{n\times 1}{Y}\end{bmatrix}=\begin{bmatrix}\underset{n\times(t+1)}{U_1} & \underset{n\times(n-(t+1))}{U_2}\end{bmatrix}\begin{bmatrix}\underset{(t+1)\times(t+1)}{\Sigma} \\ 0\end{bmatrix}\underset{(t+1)\times(t+1)}{V^{\mathrm{T}}} \tag{7-9}$$

式中

$$\underset{n\times(t+1)}{U_1}=\begin{bmatrix}\underset{n\times t}{U_{11}} & \underset{n\times 1}{U_{12}}\end{bmatrix} \tag{7-10}$$

$$\Sigma\cdot V^{\mathrm{T}}=\begin{bmatrix}\underset{t\times t}{\Sigma_1} & 0 \\ 0 & \underset{1\times 1}{\Sigma_2}\end{bmatrix}\begin{bmatrix}\underset{t\times t}{V_{11}} & \underset{t\times 1}{V_{12}} \\ \underset{1\times t}{V_{21}} & \underset{1\times 1}{V_{22}}\end{bmatrix}^{\mathrm{T}} \tag{7-11}$$

$U=\begin{bmatrix}U_1 & U_2\end{bmatrix}\in\mathbf{R}^{n\times n}$ 是 $\begin{bmatrix}X & Y\end{bmatrix}\cdot\begin{bmatrix}X & Y\end{bmatrix}^{\mathrm{T}}$ 的 n 个特征值向量组成的正交矩阵；$V=\begin{bmatrix}V_{11} & V_{12} \\ V_{21} & V_{22}\end{bmatrix}=\begin{bmatrix}v_1,v_2,\cdots,v_{t+1}\end{bmatrix}\in\mathbf{R}^{(t+1)\times(t+1)}$ 是 $\begin{bmatrix}X & Y\end{bmatrix}^{\mathrm{T}}\cdot\begin{bmatrix}X & Y\end{bmatrix}=\begin{bmatrix}X^{\mathrm{T}}X & X^{\mathrm{T}}Y \\ Y^{\mathrm{T}}X & Y^{\mathrm{T}}Y\end{bmatrix}$ 的 $t+1$ 个特征向量组成的正交矩阵；$\Sigma=\begin{bmatrix}\Sigma_1 & 0 \\ 0 & \Sigma_2\end{bmatrix}=\mathrm{diag}(\sigma_1,\sigma_2,\cdots,\sigma_{t+1})$ 为矩阵 B 的奇异值，其奇异值按从大到小的顺序排列为 $\sigma_1\geqslant\sigma_2\geqslant\cdots\geqslant\sigma_t>\sigma_{t+1}$。

根据 Eckart-Young-Mirsky 矩阵逼近理论[51,52]，$B=\begin{bmatrix}X & Y\end{bmatrix}$最优解满足：

$$B=\begin{bmatrix}X & Y\end{bmatrix}=U\Sigma V^{\mathrm{T}}=U_{11}\Sigma_1\begin{bmatrix}V_{11}^{\mathrm{T}} & V_{21}^{\mathrm{T}}\end{bmatrix} \tag{7-12}$$

式中，$\Sigma_1=\mathrm{diag}(\sigma_1,\sigma_2,\cdots,\sigma_t,0)$。

因此，TLS 的误差矩阵为

$$\hat{D}=D_{\min}=\begin{bmatrix}\hat{\varepsilon}_X & \hat{\varepsilon}_Y\end{bmatrix}=U_{12}\Sigma_2\begin{bmatrix}V_{12}^{\mathrm{T}} & V_{22}^{\mathrm{T}}\end{bmatrix} \tag{7-13}$$

回归系数 β 的估值为

$$\hat{\beta}=-V_{12}\cdot V_{22}^{-1} \tag{7-14}$$

进而可得到单位权方差和参数的协方差矩阵为

$$\hat{v}=\hat{\varepsilon}_Y^{\mathrm{T}}\hat{\varepsilon}_Y+(\mathrm{vec}\hat{\varepsilon}_X)^{\mathrm{T}}(\mathrm{vec}\hat{\varepsilon}_X)=\mathrm{tr}(\hat{\varepsilon}_Y\hat{\varepsilon}_Y^{\mathrm{T}}+\hat{\varepsilon}_X\hat{\varepsilon}_X^{\mathrm{T}})=\mathrm{tr}(\hat{D}\hat{D}^{\mathrm{T}})=\sigma_{t+1}^2 \tag{7-15}$$

$$\sigma_0^2=\frac{\hat{v}}{n-t} \tag{7-16}$$

$$D(\hat{\beta})\approx\sigma_0^2(N-\hat{v}I_t)^{-1}N(N-\hat{v}I_t)^{-1} \tag{7-17}$$

式中，$N=X^{\mathrm{T}}X$。

综述所述，SVD 法求解矩阵方程 $\underset{n\times 1}{Y}=\underset{n\times t}{X}\underset{t\times 1}{\hat{\beta}}$ 中回归系数 $\hat{\beta}$ 的 TLS 解 $\hat{\beta}_{\mathrm{TLS}}$ 的步骤如下：

(1) 列出观测方程 $Y+\varepsilon_Y=\left(X+\varepsilon_X\right)\hat{\beta}$；

(2) 对增广矩阵进行奇异值分解：

$$\underset{n\times(t+1)}{B}=\begin{bmatrix}\underset{n\times t}{X} & \underset{n\times 1}{Y}\end{bmatrix}=\begin{bmatrix}\underset{n\times(t+1)}{U_1} & \underset{n\times(n-(t+1))}{U_2}\end{bmatrix}\begin{bmatrix}\underset{(t+1)\times(t+1)}{\Sigma} \\ 0\end{bmatrix}\underset{(t+1)\times(t+1)}{V^{\mathrm{T}}}=U_1\Sigma V^{\mathrm{T}}$$

(3) 判断 V_{22} 是否为非奇异矩阵，若为非奇异矩阵，则可得回归系数解 $\hat{\beta}=-V_{12}\cdot V_{22}^{-1}$；

(4) 精度评定 $\sigma_0^2=\dfrac{\hat{v}}{n-t}$，$D(\hat{\beta})\approx\sigma_0^2(N-\hat{v}I_t)^{-1}N(N-\hat{v}I_t)^{-1}$，其中 $N=X^{\mathrm{T}}X$。

7.3.2 总体最小二乘最小奇异值解法

文献[48]提出了奇异值分解法。由式(7-3)可知增广矩阵 $\underset{n\times(t+1)}{B}=\begin{bmatrix}\underset{n\times t}{X} & \underset{n\times 1}{Y}\end{bmatrix}$，将其进行奇异值分解，分解为 $\underset{n\times(t+1)}{B}=\underset{n\times n}{U}\,\underset{n\times(t+1)}{\Sigma}\,\underset{(t+1)\times(t+1)}{V^{\mathrm{T}}}$，式中

$$\Sigma=\mathrm{diag}\left(\sqrt{\lambda_1}\quad\sqrt{\lambda_2}\quad\cdots\quad\sqrt{\lambda_p}\quad\sqrt{\lambda_{p+1}}\quad\cdots\quad\sqrt{\lambda_{t+1}}\right)\tag{7-18}$$

λ_i ($i=1,2,\cdots,t+1$)为矩阵 $B^{\mathrm{T}}B$ 的特征值。若 $R(B)=p$，则不为零的最小特征值为 λ_p，则有

$$\lambda_1\geqslant\lambda_2\geqslant\cdots\geqslant\lambda_p>\lambda_{p+1}=\cdots=\lambda_{t+1}=0\tag{7-19}$$

令 $\Sigma_i=\sqrt{\lambda_i}$ ($i=1,2,\cdots,t+1$)，Σ_i 均为 B 的奇异值，则

$$\Sigma=\mathrm{diag}(\Sigma_1\quad\Sigma_2\quad\cdots\quad\Sigma_{t+1}),\quad\Sigma_1\geqslant\Sigma_2\geqslant\cdots\geqslant\Sigma_{t+1}\geqslant0\tag{7-20}$$

则相应的左奇异向量为

$$U=\begin{bmatrix}U_1 & U_2 & \cdots & U_n\end{bmatrix}\tag{7-21}$$

右奇异向量为

$$V^{\mathrm{T}}=\begin{bmatrix}V_1 & V_2 & \cdots & V_{t+1}\end{bmatrix}\tag{7-22}$$

由式(7-3)可知，求解 TLS 解的问题可以归结为求一个具有最小范数解平方的误差阵 D，可使 $B+D$ 是非满秩的(若满秩，则只有 $Z=0$)。

若假设 Z 是一个单位范数的向量，则有 $Z^{\mathrm{T}}Z=1$，并且将式(7-3)改写为 $BZ=R=-DZ$，则 TLS 问题可以等价为一个带约束条件的标准最小二乘问题，则

$$\min\|BZ\|_2^2=\min\|R\|_2^2\tag{7-23}$$

或

$$R^{\mathrm{T}}R=\min$$

需要满足的约束条件为

$$Z^{\mathrm{T}}Z=1 \tag{7-24}$$

此时 R 可以视为矩阵方程 $BZ=0$ 的 TLS 解 Z 的误差向量。也就是说，TLS 解 Z 是可使误差平方和 $\|R\|_2^2$ 达到最小的最小二乘解。

上述带约束条件的 TLS 问题可以用拉格朗日(Lagrange)乘数法求解。设目标函数为

$$\phi=V^{\mathrm{T}}V+k\left(1-Z^{\mathrm{T}}Z\right) \tag{7-25}$$

式中，k 为 Lagrange 乘数。将式(7-25)的 ϕ 对 Z 求一阶导，并令其为零，得

$$\frac{\partial\phi}{\partial Z}=2V^{\mathrm{T}}B-2kZ^{\mathrm{T}}=0 \tag{7-26}$$

两边转置，并顾及 $V=BZ$，得

$$B^{\mathrm{T}}BZ=kZ \tag{7-27}$$

式(7-27)表明，应该选取矩阵 $B^{\mathrm{T}}B$ 的最小的特征值 λ_{t+1} 作为 Lagrange 乘数 k，同时 TLS 的解 Z 是与最小奇异值 $\sqrt{\lambda_{t+1}}=\varSigma_{t+1}$ 对应的右奇异向量 V_{t+1}。当奇异值大小按照式(7-20)(即由大到小)排列时，根据式(7-22)，则对应于最小奇异值 $\varSigma_{t+1}$ 的右奇异向量 V_{t+1} 就是 Z 的 TLS 解，即

$$Z=V_{t+1}=\begin{bmatrix} v_{1,t+1}\\ v_{2,t+1}\\ \vdots\\ v_{t,t+1}\\ v_{t+1,t+1}\end{bmatrix} \tag{7-28}$$

一般来说，在求解方程 $Y=X\hat{\beta}$ 时，$n\geqslant t+1$，这样，$B^{\mathrm{T}}B$ 的阶数大于或等于 BB^{T} 的阶数，由矩阵 $B^{\mathrm{T}}B$ 求出的最小特征值对应的特征向量即为对应于最小奇异值 $\varSigma_{t+1}$ 的右奇异向量 V_{t+1}。将

$$B^{\mathrm{T}}B=\begin{bmatrix} X\\ Y\end{bmatrix}\begin{bmatrix} X & Y\end{bmatrix}=\begin{bmatrix} X^{\mathrm{T}}X & X^{\mathrm{T}}Y\\ Y^{\mathrm{T}}X & Y^{\mathrm{T}}Y\end{bmatrix},\quad k=\lambda_{t+1},\quad Z=\begin{bmatrix}\hat{\beta}\\ -1\end{bmatrix} \tag{7-29}$$

代入式(7-27)，得

$$\begin{bmatrix} X^{\mathrm{T}}X & X^{\mathrm{T}}Y\\ Y^{\mathrm{T}}X & Y^{\mathrm{T}}Y\end{bmatrix}\begin{bmatrix}\hat{\beta}\\ -1\end{bmatrix}=\lambda_{t+1}\begin{bmatrix}\hat{\beta}\\ -1\end{bmatrix} \tag{7-30}$$

令 $\begin{bmatrix} X^{\mathrm{T}}X & X^{\mathrm{T}}Y\\ Y^{\mathrm{T}}X & Y^{\mathrm{T}}Y\end{bmatrix}=\begin{bmatrix} N_{XX} & N_{XY}\\ N_{YX} & N_{YY}\end{bmatrix}$，式(7-30)可化为

$$N_{XX}\hat{\beta}-N_{XY}=\lambda_{t+1}\hat{\beta} \tag{7-31}$$

$$N_{YX}\hat{\beta} - N_{YY} = -\lambda_{t+1} \tag{7-32}$$

由式(7-31)得

$$\underset{t\times 1}{\hat{\beta}} = \left[\underset{t\times t}{N_{XX}} - \lambda_{t+1} \underset{t\times t}{I} \right]^{-1} \underset{t\times 1}{N_{XY}} \tag{7-33}$$

综上所述，最小奇异值解法[48]求解矩阵方程 $\underset{n\times 1}{Y} = \underset{n\times t}{X}\underset{t\times 1}{\hat{\beta}}$ 中回归系数 $\hat{\beta}$ 的 TLS 解 $\hat{\beta}_{\text{TLS}}$ 的步骤如下：

(1) 列出观测方程 $\underset{n\times 1}{Y} = \underset{n\times t}{X}\underset{t\times 1}{\hat{\beta}}$；

(2) 构成增广矩阵 $\underset{n\times(t+1)}{B} = \left[\underset{n\times t}{X} \quad \underset{n\times 1}{Y} \right]$；

(3) 求矩阵 $B^{\mathrm{T}}B$ 的特征值，并求出最小特征值 λ_{t+1}；

(4) 由式(7-33)计算回归系数 $\hat{\beta}$ 的 TLS 解；

(5) 精度评定 $\sigma_0^2 = \dfrac{\lambda_{t+1}}{n-t}$，$D(\hat{\beta}) \approx \sigma_0^2 (N - \lambda_{t+1} I_t)^{-1} N (N - \lambda_{t+1} I_t)^{-1}$，其中 $N = X^{\mathrm{T}} X$。

7.3.3　总体最小二乘的 Euler-Lagrange 逼近法

由文献[53]知式(7-1)可变为

$$(X + \varepsilon_X)\hat{\beta} - (Y + \varepsilon_Y) = 0 \tag{7-34}$$

$$E\{[\varepsilon_X, \varepsilon_Y]\} = 0$$

$$C\{\varepsilon_X, \varepsilon_Y\} = 0$$

$$D\{\text{vec}[\varepsilon_X, \varepsilon_Y]\} = \Sigma_0 \otimes I_n \tag{7-35}$$

或

$$\begin{bmatrix} \varepsilon_Y \\ \text{vec}(\varepsilon_X) \end{bmatrix} \sim N\left(\begin{bmatrix} 0 \\ 0 \end{bmatrix}, \sigma_0^2 \begin{bmatrix} I_n & 0 \\ 0 & I_m \otimes I_n \end{bmatrix} \right) \tag{7-36}$$

式中，$\Sigma_0 = \sigma_0^2 \cdot I_{t+1}$；符号 $\otimes$ 表示 Kronecker-Zechfuss 积；$\text{vec}(\cdot)$ 表示矩阵的拉直变换。

TLS 的平差准则为

$$\text{vec}(\varepsilon_X)^{\mathrm{T}} \text{vec}(\varepsilon_X) + \varepsilon_Y^{\mathrm{T}} \varepsilon_Y = \min \tag{7-37}$$

构造 Lagrange 目标函数如下：

$$\Phi(\varepsilon_Y, \varepsilon_X, \lambda, X) = \varepsilon_Y^{\mathrm{T}} \varepsilon_Y + E_X^{\mathrm{T}} E_X + 2\lambda^{\mathrm{T}} [Y + \varepsilon_Y - X \cdot \beta - E_X \cdot \beta] \tag{7-38}$$

式中，$E_X = \text{vec}(\varepsilon_X) \sim N(0, \sigma_0^2 I_t \otimes I_n)$；$\lambda$ 为维数 $n\times 1$ 的 Lagrange 因子，$E_X \cdot \beta = (\beta^{\mathrm{T}} \otimes I_n) \cdot \varepsilon_X$。对式(7-38)求偏导数，有

$$\frac{1}{2}\cdot\frac{\partial\Phi}{\partial\varepsilon_Y}=\hat{\varepsilon}_Y+\hat{\lambda}=0 \tag{7-39a}$$

$$\frac{1}{2}\cdot\frac{\partial\Phi}{\partial E_X}=\hat{E}_X-(\hat{\beta}\otimes I_n)\hat{\lambda}=0 \tag{7-39b}$$

$$\frac{1}{2}\cdot\frac{\partial\Phi}{\partial\lambda}=Y-X\cdot\hat{\beta}+\hat{\varepsilon}_Y-\hat{E}_X\hat{\beta}=Y-X\cdot\hat{\beta}+\hat{\varepsilon}_Y-(\hat{\beta}^{\mathrm{T}}\otimes I_n)\hat{E}_A=0 \tag{7-39c}$$

$$\frac{1}{2}\cdot\frac{\partial\Phi}{\partial\beta}=-X^{\mathrm{T}}\hat{\lambda}-\hat{E}_X^{\mathrm{T}}\hat{\lambda}=0 \tag{7-39d}$$

将式(7-39a)和式(7-39b)代入式(7-39c)，整理得

$$Y-X\hat{\beta}=-\hat{\varepsilon}_Y+\hat{\varepsilon}_X\hat{\beta}=\hat{\lambda}(1+\hat{\beta}^{\mathrm{T}}\hat{\beta}) \tag{7-40}$$

由式(7-40)可得

$$\hat{\lambda}=(Y-X\hat{\beta})(1+\hat{\beta}^{\mathrm{T}}\hat{\beta})^{-1}=-\hat{\varepsilon}_Y \tag{7-41}$$

将式(7-41)代入式(7-39b)得

$$\hat{\varepsilon}_X=\hat{\lambda}\hat{\beta}^{\mathrm{T}}=(Y-X\hat{\beta})(1+\hat{\beta}^{\mathrm{T}}\hat{\beta})^{-1}\hat{\beta}^{\mathrm{T}} \tag{7-42}$$

由式(7-40)可得如下非线性方程：

$$X^{\mathrm{T}}X\hat{\beta}-X^{\mathrm{T}}Y=-X^{\mathrm{T}}\hat{\lambda}(1+\hat{\beta}^{\mathrm{T}}\hat{\beta})=\hat{\varepsilon}_X\hat{\lambda}(1+\hat{\beta}^{\mathrm{T}}\hat{\beta})=\hat{\beta}\hat{\lambda}^{\mathrm{T}}\hat{\lambda}(1+\hat{\beta}^{\mathrm{T}}\hat{\beta}) \tag{7-43}$$

整理得

$$\begin{aligned}X^{\mathrm{T}}X\hat{\beta}-X^{\mathrm{T}}Y&=\hat{\beta}\hat{\lambda}^{\mathrm{T}}\hat{\lambda}(1+\hat{\beta}^{\mathrm{T}}\hat{\beta})=\hat{\beta}\hat{\lambda}^{\mathrm{T}}(Y-X\hat{\beta})\\&=\hat{\beta}\left[(Y-X\hat{\beta})^{\mathrm{T}}(Y-X\hat{\beta})/(1+\hat{\beta}^{\mathrm{T}}\hat{\beta})\right]=\hat{\beta}\hat{v}\end{aligned} \tag{7-44}$$

式中

$$\begin{aligned}\hat{v}&=(Y-X\hat{\beta})^{\mathrm{T}}(Y-X\hat{\beta})/(1+\hat{\beta}^{\mathrm{T}}\hat{\beta})=(\hat{\lambda}^{\mathrm{T}}\hat{\lambda})(1+\hat{\beta}^{\mathrm{T}}\hat{\beta})=\hat{\varepsilon}_Y{}^{\mathrm{T}}\hat{\varepsilon}_Y+E_X{}^{\mathrm{T}}E_X\\&=\left[Y^{\mathrm{T}}(Y-X\hat{\beta})-\hat{\beta}^{\mathrm{T}}X^{\mathrm{T}}(Y-X\hat{\beta})\right]/(1+\hat{\beta}^{\mathrm{T}}\hat{\beta})\\&=\left[Y^{\mathrm{T}}(Y-X\hat{\beta})-\hat{\beta}^{\mathrm{T}}(\hat{\beta}\hat{v})\right]/(1+\hat{\beta}^{\mathrm{T}}\hat{\beta})\\&=Y^{\mathrm{T}}Y-(\hat{X}^{\mathrm{T}}Y)^{\mathrm{T}}\hat{\beta}\end{aligned} \tag{7-45}$$

将式(7-44)和式(7-45)联立可表示为

$$\begin{bmatrix}X^{\mathrm{T}}X & X^{\mathrm{T}}Y\\ Y^{\mathrm{T}}X & Y^{\mathrm{T}}Y\end{bmatrix}\begin{bmatrix}\hat{\beta}\\-1\end{bmatrix}=\hat{v}\begin{bmatrix}\hat{\beta}\\-1\end{bmatrix},\quad \hat{v}=v_{\min}\geqslant 0 \tag{7-46}$$

式(7-46)为文献[54]中所述的特征值问题，因此，参数的 TLS 解就是最小特征值对应的特征向量，这和文献[48]中提出的方法相统一。

由以上可以得到 TLS 法的迭代逼近算法如下：

(1) $\hat{v}=0, \hat{\beta}^{(1)}=N^{-1}c, N=X^{\mathrm{T}}X, c=X^{\mathrm{T}}Y$；

(2) $\hat{v}^{(i)}=(Y-X\hat{\beta}^{(i)})^{\mathrm{T}}(Y-X\hat{\beta}^{(i)})/(1+(\hat{\beta}^{(i)})^{\mathrm{T}}\hat{\beta}^{(i)})$；

(3) $\hat{\beta}^{(i+1)}=N^{-1}(c+\hat{\beta}^{(i)}\hat{v}^{(i)})$；

(4) 当 $\left\|\hat{\beta}^{(i+1)}-\hat{\beta}^{(i)}\right\|<\varepsilon$（$\varepsilon=10^{-10}$）时，计算结束；

(5) 精度评定 $\sigma_0^2=\dfrac{\hat{v}}{n-t}$， $D(\hat{\beta})\approx\sigma_0^2(N-\hat{v}I_t)^{-1}N(N-\hat{v}I_t)^{-1}$。

7.4　总体最小二乘法线性回归的算例

1. 总体最小二乘法一元线性回归算例

一元线性回归观测数据见表 7.1。

表 7.1　一元线性回归观测数据

序号	y	x_1	序号	y	x_1
1	11.60	35.10	4	17.05	48.90
2	11.95	41.70	5	17.60	55.70
3	13.70	44.50	6	16.75	59.50

注：y 表示因变量的观测值，x_i 表示自变量的观测值。表 7.2 和表 7.3 中的数值含义与表 7.1 相同。

1) LS 法解算过程

误差方程为

$$\begin{bmatrix} v_1\\ v_2\\ v_3\\ v_4\\ v_5\\ v_6 \end{bmatrix}=\begin{bmatrix} 1 & 35.10\\ 1 & 41.70\\ 1 & 44.50\\ 1 & 48.90\\ 1 & 55.70\\ 1 & 59.50 \end{bmatrix}\begin{bmatrix} \hat{\beta}_0\\ \hat{\beta}_1 \end{bmatrix}-\begin{bmatrix} 11.60\\ 11.95\\ 13.70\\ 17.05\\ 17.60\\ 16.75 \end{bmatrix}$$

解算得

$$\hat{\beta}=\begin{bmatrix} \hat{\beta}_0\\ \hat{\beta}_1 \end{bmatrix}=\begin{bmatrix} 2.1126\\ 0.2662 \end{bmatrix}$$

LS 法求得的一元线性回归方程为

$$y = 2.1126 + 0.2662x_1$$

2) SVD 分解法

增广矩阵为

$$B = \begin{bmatrix} 1 & 35.10 & 11.60 \\ 1 & 41.70 & 11.95 \\ 1 & 44.50 & 13.70 \\ 1 & 48.90 & 17.05 \\ 1 & 55.70 & 17.60 \\ 1 & 59.50 & 16.75 \end{bmatrix}$$

对增广矩阵进行奇异值分解为

$$U = \begin{bmatrix} -0.2986 & 0.2641 & -0.6245 & -0.6028 & -0.2902 & 0.0592 \\ -0.3504 & -0.3339 & -0.4864 & 0.3390 & 0.4856 & 0.4224 \\ -0.3761 & -0.0238 & -0.2383 & 0.4038 & -0.1215 & -0.7895 \\ -0.4181 & 0.6747 & 0.2224 & 0.4013 & -0.1971 & 0.3473 \\ -0.4719 & 0.1253 & 0.3872 & -0.4307 & 0.6178 & -0.2112 \\ -0.4991 & -0.5892 & 0.3424 & -0.1106 & -0.4947 & 0.1718 \end{bmatrix}$$

$$\Sigma = \begin{bmatrix} 123.8131 & 0 & 0 \\ 0 & 2.7102 & 0 \\ 0 & 0 & 0.3978 \end{bmatrix}, \quad V = \begin{bmatrix} -0.0195 & 0.0432 & -0.9989 \\ -0.9551 & -0.2962 & 0.0058 \\ -0.2956 & 0.9542 & 0.0470 \end{bmatrix}$$

则 $V_{22} = [0.0470]$，$V_{12} = \begin{bmatrix} -0.9989 \\ 0.0058 \end{bmatrix}$。

回归系数的解为

$$\hat{\beta} = \begin{bmatrix} \hat{\beta}_0 \\ \hat{\beta}_1 \end{bmatrix} = -V_{12} \cdot V_{22}^{-1} = \begin{bmatrix} 21.2318 \\ -0.1240 \end{bmatrix}$$

3) 最小奇异值解法

求出矩阵 $B^{\mathrm{T}}B$ 的最小特征值为

$$\lambda_{t+1} = 0.1582$$

又

$$N_{XX} = X^{\mathrm{T}}X = \begin{bmatrix} 6.00 & 285.40 \\ 285.40 & 13985.10 \end{bmatrix}, \quad N_{XY} = X^{\mathrm{T}}Y = \begin{bmatrix} 88.65 \\ 4325.82 \end{bmatrix}$$

代入公式 $\hat{\beta}=\left[N_{XX}-\lambda_{t+1}I\right]^{-1}N_{XY}$ 求得回归系数的解为

$$\hat{\beta}=\begin{bmatrix}\hat{\beta}_0\\ \hat{\beta}_1\end{bmatrix}=\begin{bmatrix}21.2318\\ -0.1240\end{bmatrix}$$

4) TLS 法的 Euler-Lagrange 逼近法

首先根据 LS 法计算得到参数的近似值：

$$\hat{\beta}=\begin{bmatrix}\hat{\beta}_0\\ \hat{\beta}_1\end{bmatrix}=\begin{bmatrix}2.1126\\ 0.2662\end{bmatrix}$$

代入公式

$$\hat{v}^{(i)}=(Y-X\hat{\beta}^{(i)})^{\mathrm{T}}(Y-X\hat{\beta}^{(i)})/(1+(\hat{\beta}^{(i)})^{\mathrm{T}}\hat{\beta}^{(i)})$$

得

$$v^{(1)}=1.3100$$

又

$$N=X^{\mathrm{T}}X=\begin{bmatrix}6.0 & 285.4\\ 285.4 & 13985.1\end{bmatrix},\quad c=X^{\mathrm{T}}Y=\begin{bmatrix}88.65\\ 4325.82\end{bmatrix}$$

代入公式

$$\hat{\beta}^{(i+1)}=N^{-1}(c+\hat{\beta}^{(i)}\hat{v}^{(i)})$$

按照计算步骤依次进行，直到满足限制条件 $\left\|\hat{\beta}^{(i+1)}-\hat{\beta}^{(i)}\right\|<\varepsilon$ ($\varepsilon=10^{-10}$)迭代终止，共进行了 218 次迭代，计算回归系数得

$$\hat{\beta}=\begin{bmatrix}\hat{\beta}_0\\ \hat{\beta}_1\end{bmatrix}=\begin{bmatrix}21.2318\\ -0.1240\end{bmatrix}$$

TLS 法求得的一元线性回归方程为

$$y=21.2318-0.1240x_1$$

2. 总体最小二乘法三元线性回归算例

三元线性回归观测数据见表 7.2。

表 7.2　三元线性回归观测数据

序号	y	x_1	x_2	x_3	序号	y	x_1	x_2	x_3
1	8.411	40.8	7.2	28.7	3	10.614	43.3	9.3	32.6
2	9.002	41.3	7.9	29.3	4	9.374	45.2	7.3	35.3

续表

序号	y	x_1	x_2	x_3	序号	y	x_1	x_2	x_3
5	9.449	46.9	10.9	33.5	8	9.950	52.5	12.6	40.7
6	11.341	49.4	10.6	36.0	9	13.217	55.5	13.3	45.8
7	10.699	50.5	10.7	36.6	10	11.743	55.4	14.4	48.1

1) LS 法解算过程

误差方程为

$$\begin{bmatrix} v_1 \\ v_2 \\ v_3 \\ v_4 \\ v_5 \\ v_6 \\ v_7 \\ v_8 \\ v_9 \\ v_{10} \end{bmatrix} = \begin{bmatrix} 1 & 40.8 & 7.2 & 28.7 \\ 1 & 41.3 & 7.9 & 29.3 \\ 1 & 43.3 & 9.3 & 32.6 \\ 1 & 45.2 & 7.3 & 35.3 \\ 1 & 46.9 & 10.9 & 33.5 \\ 1 & 49.4 & 10.6 & 36.0 \\ 1 & 50.5 & 10.7 & 36.6 \\ 1 & 52.5 & 12.6 & 40.7 \\ 1 & 55.5 & 13.3 & 45.8 \\ 1 & 55.4 & 14.4 & 48.1 \end{bmatrix} \begin{bmatrix} \hat{\beta}_0 \\ \hat{\beta}_1 \\ \hat{\beta}_2 \\ \hat{\beta}_3 \end{bmatrix} - \begin{bmatrix} 8.411 \\ 9.002 \\ 10.614 \\ 9.374 \\ 9.449 \\ 11.341 \\ 10.699 \\ 9.950 \\ 13.217 \\ 11.743 \end{bmatrix}$$

解算得

$$\hat{\beta} = \begin{bmatrix} \hat{\beta}_0 \\ \hat{\beta}_1 \\ \hat{\beta}_2 \\ \hat{\beta}_3 \end{bmatrix} = \begin{bmatrix} 1.7426 \\ 0.1102 \\ 0.0223 \\ 0.0847 \end{bmatrix}$$

因此，LS 法求得的三元线性回归方程为

$$y = 1.7426 + 0.1102x_1 + 0.0223x_2 + 0.0847x_3$$

2) SVD 分解法

增广矩阵为

$$B=\begin{bmatrix}1 & 40.8 & 7.2 & 28.7 & 8.411\\1 & 41.3 & 7.9 & 29.3 & 9.002\\1 & 43.3 & 9.3 & 32.6 & 10.614\\1 & 45.2 & 7.3 & 35.3 & 9.374\\1 & 46.9 & 10.9 & 33.5 & 9.449\\1 & 49.4 & 10.6 & 36.0 & 11.341\\1 & 50.5 & 10.7 & 36.6 & 10.699\\1 & 52.5 & 12.6 & 40.7 & 9.950\\1 & 55.5 & 13.3 & 45.8 & 13.217\\1 & 55.4 & 14.4 & 48.1 & 11.743\end{bmatrix}$$

对增广矩阵进行奇异值分解得

$$V_{22}=\left[0.0088\right],\quad V_{12}=\begin{bmatrix}-0.9981\\0.0403\\-0.0425\\-0.0162\end{bmatrix}$$

回归系数的解为

$$\hat{\beta}=\begin{bmatrix}\hat{\beta}_0\\\hat{\beta}_1\\\hat{\beta}_2\\\hat{\beta}_3\end{bmatrix}=-V_{12}\cdot V_{22}^{-1}=\begin{bmatrix}113.5475\\-4.5901\\4.8400\\1.8396\end{bmatrix}$$

3) 最小奇异值解法

求出矩阵 $B^{\mathrm{T}}B$ 的最小特征值:

$$\lambda_{t+1}=0.0308$$

又

$$N_{XX}=X^{\mathrm{T}}X=\begin{bmatrix}10.00 & 480.80 & 104.20 & 366.60\\480.80 & 23384.14 & 5125.29 & 17929.43\\104.20 & 5125.29 & 1142.70 & 3951.95\\366.60 & 17929.43 & 3951.95 & 13816.58\end{bmatrix},\quad N_{XY}=X^{\mathrm{T}}Y=\begin{bmatrix}103.80\\5048.43\\1106.76\\3873.62\end{bmatrix}$$

可代入公式

$$\hat{\beta}=\left[N_{XX}-\lambda_{t+1}I\right]^{-1}N_{XY}$$

求得回归系数的解为

$$\hat{\beta}=\begin{bmatrix}\hat{\beta}_0\\\hat{\beta}_1\\\hat{\beta}_2\\\hat{\beta}_3\end{bmatrix}=\begin{bmatrix}113.5475\\-4.5901\\4.8400\\1.8396\end{bmatrix}$$

4) TLS 法的 Euler-Lagrange 逼近法

首先根据 LS 法计算得到参数的近似值：

$$\hat{\beta}=\begin{bmatrix}\hat{\beta}_0\\\hat{\beta}_1\\\hat{\beta}_2\\\hat{\beta}_3\end{bmatrix}=\begin{bmatrix}1.7426\\0.1102\\0.0223\\0.0847\end{bmatrix}$$

代入公式

$$\hat{v}^{(i)}=(Y-X\hat{\beta}^{(i)})^{\mathrm{T}}(Y-X\hat{\beta}^{(i)})/(1+(\hat{\beta}^{(i)})^{\mathrm{T}}\hat{\beta}^{(i)})$$

得

$$v^{(1)}=1.5079$$

又

$$N=X^{\mathrm{T}}X=\begin{bmatrix}10.00 & 480.80 & 104.20 & 366.60\\480.80 & 23384.14 & 5125.29 & 17929.43\\104.20 & 5125.29 & 1142.70 & 3951.95\\366.60 & 17929.43 & 3951.95 & 13816.58\end{bmatrix},\quad c=X^{\mathrm{T}}Y=\begin{bmatrix}103.80\\5048.43\\1106.76\\3873.62\end{bmatrix}$$

代入公式

$$\hat{\beta}^{(i+1)}=N^{-1}(c+\hat{\beta}^{(i)}\hat{v}^{(i)})$$

按照计算步骤依次进行，直到满足限制条件$\left\|\hat{\beta}^{(i+1)}-\hat{\beta}^{(i)}\right\|<\varepsilon$ ($\varepsilon=10^{-10}$)迭代终止，共进行了 1159 次迭代，计算回归系数得

$$\hat{\beta}=\begin{bmatrix}\hat{\beta}_0\\\hat{\beta}_1\\\hat{\beta}_2\\\hat{\beta}_3\end{bmatrix}=\begin{bmatrix}113.5475\\-4.5901\\4.8400\\1.8396\end{bmatrix}$$

TLS 法求得的三元线性回归方程为

$$y=113.5475-4.5901x_1+4.8400x_2+1.8396x_3$$

3. 总体最小二乘法五元线性回归算例

五元线性回归观测数据见表 7.3。

表 7.3　五元线性回归观测数据

序号	y	x_1	x_2	x_3	x_4	x_5	序号	y	x_1	x_2	x_3	x_4	x_5
1	90.544	86.6	148.0	310.1	112.1	453.8	8	93.492	91.7	151.9	264.0	112.4	461.7
2	92.790	87.1	151.3	319.0	117.5	456.0	9	89.637	89.3	146.9	253.7	109.0	455.2
3	95.384	88.6	154.2	296.7	115.8	464.0	10	92.144	86.7	138.1	266.4	106.8	449.7
4	97.189	90.5	157.7	301.7	116.1	468.8	11	90.830	82.5	136.9	257.8	107.6	440.4
5	93.294	90.8	160.0	297.6	115.1	466.9	12	91.387	83.1	133.9	245.0	104.6	436.3
6	94.247	89.3	155.7	286.4	114.4	461.8	13	87.488	81.3	130.2	244.0	107.6	429.5
7	92.076	90.1	151.8	302.0	113.2	462.8							

1) LS 法解算过程

误差方程为

$$\begin{bmatrix} v_1 \\ v_2 \\ v_3 \\ v_4 \\ v_5 \\ v_6 \\ v_7 \\ v_8 \\ v_9 \\ v_{10} \\ v_{11} \\ v_{12} \\ v_{13} \end{bmatrix} = \begin{bmatrix} 1 & 86.6 & 148.0 & 310.1 & 112.1 & 453.8 \\ 1 & 87.1 & 151.3 & 319.0 & 117.5 & 456.0 \\ 1 & 88.6 & 154.2 & 296.7 & 115.8 & 464.0 \\ 1 & 90.5 & 157.7 & 301.7 & 116.1 & 468.8 \\ 1 & 90.8 & 160.0 & 297.6 & 115.1 & 466.9 \\ 1 & 89.3 & 155.7 & 286.4 & 114.4 & 461.8 \\ 1 & 90.1 & 151.8 & 302.0 & 113.2 & 462.8 \\ 1 & 91.7 & 151.9 & 264.0 & 112.4 & 461.7 \\ 1 & 89.3 & 146.9 & 253.7 & 109.0 & 455.2 \\ 1 & 86.7 & 138.1 & 266.4 & 106.8 & 449.7 \\ 1 & 82.5 & 136.9 & 257.8 & 107.6 & 440.4 \\ 1 & 83.1 & 133.9 & 245.0 & 104.6 & 436.3 \\ 1 & 81.3 & 130.2 & 244.0 & 107.6 & 429.5 \end{bmatrix} \begin{bmatrix} \hat{\beta}_0 \\ \hat{\beta}_1 \\ \hat{\beta}_2 \\ \hat{\beta}_3 \\ \hat{\beta}_4 \\ \hat{\beta}_5 \end{bmatrix} - \begin{bmatrix} 90.544 \\ 92.790 \\ 95.384 \\ 97.189 \\ 93.294 \\ 94.247 \\ 92.076 \\ 93.492 \\ 89.637 \\ 92.144 \\ 90.830 \\ 91.387 \\ 87.488 \end{bmatrix}$$

解算得

$$\hat{\beta} = \begin{bmatrix} \hat{\beta}_0 \\ \hat{\beta}_1 \\ \hat{\beta}_2 \\ \hat{\beta}_3 \\ \hat{\beta}_4 \\ \hat{\beta}_5 \end{bmatrix} = \begin{bmatrix} -77.4689 \\ -1.1470 \\ -0.2019 \\ -0.0609 \\ 0.2623 \\ 0.6332 \end{bmatrix}$$

因此，LS 法计算所得的五元线性回归方程为

$$y = -77.4689 - 1.1470x_1 - 0.2019x_2 - 0.0609x_3 + 0.2623x_4 + 0.6332x_5$$

2) SVD 分解法

增广矩阵为

$$B = \begin{bmatrix} 1 & 86.6 & 148.0 & 310.1 & 112.1 & 453.8 & 90.544 \\ 1 & 87.1 & 151.3 & 319.0 & 117.5 & 456.0 & 92.790 \\ 1 & 88.6 & 154.2 & 296.7 & 115.8 & 464.0 & 95.384 \\ 1 & 90.5 & 157.7 & 301.7 & 116.1 & 468.8 & 97.189 \\ 1 & 90.8 & 160.0 & 297.6 & 115.1 & 466.9 & 93.294 \\ 1 & 89.3 & 155.7 & 286.4 & 114.4 & 461.8 & 94.247 \\ 1 & 90.1 & 151.8 & 302.0 & 113.2 & 462.8 & 92.076 \\ 1 & 91.7 & 151.9 & 264.0 & 112.4 & 461.7 & 93.492 \\ 1 & 89.3 & 146.9 & 253.7 & 109.0 & 455.2 & 89.637 \\ 1 & 86.7 & 138.1 & 266.4 & 106.8 & 449.7 & 92.144 \\ 1 & 82.5 & 136.9 & 257.8 & 107.6 & 440.4 & 90.830 \\ 1 & 83.1 & 133.9 & 245.0 & 104.6 & 436.3 & 91.387 \\ 1 & 81.3 & 130.2 & 244.0 & 107.6 & 429.5 & 87.488 \end{bmatrix}$$

对增广矩阵进行奇异值分解得

$$V_{22} = [0.0023], \quad V_{12} = \begin{bmatrix} 1.0000 \\ 0.0058 \\ 0.0034 \\ 0.0004 \\ -0.0033 \\ -0.0043 \end{bmatrix}$$

则回归系数的解为

$$\hat{\beta} = \begin{bmatrix} \hat{\beta}_0 \\ \hat{\beta}_1 \\ \hat{\beta}_2 \\ \hat{\beta}_3 \\ \hat{\beta}_4 \\ \hat{\beta}_5 \end{bmatrix} = -V_{12} \cdot V_{22}^{-1} = \begin{bmatrix} -440.3791 \\ -2.5493 \\ -1.5130 \\ -0.1870 \\ 1.4597 \\ 1.9108 \end{bmatrix}$$

3) 最小奇异值解法

求出矩阵 $B^{\mathrm{T}}B$ 的最小特征值：

$$\lambda_{t+1} = 0.0005$$

又

$$N_{XX} = X^{\mathrm{T}} X$$

$$= \begin{bmatrix} 13.00 & 1137.60 & 1916.60 & 3644.40 & 1452.20 & 5906.90 \\ 1137.60 & 99685.14 & 168065.46 & 319465.12 & 127192.84 & 517369.14 \\ 1916.60 & 168065.46 & 283676.04 & 539567.90 & 214526.36 & 872229.97 \\ 3644.40 & 319465.12 & 539567.90 & 1029822.00 & 408233.36 & 1658667.44 \\ 1452.20 & 127192.84 & 214526.36 & 408233.36 & 162428.80 & 660346.99 \\ 5906.90 & 517369.14 & 872229.97 & 1658667.44 & 660346.99 & 2685762.69 \end{bmatrix}$$

$$N_{XY} = X^{\mathrm{T}} Y = \begin{bmatrix} 1200.5020 \\ 105120.3406 \\ 177209.4722 \\ 336986.4631 \\ 134190.9269 \\ 545771.4441 \end{bmatrix}$$

代入公式

$$\hat{\beta} = \left[N_{XX} - \lambda_{t+1} I \right]^{-1} N_{XY}$$

求得回归系数的解为

$$\hat{\beta} = \begin{bmatrix} \hat{\beta}_0 \\ \hat{\beta}_1 \\ \hat{\beta}_2 \\ \hat{\beta}_3 \\ \hat{\beta}_4 \\ \hat{\beta}_5 \end{bmatrix} = \begin{bmatrix} -440.3791 \\ -2.5493 \\ -1.5130 \\ -0.1870 \\ 1.4597 \\ 1.9108 \end{bmatrix}$$

4) TLS 法的 Euler-Lagrange 逼近法

首先根据 LS 法计算得到参数的近似值为

$$\hat{\beta} = \begin{bmatrix} \hat{\beta}_0 \\ \hat{\beta}_1 \\ \hat{\beta}_2 \\ \hat{\beta}_3 \\ \hat{\beta}_4 \\ \hat{\beta}_5 \end{bmatrix} = \begin{bmatrix} -77.4689 \\ -1.1470 \\ -0.2019 \\ -0.0609 \\ 0.2623 \\ 0.6332 \end{bmatrix}$$

代入公式

$$\hat{v}^{(i)} = (Y - X\hat{\beta}^{(i)})^{\mathrm{T}}(Y - X\hat{\beta}^{(i)}) / (1 + (\hat{\beta}^{(i)})^{\mathrm{T}}\hat{\beta}^{(i)})$$

得

$$v^{(1)} = 0.0029$$

又

$$N = X^{\mathrm{T}}X$$
$$= \begin{bmatrix} 13.00 & 1137.60 & 1916.60 & 3644.40 & 1452.20 & 5906.90 \\ 1137.60 & 99685.14 & 168065.46 & 319465.12 & 127192.84 & 517369.14 \\ 1916.60 & 168065.46 & 283676.04 & 539567.90 & 214526.36 & 872229.97 \\ 3644.40 & 319465.12 & 539567.90 & 1029822.00 & 408233.36 & 1658667.44 \\ 1452.20 & 127192.84 & 214526.36 & 408233.36 & 162428.80 & 660346.99 \\ 5906.90 & 517369.14 & 872229.97 & 1658667.44 & 660346.99 & 2685762.69 \end{bmatrix}$$

$$c = X^{\mathrm{T}}Y = \begin{bmatrix} 1200.5020 \\ 105120.3406 \\ 177209.4722 \\ 336986.4631 \\ 134190.9269 \\ 545771.4441 \end{bmatrix}$$

代入公式

$$\hat{\beta}^{(i+1)} = N^{-1}(c + \hat{\beta}^{(i)}\hat{v}^{(i)})$$

按照计算步骤依次进行，直到满足限制条件$\left\|\hat{\beta}^{(i+1)} - \hat{\beta}^{(i)}\right\| < \varepsilon$ ($\varepsilon = 10^{-10}$)迭代终止，共进行了 60 次迭代，计算回归系数得

$$\hat{\beta} = \begin{bmatrix} \hat{\beta}_0 \\ \hat{\beta}_1 \\ \hat{\beta}_2 \\ \hat{\beta}_3 \\ \hat{\beta}_4 \\ \hat{\beta}_5 \end{bmatrix} = \begin{bmatrix} -440.3791 \\ -2.5493 \\ -1.5130 \\ -0.1870 \\ 1.4597 \\ 1.9108 \end{bmatrix}$$

TLS 法求得的五元线性回归方程为

$$y = -440.3791 - 2.5493x_1 - 1.5130x_2 - 0.1870x_3 + 1.4597x_4 + 1.9108x_5$$

由一、三、五元线性回归算例表明，TLS 法的三种解算方法求得的回归系数完全相等，即 TLS 法的三种解算方法完全等价。

7.5 总体最小二乘法与最小二乘法的几何解释

为简单直观地比较TLS和LS问题,以最简单的模型 $y=kx$ 为例进行说明[55]。只考虑一个参数 k 为未知量的情形。对于 n 组观测值 (x_i,y_i) $(i=1,2,\cdots,n)$，有

$$y_i = kx_i \tag{7-47}$$

式中，$y_i=\tilde{y}_i+\varepsilon_{y_i}$；$x_i=\tilde{x}_i+\varepsilon_{x_i}$。其中，$\tilde{y}_i$ 和 $\tilde{x}_i$ 表示观测值的真值，ε_{y_i} 和 ε_{x_i} 表示对应观测值的误差。

假设一：当观测值 x_i 不含随机误差，y_i 含随机误差时，可用 LS 法来进行参数的求解。根据 LS 准则

$$\min\sum_{i=1}^{n}(y_i-kx_i)^2 \tag{7-48}$$

对 k 求一阶导并令其为零，可得

$$\sum_{i=1}^{n}kx_i^2-\sum_{i=1}^{n}x_iy_i=0 \tag{7-49}$$

则 k 的最优估值为

$$\hat{k}'=\frac{\sum_{i=1}^{n}x_iy_i}{\sum_{i=1}^{n}x_i^2} \tag{7-50}$$

假设二：当观测值 y_i 不含随机误差，x_i 含有随机误差时，同样可用 LS 法来进行参数的求解。由式(7-47)可得

$$x_i=\frac{1}{k}y_i \tag{7-51}$$

根据 LS 准则

$$\min\sum_{i=1}^{n}(x_i-\frac{1}{k}y_i)^2 \tag{7-52}$$

对 k 求一阶导并令其为零，可得

$$\hat{k}'' = \frac{\sum_{i=1}^{n} y_i^2}{\sum_{i=1}^{n} x_i y_i} \tag{7-53}$$

假设三：当观测值 x_i 和 y_i 均含有随机误差时，可选用 TLS 法来进行参数的求解，此时需要使得 x 和 y 的误差的平方和同时达到最小，即根据 TLS 准则

$$\sum_{i=1}^{n}(\varepsilon_{y_i}^2 + \varepsilon_{x_i}^2) = \sum_{i=1}^{n}((k(x_i + \varepsilon_{x_i}) - y_i)^2) = \min \tag{7-54}$$

由于 ε_{x_i} 和 ε_{y_i} 分别表示点在 x 和 y 轴上的误差，ε_{x_i} 和 ε_{y_i} 分别平行于 x 轴和 y 轴。由式(7-54)可以看出，TLS 误差的平方和最小也就是点到直线的距离的平方总和最小，即 $\sum_{i=1}^{n}(y_i - kx_i)^2 \Big/ (1+k^2) = \min$。

令 n=20，用随机函数生成含有随机误差的 20 对 (x, y) 坐标值，分别就假设的三种情况进行分析，可得到图 7.1～图 7.3。图 7.1 和图 7.2 分别表示式(7-48)和式(7-52)的几何意义，反映了 LS 法的几何意义。图 7.1 只考虑观测向量 y 含有随机误差，即误差反映在坐标 y 轴上的平方和最小，从而拟合得到如图所示直线。图 7.2 只考虑观测向量 x 含有随机误差，即误差反映在坐标 x 轴上的平方和最小，从而拟合得到如图所示直线。图 7.3 表示了式(7-54)的几何意义，反映了 TLS 法的几何意义。图 7.3 同时考虑观测向量 y 和 x 的随机误差，即误差反映在坐标 y 轴和坐标 x 轴平方和之和最小，从而拟合得到如图所示直线。

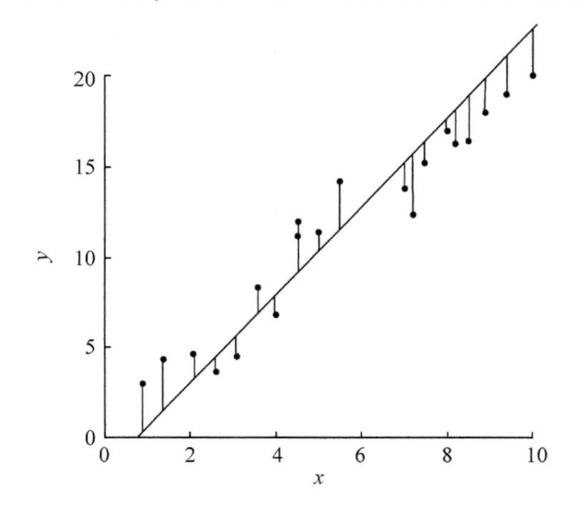

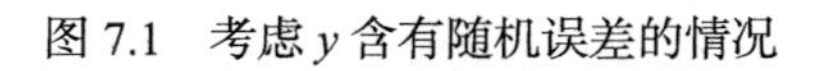
图 7.1　考虑 y 含有随机误差的情况

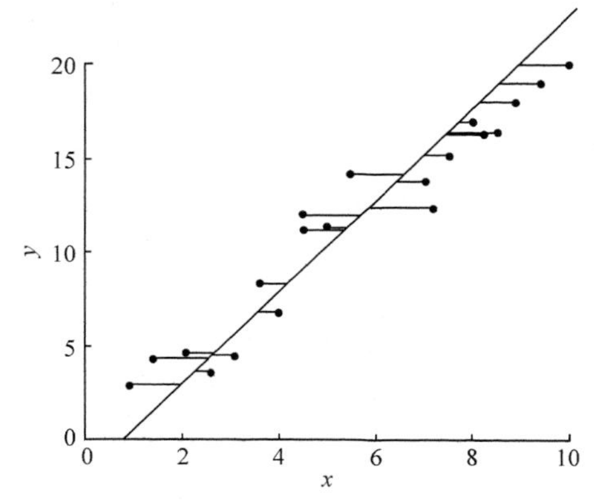

图 7.2　考虑 x 含有随机误差的情况

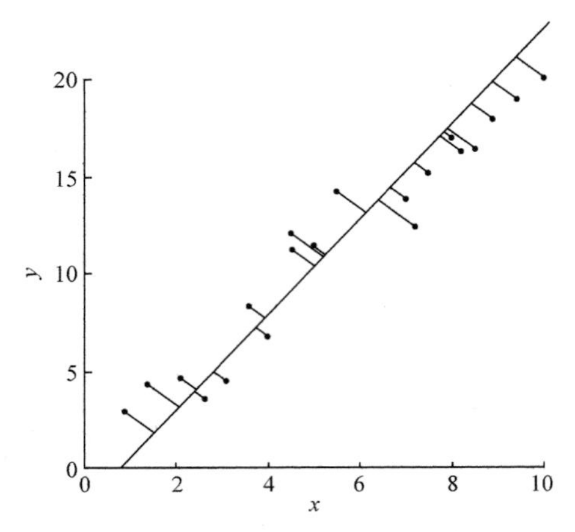

图 7.3　考虑 x、y 同时含有随机误差的情况

7.6　总体最小二乘法与最小二乘法在线性回归中的相对有效性

7.6.1　不同误差影响模型

随机误差不可避免地存在于测量数据中，参数估计方法或函数模型建立的不同，使得不同的测量数据在参数估计模型中所起的作用也不相同。根据随机误差存在于误差方程的位置的不同，可将参数估计模型分为以下三种误差影响模型。

(1) EIV(errors-in-variables)模型：此误差模型中不仅观测向量含有误差，而且系数矩阵也含有误差。在线性回归模型中体现为因变量和自变量同时含有误差的情形。

(2) EIOO(errors-in-observations-only)模型：此误差模型中仅观测向量含有误差，而系数矩阵不含误差。在线性回归模型中体现为仅因变量含有误差的情形。

(3) EIVO(errors-in-variables-only)模型：此误差模型中观测向量不含误差，而系数矩阵含有误差。在线性回归模型中体现为仅自变量含有误差的情形。

7.6.2　相对有效性的比较

用仿真实验的方法比较 TLS 法和 LS 法在线性回归中的相对有效性，分别对 EIV、EIOO、EIVO 三种误差影响模型进行仿真实验。在仿真实验中，$\sigma_0=1.0$ 和 $\sigma_0=3.0$ ，仿真实验次数 $S=1000$ 。仿真实验中发现 TLS 法的结果不稳定，所以进行 10 次 $S=1000$ 的仿真实验，选择 TLS 结果中因变量的残余真误差均方误差最小的结果作为最终结果。

7.6.3　一元线性回归中的相对有效性

根据理论回归方程 $y=\tilde{\beta}_0+\tilde{\beta}_1 x$，当给定 $\tilde{\beta}_0$、$\tilde{\beta}_1$ 和自变量 x 的取值时，就可得到仿真实验的理论模拟值。一元线性回归观测值的理论模拟值见表 7.4。其中，A 组理论模拟值(Ay_i，Ax_i)由斜率约为 $\tan 15°$ 的理论回归方程 $y=2.25+0.25x$ 计算得到；B 组理论模拟值(By_i，Bx_i)由斜率约为 $\tan 45°$ 的理论回归方程 $y=2.25+1.05x$ 计算得到；C 组理论模拟值(Cy_i，Cx_i)由斜率约为 $\tan 75°$ 的理论回归方程 $y=2.25+3.75x$ 计算得到。其中 $i=1,2,\cdots,24$，表示共生成 24 组模拟值。

表 7.4　不同斜率一元线性回归方程的理论模拟值

序号	*Ay*	*Ax*	*By*	*Bx*	*Cy*	*Cx*	序号	*Ay*	*Ax*	*By*	*Bx*	*Cy*	*Cx*
1	4.75	10.00	12.75	10.00	39.75	10.00	13	13.75	46.00	50.55	46.00	174.75	46.00
2	5.50	13.00	15.90	13.00	51.00	13.00	14	14.50	49.00	53.70	49.00	186.00	49.00
3	6.25	16.00	19.05	16.00	62.25	16.00	15	15.25	52.00	56.85	52.00	197.25	52.00
4	7.00	19.00	22.20	19.00	73.50	19.00	16	16.00	55.00	60.00	55.00	208.50	55.00
5	7.75	22.00	25.35	22.00	84.75	22.00	17	16.75	58.00	63.15	58.00	219.75	58.00
6	8.50	25.00	28.50	25.00	96.00	25.00	18	17.50	61.00	66.30	61.00	231.00	61.00
7	9.25	28.00	31.65	28.00	107.25	28.00	19	18.25	64.00	69.45	64.00	242.25	64.00
8	10.00	31.00	34.80	31.00	118.50	31.00	20	19.00	67.00	72.60	67.00	253.50	67.00
9	10.75	34.00	37.95	34.00	129.75	34.00	21	19.75	70.00	75.75	70.00	264.75	70.00
10	11.50	37.00	41.10	37.00	141.00	37.00	22	20.50	73.00	78.90	73.00	276.00	73.00
11	12.25	40.00	44.25	40.00	152.25	40.00	23	21.25	76.00	82.05	76.00	287.25	76.00
12	13.00	43.00	47.40	43.00	163.50	43.00	24	22.00	79.00	85.20	79.00	298.50	79.00

注：*Ay* 和 *Ax* 分别表示 *A* 组的因变量和自变量的理论模拟值；*By* 和 *Bx* 分别表示 *B* 组的因变量和自变量的理论模拟值；*Cy* 和 *Cx* 分别表示 *C* 组的因变量和自变量的理论模拟值。

仿真实验中，由理论模拟值加入随机误差生成模拟观测值。对于上述三种不同斜率($\tan 15°$、$\tan 45°$ 和 $\tan 75°$)的一元线性回归模型，分别选取 6、12、18、24 个观测值，并用 $A[k]$表示仿真实验选取 A 组中第 1～k 个数据作为模拟值进行实验，对于 A 组模拟值有 $A[6]$、$A[12]$、$A[18]$和 $A[24]$，同理，对于 B 组和 C 组模拟值分别有 $B[6]$、$B[12]$、$B[18]$、$B[24]$和 $C[6]$、$C[12]$、$C[18]$、$C[24]$。

当 σ_0=1.0 时，在三种误差影响模型(EIV、EIOO 和 EIVO)下，TLS 法和 LS 法的仿真实验结果的残余真误差均方误差及其残余真误差均方误差之比分别见表 7.5～表 7.7。当 σ_0=3.0 时，在三种误差影响模型(EIV、EIOO 和 EIVO)下，TLS 法和 LS 法的仿真实验结果的残余真误差均方误差及其残余真误差均方误差之比分别见表 7.8～表 7.10。

表 7.5　EIV 模型下 LS 法和 TLS 法的残余真误差均方误差及均方误差比($\sigma_0 = 1.0$)

组号	$\hat{\sigma}_{\hat{\beta}_{0L}}$	$\hat{\sigma}_{\hat{\beta}_{1L}}$	$\hat{\bar{\sigma}}_{\hat{y}_L}$	$\hat{\sigma}_{\hat{\beta}_{0T}}$	$\hat{\sigma}_{\hat{\beta}_{1T}}$	$\hat{\bar{\sigma}}_{\hat{y}_T}$	$RR_{\hat{\beta}_0}$	$RR_{\hat{\beta}_1}$	$RR_{\hat{y}}$
A[6]	1.449	0.079	0.5127	16.988	0.899	2.0610	11.72	11.38	4.02
A[12]	0.780	0.028	0.3599	3.302	0.109	1.0786	4.23	3.89	3.01
A[18]	0.584	0.015	0.2943	2.449	0.058	0.9327	4.19	3.87	3.17
A[24]	0.477	0.010	0.2491	2.146	0.040	0.8870	4.50	4.00	3.56
B[6]	2.099	0.116	0.7340	39.995	2.119	4.5060	19.05	18.27	6.14
B[12]	1.076	0.038	0.4993	16.768	0.548	2.5739	15.58	14.42	5.16
B[18]	0.814	0.021	0.4022	6.079	0.145	1.9690	7.47	6.90	4.90
B[24]	0.668	0.014	0.3560	4.507	0.084	1.7568	6.75	6.00	4.93
C[6]	5.262	0.290	1.8964	229.777	12.186	19.8677	43.67	42.02	10.48
C[12]	3.088	0.108	1.3867	235.997	7.739	25.5693	76.42	71.66	18.44
C[18]	2.172	0.057	1.1026	229.694	5.431	27.4645	105.75	95.28	24.91
C[24]	1.833	0.037	0.9655	163.333	3.021	25.1958	89.11	81.65	26.10

注：$\hat{\sigma}_{\hat{\beta}_{0L}}$ 、$\hat{\sigma}_{\hat{\beta}_{1L}}$ 和 $\hat{\bar{\sigma}}_{\hat{y}_L}$ 分别表示 LS 得到的回归系数 $\hat{\beta}_{0L}$ 、$\hat{\beta}_{1L}$ 和因变量 $\hat{y}_L$ 的残余真误差均方误差；$\hat{\sigma}_{\hat{\beta}_{0T}}$ 、$\hat{\sigma}_{\hat{\beta}_{1T}}$ 和 $\hat{\bar{\sigma}}_{\hat{y}_T}$ 分别表示 TLS 得到的回归系数 $\hat{\beta}_{0T}$ 、$\hat{\beta}_{1T}$ 和因变量 $\hat{y}_T$ 的残余真误差均方误差； $RR_{\hat{\beta}_0}$ 、$RR_{\hat{\beta}_1}$ 和 $RR_{\hat{y}}$ 是残余真误差均方误差之比，$RR_{\hat{\beta}_0}=\dfrac{\hat{\sigma}_{\hat{\beta}_{0T}}}{\hat{\sigma}_{\hat{\beta}_{0L}}}$ 、$RR_{\hat{\beta}_1}=\dfrac{\hat{\sigma}_{\hat{\beta}_{1T}}}{\hat{\sigma}_{\hat{\beta}_{1L}}}$ 、$RR_{\hat{y}}=\dfrac{\hat{\bar{\sigma}}_{\hat{y}_T}}{\hat{\bar{\sigma}}_{\hat{y}_L}}$ 。表 7.6～表 7.10 中的数值含义与表 7.5 相同。

表 7.6　EIOO 模型下 LS 法和 TLS 法的残余真误差均方误差及均方误差比($\sigma_0 = 1.0$)

组号	$\hat{\sigma}_{\hat{\beta}_{0L}}$	$\hat{\sigma}_{\hat{\beta}_{1L}}$	$\hat{\bar{\sigma}}_{\hat{y}_L}$	$\hat{\sigma}_{\hat{\beta}_{0T}}$	$\hat{\sigma}_{\hat{\beta}_{1T}}$	$\hat{\bar{\sigma}}_{\hat{y}_T}$	$RR_{\hat{\beta}_0}$	$RR_{\hat{\beta}_1}$	$RR_{\hat{y}}$
A[6]	1.331	0.074	0.4901	25.600	1.349	2.0048	19.23	18.23	4.09
A[12]	0.737	0.026	0.3415	3.010	0.099	1.0102	4.08	3.81	2.96
A[18]	0.551	0.014	0.2809	2.263	0.054	0.8705	4.11	3.86	3.10
A[24]	0.450	0.009	0.2389	2.005	0.037	0.8319	4.46	4.11	3.48
B[6]	1.361	0.075	0.4851	21.576	1.137	1.7527	15.85	15.16	3.61
B[12]	0.730	0.026	0.3372	2.752	0.091	0.9182	3.77	3.50	2.72
B[18]	0.570	0.015	0.2845	2.031	0.048	0.7888	3.56	3.20	2.77
B[24]	0.468	0.010	0.2460	1.799	0.034	0.7420	3.84	3.40	3.02
C[6]	1.353	0.074	0.4784	2.647	0.140	0.6730	1.96	1.89	1.41
C[12]	0.757	0.027	0.3395	1.188	0.040	0.4489	1.57	1.48	1.32
C[18]	0.536	0.014	0.2763	0.882	0.022	0.3729	1.65	1.57	1.35
C[24]	0.441	0.009	0.2429	0.794	0.015	0.3505	1.80	1.67	1.44

表 7.7　EIVO 模型下 LS 法和 TLS 法的残余真误差均方误差及均方误差比($\sigma_0 = 1.0$)

组号	$\hat{\sigma}_{\hat{\beta}_{0L}}$	$\hat{\sigma}_{\hat{\beta}_{1L}}$	$\hat{\hat{\sigma}}_{\hat{y}_L}$	$\hat{\sigma}_{\hat{\beta}_{0T}}$	$\hat{\sigma}_{\hat{\beta}_{1T}}$	$\hat{\hat{\sigma}}_{\hat{y}_T}$	$RR_{\hat{\beta}_0}$	$RR_{\hat{\beta}_1}$	$RR_{\hat{y}}$
A[6]	0.334	0.018	0.1216	0.393	0.021	0.1315	1.18	1.17	1.08
A[12]	0.188	0.007	0.0860	0.242	0.009	0.0995	1.29	1.29	1.16
A[18]	0.140	0.004	0.0699	0.192	0.005	0.0845	1.37	1.25	1.21
A[24]	0.114	0.002	0.0604	0.168	0.003	0.0762	1.47	1.50	1.26
B[6]	1.432	0.079	0.5081	15.983	0.856	1.6941	11.16	10.84	3.33
B[12]	0.843	0.030	0.3717	3.267	0.108	1.0360	3.88	3.60	2.79
B[18]	0.595	0.016	0.2999	2.276	0.055	0.8862	3.83	3.44	2.95
B[24]	0.481	0.010	0.2545	2.013	0.038	0.8356	4.19	3.80	3.28
C[6]	5.088	0.280	1.7962	224.566	11.794	19.9091	44.14	42.12	11.08
C[12]	2.897	0.102	1.2837	188.764	6.214	23.8362	65.16	60.92	18.57
C[18]	2.127	0.057	1.0771	199.297	4.726	24.7059	93.70	82.91	22.94
C[24]	1.714	0.035	0.9087	151.132	2.784	19.4214	88.18	79.54	21.37

表 7.8　EIV 模型下 LS 法和 TLS 法的残余真误差均方误差及均方误差比($\sigma_0 = 3.0$)

组号	$\hat{\sigma}_{\hat{\beta}_{0L}}$	$\hat{\sigma}_{\hat{\beta}_{1L}}$	$\hat{\hat{\sigma}}_{\hat{y}_L}$	$\hat{\sigma}_{\hat{\beta}_{0T}}$	$\hat{\sigma}_{\hat{\beta}_{1T}}$	$\hat{\hat{\sigma}}_{\hat{y}_T}$	$RR_{\hat{\beta}_0}$	$RR_{\hat{\beta}_1}$	$RR_{\hat{y}}$
A[6]	4.447	0.244	1.5775	190.634	9.660	14.8991	42.87	39.59	9.44
A[12]	2.410	0.086	1.1133	196.268	6.367	22.1259	81.44	74.03	19.87
A[18]	1.745	0.044	0.8852	149.688	3.536	19.5027	85.78	80.36	22.03
A[24]	1.434	0.029	0.7638	162.092	2.999	19.3692	113.03	102.35	25.36
B[6]	6.224	0.344	2.1669	181.213	9.672	18.6164	29.12	28.12	8.59
B[12]	3.481	0.124	1.5343	338.813	11.015	28.3555	97.33	88.83	18.48
B[18]	2.602	0.067	1.3007	336.231	7.873	33.0311	129.22	117.51	25.39
B[24]	2.041	0.043	1.0997	235.197	4.375	31.4552	115.24	101.74	28.6
C[6]	16.680	0.926	5.6741	680.685	36.352	52.999	40.81	39.26	9.34
C[12]	9.789	0.352	4.3306	727.524	24.211	91.6716	74.32	68.78	21.17
C[18]	7.360	0.195	3.6812	803.866	18.960	109.4247	109.22	97.23	29.73
C[24]	6.100	0.126	3.1106	1144.591	21.040	134.5194	187.64	166.98	43.25

表 7.9　EIOO 模型下 LS 法和 TLS 法的残余真误差均方误差及均方误差比($\sigma_0 = 3.0$)

组号	$\hat{\sigma}_{\hat{\beta}_{0L}}$	$\hat{\sigma}_{\hat{\beta}_{1L}}$	$\hat{\hat{\sigma}}_{\hat{y}_L}$	$\hat{\sigma}_{\hat{\beta}_{0T}}$	$\hat{\sigma}_{\hat{\beta}_{1T}}$	$\hat{\hat{\sigma}}_{\hat{y}_T}$	$RR_{\hat{\beta}_0}$	$RR_{\hat{\beta}_1}$	$RR_{\hat{y}}$
A[6]	4.254	0.234	1.4928	200.221	10.543	19.3955	47.07	45.06	12.99
A[12]	2.356	0.082	1.0741	215.497	7.056	24.5718	91.47	86.05	22.88
A[18]	1.674	0.043	0.8392	216.499	5.116	23.5341	129.33	118.98	28.04

续表

组号	$\hat{\sigma}_{\hat{\beta}_{0L}}$	$\hat{\sigma}_{\hat{\beta}_{1L}}$	$\hat{\hat{\sigma}}_{\hat{y}_L}$	$\hat{\sigma}_{\hat{\beta}_{0T}}$	$\hat{\sigma}_{\hat{\beta}_{1T}}$	$\hat{\hat{\sigma}}_{\hat{y}_T}$	$RR_{\hat{\beta}_0}$	$RR_{\hat{\beta}_1}$	$RR_{\hat{y}}$
A[24]	1.441	0.030	0.7629	116.125	2.143	18.2215	80.59	71.43	23.88
B[6]	4.216	0.233	1.5231	235.248	12.385	19.0954	55.80	53.15	12.54
B[12]	2.299	0.081	1.0710	226.209	7.405	23.4025	98.39	91.42	21.85
B[18]	1.705	0.044	0.8703	151.824	3.588	20.2381	89.05	81.55	23.25
B[24]	1.448	0.030	0.7627	130.114	2.401	18.3864	89.86	80.03	24.11
C[6]	4.390	0.240	1.5257	122.958	6.477	12.5512	28.01	26.99	8.23
C[12]	2.344	0.083	1.0690	155.042	5.077	17.5896	66.14	61.17	16.45
C[18]	1.748	0.045	0.8675	119.226	2.817	15.3419	68.21	62.60	17.69
C[24]	1.376	0.028	0.7299	177.383	3.274	15.8795	128.91	116.93	21.76

表 7.10　EIVO 模型下 LS 法和 TLS 法的残余真误差均方误差及均方误差比($\sigma_0 = 3.0$)

组号	$\hat{\sigma}_{\hat{\beta}_{0L}}$	$\hat{\sigma}_{\hat{\beta}_{1L}}$	$\hat{\hat{\sigma}}_{\hat{y}_L}$	$\hat{\sigma}_{\hat{\beta}_{0T}}$	$\hat{\sigma}_{\hat{\beta}_{1T}}$	$\hat{\hat{\sigma}}_{\hat{y}_T}$	$RR_{\hat{\beta}_0}$	$RR_{\hat{\beta}_1}$	$RR_{\hat{y}}$
A[6]	1.089	0.06	0.3709	4.222	0.225	0.7323	3.88	3.75	1.97
A[12]	0.648	0.023	0.2864	1.631	0.056	0.5850	2.52	2.43	2.04
A[18]	0.492	0.013	0.2364	1.355	0.033	0.5433	2.75	2.54	2.30
A[24]	0.393	0.008	0.1993	1.222	0.024	0.5149	3.11	3.00	2.58
B[6]	4.698	0.256	1.5887	123.499	6.704	10.5879	26.29	26.19	6.66
B[12]	2.789	0.098	1.2123	112.722	3.688	12.6406	40.42	37.63	10.43
B[18]	1.978	0.051	0.9712	106.405	2.500	12.7794	53.79	49.02	13.16
B[24]	1.663	0.034	0.8533	59.154	1.104	11.6151	35.57	32.47	13.61
C[6]	16.748	0.940	5.6707	552.606	29.526	52.7573	33.00	31.41	9.30
C[12]	9.564	0.345	4.3062	689.017	23.095	87.3986	72.04	66.94	20.30
C[18]	6.962	0.183	3.4201	1223.259	29.014	130.6903	175.71	158.55	38.21
C[24]	5.576	0.119	2.9350	945.464	17.512	138.7018	169.56	147.16	47.26

(1) σ_0 =1.0 的情形。由表 7.5～表 7.7 可知，对于不同的误差模型和不同的观测值数量，TLS 法得到的回归系数 $\hat{\beta}_0$ 的残余真误差均方误差与 LS 法得到的回归系数和因变量的残余真误差均方误差之比的最小值是 1.18、最大值是 105.75、平均值是 21.50。TLS 法得到的回归系数 $\hat{\beta}_1$ 的残余真误差均方误差与 LS 法得到的回归系数和因变量的残余真误差均方误差之比的最小值是 1.17、最大值是 95.28、平均值是 19.82。TLS 法得到的因变量 $\hat{y}$ 的残余真误差均方误差与 LS 法得到的回归系数和因变量的残余真误差均方误差之比的最小值是 1.08、最大值是 26.10、平均值是 6.59。

(2) σ_0=3.0 的情形。由表 7.8～表 7.10 可知，对于不同的误差模型和不同的观测值数量，TLS 法得到的回归系数 $\hat{\beta}_0$ 的残余真误差均方误差与 LS 法得到的回归系数和因变量的残余真误差均方误差之比的最小值是 2.52、最大值是 187.64、平均值是 74.93。TLS 法得到的回归系数 $\hat{\beta}_1$ 的残余真误差均方误差与 LS 法得到的回归系数和因变量的残余真误差均方误差之比的最小值是 2.43、最大值是 166.98、平均值是 68.37。TLS 法得到的因变量 $\hat{y}$ 的残余真误差均方误差与 LS 法得到的回归系数和因变量的残余真误差均方误差之比的最小值是 1.97、最大值是 47.26、平均值是 18.41。

对于一元线性回归，TLS 法得到的回归系数和因变量的残余真误差均方误差接近或大于 LS 法得到的回归系数和因变量的残余真误差均方误差，总体上是 TLS 法得到的回归系数和因变量的残余真误差均方误差大于 LS 法得到的回归系数和因变量的残余真误差均方误差。由此可见，在不同误差影响模型下，TLS 法相对于 LS 法没有明显的优越性，而且随着 σ_0 的增大，TLS 法相对于 LS 法的劣势性表现得更明显。

7.6.4　二元线性回归中的相对有效性

二元线性回归以观测值数 n 分别为 8、10 和 16 的三个算例为例进行仿真实验。$n=8$、$n=10$、$n=16$ 的三个算例的观测值见文献[47]。对算例中的观测值进行适当的修正，将其作为二元线性回归仿真实验的理论模拟值。二元线性回归的函数模型为 $y=\beta_0+\beta_1x_1+\beta_2x_2$。

二元线性回归 8 个观测值的理论模拟值为(52.162, 13.70, 90.80)，(17.528, 113.40, 18.90)，(23.258, 96.70, 30.60)，(55.687, 7.60, 102.00)，(1.172, 176.70, 0.50)，(6.068, 159.10, 7.30)，(7.025, 157.40, 10.30)，(38.300, 54.10, 62.50)。理论回归系数 $\tilde{\beta}_0=36.1065$，$\tilde{\beta}_1=-0.1983$，$\tilde{\beta}_2=0.2067$。

二元线性回归 10 个观测值的理论模拟值为(13.733, 413.00, 45.60)，(11.889, 363.00, 37.72)，(26.360, 803.00, 70.65)，(24.745, 730.00, 81.47)，(27.920, 823.00, 90.83)，(19.530, 589.00, 58.95)，(17.185, 523.00, 50.39)，(22.142, 674.00, 61.50)，(33.422, 984.00, 107.17)，(45.833, 1369.00, 130.79)。理论回归系数 $\tilde{\beta}_0=-0.5589$，$\tilde{\beta}_1=0.0293$，$\tilde{\beta}_2=0.0483$。

二元线性回归 16 个观测值的理论模拟值为(61.006, 10.00, 10.50)，(98.551, 10.20, 29.20)，(141.388, 11.70, 49.90)，(178.932, 7.90, 70.60)，(80.481, 30.10, 10.20)，(124.017, 28.90, 32.60)，(155.671, 28.40, 48.70)，(202.402, 30.60, 71.00)，(101.155, 49.60, 10.80)，(137.901, 49.60, 29.20)，(178.741, 50.10, 49.40)，(219.581, 49.60, 70.10)，(119.332, 69.40, 10.00)，(160.472, 70.80, 29.90)，(195.819, 69.20, 48.40)，

(242.850, 69.70, 71.70)。理论回归系数 $\tilde{\beta}_0 = 30.0497$ ， $\tilde{\beta}_1 = 0.9987$ ， $\tilde{\beta}_2 = 1.9971$ 。

二元线性回归仿真实验中，对于三种误差影响模型，当 σ_0=1.0 时，观测值个数分别为 8、10 和 16 的仿真实验结果中 LS 法和 TLS 法的残余真误差均方误差和均方误差之比见表 7.11。当 σ_0=3.0 时，二元线性回归观测值个数分别为 8、10 和 16 的仿真实验结果中 LS 法和 TLS 法的残余真误差均方误差和残余真误差均方误差之比见表 7.12。

表 7.11　二元线性回归中 LS 法和 TLS 法的残余真误差均方误差和均方误差比($\sigma_0 = 1.0$)

参数	8 点			10 点			16 点		
	σ_L	σ_T	RR	σ_L	σ_T	RR	σ_L	σ_T	RR
A_{β_0}	4.7185	5.5295	1.17	0.8372	50.2380	60.01	1.5980	1.9698	1.23
A_{β_1}	0.0287	0.0336	1.17	0.0048	0.0146	3.04	0.0262	0.0290	1.11
A_{β_2}	0.0479	0.0562	1.17	0.0480	0.5203	10.84	0.0252	0.0282	1.12
A_y	0.5520	0.5871	1.06	0.4793	5.9578	12.43	0.9071	0.9862	1.09
B_{β_0}	4.2748	5.2319	1.22	0.8336	60.5584	72.65	0.6552	0.6850	1.05
B_{β_1}	0.0258	0.0316	1.22	0.0047	0.0096	2.04	0.0104	0.0106	1.02
B_{β_2}	0.0436	0.0531	1.22	0.0471	0.6391	13.57	0.0108	0.0111	1.03
B_y	0.5145	0.5578	1.08	0.4772	6.0091	12.59	0.3748	0.3808	1.02
C_{β_0}	1.3209	1.3358	1.01	0.0460	0.0469	1.02	1.4126	1.7509	1.24
C_{β_1}	0.0080	0.0081	1.01	0.0003	0.0003	1.00	0.0242	0.0267	1.10
C_{β_2}	0.0134	0.0136	1.01	0.0027	0.0027	1.00	0.0226	0.0253	1.12
C_y	0.1514	0.1521	1.00	0.0263	0.0265	1.01	0.8358	0.9067	1.08

注： A_{β_0} 、 A_{β_1} 、 A_{β_2} 、 A_y 表示自变量和因变量都包含误差的回归系数和因变量； B_{β_0} 、 B_{β_1} 、 B_{β_2} 、 B_y 表示只有因变量包含误差的回归系数和因变量； C_{β_0} 、 C_{β_1} 、 C_{β_2} 、 C_y 表示只有自变量包含误差的回归系数和因变量； σ_L 表示 LS 的计算结果， σ_T 表示 TLS 的计算结果。表 7.12～表 7.18 中的数值含义与表 7.11 相同。

表 7.12　二元线性回归中 LS 法和 TLS 法的残余真误差均方误差和均方误差比($\sigma_0 = 3.0$)

参数	8 点			10 点			16 点		
	σ_L	σ_T	RR	σ_L	σ_T	RR	σ_L	σ_T	RR
A_{β_0}	14.0189	66.076	4.71	2.7046	252.9868	93.54	5.0861	12.3091	2.42
A_{β_1}	0.0854	0.4003	4.69	0.0141	0.1272	9.02	0.0776	0.1423	1.83

续表

参数	8 点			10 点			16 点		
	σ_L	σ_T	RR	σ_L	σ_T	RR	σ_L	σ_T	RR
A_{β_2}	0.1419	0.6705	4.73	0.1440	3.1655	21.98	0.0847	0.1505	1.78
A_y	1.7088	3.3256	1.95	1.4901	25.9078	17.39	2.8907	4.8547	1.68
B_{β_0}	13.7195	51.857	3.78	2.6563	191.0642	71.93	1.9784	2.5439	1.29
B_{β_1}	0.0830	0.3135	3.78	0.0151	0.0309	2.05	0.0331	0.0374	1.13
B_{β_2}	0.1404	0.5232	3.73	0.1526	2.0133	13.19	0.0325	0.0369	1.14
B_y	1.6383	3.0730	1.88	1.5062	24.2113	16.07	1.1578	1.2864	1.11
C_{β_0}	3.6729	4.4375	1.21	0.1387	0.1579	1.14	4.3886	10.3381	2.36
C_{β_1}	0.0223	0.0268	1.20	0.0009	0.0009	1.00	0.0735	0.1212	1.65
C_{β_2}	0.0376	0.0452	1.20	0.0089	0.0087	0.98	0.0723	0.1299	1.80
C_y	0.4606	0.4884	1.06	0.0818	0.0854	1.04	2.5895	4.1681	1.61

(1) $\sigma_0=1.0$ 的情形。由表 7.11 可知，当 $n=8$ 时，TLS 法得到的回归系数和因变量($\hat{\beta}_0$、$\hat{\beta}_1$、$\hat{\beta}_2$、$\hat{y}$)的残余真误差均方误差与 LS 法得到的回归系数和因变量的残余真误差均方误差之比的最小值是 1.00、最大值是 1.22、平均值是 1.11。当 $n=10$ 时，TLS 法得到的回归系数和因变量的残余真误差均方误差与 LS 法得到的回归系数和因变量的残余真误差均方误差之比的最小值是 1.00、最大值是 72.65、平均值是 15.93。当 $n=16$ 时，TLS 法得到的回归系数和因变量的残余真误差均方误差与 LS 法得到的回归系数和因变量的残余真误差均方误差之比的最小值是 1.02、最大值是 1.24、平均值是 1.10。

(2) $\sigma_0=3.0$ 的情形。由表 7.12 可知，当 $n=8$ 时，TLS 法得到的回归系数和因变量($\hat{\beta}_0$、$\hat{\beta}_1$、$\hat{\beta}_2$、$\hat{y}$)的残余真误差均方误差与 LS 法得到的回归系数和因变量的残余真误差均方误差之比的最小值是 1.06、最大值是 4.73、平均值是 2.83。当 $n=10$ 时，TLS 法得到的回归系数和因变量的残余真误差均方误差与 LS 法得到的回归系数和因变量的残余真误差均方误差之比的最小值是 0.98、最大值是 93.54、平均值是 20.78。当 $n=16$ 时，TLS 法得到的回归系数和因变量的残余真误差均方误差与 LS 法得到的回归系数和因变量的残余真误差均方误差之比的最小值是 1.11、最大值是 2.42、平均值是 1.65。

对于二元线性回归，TLS 法得到的回归系数和因变量的残余真误差均方误差接近或大于 LS 法得到的回归系数和因变量的残余真误差均方误差，总体上是 TLS 法得到的回归系数和因变量的残余真误差均方误差大于 LS 法得到的回归系数和因变量的残余真误差均方误差。由此可见，在不同误差影响模型下，TLS 法相对于 LS 法没有明显的优越性，而且随着 σ_0 的增大，TLS 法相对于 LS 法的劣势性表现得更明显。

7.6.5 三元线性回归中的相对有效性

三元线性回归以观测值数 n 分别为 10、21 和 25 的三个算例为例进行仿真实验。$n=10$ 、$n=21$ 、$n=25$ 的三个算例的观测值见文献[47]。对算例中的观测值进行适当修正，将其作为三元线性回归仿真实验的理论模拟值。三元线性回归的函数模型为 $y=\beta_0+\beta_1x_1+\beta_2x_2+\beta_3x_3$ 。

三元线性回归 10 个观测值的理论模拟值为(8.911, 40.7, 8.8, 28.6), (9.002, 41.1, 9.3, 30.1), (10.114, 44.7, 8.6, 32.8), (10.174, 45.3, 8.8, 33.0), (10.349, 46.7, 9.2, 33.6), (10.741, 49.5, 9.9, 34.9), (10.599, 50.0, 11.3, 36.6), (11.150, 52.5, 12.3, 40.4), (11.917, 55.0, 12.9, 45.0), (12.343, 56.1, 14.0, 49.9)。理论回归系数 $\tilde{\beta}_0=1.6361$ ，$\tilde{\beta}_1=0.1607$ ，$\tilde{\beta}_2=-0.3033$ ，$\tilde{\beta}_3=0.1190$ 。

三元线性回归 21 个观测值的理论模拟值为(37.767, 80, 27, 89), (37.898, 80, 27, 88)，(31.526, 75, 25, 90)，(22.918, 62, 24, 87)，(19.641, 62, 22, 87)，(21.279, 62, 23, 87)，(22.129, 62, 24, 93)，(22.129, 62, 24, 93)，(19.014, 58, 23, 87)，(11.741, 58, 18, 80), (10.557, 58, 18, 89), (9.050, 58, 17, 88), (11.478, 58, 18, 82), (11.670, 58, 19, 93), (6.026, 50, 18, 89), (6.421, 50, 18, 86), (9.900, 50, 19, 72), (8.980, 50, 19, 79), (10.487, 50, 20, 80), (13.622, 56, 20, 82), (23.767, 76, 20, 91)。理论回归系数 $\tilde{\beta}_0=-40.0873$ ，$\tilde{\beta}_1=0.5664$ ，$\tilde{\beta}_2=1.6387$ ，$\tilde{\beta}_3=-0.1315$ 。

三元线性回归 25 个观测值的理论模拟值为(15.025, 23.73, 5.49, 1.21), (12.845, 22.34, 4.32, 1.35)，(15.564, 28.84, 5.04, 1.92)，(14.045, 27.67, 4.72, 1.49)，(15.359, 20.83, 5.35, 1.56)，(13.031, 22.27, 4.27, 1.50)，(15.840, 27.57, 5.25, 1.85)，(13.883, 28.01, 4.62, 1.51)，(13.312, 24.79, 4.42, 1.46)，(15.601, 28.96, 5.30, 1.66)，(14.612, 25.77, 4.87, 1.64)，(16.995, 23.17, 5.80, 1.90)，(15.428, 28.57, 5.22, 1.66)，(15.871, 23.52, 5.18, 1.98)，(14.421, 21.86, 4.86, 1.59)，(14.790, 28.95, 5.18, 1.37)，(14.125, 24.53, 4.88, 1.39)，(14.996, 27.65, 5.02, 1.66)，(16.166, 27.29, 5.55, 1.70)，(15.831, 29.07, 5.26, 1.82)，(15.593, 32.47, 5.18, 1.75)，(15.236, 29.65, 5.08, 1.70)，(14.935, 22.11, 4.90, 1.81)，(14.442, 22.43, 4.65, 1.82)，(14.814, 20.44, 5.10, 1.55)。理论回归系数 $\tilde{\beta}_0=0.8556$ ，$\tilde{\beta}_1=0.0187$ ，$\tilde{\beta}_2=2.0729$ ，$\tilde{\beta}_3=1.9387$ 。

三元线性回归仿真实验中，对于三种误差影响模型，当 σ_0=1.0 时，观测值个数分别为 10、21 和 25 的仿真实验结果中 LS 法和 TLS 法的残余真误差均方误差和残余真误差均方误差之比见表 7.13。当 σ_0=3.0 时，三元线性回归观测值个数分别为 10、21 和 25 的仿真实验结果中 LS 法和 TLS 法的残余真误差均方误差和残余真误差均方误差之比见表 7.14。

表 7.13 三元线性回归中 LS 法和 TLS 法的残余真误差均方误差和均方误差比($\sigma_0=1.0$)

参数	10 点			21 点			25 点		
	σ_L	σ_T	RR	σ_L	σ_T	RR	σ_L	σ_T	RR
A_{β_0}	10.1654	123.6015	12.16	6.4968	20.2424	3.12	10.3986	501.8222	48.26
A_{β_1}	0.4693	4.8660	10.37	0.0754	0.0661	0.88	0.0183	0.2993	16.36
A_{β_2}	2.2788	4.8083	2.11	0.2680	0.2252	0.84	0.1617	6.6677	41.24
A_{β_3}	0.5646	2.4181	4.28	0.0844	0.2639	3.13	0.4120	5.6297	13.66
A_y	1.7143	4.7751	2.79	0.8385	1.3998	1.67	1.1890	12.5059	10.52
B_{β_0}	4.0659	8.4129	2.07	3.4568	6.2324	1.80	2.7945	25.8157	9.24
B_{β_1}	0.1863	0.3526	1.89	0.0349	0.0364	1.04	0.0060	0.0181	3.02
B_{β_2}	0.5176	0.5217	1.01	0.0994	0.1025	1.03	0.0559	0.3528	6.31
B_{β_3}	0.2016	0.2697	1.34	0.0454	0.0761	1.68	0.1101	0.2506	2.28
B_y	0.5573	0.7377	1.32	0.3828	0.4830	1.26	0.3589	1.5143	4.22
C_{β_0}	9.3066	86.2702	9.27	5.4832	14.8617	2.71	9.8069	248.0624	25.29
C_{β_1}	0.4318	3.6201	8.38	0.0696	0.0591	0.85	0.0171	0.1537	8.99
C_{β_2}	2.2944	4.1709	1.82	0.2525	0.2168	0.86	0.1534	3.4320	22.37
C_{β_3}	0.5479	1.6713	3.05	0.0736	0.1980	2.69	0.3875	2.3547	6.08
C_y	1.6324	3.9168	2.40	0.7363	1.0942	1.49	1.1333	9.2648	8.18

表 7.14 三元线性回归中 LS 法和 TLS 法的残余真误差均方误差和均方误差比($\sigma_0=3.0$)

参数	10 点			21 点			25 点		
	σ_L	σ_T	RR	σ_L	σ_T	RR	σ_L	σ_T	RR
A_{β_0}	25.1226	271.7324	10.82	13.7067	221.4353	16.16	45.7453	234.2251	5.12
A_{β_1}	0.9787	7.6875	7.85	0.1949	0.3611	1.85	0.0476	0.1745	3.67
A_{β_2}	3.2169	6.6577	2.07	0.9622	1.0693	1.11	0.6783	3.1244	4.61

续表

参数	10 点			21 点			25 点		
	σ_L	σ_T	RR	σ_L	σ_T	RR	σ_L	σ_T	RR
A_{β_3}	0.6245	3.3787	5.41	0.2029	2.7238	13.42	1.2441	2.2649	1.82
A_y	3.3025	10.0138	3.03	2.5255	9.0784	3.59	4.1047	13.5806	3.31
B_{β_0}	12.8295	489.8567	38.18	10.5285	55.6996	5.29	8.9247	1660.4210	186.05
B_{β_1}	0.5798	20.1079	34.68	0.1069	0.1550	1.45	0.0194	1.1005	56.73
B_{β_2}	1.5614	2.7444	1.76	0.3041	0.3925	1.29	0.1786	22.5892	126.48
B_{β_3}	0.6071	12.5427	20.66	0.1388	0.6645	4.79	0.3401	14.4574	42.51
B_y	1.7096	11.3792	6.66	1.1929	3.3148	2.78	1.1336	31.8528	28.10
C_{β_0}	22.5005	172.3527	7.66	10.7387	82.4307	7.68	44.7177	177.9990	3.98
C_{β_1}	0.8749	5.7859	6.61	0.1707	0.1870	1.10	0.0414	0.1129	2.73
C_{β_2}	3.1676	4.1666	1.32	0.9409	0.8860	0.94	0.6481	2.3780	3.67
C_{β_3}	0.5663	3.4396	6.07	0.1637	1.0755	6.57	1.2393	1.9972	1.61
C_y	2.9064	6.9417	2.39	2.3108	5.1916	2.25	3.9476	11.0857	2.81

(1) $\sigma_0=1.0$ 的情形。由表 7.13 可知，当n=10时，TLS 法得到的回归系数和因变量($\hat{\beta}_0$、$\hat{\beta}_1$、$\hat{\beta}_2$、$\hat{\beta}_3$、$\hat{y}$)的残余真误差均方误差与LS 法得到的回归系数和因变量的残余真误差均方误差之比的最小值是 1.01、最大值是 12.16、平均值是 4.28。当n=21时，TLS 法得到的回归系数和因变量的残余真误差均方误差与 LS 法得到的回归系数和因变量的残余真误差均方误差之比的最小值是 0.84、最大值是 3.13、平均值是 1.67。当n=25时，TLS 法得到的回归系数和因变量的残余真误差均方误差与 LS 法得到的回归系数和因变量的残余真误差均方误差之比的最小值是 2.28、最大值是 48.26、平均值是 15.07。

(2) $\sigma_0=3.0$ 的情形。由表 7.14 可知，当n=10时，TLS 法得到的回归系数和因变量($\hat{\beta}_0$、$\hat{\beta}_1$、$\hat{\beta}_2$、$\hat{\beta}_3$、$\hat{y}$)的残余真误差均方误差与LS 法得到的回归系数和因变量的残余真误差均方误差之比的最小值是 1.32、最大值是 38.18、平均值是 10.34。当n=21时，TLS 法得到的回归系数和因变量的残余真误差均方误差与 LS 法得到的回归系数和因变量的残余真误差均方误差之比的最小值是 0.94、最大值是 16.16、平均值是 4.68。当n=25时，TLS 法得到的回归系数和因变量的残余真误差均方误差与 LS 法得到的回归系数和因变量的残余真误差均方误差之比的最小值是 1.61、最大值是 186.05、平均值是 31.55。

对于三元线性回归，TLS 法得到的回归系数和因变量的残余真误差均方误差接近或大于LS法得到的回归系数和因变量的残余真误差均方误差，总体上是TLS法得到的回归系数和因变量的残余真误差均方误差大于 LS 法得到的回归系数和因变量的残余真误差均方误差。由此可见，在不同误差影响模型下，TLS 法相对于 LS 法没有明显的优越性，而且随着 σ_0 的增大，TLS 法相对于 LS 法的劣势性表现得更明显。

7.6.6　四元线性回归中的相对有效性

四元线性回归以观测值数 n 分别为 13、15 和 16 的三个算例为例进行仿真实验。$n=13$、$n=15$、$n=16$ 的三个算例的观测值见文献[47]。对算例中的观测值进行适当修正，将其作为四元线性回归仿真实验的理论模拟值。四元线性回归的函数模型为 $y=\beta_0+\beta_1x_1+\beta_2x_2+\beta_3x_3+\beta_4x_4$。

四元线性回归 13 个观测值的理论模拟值为(78.495, 7, 26, 6, 60)，(72.789, 1, 29, 15, 52)，(105.971, 11, 56, 8, 20)，(89.327, 11, 31, 8, 47)，(95.649, 7, 52, 6, 33)，(105.275, 11, 55, 9, 22)，(104.149, 3, 71, 17, 6)，(75.675, 1, 31, 20, 44)，(91.722, 2, 54, 18, 22)，(115.618, 21, 47, 4, 26)，(81.809, 1, 40, 23, 34)，(112.327, 11, 66, 9, 12)，(111.694, 10, 68, 8, 12)。理论回归系数 $\tilde{\beta}_0=62.4182$，$\tilde{\beta}_1=1.5510$，$\tilde{\beta}_2=0.5100$，$\tilde{\beta}_3=0.1018$，$\tilde{\beta}_4=-0.1442$。

四元线性回归 15 个观测值的理论模拟值为(216.108, 113, 24, 30, 27)，(273.752, 152, 34, 30, 21)，(319.062, 186, 40, 27, 18)，(339.228, 198, 46, 27, 18)，(339.228, 198, 46, 27, 18)，(350.308, 201, 55, 27, 18)，(359.095, 204, 61, 27, 21)，(367.759, 207, 67, 27, 21)，(371.593, 210, 67, 27, 21)，(380.690, 213, 70, 30, 21)，(356.803, 204, 58, 27, 24)，(403.271, 225, 79, 30, 21)，(383.105, 213, 73, 30, 21)，(446.808, 256, 79, 34, 24)，(369.188, 204, 70, 30, 21)。理论回归系数 $\tilde{\beta}_0=22.7898$，$\tilde{\beta}_1=1.2780$，$\tilde{\beta}_2=0.8051$，$\tilde{\beta}_3=0.9493$，$\tilde{\beta}_4=0.0411$。

四元线性回归 16 个观测值的理论模拟值为(11.004, 92.0, 27.3, 14.7, 11.4)，(10.086, 91.0, 37.3, 18.2, 8.3)，(13.669, 86.0, 48.8, 18.3, 21.3)，(15.259, 102.3, 39.7, 15.9, 13.5)，(7.486, 56.0, 37.3, 18.4, 18.2)，(11.088, 53.7, 42.4, 18.7, 13.5)，(1.027, 61.3, 31.5, 19.9, 16.5)，(10.945, 82.0, 46.5, 16.2, 45.7)，(17.192, 88.0, 43.8, 15.4, 20.7)，(11.947, 76.0, 38.6, 16.0, 24.2)，(15.153, 97.0, 43.8, 16.9, 15.2)，(15.094, 83.7, 51.0, 18.1, 22.8)，(17.071, 121.7, 49.0, 17.3, 15.8)，(13.729, 102.7, 37.3, 16.1, 12.0)，(13.331,

89.0, 44.7, 18.8, 8.0)，(16.020, 82.3, 52.8, 17.3, 30.7)。理论回归系数 $\tilde{\beta}_0 = 30.5594$，$\tilde{\beta}_1 = -0.0081$，$\tilde{\beta}_2 = 0.6059$，$\tilde{\beta}_3 = -2.2139$，$\tilde{\beta}_4 = -0.2464$。

四元线性回归仿真实验中，对于三种误差影响模型，当 σ_0=1.0 时，观测值个数分别为 13、15 和 16 的仿真实验结果中 LS 法和 TLS 法的残余真误差均方误差和残余真误差均方误差之比见表 7.15。当 σ_0=3.0 时，四元线性回归观测值个数分别为 13、15 和 16 的仿真实验结果中 LS 法和 TLS 法的残余真误差均方误差和残余真误差均方误差之比见表 7.16。

表 7.15　四元线性回归中 LS 法和 TLS 法的残余真误差均方误差和均方误差比($\sigma_0 = 1.0$)

参数	13 点			15 点			16 点		
	σ_L	σ_T	RR	σ_L	σ_T	RR	σ_L	σ_T	RR
A_{β_0}	51.2672	65.7877	1.28	9.3758	84.3689	9.00	18.8093	181.6357	9.66
A_{β_1}	0.0543	0.0692	1.27	0.0409	0.2358	5.77	0.0642	0.6258	9.75
A_{β_2}	0.0530	0.0679	1.28	0.0761	0.3865	5.08	0.1503	0.5584	3.72
A_{β_3}	0.0551	0.0700	1.27	0.3321	1.4463	4.36	1.0030	7.7665	7.74
A_{β_4}	0.0519	0.0665	1.28	0.2712	0.9854	3.63	0.1067	0.7409	6.94
A_y	1.0694	1.1234	1.05	1.0490	2.7361	2.61	1.2293	5.0187	4.08
B_{β_0}	26.8499	28.1236	1.05	4.6660	11.0325	2.36	4.9609	10.6375	2.14
B_{β_1}	0.0285	0.0297	1.04	0.0213	0.0358	1.68	0.0205	0.0361	1.76
B_{β_2}	0.0278	0.0291	1.05	0.0393	0.0620	1.58	0.0507	0.0613	1.21
B_{β_3}	0.0288	0.0300	1.04	0.1454	0.2178	1.50	0.2493	0.5050	2.03
B_{β_4}	0.0272	0.0285	1.05	0.1372	0.1772	1.29	0.0383	0.0547	1.43
B_y	0.5531	0.5583	1.01	0.5172	0.7248	1.40	0.5009	0.6562	1.31
C_{β_0}	43.8128	52.9064	1.21	8.6220	38.2984	4.44	18.0323	82.0563	4.55
C_{β_1}	0.0456	0.0552	1.21	0.0355	0.1068	3.01	0.0611	0.2738	4.48
C_{β_2}	0.0455	0.0547	1.2	0.0650	0.1857	2.86	0.1378	0.2962	2.15
C_{β_3}	0.0468	0.0565	1.21	0.2938	0.7470	2.54	0.9576	3.5850	3.74
C_{β_4}	0.0444	0.0535	1.20	0.2295	0.4377	1.91	0.1014	0.3401	3.35
C_y	0.9139	0.9444	1.03	0.9127	1.9014	2.08	1.1134	2.8666	2.57

表 7.16　四元线性回归中 LS 法和 TLS 法的残余真误差均方误差和均方误差比(σ_0 = 3.0)

参数	13 点			15 点			16 点		
	σ_L	σ_T	RR	σ_L	σ_T	RR	σ_L	σ_T	RR
A_{β_0}	167.0879	379.9602	2.27	27.3357	585.5709	21.42	36.8973	1687.1830	45.73
A_{β_1}	0.1785	0.3956	2.22	0.1074	2.0041	18.66	0.1324	6.0452	45.66
A_{β_2}	0.1719	0.3909	2.27	0.2007	2.9867	14.88	0.3318	8.4681	25.52
A_{β_3}	0.1817	0.4032	2.22	0.8251	7.6236	9.24	2.0038	46.1396	23.03
A_{β_4}	0.1686	0.3836	2.28	0.5009	7.4686	14.91	0.2332	6.2528	26.81
A_y	3.2686	4.3646	1.34	2.9715	15.5400	5.23	2.5155	35.7460	14.21
B_{β_0}	81.4528	122.3559	1.50	14.0473	635.4416	45.24	15.2482	381.2658	25.00
B_{β_1}	0.0864	0.1281	1.48	0.0631	1.8706	29.65	0.0638	1.2277	19.24
B_{β_2}	0.0842	0.1262	1.50	0.1159	3.179	27.43	0.1572	1.4835	9.44
B_{β_3}	0.0883	0.1308	1.48	0.4659	9.9499	21.36	0.7611	17.8264	23.42
B_{β_4}	0.0822	0.1234	1.50	0.4312	7.6674	17.78	0.1201	1.6182	13.47
B_y	1.6982	1.8932	1.11	1.5768	10.9892	6.97	1.5528	7.3351	4.72
C_{β_0}	140.4775	292.2227	2.08	25.2759	529.0332	20.93	36.2933	708.0071	19.51
C_{β_1}	0.1499	0.3036	2.03	0.0982	1.6831	17.14	0.1240	3.1381	25.31
C_{β_2}	0.1447	0.3010	2.08	0.1846	2.5181	13.64	0.3063	2.9789	9.73
C_{β_3}	0.1517	0.3090	2.04	0.7657	9.2357	12.06	2.0003	19.1180	9.56
C_{β_4}	0.1421	0.2953	2.08	0.4511	5.5719	12.35	0.2077	2.8686	13.81
C_y	2.7700	3.5064	1.27	2.5935	11.5742	4.46	2.0498	19.0594	9.30

(1) σ_0 =1.0 的情形。由表 7.15 可知，当 n=13 时，TLS 法得到的回归系数和因变量($\hat{\beta}_0$、$\hat{\beta}_1$、$\hat{\beta}_2$、$\hat{\beta}_3$、$\hat{\beta}_4$、$\hat{y}$)的残余真误差均方误差与 LS 法得到的回归系数和因变量的残余真误差均方误差之比的最小值是 1.01、最大值是 1.28、平均值是 1.15。当 n=15 时，TLS 法得到的回归系数和因变量的残余真误差均方误差与 LS 法得到的回归系数和因变量的残余真误差均方误差之比的最小值是 1.29、最大值是 9.00、平均值是 3.17。当 n=16 时，TLS 法得到的回归系数和因变量的残余真误差均方误差与 LS 法得到的回归系数和因变量的残余真误差均方误差之比的最小值是 1.21、最大值是 9.75、平均值是 4.03。

(2) σ_0=3.0 的情形。由表 7.16 可知，当 n=13 时，TLS 法得到的回归系数和因变量($\hat{\beta}_0$、$\hat{\beta}_1$、$\hat{\beta}_2$、$\hat{\beta}_3$、$\hat{\beta}_4$、$\hat{y}$)的残余真误差均方误差与 LS 法得到的回归系数和因变量的残余真误差均方误差之比的最小值是 1.11、最大值是 2.28、平均值是 1.82。当 n=15 时，TLS 法得到的回归系数和因变量的残余真误差均方误差与 LS 法得到的回归系数和因变量的残余真误差均方误差之比的最小值是 4.46、最大值是 45.24、平均值是 17.41。当 n=16 时，TLS 法得到的回归系数和因变量的残余真误差均方误差与 LS 法得到的回归系数和因变量的残余真误差均方误差之比的最小值是 4.72、最大值是 45.73、平均值是 20.19。

对于四元线性回归，TLS 法得到的回归系数和因变量的残余真误差均方误差接近或大于 LS 法得到的回归系数和因变量的残余真误差均方误差，总体上是 TLS 法得到的回归系数和因变量的残余真误差均方误差大于 LS 法得到的回归系数和因变量的残余真误差均方误差。由此可见，在不同误差影响模型下，TLS 法相对于 LS 法没有明显的优越性，而且随着 σ_0 的增大，TLS 法相对于 LS 法的劣势性表现得更明显。

7.6.7 五元线性回归中的相对有效性

五元线性回归以观测值数 n 分别为 13、18 和 23 的三个算例为例进行仿真实验。$n=13$、$n=18$、$n=23$ 的三个算例的观测值见文献[47]。对算例中的观测值进行适当的修正，将其作为五元线性回归仿真实验的理论模拟值。五元线性回归的函数模型为 $y=\beta_0+\beta_1x_1+\beta_2x_2+\beta_3x_3+\beta_4x_4+\beta_5x_5$。

五元线性回归 13 个观测值的理论模拟值为(90.644, 87.2, 147.8, 308.0, 112.1, 453.4)，(93.390, 87.1, 150.0, 320.6, 116.6, 457.2)，(95.084, 88.6, 153.5, 297.9, 113.4, 463.8)，(96.289, 90.0, 157.3, 303.5, 117.0, 468.0)，(94.394, 91.1, 159.7, 296.0, 117.5, 466.5)，(93.747, 89.8, 154.6, 285.8, 113.8, 462.5)，(92.976, 90.7, 151.7, 301.1, 114.2, 462.8)，(92.892, 91.8, 149.4, 261.9, 111.3, 461.5)，(90.537, 89.8, 148.7, 253.4, 108.3, 454.9)，(91.644, 86.0, 138.8, 267.6, 106.5, 449.0)，(90.930, 82.8, 137.8, 258.0, 106.1, 441.3)，(90.387, 81.9, 134.6, 245.7, 106.0, 436.4)，(89.788, 80.8, 131.6, 243.1, 110.0, 429.5)。理论回归系数 $\tilde{\beta}_0=-77.8891$，$\tilde{\beta}_1=-0.9808$，$\tilde{\beta}_2=-0.2357$，$\tilde{\beta}_3=-0.0586$，$\tilde{\beta}_4=0.3741$，$\tilde{\beta}_5=0.5845$。

五元线性回归 18 个观测值的理论模拟值为(116.901, 29.0, 63.0, 3.3, 76.0, 10.2)，(171.975, 50.0, 44.0, 7.8, 128.8, 16.1)，(211.077, 82.0, 133.0, 11.8, 158.6, 16.3)，(265.071, 131.0, 168.0, 15.6, 187.9, 19.3)，(321.136, 238.0, 178.0, 21.1, 146.3, 23.1)，(434.515, 354.0, 221.0, 35.8, 165.0, 44.4)，(633.058, 470.0, 322.0, 73.1, 262.2, 71.8)，(790.411, 626.0, 332.0, 96.1, 280.0, 87.7)，(868.978, 680.0, 556.0, 128.5, 275.6, 98.9)，

(461.852, 353.0, 244.0, 67.6, 109.5, 55.8), (403.915, 313.0, 179.0, 50.8, 101.5, 60.3), (457.473, 352.0, 248.0, 55.4, 142.3, 71.8), (581.287, 453.0, 378.0, 71.4, 203.8, 88.0), (692.114, 495.0, 788.0, 112.0, 265.6, 104.5), (871.555, 597.0, 1016.0, 158.9, 331.8, 125.1), (662.598, 478.0, 749.0, 108.6, 239.0, 114.2), (342.678, 177.0, 402.0, 51.0, 175.6, 90.3), (647.449, 360.0, 733.0, 131.4, 272.0, 80.5)。理论回归系数 $\tilde{\beta}_0 = 51.5343$, $\tilde{\beta}_1 = 0.6561$, $\tilde{\beta}_2 = -0.0784$, $\tilde{\beta}_3 = 1.9297$, $\tilde{\beta}_4 = 0.5822$, $\tilde{\beta}_5 = 0.0649$ 。

五元线性回归 23 个观测值的理论模拟值为(32.363, 9.0, 8.0, 1.4, 66.3, 2.4), (36.011, 10.0, 21.0, 1.5, 70.7, 4.6), (49.935, 29.0, 63.0, 3.3, 76.0, 10.2), (29.711, 50.0, 44.0, 7.8, 128.8, 16.1), (21.345, 82.0, 133.0, 11.8, 158.6, 16.3), (10.057, 131.0, 168.0, 15.6, 187.9, 19.3), (37.773, 238.0, 178.0, 21.1, 146.3, 23.1), (34.549, 348.0, 278.0, 30.9, 197.9, 33.2), (83.685, 354.0, 221.0, 35.8, 165.0, 44.4), (136.834, 470.0, 322.0, 73.1, 262.2, 71.8), (173.921, 626.0, 332.0, 96.1, 280.0, 87.7), (275.291, 680.0, 556.0, 128.5, 275.6, 98.9), (205.976, 353.0, 244.0, 67.6, 109.5, 55.8), (192.556, 313.0, 179.0, 50.8, 101.5, 60.3), (200.509, 352.0, 248.0, 55.4, 142.3, 71.8), (220.764, 453.0, 378.0, 71.4, 203.8, 88.0), (327.833, 495.0, 788.0, 112.0, 265.6, 104.5), (420.139, 597.0, 1016.0, 158.9, 331.8, 125.1), (361.149, 478.0, 749.0, 108.6, 239.0, 114.2), (264.005, 177.0, 402.0, 51.0, 175.6, 90.3), (320.190, 360.0, 733.0, 131.4, 272.0, 80.5), (554.295, 620.0, 1386.0, 255.4, 362.8, 103.0), (770.009, 970.0, 2470.0, 313.1, 415.3, 141.8)。理论回归系数 $\tilde{\beta}_0 = 69.8911$, $\tilde{\beta}_1 = -0.1868$, $\tilde{\beta}_2 = 0.1160$, $\tilde{\beta}_3 = 1.7410$, $\tilde{\beta}_4 = -0.6758$, $\tilde{\beta}_5 = 2.3305$ 。

五元线性回归仿真实验中，对于三种误差影响模型，当 σ_0=1.0 时，观测值个数分别为 13、18 和 23 的仿真实验结果中 LS 法和 TLS 法的残余真误差均方误差和残余真误差均方误差之比见表 7.17。当 σ_0=3.0 时，五元线性回归观测值个数分别为 13、18 和 23 的仿真实验结果中 LS 法和 TLS 法的残余真误差均方误差和残余真误差均方误差之比见表 7.18。

表 7.17　五元线性回归中 LS 法和 TLS 法的残余真误差均方误差和均方误差比($\sigma_0 = 1.0$)

参数	13 点			18 点			23 点		
	σ_L	σ_T	RR	σ_L	σ_T	RR	σ_L	σ_T	RR
A_{β_0}	68.2469	4771.3386	69.91	1.9097	2.0594	1.12	1.9955	2.2423	1.12
A_{β_1}	0.5379	12.7482	23.70	0.0073	0.0073	1.00	0.0071	0.0071	1.00
A_{β_2}	0.2376	17.0833	71.90	0.0066	0.0067	1.00	0.0040	0.0040	1.00

续表

参数	13 点			18 点			23 点		
	σ_L	σ_T	RR	σ_L	σ_T	RR	σ_L	σ_T	RR
A_{β_3}	0.0379	2.1339	56.30	0.0464	0.0459	1.01	0.0355	0.0357	1.01
A_{β_4}	0.2293	14.7695	64.41	0.0157	0.0165	1.06	0.0168	0.0178	1.06
A_{β_5}	0.2810	15.9307	56.69	0.0388	0.0393	1.01	0.0345	0.0349	1.01
A_y	0.8869	11.1147	12.53	1.2140	1.2315	1.02	1.4529	1.4858	1.02
B_{β_0}	38.7139	851.4714	21.99	0.8456	0.8540	1.01	0.6055	0.6115	1.01
B_{β_1}	0.2943	3.2276	10.97	0.0031	0.0031	1.00	0.0022	0.0022	1.00
B_{β_2}	0.1603	3.0338	18.93	0.0027	0.0027	1.00	0.0013	0.0013	1.00
B_{β_3}	0.0246	0.3152	12.81	0.0189	0.0189	1.00	0.0116	0.0116	1.00
B_{β_4}	0.1660	2.2753	13.71	0.0069	0.0070	1.00	0.0052	0.0052	1.00
B_{β_5}	0.1502	3.1127	20.72	0.0171	0.0171	1.00	0.0109	0.0109	1.00
B_y	0.6194	1.8750	3.03	0.5196	0.5203	1.00	0.4559	0.4566	1.00
C_{β_0}	56.4686	2703.3068	47.87	1.7476	1.8361	1.10	1.8714	2.0528	1.10
C_{β_1}	0.4718	9.6466	20.45	0.0065	0.0065	1.00	0.0068	0.0068	1.00
C_{β_2}	0.1668	10.0316	60.14	0.0059	0.0060	1.00	0.0040	0.0040	1.00
C_{β_3}	0.0310	0.8472	27.33	0.0396	0.0391	1.00	0.0344	0.0345	1.00
C_{β_4}	0.1564	8.2451	52.72	0.0145	0.0149	1.04	0.0157	0.0163	1.04
C_{β_5}	0.2431	9.1969	37.83	0.0356	0.0358	1.02	0.0333	0.0338	1.02
C_y	0.6238	6.6648	10.68	1.1110	1.1223	1.02	1.3879	1.4110	1.02

表 7.18 五元线性回归中 LS 法和 TLS 法的残余真误差均方误差和均方误差比($\sigma_0 = 3.0$)

参数	13 点			18 点			23 点		
	σ_L	σ_T	RR	σ_L	σ_T	RR	σ_L	σ_T	RR
A_{β_0}	133.2446	5187.335	38.93	5.7526	9.5814	1.67	5.8900	10.4479	1.77
A_{β_1}	0.9835	14.5827	14.83	0.0232	0.0242	1.04	0.0227	0.0238	1.05
A_{β_2}	0.4149	16.6609	40.16	0.0207	0.0239	1.15	0.0131	0.0135	1.03
A_{β_3}	0.0891	2.1484	24.11	0.1510	0.1377	0.91	0.1155	0.1130	0.98
A_{β_4}	0.4505	9.4058	20.88	0.0466	0.0697	1.50	0.0523	0.0729	1.39

续表

参数	13 点			18 点			23 点		
	σ_L	σ_T	RR	σ_L	σ_T	RR	σ_L	σ_T	RR
A_{β_5}	0.5402	17.0605	31.58	0.1218	0.1351	1.11	0.1113	0.1226	1.10
A_y	2.0303	22.1440	10.91	3.7405	4.2702	1.14	4.5249	5.2539	1.16
B_{β_0}	124.624	11094.6900	89.03	2.4932	2.8744	1.15	1.9126	2.1287	1.11
B_{β_1}	0.9249	42.1066	45.53	0.0096	0.0097	1.01	0.0069	0.0069	1.00
B_{β_2}	0.5506	39.4229	71.60	0.0088	0.0089	1.01	0.0041	0.0041	1.00
B_{β_3}	0.0733	4.1136	56.12	0.0615	0.0619	1.01	0.0364	0.0367	1.01
B_{β_4}	0.5258	29.5858	56.27	0.0210	0.0228	1.09	0.0165	0.0173	1.05
B_{β_5}	0.4843	40.5695	83.77	0.0528	0.0545	1.03	0.0332	0.0332	1.00
B_y	1.9403	20.8759	10.76	1.6206	1.6627	1.03	1.4058	1.4357	1.02
C_{β_0}	114.6465	861.6984	7.52	5.2278	8.1664	1.56	5.7583	9.4395	1.64
C_{β_1}	0.9156	2.2907	2.50	0.0194	0.0204	1.05	0.0210	0.0221	1.05
C_{β_2}	0.2903	2.6792	9.23	0.0180	0.0206	1.14	0.0120	0.0124	1.03
C_{β_3}	0.0633	0.4831	7.63	0.1340	0.1237	0.92	0.1098	0.1057	0.96
C_{β_4}	0.3117	2.6482	8.50	0.0423	0.0612	1.45	0.0492	0.0655	1.33
C_{β_5}	0.4824	2.6161	5.42	0.1062	0.1155	1.09	0.1019	0.1114	1.09
C_y	1.0498	4.0090	3.82	3.3694	3.7762	1.12	4.2740	4.8609	1.14

(1) σ_0 =1.0 的情形。由表 7.17 可知，当 n=13 时，TLS 法得到的回归系数和因变量($\hat{\beta}_0$、$\hat{\beta}_1$、$\hat{\beta}_2$、$\hat{\beta}_3$、$\hat{\beta}_4$、$\hat{\beta}_5$、$\hat{y}$)的残余真误差均方误差与 LS 法得到的回归系数和因变量的残余真误差均方误差之比的最小值是 3.03、最大值是 71.90、平均值是 34.03。当 n=18 时，TLS 法得到的回归系数和因变量的残余真误差均方误差与 LS 法得到的回归系数和因变量的残余真误差均方误差之比的最小值是 1.00、最大值是 1.12、平均值是 1.02。当 n=23 时，TLS 法得到的回归系数和因变量的残余真误差均方误差与 LS 法得到的回归系数和因变量的残余真误差均方误差之比的最小值是 1.00、最大值是 1.12、平均值是 1.02。

(2) σ_0 =3.0 的情形。由表 7.18 可知，当 n=13 时，TLS 法得到的回归系数和因变量($\hat{\beta}_0$、$\hat{\beta}_1$、$\hat{\beta}_2$、$\hat{\beta}_3$、$\hat{\beta}_4$、$\hat{\beta}_5$、$\hat{y}$)的残余真误差均方误差与 LS 法得到的

回归系数和因变量的残余真误差均方误差之比的最小值是 2.50、最大值是 89.03、平均值是 33.25。当 n=18 时，TLS 法得到的回归系数和因变量的残余真误差均方误差与 LS 法得到的回归系数和因变量的残余真误差均方误差之比的最小值是 0.91、最大值是 1.67、平均值是 1.16。当 n=23 时，TLS 法得到的回归系数和因变量的残余真误差均方误差与 LS 法得到的回归系数和因变量的残余真误差均方误差之比的最小值是 0.96、最大值是 1.77、平均值是 1.14。

对于五元线性回归，TLS 法得到的回归系数和因变量的残余真误差均方误差接近或大于 LS 法得到的回归系数和因变量的残余真误差均方误差，总体上是 TLS 法得到的回归系数和因变量的残余真误差均方误差大于 LS 法得到的回归系数和因变量的残余真误差均方误差。由此可见，在不同误差影响模型下，TLS 法相对于 LS 法没有明显的优越性，而且随着 σ_0 的增大，TLS 法相对于 LS 法的劣势性表现得更明显。

7.6.8　总体最小二乘法与最小二乘法的相对有效性

本章以不同观测值数量、不同误差分布的一元、三元和五元线性回归算例为例，采用一元至五元线性回归仿真实验的方法进行研究，分析比较了 TLS 法和 LS 法的相对有效性。仿真实验结果表明，在不同的误差影响模型下(EIV、EIOO 和 EIVO)，总体上，TLS 法与 LS 法的残余真误差均方误差之比大于 1，即 TLS 法具有比 LS 法更大的残余真误差均方误差，TLS 法相对于 LS 法没有优越性。

第 8 章 稳健总体最小二乘法线性回归的相对有效性

稳健最小二乘法和稳健总体最小二乘法都能有效地消除或减弱粗差对参数估计的影响。本章讨论在不同的误差影响模型下，稳健最小二乘法和稳健总体最小二乘法线性回归方法的有效性[49,56,57]。

8.1 稳健总体最小二乘法线性回归

8.1.1 多元线性回归模型

假设某一因变量 y_i 受 $t-1$ 个自变量 $x_1,x_2,\cdots,x_{t-1}$ 的影响，其内在联系是线性关系，通过 n 组观测值得到 n 组数据 $\left(y_i;x_{i1},x_{i2},\cdots,x_{i(t-1)}\right)$，其中 $i=1,2,\cdots,n$，设其数学结构模型为

$$y_i = a_0 + a_1 x_{i1} + a_2 x_{i2} + \cdots + a_{t-1} x_{i(t-1)} + \varepsilon_i \tag{8-1}$$

式中，$a_0,a_1,\cdots,a_{t-1}$ 为待定参数；ε_i 为随机误差。设 $\hat{a}_0,\hat{a}_1,\cdots,\hat{a}_{t-1}$ 分别为参数 $a_0,a_1,\cdots,a_{t-1}$ 的估值，可得多元线性回归模型为

$$\hat{y}_i = \hat{a}_0 + \hat{a}_1 x_{i1} + \hat{a}_2 x_{i2} + \cdots + \hat{a}_{t-1} x_{i(t-1)} \tag{8-2}$$

式中，$\hat{a}_0,\hat{a}_1,\hat{a}_2,\cdots,\hat{a}_{t-1}$ 为回归系数；$i=1,2,\cdots,n$ 表示观测值的个数；t 表示未知数个数。

多元线性回归的矩阵形式为

$$Y = AX \tag{8-3}$$

误差方程为

$$v_{yi} = \hat{a}_0 + \hat{a}_1 x_{i1} + \hat{a}_2 x_{i2} + \cdots + \hat{a}_{t-1} x_{i(t-1)} - y_i \tag{8-4}$$

$$\begin{bmatrix} v_{y1} \\ v_{y2} \\ \vdots \\ v_{yn} \end{bmatrix} = \begin{bmatrix} 1 & x_{11} & x_{12} & \cdots & x_{1(t-1)} \\ 1 & x_{21} & x_{22} & \cdots & x_{2(t-1)} \\ \vdots & \vdots & \vdots & & \vdots \\ 1 & x_{n1} & x_{n2} & \cdots & x_{n(t-1)} \end{bmatrix} \begin{bmatrix} \hat{a}_0 \\ \hat{a}_1 \\ \vdots \\ \hat{a}_{t-1} \end{bmatrix} - \begin{bmatrix} y_1 \\ y_2 \\ \vdots \\ y_n \end{bmatrix} \tag{8-5}$$

8.1.2　总体最小二乘法

线性回归数学模型为

$$y = \hat{a}_0 + \hat{a}_1 x_1 + \hat{a}_2 x_2 + \cdots + \hat{a}_{t-1} x_{t-1} \tag{8-6}$$

由于其平差模型的系数矩阵含有一列常数，在进行总体最小二乘平差时，需要顾及系数矩阵的常数列。为了更方便地进行处理，将式(8-6)进行等价转换，即

$$\hat{b}_0 y + \hat{b}_1 x_1 + \hat{b}_2 x_2 + \cdots + \hat{b}_{t-1} x_{t-1} = 1,\quad \hat{b}_0 = \frac{1}{\hat{a}_0},\quad \hat{b}_{t-1} = -\frac{\hat{a}_{t-1}}{\hat{a}_0},\quad t = 2,3,\cdots \tag{8-7}$$

此时，将原系数矩阵的常数列分离出来，而线性回归中的自变量和因变量都可看成观测值。当有多组观测值时，式(8-7)可表示为如下矩阵形式：

$$(A+E)X = W \tag{8-8}$$

式(8-8)即为等价转换后的线性回归总体最小二乘平差模型。式中，A 为由因变量和自变量组成的 $n\times t$ 维观测矩阵；E 为 A 的误差矩阵；W 为由常数 1 组成的 $n\times 1$ 维常数向量；X 为 $t\times 1$ 维待估参数。根据总体最小二乘原理，在加权情况下，相应的随机模型为

$$V = \mathrm{vec}(E) \sim [0, \sigma_0^2 Q] \tag{8-9}$$

式中，$\mathrm{vec}(E)$ 是将矩阵 E 按列从左到右拉直得到的列向量化矩阵；V 是平差模型 $nt\times 1$ 维的误差向量，$V = \mathrm{vec}(E)$；Q 为 $nt\times nt$ 维观测值的协因数阵。根据文献[58]，将总体最小二乘平差模型看成非线性的，则可将式(8-8)按 $X = X^0 + \hat{x}$ 展开得

$$(A+E)\hat{x} + EX^0 + AX^0 - W = 0 \tag{8-10}$$

顾及 $EX^0 = ((X^0)^{\mathrm{T}} \otimes I_{n\times n})\mathrm{vec}(E) = FV$ ，$AX^0 = ((X^0)^{\mathrm{T}} \otimes I_{n\times n})\mathrm{vec}(A) = FL$ ，式中，$\otimes$为矩阵的克罗内克积。可将式(8-10)进一步表示为

$$(A+E)\hat{x} + FV + FL - W = 0 \tag{8-11}$$

式(8-11)即为线性展开后的平差模型，式中，$L = \mathrm{vec}(A)$ 为由因变量和自变量组成的 $nt\times 1$ 维的观测向量。根据总体最小二乘原理，其平差准则为

$$V^{\mathrm{T}} Q^{-1} V = \min \tag{8-12}$$

根据平差准则可构建目标函数

$$\phi = V^{\mathrm{T}} Q^{-1} V - 2k^{\mathrm{T}}((A+E)\hat{x} + FV + FL - W) \tag{8-13}$$

根据 Lagrange 求极值原理，要使式(8-13)求得最小值，则令 φ 分别对 V 和 $\hat{x}$ 求偏导等于零，即

$$\begin{cases}\partial\varphi/\partial V = 2V^{\mathrm{T}}Q^{-1} - 2k^{\mathrm{T}}F = 0\\ \partial\varphi/\partial\hat{x} = 2k^{\mathrm{T}}(A+E) = 0\end{cases} \tag{8-14}$$

将式(8-14)化简整理可得

$$\begin{cases}V = QF^{\mathrm{T}}k\\ (A+E)^{\mathrm{T}}k = 0\end{cases} \tag{8-15}$$

根据式(8-15)，并结合式(8-11)可得

$$(A+E)\hat{x} + FQF^{\mathrm{T}}k + FL - W = 0 \tag{8-16}$$

根据式(8-16)，式(8-15)的第二式可表示成

$$\begin{bmatrix}FQF^{\mathrm{T}} & (A+E)\\ (A+E)^{\mathrm{T}} & 0\end{bmatrix}\begin{bmatrix}k^i\\ \hat{x}^i\end{bmatrix} - \begin{bmatrix}W-FL\\ 0\end{bmatrix} = 0 \tag{8-17}$$

通过逐次迭代的方法，得到总体最小二乘解。即根据给定的初值E和X^0，可以求解式(8-17)，得到待求参数$\hat{x}^1$和 Lagrange 常数k^1，以及误差向量V。将更新得到的E和X^0作为新的初值代入式(8-17)重新计算，直到满足收敛条件为止。

其单位权中误差求解公式为

$$\hat{\sigma}_0 = \sqrt{\frac{V^{\mathrm{T}}PV}{n-t}} \tag{8-18}$$

式中，$V = Q\left(X^0 \otimes I_{n\times n}\right)k$。由式(8-17)根据方块矩阵求逆，可得到迭代到最后一步时参数改正数的表达式为

$$\hat{x} = \left(\tilde{A}^{\mathrm{T}}\left(FQF^{\mathrm{T}}\right)^{-1}\tilde{A}\right)^{-1}\tilde{A}^{\mathrm{T}}\left(FQF^{\mathrm{T}}\right)^{-1}(W-FL) \tag{8-19}$$

式中，$\tilde{A}$为改正后的观测矩阵，即$\tilde{A} = A+E$。根据协因数传播律可得

$$\begin{aligned}Q_{\hat{x}\hat{x}} &= \left(\tilde{A}^{\mathrm{T}}\left(FQF^{\mathrm{T}}\right)^{-1}\tilde{A}\right)^{-1}\tilde{A}^{\mathrm{T}}\left(FQF^{\mathrm{T}}\right)^{-1}\cdot FQF^{\mathrm{T}}\left(FQF^{\mathrm{T}}\right)^{-1}\tilde{A}\left(\tilde{A}^{\mathrm{T}}\left(FQF^{\mathrm{T}}\right)^{-1}\tilde{A}\right)^{-1}\\ &= \left(\tilde{A}^{\mathrm{T}}\left(FQF^{\mathrm{T}}\right)^{-1}\tilde{A}\right)^{-1}\end{aligned} \tag{8-20}$$

则参数精度评定公式为

$$D(X) = \hat{\sigma}_0^2\left(\tilde{A}^{\mathrm{T}}\left(FQF^{\mathrm{T}}\right)^{-1}\tilde{A}\right)^{-1} \tag{8-21}$$

8.1.3　稳健总体最小二乘法解算

根据选权迭代法的思想，当选定一个权函数后，在平差过程中，权函数是随着改正数的变化而变化的。其中w_i与v_i的大小成反比，v_i越大，w_i和$\overline{p}_i$就越小，

因此经过多次迭代，含有粗差的观测值的权函数将为零(或接近为零)，即粗差对平差不起作用，相对应的观测值改正数在很大程度上反映了粗差值，即通过在平差过程中变权就可实现参数估计的稳健性。

在只考虑线性回归模型中变量含有随机误差而不考虑粗差的情况下，通过以上的迭代计算可以求解出线性回归模型的总体最小二乘解。如果线性回归模型中的变量含有粗差，则可根据选权迭代的思想通过迭代算法来求得稳健总体最小二乘解。具体解算步骤如下[59,60]：

(1) 由式(8-6)并根据最小二乘原理求得回归参数估值 $a_0, a_1,\cdots, a_{t-1}$，再根据式(8-7)将其变换为 $b_0, b_1,\cdots, b_{t-1}$，并组成回归参数的初值 $X^0=\begin{bmatrix}b_0 & b_1 & \cdots & b_{t-1}\end{bmatrix}^{\mathrm{T}}$。

(2) 设 $E^0=0$，考虑自变量与因变量为独立等精度，令各权因子初值均为 1，则协因数初值 $Q^0=I_{nt\times nt}$。再根据回归参数的初值 X^0 构造式(8-17)，由式(8-17)可以计算回归参数的改正数 $\hat{x}$ 和 Lagrange 常数的初值 k。$X^{0(i+1)}=X^{0(i)}+\hat{x}^{(i+1)}$，$V^{(i+1)}=Q^0(X^0\otimes I_{n\times n})k^{(i+1)}$，$E^{(i+1)}=\mathrm{vec}^{-1}(V^{(i+1)})$，其中 $\mathrm{vec}^{-1}(\cdot)$ 表示 $\mathrm{vec}(\cdot)$ 的逆运算，即将 $nt\times 1$ 维的列向量重新构造成 $n\times t$ 维的矩阵，再根据权函数构造新的权阵。

(3) 重复步骤(2)，直到回归参数的改正数 $|\hat{x}|<\varepsilon$，停止迭代。

(4) 输出参数估值，按式(8-18)计算单位权中误差，按式(8-21)计算参数精度。

通过上述迭代方法即可得到式(8-7)所示的方程估值 $\hat{b}_0 y+\hat{b}_1 x_1+\hat{b}_2 x_2+\cdots+\hat{b}_{t-1}x_{t-1}=1$，相应的线性回归方程为

$$y=\hat{a}_0+\hat{a}_1 x_1+\hat{a}_2 x_2+\cdots+\hat{a}_{t-1}x_{t-1}$$

式中

$$\hat{a}_0=\frac{1}{\hat{b}_0},\quad \hat{a}_{t-1}=-\frac{\hat{b}_{t-1}}{\hat{b}_0},\quad t=2,3,\cdots \tag{8-22}$$

8.1.4 稳健总体最小二乘法算例

三元线性回归方程为

$$y=25.35+6.67x_1-3.11x_2+0.25x_3$$

其观测数据如表 8.1 所示。

表 8.1　三元线性回归观测数据

序号	y	x_1	x_2	x_3	序号	y	x_1	x_2	x_3
1	118.083	38.9	54.0	3.4	3	132.232	44.6	65.0	6.2
2	117.675	42.0	61.0	4.3	4	120.557	47.1	71.0	9.6

续表

序号	y	x_1	x_2	x_3	序号	y	x_1	x_2	x_3
5	127.365	49.5	74.0	9.2	8	105.441	53.3	90.0	15.8
6	119.202	50.1	79.0	12.7	9	100.793	54.9	95.0	18.2
7	104.155	50.5	84.0	14.8	10	122.708	60.4	100.0	18.8

注：y 为因变量的观测值；x_i 为自变量的观测值，$i=1,2,3$。

(1) LS 法的解算过程如下。

设回归方程为

$$y=\hat{a}_0+\hat{a}_1x_1+\hat{a}_2x_2+\hat{a}_3x_3$$

取回归系数近似值：

$$\begin{bmatrix}a_0^0 & a_1^0 & a_2^0 & a_3^0\end{bmatrix}^{\mathrm{T}}=\begin{bmatrix}28.7779 & 7.8880 & -4.0926 & 1.2413\end{bmatrix}^{\mathrm{T}}$$

列出误差方程：

$$\begin{bmatrix}v_1\\v_2\\v_3\\v_4\\v_5\\v_6\\v_7\\v_8\\v_9\\v_{10}\end{bmatrix}=\begin{bmatrix}1 & 38.9 & 54 & 3.4\\1 & 42.0 & 61 & 4.3\\1 & 44.6 & 65 & 6.2\\1 & 47.1 & 71 & 9.6\\1 & 49.5 & 74 & 9.2\\1 & 50.1 & 79 & 12.7\\1 & 50.5 & 84 & 14.8\\1 & 53.3 & 90 & 15.8\\1 & 54.9 & 95 & 18.2\\1 & 60.4 & 100 & 18.8\end{bmatrix}\begin{bmatrix}\hat{\delta}_{a0}\\\hat{\delta}_{a1}\\\hat{\delta}_{a2}\\\hat{\delta}_{a3}\end{bmatrix}-\begin{bmatrix}-1.55\\-2.37\\7.36\\-1.69\\-2.87\\1.67\\-0.33\\-0.20\\0.30\\-0.34\end{bmatrix}$$

解算得 LS 法回归系数的平差值为

$$\hat{a}=\begin{bmatrix}\hat{a}_0\\\hat{a}_1\\\hat{a}_2\\\hat{a}_3\end{bmatrix}=\begin{bmatrix}12.4994\\6.7654\\-2.8437\\-0.7291\end{bmatrix}$$

即 LS 法求得的三元线性回归方程为

$$y=12.4994+6.7654x_1-2.8437x_2-0.7291x_3$$

根据式(8-7)可得

$$X^{(0)}=\begin{bmatrix}\hat{b}_0\\ \hat{b}_1\\ \hat{b}_2\\ \hat{b}_3\end{bmatrix}=\begin{bmatrix}0.0800\\ -0.5413\\ 0.2275\\ 0.0583\end{bmatrix}$$

(2) 线性回归模型的矩阵形式为$(A+E)X=W$。设$E^{(0)}=0$，平差模型的误差向量初值$V^{(0)}$为

$$V^{(0)}=\mathrm{vec}\left(E^{(0)}\right)=\begin{bmatrix}0 & 0 & \cdots & 0\end{bmatrix}_{40\times 1}^{\mathrm{T}}$$

$$A=\begin{bmatrix}118.083 & 38.9 & 54 & 3.4\\ 117.675 & 42.0 & 61 & 4.3\\ 132.232 & 44.6 & 65 & 6.2\\ 120.557 & 47.1 & 71 & 9.6\\ 127.365 & 49.5 & 74 & 9.2\\ 119.202 & 50.1 & 79 & 12.7\\ 104.155 & 50.5 & 84 & 14.8\\ 105.441 & 53.3 & 90 & 15.8\\ 100.793 & 54.9 & 95 & 18.2\\ 122.708 & 60.4 & 100 & 18.8\end{bmatrix},\quad W=\begin{bmatrix}1\\1\\1\\1\\1\\1\\1\\1\\1\\1\end{bmatrix}$$

各权因子的初值为 1，则初始协因数阵和初始权阵均为单位阵，即

$$Q^{(0)}=P^{(0)}=\mathrm{diag}\begin{bmatrix}1 & 1 & \cdots & 1\end{bmatrix}_{40\times 40}$$

此时$F^{(0)}=((X^{(0)})^{\mathrm{T}}\otimes I_{m\times n})=\begin{bmatrix}f_1 & f_2 & f_3 & f_4\end{bmatrix}$，其中

$$f_1=\begin{bmatrix}0.0800 & 0 & \cdots & 0\\ 0 & 0.0800 & \cdots & 0\\ \vdots & \vdots & & \vdots\\ 0 & 0 & \cdots & 0.0800\end{bmatrix},\quad f_2=\begin{bmatrix}-0.5413 & 0 & \cdots & 0\\ 0 & -0.5413 & \cdots & 0\\ \vdots & \vdots & & \vdots\\ 0 & 0 & \cdots & -0.5413\end{bmatrix}$$

$$f_3=\begin{bmatrix}0.2275 & 0 & \cdots & 0\\ 0 & 0.2275 & \cdots & 0\\ \vdots & \vdots & & \vdots\\ 0 & 0 & \cdots & 0.2275\end{bmatrix},\quad f_4=\begin{bmatrix}0.0583 & 0 & \cdots & 0\\ 0 & 0.0583 & \cdots & 0\\ \vdots & \vdots & & \vdots\\ 0 & 0 & \cdots & 0.0583\end{bmatrix}$$

由迭代公式(8-17)可求出回归参数的改正数$\hat{x}^{(1)}$和 Lagrange 常数的初值$k^{(1)}$：

$$\begin{bmatrix} k^{(1)} \\ \hat{x}^{(1)} \end{bmatrix} = \begin{bmatrix} F^{(0)}Q^{(0)}\left(F^{(0)}\right)^{\mathrm{T}} & (A+E^{(0)}) \\ (A+E^{(0)})^{\mathrm{T}} & 0 \end{bmatrix}^{-1} \begin{bmatrix} W - F^{(0)}L \\ 0 \end{bmatrix}$$

$$k^{(1)} = \begin{bmatrix} 0.1601 \\ -0.0791 \\ -0.1161 \\ 0.1069 \\ -0.1107 \\ 0.0913 \\ 0.1552 \\ -0.0268 \\ 0.0430 \\ -0.1760 \end{bmatrix}, \quad \hat{x}^{(1)} = \begin{bmatrix} -0.0072 \\ 0.5271 \\ -0.2030 \\ -0.1049 \end{bmatrix}$$

回归参数迭代第一次的平差值为

$$X^{0(1)} = X^{0(0)} + \hat{x}^{(1)} = \begin{bmatrix} 0.0028 \\ -0.0142 \\ 0.0245 \\ -0.0466 \end{bmatrix}$$

平差模型的误差向量

$$V^{(1)} = Q^{(0)}\left(F^{(0)}\right)^{\mathrm{T}} k^{(1)}$$

观测矩阵的误差矩阵为

$$E^{(1)} = \mathrm{vec}^{-1}\left(V^{(1)}\right) = \begin{bmatrix} 0.013 & -0.087 & 0.036 & 0.009 \\ -0.006 & 0.043 & -0.018 & -0.005 \\ -0.009 & 0.063 & -0.026 & -0.007 \\ 0.009 & -0.058 & 0.024 & 0.006 \\ -0.009 & 0.060 & -0.025 & -0.006 \\ 0.007 & -0.049 & 0.021 & 0.005 \\ 0.012 & -0.084 & 0.035 & 0.009 \\ -0.002 & 0.015 & -0.006 & -0.002 \\ 0.003 & -0.023 & 0.010 & 0.003 \\ -0.014 & 0.095 & -0.040 & -0.010 \end{bmatrix}$$

单位权中误差为

$$\hat{\sigma}_0^{(1)} = \sqrt{\frac{\left(V^{(1)}\right)^{\mathrm{T}} P^{(0)} V^{(1)}}{n-t}} = 0.0893$$

用 Huber 法构造新的权因子生成新的权函数 $P^{(1)}$。

(3) 重复步骤(2)，直到回归参数的改正数 $\left\|\hat{x}^{(i+1)}\right\| < \varepsilon\ (\varepsilon = 10^{-4})$，终止迭代，共进行了 23 次迭代运算。

(4) 由上述迭代方法即可得到

$$\begin{bmatrix} k^{(i+1)} \\ \hat{x}^{(i+1)} \end{bmatrix} = \begin{bmatrix} F^{(i)} Q^{(i)} (F^{(i)})^{\mathrm{T}} & (A + E^{(i)}) \\ (A + E^{(i)})^{\mathrm{T}} & 0 \end{bmatrix}^{-1} \begin{bmatrix} W - F^{(i)} L \\ 0 \end{bmatrix}$$

$$k^{(23)} = \begin{bmatrix} -0.1932 \\ -0.0134 \\ 0.0000 \\ 0.0697 \\ 0.2278 \\ -0.0001 \\ 0.1052 \\ -0.0295 \\ 0.0199 \\ -0.1865 \end{bmatrix}, \quad \hat{x}^{(23)} = \begin{bmatrix} 0.00001 \\ -0.00007 \\ 0.00002 \\ 0.00003 \end{bmatrix}$$

观测矩阵的误差矩阵为

$$E^{(i+1)} = \mathrm{vec}^{-1}\left(V^{(i+1)}\right) = \begin{bmatrix} 0.01034 & -0.06697 & -0.02909 & -0.00349 \\ -0.00072 & 0.00466 & -0.00203 & -0.00024 \\ 0.00000 & 1.48998 & 0.00000 & 0.00000 \\ 0.00373 & -0.02416 & 0.01049 & 0.00126 \\ 0.01220 & -0.07899 & 0.03431 & 0.00412 \\ -0.00001 & 0.39786 & -0.00002 & 0.00000 \\ 0.00563 & -0.03649 & 0.01585 & 0.00190 \\ -0.00158 & 0.01021 & -0.0044 & -0.00053 \\ 0.00107 & -0.00690 & 0.00300 & 0.00036 \\ -0.00998 & 0.06466 & -0.02809 & -0.00337 \end{bmatrix}$$

$$X^{(i+1)} = X^{(i)} + x^{(i+1)} = \begin{bmatrix} 0.0535 \\ -0.3468 \\ 0.1506 \\ 0.0181 \end{bmatrix}$$

即式(8-7)的方程估值为

$$0.0535y - 0.3468x_1 + 0.1506x_2 + 0.0181x_3 = 1$$

由 $\hat{a}_0 = \dfrac{1}{\hat{b}_0}, \hat{a}_{n-1} = -\dfrac{\hat{b}_{n-1}}{\hat{b}_n}$，其中 $n = 1,2,\cdots$，可得回归系数估值为

$$\hat{a} = \begin{bmatrix} \hat{a}_0 \\ \hat{a}_1 \\ \hat{a}_2 \\ \hat{a}_3 \end{bmatrix} = \begin{bmatrix} 18.6744 \\ 6.4761 \\ -2.8128 \\ -0.3381 \end{bmatrix}$$

则相应的线性回归方程为

$$y = 18.6744 + 6.4761x_1 - 2.8128x_2 - 0.3381x_3$$

单位权中误差为

$$\hat{\sigma}_0^{(i+1)} = \sqrt{\frac{\left(V^{(i+1)}\right)^{\mathrm{T}} P^{(i)} V^{(i+1)}}{n-t}} = 0.0587$$

8.2 不同误差影响模型和仿真实验

8.2.1 不同误差影响模型

测量数据不可避免地会受随机误差和粗差的影响。当运用不同的参数估计方法或建立不同的函数模型时，不同的测量数据在参数估计模型中所起的作用也不相同。因此，按照随机误差和粗差对线性回归中观测值和系数矩阵的不同影响，可将其分为如下三种误差影响模型。

模型一：GEIOO(gross-errors-in-observations-only)模型，观测值含有随机误差和粗差，系数矩阵不含随机误差和粗差，即线性回归模型中体现为仅因变量含随机误差和粗差。

模型二：GEIV(gross-errors-in-variables)模型，系数矩阵含随机误差和粗差，观测值仅含有随机误差，即线性回归模型中体现为自变量含随机误差和粗差，因变量仅含随机误差。

模型三：GEIO(gross-errors-in-observations)模型，观测值含随机误差和粗差，

系数矩阵仅含有随机误差，即线性回归模型中体现为因变量含随机误差和粗差，自变量仅含随机误差。

参数估计方法比较指标、仿真实验基本方法见本书第 1 章的相关内容。在仿真实验中，随机误差方差为 σ_0^2，随机误差 $\left|\delta_{ij}\right| \leqslant 2.5\sigma_0$，仿真实验的次数 $S=1000$，粗差 ε 的取值为 $5.0\sigma_0$ 和 $10.0\sigma_0$。终止条件是相邻两次观测值改正数差值的绝对值均小于 0.1。

8.2.2　不同误差影响模型下稳健总体最小二乘法算例

以三元线性回归为例说明其计算方法。三元线性回归方程为

$$y=25.35+6.67x_1-3.11x_2+0.25x_3$$

由三元线性回归的理论方程模拟 10 个观测值的真值 $\left(\tilde{y}_i,\tilde{x}_{i1},\tilde{x}_{i2},\tilde{x}_{i3}\right)$ 分别为 (117.72, 38.9, 54, 3.4)，(116.86, 42.0, 61, 4.3)，(122.23, 44.6, 65, 6.2)，(121.10, 47.1, 71, 9.6)，(127.68, 49.5, 74, 9.2)，(117.00, 50.1, 79, 12.7)，(104.65, 50.5, 84, 14.8)，(104.91, 53.3, 90, 15.8)，(100.63, 54.9, 95, 18.2)，(121.92, 60.4, 100, 18.8)。

在表 8.2、表 8.3、表 8.5 和表 8.7 的模拟观测数据中，$\tilde{y}$ 表示观测值的真值，$\tilde{x}_1$、$\tilde{x}_2$、$\tilde{x}_3$ 表示自变量的真值；Δ_y、Δ_{x1}、Δ_{x2}、Δ_{x3} 表示由服从正态分布函数 $N\left(0,\sigma_0^2\right)$ 和粗差 ε 共同生成的随机误差；y 和 x_1、x_2、x_3 表示观测值和自变量的模拟值。$i=1,2,\cdots,10$，i 表示观测值个数。

表 8.2　三元线性回归的模拟观测值真值

序号	$\tilde{y}$	$\tilde{x}_1$	$\tilde{x}_2$	$\tilde{x}_3$	序号	$\tilde{y}$	$\tilde{x}_1$	$\tilde{x}_2$	$\tilde{x}_3$
1	117.72	38.9	54	3.4	6	117.00	50.1	79	12.7
2	116.86	42.0	61	4.3	7	104.65	50.5	84	14.8
3	122.23	44.6	65	6.2	8	104.91	53.3	90	15.8
4	121.10	47.1	71	9.6	9	100.63	54.9	95	18.2
5	127.68	49.5	74	9.2	10	121.92	60.4	100	18.8

根据三种不同误差影响模型，模拟观测值真值 $\tilde{y}_i$、$\tilde{x}_{i1}$、$\tilde{x}_{i2}$、$\tilde{x}_{i3}$ 加上包含粗差的随机误差 Δ_y、Δ_{x1}、Δ_{x2}、Δ_{x3} 得到相应的模拟观测值 y_i、x_{i1}、x_{i2}、x_{i3}。选取粗差 $\varepsilon=10\sigma_0$，$\sigma_0^2=1$。

运用 RLS 法和 RTLS 法分别进行参数估计得出观测值的改正数 V、观测值估值的残余真误差 f_k 以及回归系数估值 $\hat{a}_0$、$\hat{a}_1$、$\hat{a}_2$、$\hat{a}_3$ 和回归方程 $\hat{y}=\hat{a}_0+\hat{a}_1x_1+\hat{a}_2x_2+\hat{a}_3x_3$，并通过观测值估值的残余真误差 f_k 计算观测值估值的

残余真误差均方误差 $\hat{\sigma}_f$ 和通过回归系数估值 $\hat{a}_0$、$\hat{a}_1$、$\hat{a}_2$ 计算回归系数估值的残余真误差 f_{a0}、f_{a1}、f_{a2}、f_{a3}。

1. 误差影响模型一(表 8.3)

表 8.3 三元线性回归的模拟观测数据(1)

序号	$\tilde{y}$	$\tilde{x}_1$	$\tilde{x}_2$	$\tilde{x}_3$	Δ_y	y
1	117.72	38.9	54	3.4	1.12	118.84
2	116.86	42.0	61	4.3	−1.09	115.77
3	122.23	44.6	65	6.2	0.03	122.26
4	121.10	47.1	71	9.6	0.55	121.65
5	127.68	49.5	74	9.2	1.10	128.78
6	117.00	50.1	79	12.7	1.54	118.54
7	104.65	50.5	84	14.8	10.00	114.65
8	104.91	53.3	90	15.8	−1.49	103.42
9	100.63	54.9	95	18.2	−0.74	99.89
10	121.92	60.4	100	18.8	−1.06	120.86

(1) RLS 法的解算过程。

取回归系数近似值：

$$\begin{bmatrix} a_0^0 & a_1^0 & a_2^0 & a_3^0 \end{bmatrix}^{\mathrm{T}} = \begin{bmatrix} 28.8823 & 7.8764 & -4.0861 & 1.2399 \end{bmatrix}^{\mathrm{T}}$$

列出误差方程为

$$\begin{bmatrix} v_1 \\ v_2 \\ v_3 \\ v_4 \\ v_5 \\ v_6 \\ v_7 \\ v_8 \\ v_9 \\ v_{10} \end{bmatrix} = \begin{bmatrix} 1 & 38.90 & 54.00 & 3.40 \\ 1 & 42.00 & 61.00 & 4.30 \\ 1 & 44.60 & 65.00 & 6.20 \\ 1 & 47.10 & 71.00 & 9.60 \\ 1 & 49.50 & 74.00 & 9.20 \\ 1 & 50.10 & 79.00 & 12.70 \\ 1 & 50.50 & 84.00 & 14.80 \\ 1 & 53.30 & 90.00 & 15.80 \\ 1 & 54.90 & 95.00 & 18.20 \\ 1 & 60.40 & 100.00 & 18.80 \end{bmatrix} \begin{bmatrix} \hat{\delta}_{a0} \\ \hat{\delta}_{a1} \\ \hat{\delta}_{a2} \\ \hat{\delta}_{a3} \end{bmatrix} - \begin{bmatrix} -1.56 \\ 0.48 \\ 0.42 \\ -2.08 \\ 2.18 \\ -1.45 \\ 6.52 \\ -1.92 \\ -2.55 \\ -0.04 \end{bmatrix}$$

运用 LS 法解算回归系数的平差值、观测值的改正数和单位权中误差：

$$\hat{a}=\begin{bmatrix}\hat{a}_0\\ \hat{a}_1\\ \hat{a}_2\\ \hat{a}_3\end{bmatrix}=\begin{bmatrix}68.3934\\ 6.7681\\ -4.0884\\ 2.7951\end{bmatrix},\quad V=\begin{bmatrix}1.56\\ -0.48\\ -0.42\\ 2.08\\ -2.18\\ 1.45\\ -6.52\\ 1.92\\ 2.55\\ 0.04\end{bmatrix},\quad \hat{\sigma}_0=3.33$$

选取 Huber 稳健估计法，计算相应的权因子，并根据该权因子求得新的权阵：

$$P^{(1)}=\mathrm{diag}\begin{bmatrix}1 & 1 & 1 & 1 & 1 & 1 & 0.6882 & 1 & 1 & 1\end{bmatrix}$$

解算得到 RLS 法迭代初次的回归系数的估值和单位权中误差为

$$\hat{a}^{(1)}=\begin{bmatrix}61.1427\\ 6.8915\\ -4.0293\\ 2.4765\end{bmatrix},\quad \hat{\sigma}_0^{(1)}=2.94$$

观测值的改正数及其差值为

$$V^{(1)}=\begin{bmatrix}1.2141\\ -0.3208\\ -0.3120\\ 1.7757\\ 1.8913\\ 0.9976\\ -7.2948\\ 1.5258\\ 1.8771\\ 0.1544\end{bmatrix},\quad V^{(1)}-V^{(0)}=\begin{bmatrix}-0.3477\\ 0.1612\\ 0.1126\\ -0.3081\\ 0.2925\\ -0.4535\\ -0.7781\\ -0.3971\\ -0.6692\\ 0.1132\end{bmatrix}$$

依次迭代，直到满足限制条件 $\left\|V^{(i+1)}-V^{(i)}\right\|\leqslant\varepsilon$ ($\varepsilon=10^{-1}$)时终止迭代，共迭代 6 次，得到 RLS 法的回归系数的估值和单位权中误差为

$$\hat{a}=\begin{bmatrix}\hat{a}_0\\\hat{a}_1\\\hat{a}_2\\\hat{a}_3\end{bmatrix}=\begin{bmatrix}36.9500\\7.3010\\-3.8308\\1.4115\end{bmatrix},\quad \hat{\sigma}_0=0.60$$

RLS 法求得的三元线性回归方程为

$$y=36.9500+7.3010x_1-3.8308x_2+1.4115x_3$$

(2) RTLS 法的解算过程。

由 LS 法求得的回归系数估值根据式(8-7)可得

$$X^{(0)}=\begin{bmatrix}\hat{b}_0\\\hat{b}_1\\\hat{b}_2\\\hat{b}_3\end{bmatrix}=\begin{bmatrix}0.0146\\-0.0990\\0.0598\\-0.0409\end{bmatrix}$$

线性回归模型的矩阵形式为 $(A+E)X=W$ 。设 $E^{(0)}=0$ ，平差模型的误差向量初值 $V^{(0)}$ 为

$$V^{(0)}=\text{vec}\left(E^{(0)}\right)=\begin{bmatrix}0 & 0 & \cdots & 0\end{bmatrix}_{40\times1}$$

$$A=\begin{bmatrix}118.843 & 38.90 & 54.00 & 3.40\\115.765 & 42.00 & 61.00 & 4.30\\122.262 & 44.60 & 65.00 & 6.20\\121.647 & 47.10 & 71.00 & 9.60\\128.775 & 49.50 & 74.00 & 9.20\\118.542 & 50.10 & 79.00 & 12.70\\114.645 & 50.50 & 84.00 & 14.80\\103.421 & 53.30 & 90.00 & 15.80\\99.893 & 54.90 & 95.00 & 18.20\\120.858 & 60.40 & 100.00 & 18.80\end{bmatrix},\quad W=\begin{bmatrix}1\\1\\1\\1\\1\\1\\1\\1\\1\\1\end{bmatrix}$$

由迭代公式(8-17)可求出回归参数的改正数 $\hat{x}^{(1)}$ 和 Lagrange 常数的初值 $k^{(1)}$ ：

$$\begin{bmatrix}k^{(1)}\\\hat{x}^{(1)}\end{bmatrix}=\begin{bmatrix}F^{(0)}Q^{(0)}\left(F^{(0)}\right)^{\mathrm{T}} & (A+E^{(0)})\\(A+E^{(0)})^{\mathrm{T}} & 0\end{bmatrix}^{-1}\begin{bmatrix}W-F^{(0)}L\\0\end{bmatrix}$$

$$
k^{(1)}=\begin{bmatrix} 2.4227 \\ -1.3076 \\ -0.8559 \\ 2.1143 \\ -2.5929 \\ 1.8947 \\ -1.8029 \\ 0.7120 \\ 1.8372 \\ -1.9051 \end{bmatrix},\quad \hat{x}^{(1)}=\begin{bmatrix} -0.0065 \\ 0.0465 \\ -0.0191 \\ -0.0043 \end{bmatrix}
$$

回归参数初次迭代的平差值为

$$
X^{0(1)}=X^{0(0)}+\hat{x}^{(1)}=\begin{bmatrix} 0.0081 \\ -0.0525 \\ 0.0407 \\ -0.0451 \end{bmatrix}
$$

平差模型的误差向量为

$$
V^{(1)}=Q^{(0)}\left(F^{(0)}\right)^{\mathrm{T}}k^{(1)}
$$

观测矩阵的误差矩阵为

$$
E^{(1)}=\operatorname{vec}^{-1}\left(V^{(1)}\right)=\begin{bmatrix} 0.035 & -0.240 & 0.145 & 0.099 \\ -0.019 & 0.129 & -0.078 & 0.053 \\ -0.013 & 0.085 & -0.051 & 0.035 \\ 0.031 & -0.209 & 0.126 & -0.086 \\ -0.038 & 0.257 & -0.155 & 0.106 \\ 0.028 & -0.188 & 0.113 & -0.077 \\ -0.026 & 0.178 & -0.108 & 0.074 \\ 0.010 & -0.071 & 0.043 & -0.029 \\ 0.027 & -0.182 & 0.110 & -0.075 \\ -0.028 & 0.189 & -0.114 & 0.078 \end{bmatrix}
$$

单位权中误差为

$$
\hat{\sigma}_0^{(1)}=\sqrt{\frac{\left(V^{(1)}\right)^{\mathrm{T}}P^{(0)}V^{(1)}}{n-t}}=0.29
$$

选取 Huber 法构造新的权因子生成新的权函数 $P^{(1)}$，并重复上述步骤依次迭

代，直到满足限制条件回归参数的改正数$\left\|\hat{x}^{(i+1)}\right\| < \varepsilon$ ($\varepsilon = 10^{-4}$)时终止迭代，共迭代 8 次，得到 RTLS 法的回归系数的估值和单位权中误差为

$$\hat{a} = \begin{bmatrix} \hat{a}_0 \\ \hat{a}_1 \\ \hat{a}_2 \\ \hat{a}_3 \end{bmatrix} = \begin{bmatrix} 80.7837 \\ 8.0563 \\ -5.3615 \\ 4.8072 \end{bmatrix}, \quad \hat{\sigma}_0 = 0.35$$

RTLS 法求得的三元线性回归方程为

$$y = 80.7837 + 8.0563x_1 - 5.3615x_2 + 4.8072x_3$$

(3) 将第一种误差影响模型下 RLS 法和 RTLS 法观测值的改正数列于表 8.4，并将求出的观测值估值的残余真误差 f_k 及其残余真误差均方误差也列于表 8.4 中。

表 8.4　RLS 法和 RTLS 法得到的观测值的结果

序号	V_a	f_a	V_b	f_b
1	0.05	1.17	0.02	1.14
2	0.21	−0.88	−0.03	−1.12
3	0.06	0.09	−0.01	0.02
4	0.74	1.29	0.03	0.58
5	−0.92	0.18	−0.01	1.09
6	−0.52	1.02	0.03	1.57
7	−9.90	0.10	−0.05	9.95
8	0.20	−1.29	0.00	−1.49
9	−0.36	−1.10	0.01	−0.73
10	0.52	−0.54	0.01	−1.05
MSRTE	—	0.90	—	3.31

注：V_a 表示 RLS(Huber 法)得到的观测值的改正数，f_a 表示 RLS(Huber 法)得到的观测值估值的残余真误差，V_b 表示 RTLS(Huber 法)得到的观测值的改正数，f_b 表示 RTLS(Huber 法)得到的观测值估值的残余真误差；用 f_a 和 f_b 分别计算 RLS 法和 RTLS 法的观测值估值的残余真误差均方误差。表 8.6 和表 8.8 中的数值含义与表 8.4 相同。MSRTE 表示残余真误差均方误差。

RTLS 法和 RLS 法得到的观测值估值 $\hat{y}$ 的残余真误差均方误差比为

$$\text{RR1} = \frac{3.31}{0.90} = 3.68$$

RLS 法求得的回归系数估值的残余真误差为

$$f_{a0} = \hat{a}_0 - \tilde{a}_0 = 11.6000, \quad f_{a1} = \hat{a}_1 - \tilde{a}_1 = 0.6310$$

$$f_{a2} = \hat{a}_2 - \tilde{a}_2 = -0.7208, \quad f_{a3} = \hat{a}_3 - \tilde{a}_3 = 1.1615$$

RTLS 法求得的回归系数估值的残余真误差为

$$f_{a0} = \hat{a}_0 - \tilde{a}_0 = 55.4337 \,, \quad f_{a1} = \hat{a}_1 - \tilde{a}_1 = 1.3863$$

$$f_{a2} = \hat{a}_2 - \tilde{a}_2 = -2.2515 \,, \quad f_{a3} = \hat{a}_3 - \tilde{a}_3 = 4.5572$$

2. 误差影响模型二(表 8.5)

表 8.5　三元线性回归的模拟观测数据(2)

序号	$\tilde{y}$	$\tilde{x}_1$	$\tilde{x}_2$	$\tilde{x}_3$	Δ_y	Δ_{x1}	Δ_{x2}	Δ_{x3}	y	x_1	x_2	x_3
1	117.72	38.9	54	3.4	1.12	−1.36	−0.20	0.18	118.843	37.54	53.80	3.58
2	116.86	42.0	61	4.3	−1.09	0.46	−0.22	−1.03	115.765	42.46	60.78	3.27
3	122.23	44.6	65	6.2	0.03	−0.85	−0.30	0.95	122.262	43.75	64.70	7.15
4	121.10	47.1	71	9.6	0.55	−0.33	0.02	0.31	121.647	46.77	71.02	9.91
5	127.68	49.5	74	9.2	1.1	0.55	0.05	0.14	128.775	50.05	74.05	9.34
6	117.00	50.1	79	12.7	1.54	1.04	0.83	0.52	118.542	51.14	79.83	13.22
7	104.65	50.5	84	14.8	0.23	−1.12	1.53	0.26	104.875	49.38	85.53	15.06
8	104.91	53.3	90	15.8	−1.49	1.26	0.47	10.00	103.421	54.56	90.47	25.80
9	100.63	54.9	95	18.2	−0.74	0.66	−0.21	−0.16	99.893	55.56	94.79	18.04
10	121.92	60.4	100	18.8	−1.06	0.07	0.63	−0.15	120.858	60.47	100.63	18.65

(1) RLS 法的解算过程。

取回归系数近似值:

$$\begin{bmatrix} a_0^0 & a_1^0 & a_2^0 & a_3^0 \end{bmatrix}^{\mathrm{T}} = \begin{bmatrix} 28.8823 & 7.8764 & -4.0861 & 1.2399 \end{bmatrix}^{\mathrm{T}}$$

列出误差方程:

$$\begin{bmatrix} v_1 \\ v_2 \\ v_3 \\ v_4 \\ v_5 \\ v_6 \\ v_7 \\ v_8 \\ v_9 \\ v_{10} \end{bmatrix} = \begin{bmatrix} 1 & 37.54 & 53.80 & 3.58 \\ 1 & 42.46 & 60.78 & 3.27 \\ 1 & 43.75 & 64.70 & 7.15 \\ 1 & 46.77 & 71.02 & 9.91 \\ 1 & 50.05 & 74.05 & 9.34 \\ 1 & 51.14 & 79.83 & 13.22 \\ 1 & 49.38 & 85.53 & 15.06 \\ 1 & 54.56 & 90.47 & 25.80 \\ 1 & 55.56 & 94.79 & 18.04 \\ 1 & 60.47 & 100.63 & 18.65 \end{bmatrix} \begin{bmatrix} \hat{\delta}_{a0} \\ \hat{\delta}_{a1} \\ \hat{\delta}_{a2} \\ \hat{\delta}_{a3} \end{bmatrix} - \begin{bmatrix} 2.51 \\ -8.29 \\ 2.58 \\ 2.78 \\ 1.80 \\ -0.21 \\ 3.71 \\ -1.62 \\ -7.66 \\ 4.42 \end{bmatrix}$$

运用 LS 法解算回归系数的平差值、观测值的改正数和单位权中误差：

$$\hat{a}=\begin{bmatrix}\hat{a}_0\\\hat{a}_1\\\hat{a}_2\\\hat{a}_3\end{bmatrix}=\begin{bmatrix}62.6824\\3.8672\\-1.6517\\-0.7444\end{bmatrix},\quad V=\begin{bmatrix}-2.51\\8.29\\-2.58\\-2.78\\-1.80\\0.21\\-3.71\\1.62\\7.66\\-4.42\end{bmatrix},\quad \hat{\sigma}_0=5.59$$

选取 Huber 稳健估计法，计算相应的权因子，并根据该权因子求得新的权阵：

$$P^{(1)}=\mathrm{diag}\begin{bmatrix}1 & 0.9060 & 1 & 1 & 1 & 1 & 1 & 1 & 0.9812 & 1\end{bmatrix}$$

解算得到 RLS 法迭代初次的回归系数的估值和单位权中误差为

$$\hat{a}^{(1)}=\begin{bmatrix}62.6849\\3.8707\\-1.6493\\-0.7659\end{bmatrix},\quad \hat{\sigma}_0^{(1)}=5.47$$

观测值的改正数及其差值为

$$V^{(1)}=\begin{bmatrix}-2.3249\\8.5225\\-2.4183\\-2.6512\\-1.6440\\0.3033\\-3.6523\\1.4782\\7.6958\\-4.3630\end{bmatrix},\quad V^{(1)}-V^{(0)}=\begin{bmatrix}0.1869\\0.2277\\0.1579\\0.1242\\0.1554\\0.0894\\0.0571\\-0.1444\\0.0368\\0.0550\end{bmatrix}$$

依次迭代，直到满足限制条件 $\left\|V^{(i+1)}-V^{(i)}\right\|\leqslant\varepsilon(\varepsilon=10^{-1})$ 时终止迭代，共迭代 13 次，得到 RLS 法的回归系数的估值和单位权中误差为

$$\hat{a}=\begin{bmatrix}\hat{a}_0\\ \hat{a}_1\\ \hat{a}_2\\ \hat{a}_3\end{bmatrix}=\begin{bmatrix}59.9118\\ 3.5092\\ -1.2907\\ -1.2768\end{bmatrix},\quad \hat{\sigma}_0=0.52$$

即 RLS 法求得的三元线性回归方程为

$$y=59.9118+3.5092x_1-1.2907x_2-1.2768x_3$$

(2) RTLS 法的解算过程。

由 LS 法求得的回归系数估值根据式(8-7)可得

$$X^{(0)}=\begin{bmatrix}\hat{b}_0\\ \hat{b}_1\\ \hat{b}_2\\ \hat{b}_3\end{bmatrix}=\begin{bmatrix}0.0115\\ -0.0304\\ 0.0146\\ 0.0050\end{bmatrix}$$

线性回归模型的矩阵形式为$(A+E)X=W$。设$E^{(0)}=0$，平差模型的误差向量初值$V^{(0)}$为

$$V^{(0)}=\mathrm{vec}\left(E^{(0)}\right)=\begin{bmatrix}0 & 0 & \cdots & 0\end{bmatrix}_{40\times1}^{\mathrm{T}}$$

$$A=\begin{bmatrix}118.843 & 37.54 & 53.80 & 3.58\\ 115.765 & 42.46 & 60.78 & 3.27\\ 122.262 & 43.75 & 64.70 & 7.15\\ 121.647 & 46.77 & 71.02 & 9.91\\ 128.775 & 50.05 & 74.05 & 9.34\\ 118.542 & 51.14 & 79.83 & 13.22\\ 104.875 & 49.38 & 85.53 & 15.06\\ 103.421 & 54.56 & 90.47 & 25.80\\ 99.893 & 55.56 & 94.79 & 18.04\\ 120.858 & 60.47 & 100.63 & 18.65\end{bmatrix},\quad W=\begin{bmatrix}1\\1\\1\\1\\1\\1\\1\\1\\1\\1\end{bmatrix}$$

由迭代公式(8-17)可求出回归参数的改正数$\hat{x}^{(1)}$和 Lagrange 常数的初值$k^{(1)}$：

$$\begin{bmatrix}k^{(1)}\\ \hat{x}^{(1)}\end{bmatrix}=\begin{bmatrix}F^{(0)}Q^{(0)}\left(F^{(0)}\right)^{\mathrm{T}} & (A+E^{(0)})\\ (A+E^{(0)})^{\mathrm{T}} & 0\end{bmatrix}^{-1}\begin{bmatrix}W-F^{(0)}L\\ 0\end{bmatrix}$$

$$
k^{(1)}=\begin{bmatrix} 6.6057 \\ 15.3392 \\ -1.8920 \\ -4.4557 \\ -11.8532 \\ -3.1030 \\ 2.7584 \\ 8.8863 \\ 13.2477 \\ -20.0639 \end{bmatrix}, \quad \hat{x}^{(1)}=\begin{bmatrix} -0.0070 \\ 0.0441 \\ -0.0160 \\ -0.0097 \end{bmatrix}
$$

回归参数初次迭代的平差值为

$$
X^{0(1)}=X^{0(0)}+\hat{x}^{(1)}=\begin{bmatrix} -0.0070 \\ 0.0441 \\ -0.0160 \\ -0.0097 \end{bmatrix}
$$

平差模型的误差向量为

$$
V^{(1)}=Q^{(0)}\left(F^{(0)}\right)^{\mathrm{T}}k^{(1)}
$$

观测矩阵的误差矩阵为

$$
E^{(1)}=\operatorname{vec}^{-1}\left(V^{(1)}\right)=\begin{bmatrix} 0.105 & -0.408 & 0.174 & 0.078 \\ 0.245 & -0.946 & 0.404 & 0.182 \\ -0.030 & 0.117 & -0.050 & -0.023 \\ -0.071 & 0.275 & -0.117 & -0.053 \\ -0.189 & 0.731 & -0.312 & -0.141 \\ -0.050 & 0.191 & -0.082 & -0.037 \\ 0.044 & -0.170 & 0.073 & 0.033 \\ 0.142 & -0.548 & 0.234 & 0.106 \\ 0.211 & -0.817 & 0.349 & 0.157 \\ -0.320 & 1.238 & -0.529 & -0.238 \end{bmatrix}
$$

单位权中误差为

$$
\hat{\sigma}_0^{(1)}=\sqrt{\frac{\left(V^{(1)}\right)^{\mathrm{T}}P^{(0)}V^{(1)}}{n-t}}=0.95
$$

选取 Huber 法构造新的权因子生成新的权函数 $P^{(1)}$，并重复上述步骤依次迭

代，直到满足限制条件回归参数的改正数$\left\|\hat{x}^{(i+1)}\right\|<\varepsilon(\varepsilon=10^{-4})$时终止迭代，共迭代30次，得到RTLS法的回归系数的估值和单位权中误差为

$$\hat{a}=\begin{bmatrix}\hat{a}_0\\\hat{a}_1\\\hat{a}_2\\\hat{a}_3\end{bmatrix}=\begin{bmatrix}8.8761\\8.4346\\-3.9890\\-0.0704\end{bmatrix},\quad \hat{\sigma}_0=0.66$$

RTLS法求得的三元线性回归方程为

$$y=8.8761+8.4346x_1-3.9890x_2-0.0704x_3$$

(3) 将第二种误差影响模型下RLS法和RTLS法观测值的改正数列于表8.6，并将求出的观测值估值的残余真误差f_k及其残余真误差均方误差也列于表8.6中。

表8.6　RLS法和RTLS法得到的观测值的结果

序号	V_a	f_a	V_b	f_b
1	−0.14	0.98	−0.09	1.03
2	11.72	10.63	0.10	−0.99
3	−0.18	−0.15	−0.03	0.00
4	−0.53	0.02	−0.03	0.52
5	0.73	1.83	0.07	1.17
6	2.49	4.03	0.03	1.57
7	0.39	0.62	0.00	0.23
8	0.03	−1.46	0.03	−1.46
9	11.48	10.74	−0.02	−0.76
10	−0.45	−1.51	−0.05	−1.11
MSRTE	—	5.04	—	1.01

RTLS法和RLS法得到的观测值估值$\hat{y}$的残余真误差均方误差比为

$$\text{RR2}=\frac{1.01}{5.04}=0.20$$

RLS法求得的回归系数估值的残余真误差为

$$f_{a0}=\hat{a}_0-\tilde{a}_0=34.5618,\quad f_{a1}=\hat{a}_1-\tilde{a}_1=-3.1608$$

$$f_{a2}=\hat{a}_2-\tilde{a}_2=1.8391,\quad f_{a3}=\hat{a}_3-\tilde{a}_3=-1.5268$$

RTLS法求得的回归系数估值的残余真误差为

$$f_{a0}=\hat{a}_0-\tilde{a}_0=-16.4739,\quad f_{a1}=\hat{a}_1-\tilde{a}_1=1.7646$$

$$f_{a2}=\hat{a}_2-\tilde{a}_2=-0.8790,\quad f_{a3}=\hat{a}_3-\tilde{a}_3=-0.3204$$

3. 误差影响模型三(表 8.7)

表 8.7　三元线性回归的模拟观测数据(3)

序号	$\tilde{y}$	$\tilde{x}_1$	$\tilde{x}_2$	$\tilde{x}_3$	Δ_y	Δ_{x1}	Δ_{x2}	Δ_{x3}	y	x_1	x_2	x_3
1	117.72	38.9	54	3.4	0.29	0.28	−0.79	0.72	118.01	39.18	53.21	4.12
2	116.86	42.0	61	4.3	−0.78	0.05	−0.95	−1.30	116.08	42.05	60.05	3.00
3	122.23	44.6	65	6.2	−1.06	−0.77	0.35	−1.01	121.17	43.83	65.35	5.19
4	121.10	47.1	71	9.6	−1.77	0.79	1.60	0.79	119.33	47.89	72.60	10.39
5	127.68	49.5	74	9.2	−0.42	1.41	0.53	−0.12	127.26	50.91	74.53	9.08
6	117.00	50.1	79	12.7	−1.05	−0.53	0.85	0.55	115.95	49.57	79.85	13.25
7	104.65	50.5	84	14.8	0.65	1.93	1.34	−0.96	105.30	52.43	85.34	13.84
8	104.91	53.3	90	15.8	10	−0.18	−2.50	−1.63	114.91	53.12	87.50	14.17
9	100.63	54.9	95	18.2	1.77	−0.24	−0.17	0.76	102.40	54.66	94.83	18.96
10	121.92	60.4	100	18.8	1.51	−0.90	0.35	1.19	123.43	59.50	100.35	19.99

(1) RLS 法的解算过程。

取回归系数近似值：

$$\begin{bmatrix} a_0^0 & a_1^0 & a_2^0 & a_3^0 \end{bmatrix}^{\mathrm{T}}=\begin{bmatrix} 28.8823 & 7.8764 & -4.0861 & 1.2399 \end{bmatrix}^{\mathrm{T}}$$

列出误差方程：

$$\begin{bmatrix} v_1 \\ v_2 \\ v_3 \\ v_4 \\ v_5 \\ v_6 \\ v_7 \\ v_8 \\ v_9 \\ v_{10} \end{bmatrix}=\begin{bmatrix} 1 & 39.18 & 53.21 & 4.12 \\ 1 & 42.05 & 60.05 & 3.00 \\ 1 & 43.83 & 65.35 & 5.19 \\ 1 & 47.89 & 72.60 & 10.39 \\ 1 & 50.91 & 74.53 & 9.08 \\ 1 & 49.57 & 79.85 & 13.25 \\ 1 & 52.43 & 85.34 & 13.84 \\ 1 & 53.12 & 87.50 & 14.17 \\ 1 & 54.66 & 94.83 & 18.96 \\ 1 & 59.50 & 100.35 & 19.99 \end{bmatrix}\begin{bmatrix} \hat{\delta}_{a0} \\ \hat{\delta}_{a1} \\ \hat{\delta}_{a2} \\ \hat{\delta}_{a3} \end{bmatrix}-\begin{bmatrix} 0.01 \\ -1.79 \\ 5.78 \\ 0.03 \\ -2.30 \\ 3.51 \\ -9.45 \\ 1.28 \\ -3.38 \\ 6.31 \end{bmatrix}$$

先运用 LS 法解算回归系数的平差值、观测值的改正数和单位权中误差：

$$\hat{a}=\begin{bmatrix}\hat{a}_0\\ \hat{a}_1\\ \hat{a}_2\\ \hat{a}_3\end{bmatrix}=\begin{bmatrix}42.6093\\ 4.6170\\ -1.9748\\ -0.1014\end{bmatrix},\quad V=\begin{bmatrix}-0.01\\ 1.79\\ -5.78\\ -0.03\\ 2.30\\ -3.51\\ 9.45\\ -1.28\\ 3.38\\ -6.31\end{bmatrix},\quad \hat{\sigma}_0=5.72$$

选取 Huber 稳健估计法,计算相应的权因子,并根据该权因子求得新的权阵：

$$P^{(1)}=\mathrm{diag}\begin{bmatrix}1 & 1 & 1 & 1 & 1 & 1 & 0.8142 & 1 & 1 & 1\end{bmatrix}$$

解算得到 RLS 法迭代初次的回归系数的估值和单位权中误差为

$$\hat{a}^{(1)}=\begin{bmatrix}41.7488\\ 4.5841\\ -1.9317\\ -0.1613\end{bmatrix},\quad \hat{\sigma}_0^{(1)}=5.47$$

观测值的改正数及其差值为

$$V^{(1)}=\begin{bmatrix}-0.1100\\ 1.9521\\ -5.5766\\ 0.0362\\ 2.4353\\ -3.3538\\ 9.7135\\ -0.9652\\ 3.6702\\ -5.9969\end{bmatrix},\quad V^{(1)}-V^{(0)}=\begin{bmatrix}-0.1030\\ 0.1644\\ 0.2031\\ 0.0706\\ 0.1329\\ 0.1565\\ 0.2637\\ 0.3143\\ 0.2927\\ 0.3097\end{bmatrix}$$

依次迭代，直到满足限制条件$\left\|V^{(i+1)}-V^{(i)}\right\|\leqslant\varepsilon(\varepsilon=10^{-1})$时终止迭代，共迭代 13 次，得到 RLS 法的回归系数的估值和单位权中误差为

$$\hat{a}=\begin{bmatrix}\hat{a}_0\\\hat{a}_1\\\hat{a}_2\\\hat{a}_3\end{bmatrix}=\begin{bmatrix}37.5920\\4.4253\\-1.7236\\-0.4505\end{bmatrix},\quad \hat{\sigma}_0=4.02$$

RLS 法求得的三元线性回归方程为

$$y=37.5920+4.4253x_1-1.7236x_2-0.4505x_3$$

(2) RTLS 法的解算过程。

由 LS 法求得的回归系数估值根据式(8-7)可得

$$X^{(0)}=\begin{bmatrix}\hat{b}_0\\\hat{b}_1\\\hat{b}_2\\\hat{b}_3\end{bmatrix}=\begin{bmatrix}0.0235\\-0.1084\\0.0463\\0.0024\end{bmatrix}$$

线性回归模型的矩阵形式为 $(A+E)X=W$ 。设 $E^{(0)}=0$ ，平差模型的误差向量初值 $V^{(0)}$ 为

$$V^{(0)}=\mathrm{vec}\left(E^{(0)}\right)=\begin{bmatrix}0 & 0 & \cdots & 0\end{bmatrix}_{40\times1}^{\mathrm{T}}$$

$$A=\begin{bmatrix}118.01 & 39.18 & 53.21 & 4.12\\116.08 & 42.05 & 60.05 & 3.00\\121.17 & 43.83 & 65.35 & 5.19\\119.33 & 47.89 & 72.60 & 10.39\\127.26 & 50.91 & 74.53 & 9.08\\115.95 & 49.57 & 79.85 & 13.25\\105.30 & 52.43 & 85.34 & 13.84\\114.91 & 53.12 & 87.50 & 14.17\\102.40 & 54.66 & 94.83 & 18.96\\123.43 & 59.50 & 100.35 & 19.99\end{bmatrix},\quad W=\begin{bmatrix}1\\1\\1\\1\\1\\1\\1\\1\\1\\1\end{bmatrix}$$

由迭代公式(8-17)可求出回归参数的改正数 $\hat{x}^{(1)}$ 和 Lagrange 常数的初值 $k^{(1)}$ ：

$$\begin{bmatrix}k^{(1)}\\\hat{x}^{(1)}\end{bmatrix}=\begin{bmatrix}F^{(0)}Q^{(0)}\left(F^{(0)}\right)^{\mathrm{T}} & (A+E^{(0)})\\(A+E^{(0)})^{\mathrm{T}} & 0\end{bmatrix}^{-1}\begin{bmatrix}W-F^{(0)}L\\0\end{bmatrix}$$

$$k^{(1)}=\begin{bmatrix}4.8469\\-0.0109\\-1.8090\\0.9278\\-4.6217\\1.5401\\2.1881\\-1.5280\\4.2728\\-4.4158\end{bmatrix},\quad \hat{x}^{(1)}=\begin{bmatrix}-0.0191\\0.1107\\-0.0388\\-0.0207\end{bmatrix}$$

回归参数初次迭代的平差值为

$$X^{0(1)}=X^{0(0)}+\hat{x}^{(1)}=\begin{bmatrix}0.0044\\0.0023\\0.0075\\-0.0184\end{bmatrix}$$

平差模型的误差向量为

$$V^{(1)}=Q^{(0)}\left(F^{(0)}\right)^{\mathrm{T}}k^{(1)}$$

观测矩阵的误差矩阵为

$$E^{(1)}=\operatorname{vec}^{-1}\left(V^{(1)}\right)=\begin{bmatrix}0.114 & -0.525 & 0.225 & 0.012\\-0.000 & 0.001 & -0.000 & -0.000\\-0.043 & 0.196 & -0.084 & 0.002\\0.022 & -0.100 & 0.043 & -0.011\\-0.109 & 0.500 & -0.214 & 0.004\\0.036 & -0.167 & 0.071 & 0.005\\0.051 & 0.237 & 0.101 & -0.004\\-0.036 & 0.166 & -0.071 & 0.010\\0.100 & -0.463 & 0.198 & 0.157\\-0.104 & 0.479 & -0.205 & -0.011\end{bmatrix}$$

单位权中误差为

$$\hat{\sigma}_0^{(1)}=\sqrt{\frac{\left(V^{(1)}\right)^{\mathrm{T}}P^{(0)}V^{(1)}}{n-t}}=0.48$$

选取 Huber 法构造新的权因子生成新的权函数 $P^{(1)}$，并重复上述步骤依次迭

代，直到满足限制条件回归参数的改正数$\left\|\hat{x}^{(i+1)}\right\| < \varepsilon (\varepsilon = 10^{-4})$时终止迭代，共迭代 30 次，得到 RTLS 法的回归系数的估值和单位权中误差为

$$\hat{a} = \begin{bmatrix} \hat{a}_0 \\ \hat{a}_1 \\ \hat{a}_2 \\ \hat{a}_3 \end{bmatrix} = \begin{bmatrix} 11.2985 \\ 8.6873 \\ -4.4953 \\ 2.1863 \end{bmatrix}, \quad \hat{\sigma}_0 = 0.81$$

RTLS 法求得的三元线性回归方程为

$$y = 11.2985 + 8.6873x_1 - 4.4953x_2 + 2.1863x_3$$

(3) 将第三种误差影响模型下 RLS 法和 RTLS 法观测值的改正数列于表 8.8，并将求出观测值估值的残余真误差 f_k 及其残余真误差均方误差也列于表 8.8 中。

表 8.8　RLS 法和 RTLS 法得到的观测值的结果

序号	V_a	f_a	V_b	f_b
1	−0.61	−0.32	0.03	0.32
2	2.75	1.97	−0.03	−0.81
3	−4.60	−5.66	−0.11	−1.17
4	0.38	−1.39	0.04	−1.73
5	3.08	2.66	0.11	−0.31
6	−2.60	−3.65	−0.04	−1.09
7	10.99	11.64	0.08	0.73
8	0.55	10.55	−0.04	9.96
9	5.08	6.85	−0.01	1.76
10	−4.50	−2.99	−0.03	1.48
MSRTE	—	6.01	—	3.34

RTLS 法和 RLS 法得到的观测值估值 $\hat{y}$ 的残余真误差均方误差比为

$$\text{RR3} = \frac{3.34}{6.01} = 0.56$$

RLS 法求得的回归系数估值的残余真误差为

$$f_{a0} = \hat{a}_0 - \tilde{a}_0 = 12.2420, \quad f_{a1} = \hat{a}_1 - \tilde{a}_1 = -2.2447$$

$$f_{a2} = \hat{a}_2 - \tilde{a}_2 = 1.3864, \quad f_{a3} = \hat{a}_3 - \tilde{a}_3 = -0.7005$$

RTLS 法求得的回归系数估值的残余真误差为

$$f_{a0}=\hat{a}_0-\tilde{a}_0=-14.0515\,,\quad f_{a1}=\hat{a}_1-\tilde{a}_1=2.0173$$

$$f_{a2}=\hat{a}_2-\tilde{a}_2=-1.3853\,,\quad f_{a3}=\hat{a}_3-\tilde{a}_3=1.9363$$

就本算例而言，在三种不同误差影响模型下讨论 RLS 法和 RTLS 法的相对有效性：

由表 8.4(由表 8.2 和表 8.3 中数据计算得到)可知，在观测值(因变量)含有随机误差和粗差、系数矩阵不含随机误差和粗差的第一种误差影响模型中，当观测值数量 n=10 和粗差 $\varepsilon=10\sigma_0$ 时，RTLS 法和 RLS 法得到的观测值估值 $\hat{y}$ 的残余真误差均方误差比 $\text{RR1}=3.68>1$，此时 RLS 法相对于 RTLS 法更有效。

由表 8.6(由表 8.2 和表 8.5 中数据计算得到)可知，在观测值仅含有随机误差、系数矩阵含有随机误差和粗差的第二种误差影响模型中，当观测值数量 n=10 和粗差 $\varepsilon=10\sigma_0$ 时，RTLS 法和 RLS 法得到的观测值估值 $\hat{y}$ 的残余真误差均方误差比 $\text{RR2}=0.20<1$，此时 RTLS 法相对于 RLS 法更有效。

由表 8.8(由表 8.2 和表 8.7 中数据计算得到)可知，在观测值含有随机误差和粗差、系数矩阵仅含有随机误差的第三种误差影响模型中，当观测值数量 n=10 和粗差 $\varepsilon=10\sigma_0$ 时，RTLS 法和 RLS 法得到的观测值估值 $\hat{y}$ 的残余真误差均方误差比 $\text{RR3}=0.56<1$，此时 RTLS 法相对于 RLS 法更有效。

8.3　稳健总体最小二乘法一元线性回归的相对有效性

8.3.1　一元线性回归算例

现以一元线性回归为例说明其计算方法。一元线性回归方程为[47]

$$y=2.25+1.05x$$

取 x 为[10, 37]内均匀分布的 10 个整数，并通过回归方程计算真值 $\tilde{Y}_i$，组成 10 对理论模拟点。根据三种误差影响模型，由模拟观测值真值 $\tilde{Y}_i$、$\tilde{x}_i$ 加上包含粗差 $\varepsilon=10\sigma_0$、其余服从正态分布 $N(0,0.1^2)$ 的随机误差得到相应的模拟观测值 y_i、x_i。

以稳健估计 Huber 法计算结果为例，运用 RLS 法和 RTLS 法分别进行参数估计运算，得出观测值的改正数 V、观测值估值的残余真误差 f_k 以及回归系数估值 $\hat{a}_0$、$\hat{a}_1$ 和回归方程 $\hat{y}=\hat{a}_0+\hat{a}_1x$，并通过观测值估值的残余真误差 f_k 计算观测值估值的 MSRTE 以及通过回归系数估值 $\hat{a}_0$、$\hat{a}_1$ 计算回归系数估值的残余真误差。三种误差影响模型下，RLS 法和 RTLS 法的模拟观测数据和实验结果见表 8.9～表 8.11，其中，$\tilde{y}$、$\tilde{x}$ 表示观测值和自变量的真值；$\varDelta_y$、$\varDelta_x$ 表示包含粗差的随机误差；y、x 表示观测值和自变量的模拟值。

1) 误差影响模型一(表 8.9)

表 8.9　误差影响模型一观测数据及结果

序号	$\tilde{y}$	$\tilde{x}$	Δ_y	y	V_a	f_a	V_b	f_b
1	12.75	10.00	−0.06	12.69	0.25	0.19	0.28	0.22
2	15.90	13.00	1.00	16.90	−0.84	0.16	−0.34	0.66
3	19.05	16.00	−0.08	18.97	0.22	0.14	0.05	−0.03
4	22.20	19.00	−0.11	22.09	0.22	0.11	0.14	0.03
5	25.35	22.00	0.25	25.60	−0.17	0.08	−0.12	0.13
6	28.50	25.00	0.17	28.67	−0.12	0.05	−0.07	0.10
7	31.65	28.00	0.03	31.68	−0.01	0.02	−0.09	−0.06
8	34.80	31.00	−0.13	34.67	0.12	−0.01	−0.11	−0.24
9	37.95	34.00	−0.09	37.86	0.05	−0.04	0.40	0.31
10	41.10	37.00	−0.02	41.08	−0.05	−0.07	−0.14	−0.16
MSRTE	—	—	—	—	—	0.10	—	0.26

RLS 法得到的回归系数估值 $\hat{a}_0$=2.5414，$\hat{a}_1$=1.0403。回归方程为

$$\hat{y}=2.5414+1.0403x$$

RTLS 法得到的回归系数估值 $\hat{a}_0$=2.9266，$\hat{a}_1$=1.0213。回归方程为

$$\hat{y}=2.9266+1.0213x$$

RLS 法得到回归系数估值 $\hat{a}_0$ 的残余真误差为 $f_{a0}=\hat{a}_0-\tilde{a}_0=0.2914$，回归系数估值 $\hat{a}_1$ 的残余真误差为 $f_{a1}=\hat{a}_1-\tilde{a}_1=-0.0097$；RTLS 法得到回归系数估值 $\hat{a}_0$ 的残余真误差为 $f_{a0}=\hat{a}_0-\tilde{a}_0=0.6766$，回归系数估值 $\hat{a}_1$ 的残余真误差为 $f_{a1}=\hat{a}_1-\tilde{a}_1=-0.0287$。

由表 8.9 可知，RLS 法得到的观测值估值 $\hat{y}$ 的残余真误差均方误差 $\hat{\sigma}_{f1}$=0.10，RTLS 法得到的观测值估值 $\hat{y}$ 的残余真误差均方误差 $\hat{\sigma}_{f2}$=0.26，则 RTLS 法和 RLS 法得到的观测值估值 $\hat{y}$ 的残余真误差均方误差比 $\mathrm{RR1}=\dfrac{0.26}{0.10}=2.60>1.0$，此时 RLS 法相对于 RTLS 法更有效。

2) 误差影响模型二(表 8.10)

表 8.10　误差影响模型二观测数据及结果

序号	$\tilde{y}$	$\tilde{x}$	Δ_y	Δ_x	y	x	V_a	f_a	V_b	f_b
1	12.75	10.00	0.18	0.11	12.93	10.11	0.08	0.26	0.00	0.18
2	15.90	13.00	0.06	0.01	15.96	13.01	0.05	0.11	0.00	0.06

续表

序号	$\tilde{y}$	$\tilde{x}$	Δ_y	Δ_x	y	x	V_a	f_a	V_b	f_b
3	19.05	16.00	−0.05	−0.20	19.00	15.80	−0.11	−0.16	−0.06	−0.11
4	22.20	19.00	−0.10	0.05	22.10	19.05	0.15	0.05	0.08	−0.02
5	25.35	22.00	0.06	−0.05	25.41	21.95	−0.16	−0.10	−0.05	0.01
6	28.50	25.00	−0.13	0.07	28.37	25.07	0.10	−0.03	0.09	−0.04
7	31.65	28.00	−0.06	−0.02	31.59	27.98	−0.11	−0.17	0.00	−0.06
8	34.80	31.00	0.04	−0.14	34.84	30.86	−0.38	−0.34	−0.11	−0.07
9	37.95	34.00	−0.02	1.00	37.93	35.00	0.81	0.79	0.00	−0.02
10	41.10	37.00	−0.10	0.08	41.00	37.08	−0.11	−0.21	0.05	−0.05
MSRTE	—	—	—	—	—	—	—	0.30	—	0.08

RLS 法得到的回归系数估值 $\hat{a}_0$=2.5559， $\hat{a}_1$=1.0338。回归方程为

$$\hat{y} = 2.5559 + 1.0338x$$

RTLS 法得到的回归系数估值 $\hat{a}_0$=2.3812， $\hat{a}_1$=1.0441。回归方程为

$$\hat{y} = 2.3812 + 1.0441x$$

RLS 法得到回归系数估值 $\hat{a}_0$ 的残余真误差为 $f_{a0} = \hat{a}_0 - \tilde{a}_0 = 0.3059$，回归系数估值 $\hat{a}_1$ 的残余真误差为 $f_{a1} = \hat{a}_1 - \tilde{a}_1 = -0.0162$；RTLS 法得到回归系数估值 $\hat{a}_0$ 的残余真误差为 $f_{a0} = \hat{a}_0 - \tilde{a}_0 = 0.1312$，回归系数估值 $\hat{a}_1$ 的残余真误差为 $f_{a1} = \hat{a}_1 - \tilde{a}_1 = 0.0059$。

由表 8.10 可知，RLS 法得到的观测值估值 $\hat{y}$ 的残余真误差均方误差 $\hat{\sigma}_{f1}$=0.30，RTLS 法得到的观测值估值 $\hat{y}$ 的残余真误差均方误差 $\hat{\sigma}_{f2}$=0.08，则 RTLS 法和 RLS 法得到的观测值估值 $\hat{y}$ 的残余真误差均方误差比 $\mathrm{RR1} = \dfrac{0.08}{0.30} = 0.27 < 1.0$，此时 RTLS 法相对于 RLS 法更有效。

3) 误差影响模型三(表 8.11)

表 8.11　误差影响模型三观测数据及结果

序号	$\tilde{y}$	$\tilde{x}$	Δ_y	Δ_x	y	x	V_a	f_a	V_b	f_b
1	12.75	10.00	0.03	0.13	12.78	10.13	0.07	0.10	0.00	0.03
2	15.90	13.00	0.08	0.07	15.98	13.07	−0.02	0.06	−0.04	0.04
3	19.05	16.00	1.00	−0.08	20.05	15.92	−1.08	−0.08	0.00	1.00
4	22.20	19.00	−0.06	−0.09	22.14	18.91	−0.01	−0.07	−0.02	−0.08
5	25.35	22.00	0.08	0.21	25.43	22.21	0.19	0.27	0.08	0.16

续表

序号	$\tilde{y}$	$\tilde{x}$	Δ_y	Δ_x	y	x	V_a	f_a	V_b	f_b
6	28.50	25.00	0.08	0.01	28.58	25.01	0.01	0.09	−0.01	0.07
7	31.65	28.00	0.12	0.12	31.77	28.12	0.10	0.22	0.04	0.16
8	34.80	31.00	0.10	−0.09	34.90	30.91	−0.08	0.02	−0.04	0.06
9	37.95	34.00	−0.02	−0.08	37.93	33.92	0.08	0.06	0.04	0.02
10	41.10	37.00	0.04	−0.23	41.14	36.77	−0.12	−0.08	−0.05	−0.01
MSRTE	—	—	—	—	—	—	—	0.13	—	0.33

RLS 法得到的回归系数估值 $\hat{a}_0$=2.1352，$\hat{a}_1$=1.0576。回归方程为

$$\hat{y} = 2.1352 + 1.0576x$$

RTLS 法得到的回归系数估值 $\hat{a}_0$=2.0388，$\hat{a}_1$=1.0605。回归方程为

$$\hat{y} = 2.0388 + 1.0605x$$

RLS 法得到回归系数估值 $\hat{a}_0$ 的残余真误差为 $f_{a0} = \hat{a}_0 - \tilde{a}_0 = -0.1148$，回归系数估值 $\hat{a}_1$ 的残余真误差为 $f_{a1} = \hat{a}_1 - \tilde{a}_1 = 0.0076$；RTLS 法得到回归系数估值 $\hat{a}_0$ 的残余真误差为 $f_{a0} = \hat{a}_0 - \tilde{a}_0 = -0.2112$，回归系数估值 $\hat{a}_1$ 的残余真误差为 $f_{a1} = \hat{a}_1 - \tilde{a}_1 = 0.0105$。

由表 8.11 可知，RLS 法得到的观测值估值 $\hat{y}$ 的残余真误差均方误差 $\hat{\sigma}_{f1}$=0.13，RTLS 法得到的观测值估值 $\hat{y}$ 的残余真误差均方误差 $\hat{\sigma}_{f2}$=0.33，则 RTLS 法和 RLS 法得到的观测值估值 $\hat{y}$ 的残余真误差均方误差比 $\text{RR1} = \dfrac{0.33}{0.13} = 2.54 > 1.0$，此时 RLS 法相对于 RTLS 法更有效。

8.3.2　一元线性回归仿真实验

根据理论回归方程 $\tilde{y} = \tilde{a}_0 + \tilde{a}_1 x$，当给定 $\tilde{a}_0$、$\tilde{a}_1$ 和自变量 x 的取值时就可得到仿真实验的模拟观测值真值，在三种不同误差影响模型下由模拟观测值真值加上包含粗差的随机误差生成模拟观测值。选取三组不同斜率的一元线性回归方程[47]，*A* 组为斜率约为 tan15°的理论回归方程 $\tilde{y}$=2.25+0.25x；*B* 组为斜率约为 tan45°的理论回归方程 $\tilde{y}$=2.25+1.05x；*C* 组为斜率约为 tan75°的理论回归方程 $\tilde{y}$=2.25+3.75x。在 *A*、*B*、*C* 三组方程中分别根据三种不同误差影响模型、不同稳健估计方法以及不同观测值 n=6、n=10(n 表示观测值个数)的情形进行仿真实验。

由三种不同斜率(tan15°、tan45°和 tan75°)的一元线性回归模型根据不同观测值个数 n=6 和 n=10 生成的模拟观测值真值见表 8.12，其中 *A*[6]表示 *A* 组斜率约为 tan15°的一元线性回归模型中选取观测值个数 n=6 的情形，*A*[10]表示 *A* 组斜率

约为 tan15°的一元线性回归模型中选取观测值个数 n=10 的情形；同理，B[6]、B[10]表示 B 组斜率约为 tan45°的一元线性回归模型中选取观测值个数 n=6、n=10 的情形；C[6]、C[10]表示 C 组斜率约为 tan75°的一元线性回归模型中选取观测值个数 n=6、n=10 的情形。

表 8.12　误差影响模型三观测数据及结果

序号	YA1	XA1	YA2	XA2	YB1	XB1	YB2	XB2	YC1	XC1	YC2	XC2
1	4.75	10.00	4.75	10.00	12.75	10.00	12.75	10.00	39.75	10.00	39.75	10.00
2	5.50	13.00	5.50	13.00	15.90	13.00	15.90	13.00	51.00	13.00	51.00	13.00
3	6.25	16.00	6.25	16.00	19.05	16.00	19.05	16.00	62.25	16.00	62.25	16.00
4	7.00	19.00	7.00	19.00	22.20	19.00	22.20	19.00	73.50	19.00	73.50	19.00
5	7.75	22.00	7.75	22.00	25.35	22.00	25.35	22.00	84.75	22.00	84.75	22.00
6	8.50	25.00	8.50	25.00	28.50	25.00	28.50	25.00	96.00	25.00	96.00	25.00
7	—	—	9.25	28.00	—	—	31.65	28.00	—	—	107.25	28.00
8	—	—	10.00	31.00	—	—	34.80	31.00	—	—	118.50	31.00
9	—	—	10.75	33.00	—	—	37.95	33.00	—	—	129.75	33.00
10	—	—	11.50	37.00	—	—	41.10	37.00	—	—	141.00	37.00

注：YA1 和 XA1、YA2 和 XA2 分别表示 A[6]和 A[10]的模拟观测值真值；YB1 和 XB1、YB2 和 XB2 分别表示 B[6]和 B[10]的模拟观测值真值；YC1 和 XC1、YC2 和 XC2 分别表示 C[6]和 C[10]的模拟观测值真值。

在仿真实验中，模拟观测值真值加上包含粗差的随机误差生成模拟观测值。针对 A[6]、A[10]，B[6]、B[10]，C[6]、C[10]三组一元线性回归模型产生的模拟观测值，在三种不同误差影响模型下，采用六种常见的稳健估计方法进行 S 次仿真实验。在仿真实验中，随机误差的方差 $\sigma_0^2 = 0.01$，随机误差 $\left|\delta_{ij}\right| \leqslant 2.5\sigma_0$，仿真实验的次数 $S = 1000$，粗差 $\varepsilon = 10\sigma_0$。

对于 A、B、C 三组不同斜率(tan15°、tan45°、tan75°)的一元线性回归模型，当 n=6 和 $\varepsilon = 10\sigma_0$ 时，RLS 法和 RTLS 法在三种误差影响模型中得到的回归系数估值 $\hat{a}_0$、$\hat{a}_1$ 以及观测值估值 $\hat{y}$ 的残余真误差均方误差见表 8.13。由表 8.13 可计算得出 RTLS 法与 RLS 法的回归系数估值 $\hat{a}_0$、$\hat{a}_1$ 以及观测值估值 $\hat{y}$ 的残余真误差均方误差比见表 8.14。

对于 A、B、C 三组不同斜率(tan15°、tan45°、tan75°)的一元线性回归模型，当 n=10 和 $\varepsilon = 10\sigma_0$ 时，RLS 法和 RTLS 法在三种误差影响模型中得到的回归系数估值 $\hat{a}_0$、$\hat{a}_1$ 以及观测值估值 $\hat{y}$ 的残余真误差均方误差见表 8.15。由表 8.15 可计算得出 RTLS 法与 RLS 法的回归系数估值 $\hat{a}_0$、$\hat{a}_1$ 以及观测值估值 $\hat{y}$ 的残余真误差均方误差比见表 8.16。

表 8.13　RLS 法和 RTLS 法参数估值的残余真误差均方误差($n=6$, $\varepsilon=10\sigma_0$)

参数	S1	T1	S2	T2	S3	T3	S4	T4	S5	T5	S6	T6
Aa0(15)	0.478	0.263	0.267	0.369	0.467	0.392	0.214	0.289	0.505	0.359	0.455	0.301
Aa1(15)	0.026	0.013	0.015	0.019	0.026	0.022	0.012	0.015	0.028	0.020	0.026	0.016
Ay(15)	0.209	0.099	0.117	0.145	0.205	0.147	0.090	0.110	0.220	0.138	0.194	0.115
Aa0(45)	0.505	0.507	0.271	0.374	0.475	0.510	0.208	0.271	0.493	0.494	0.473	0.516
Aa1(45)	0.028	0.028	0.015	0.019	0.027	0.029	0.012	0.014	0.027	0.028	0.026	0.029
Ay(45)	0.218	0.298	0.119	0.367	0.209	0.298	0.087	0.381	0.221	0.297	0.197	0.299
Aa0(75)	0.473	0.268	0.278	0.374	0.491	0.400	0.213	0.279	0.509	0.350	0.464	0.303
Aa1(75)	0.026	0.014	0.015	0.018	0.027	0.022	0.012	0.014	0.029	0.020	0.026	0.016
Ay(75)	0.208	0.416	0.121	0.418	0.211	0.413	0.090	0.418	0.222	0.413	0.198	0.414
Ba0(15)	0.169	0.176	0.163	0.183	0.170	0.174	0.171	0.186	0.167	0.168	0.161	0.165
Ba1(15)	0.009	0.010	0.009	0.010	0.010	0.010	0.009	0.011	0.009	0.009	0.009	0.009
By(15)	0.102	0.111	0.103	0.113	0.102	0.102	0.107	0.117	0.102	0.102	0.101	0.103
Ba0(45)	0.512	0.564	0.352	0.390	0.513	0.561	0.275	0.312	0.528	0.558	0.493	0.530
Ba1(45)	0.029	0.031	0.020	0.024	0.029	0.032	0.015	0.019	0.030	0.031	0.028	0.029
By(45)	0.360	0.182	0.387	0.141	0.362	0.182	0.407	0.143	0.360	0.183	0.368	0.185
Ba0(75)	1.319	1.537	1.060	4.116	1.419	1.141	0.912	4.569	1.637	1.004	1.394	0.943
Ba1(75)	0.075	0.087	0.061	0.232	0.082	0.073	0.052	0.254	0.095	0.060	0.079	0.057
By(75)	1.399	0.101	1.396	0.096	1.388	0.102	1.438	0.097	1.333	0.099	1.391	0.100
Ca0(15)	0.485	0.257	0.289	0.377	0.451	0.388	0.227	0.297	0.504	0.356	0.475	0.347
Ca1(15)	0.027	0.013	0.016	0.019	0.025	0.022	0.013	0.015	0.028	0.020	0.026	0.019
Cy(15)	0.213	0.099	0.126	0.148	0.204	0.149	0.096	0.115	0.223	0.138	0.201	0.133
Ca0(45)	0.510	0.528	0.354	0.473	0.524	0.532	0.295	0.389	0.510	0.513	0.501	0.530
Ca1(45)	0.028	0.029	0.019	0.024	0.029	0.030	0.016	0.020	0.029	0.029	0.028	0.030
Cy(45)	0.233	0.300	0.171	0.367	0.234	0.301	0.147	0.395	0.241	0.301	0.221	0.301
Ca0(75)	0.656	0.733	0.653	1.039	0.676	0.685	0.677	1.032	0.676	0.677	0.650	0.724
Ca1(75)	0.036	0.040	0.036	0.051	0.037	0.037	0.038	0.051	0.037	0.037	0.036	0.039
Cy(75)	0.377	0.412	0.370	0.418	0.378	0.407	0.374	0.418	0.379	0.407	0.371	0.408

注：Aa0(i)、Aa1(i)、Ay(i)表示当斜率约为 tan(i)°时第一种误差影响模型的回归系数和因变量，Ba0(i)、Ba1(i)、By(i)表示当斜率约为 tan(i)°时第二种误差影响模型的回归系数和因变量，Ca0(i)、Ca1(i)、Cy(i)表示当斜率约为 tan(i)°时第三种误差影响模型的回归系数和因变量，其中 i=15,45,75；S1 表示 RLS 得到的 Huber 法的 MSRTE，记为 S1(Huber 法)，同理有 S2(L1 法)、S3(Danish 法)、S4(German-McClure 法)、S5(IGG 方案)、S6(IGGIII 方案)；T1 表示 RTLS 得到的 Huber 法的 MSRTE，记为 T1(Huber 法)，同理有 T2(L1 法)、T3(Danish 法)、T4(German-McClure 法)、T5(IGG 方案)、T6(IGGIII 方案)。表 8.15 中的数值含义与表 8.13 相同。

表 8.14　RTLS 法和 RLS 法参数估值的残余真误差均方误差比($n=6$, $\varepsilon=10\sigma_0$)

参数	RR1	RR2	RR3	RR4	RR5	RR6
Aa0(15)	0.550	1.382	0.839	1.350	0.711	0.662
Aa1(15)	0.500	1.267	0.846	1.250	0.714	0.615

续表

参数	RR1	RR2	RR3	RR4	RR5	RR6
Ay(15)	0.474	1.239	0.717	1.222	0.627	0.593
Aa0(45)	1.004	1.380	1.074	1.303	1.002	1.091
Aa1(45)	1.000	1.267	1.074	1.167	1.037	1.115
Ay(45)	1.367	3.084	1.426	4.379	1.344	1.518
Aa0(75)	0.567	1.345	0.815	1.310	0.688	0.653
Aa1(75)	0.538	1.200	0.815	1.167	0.690	0.615
Ay(75)	2.000	3.455	1.957	4.644	1.860	2.091
Ba0(15)	1.043	1.123	1.023	1.088	1.009	1.025
Ba1(15)	1.042	1.111	1.000	1.222	1.000	1.000
By(15)	1.086	1.097	1.004	1.093	1.005	1.020
Ba0(45)	1.102	1.108	1.094	1.135	1.057	1.075
Ba1(45)	1.069	1.200	1.103	1.267	1.033	1.036
By(45)	0.506	0.364	0.503	0.351	0.508	0.503
Ba0(75)	1.165	3.883	0.804	5.010	0.613	0.676
Ba1(75)	1.167	3.803	0.890	4.885	0.632	0.722
By(75)	0.072	0.069	0.073	0.067	0.074	0.072
Ca0(15)	0.530	1.304	0.860	1.308	0.706	0.731
Ca1(15)	0.481	1.188	0.880	1.154	0.714	0.731
Cy(15)	0.465	1.175	0.730	1.198	0.619	0.662
Ca0(45)	1.035	1.336	1.015	1.319	1.006	1.058
Ca1(45)	1.036	1.263	1.034	1.250	1.000	1.071
Cy(45)	1.288	2.146	1.286	2.687	1.249	1.362
Ca0(75)	1.117	1.591	1.013	1.524	1.002	1.114
Ca1(75)	1.111	1.417	1.000	1.342	1.000	1.083
Cy(75)	1.093	1.130	1.077	1.118	1.073	1.100

注：RRi 表示第 i 种稳健估计方法下 RTLS 法和 RLS 法的残余真误差均方误差之比，记为 RRi = Ti/Si ，$i=1,2,\cdots,6$ 。表 8.16 中的数值含义与表 8.14 相同。

表 8.15　RLS 法和 RTLS 法参数估值的残余真误差均方误差($n=10$, $\varepsilon=10\sigma_0$)

参数	S1	T1	S2	T2	S3	T3	S4	T4	S5	T5	S6	T6
Aa0(15)	0.138	0.106	0.150	0.220	0.079	0.092	0.101	0.140	0.172	0.100	0.080	0.105
Aa1(15)	0.006	0.004	0.006	0.008	0.003	0.004	0.004	0.005	0.007	0.004	0.003	0.004
Ay(15)	0.078	0.056	0.084	0.108	0.043	0.051	0.054	0.068	0.086	0.054	0.042	0.058
Aa0(45)	0.144	0.085	0.150	0.211	0.080	0.082	0.106	0.117	0.173	0.627	0.081	0.619
Aa1(45)	0.006	0.003	0.006	0.007	0.003	0.003	0.004	0.005	0.007	0.022	0.003	0.020

续表

参数	S1	T1	S2	T2	S3	T3	S4	T4	S5	T5	S6	T6
Ay(45)	0.079	0.324	0.085	0.299	0.044	0.322	0.056	0.330	0.088	Q0.263	0.043	0.265
Aa0(75)	0.142	0.111	0.152	0.217	0.077	0.083	0.101	0.138	0.179	0.104	0.080	0.102
Aa1(75)	0.006	0.004	0.006	0.008	0.003	0.003	0.004	0.005	0.007	0.004	0.003	0.004
Ay(75)	0.079	0.330	0.086	0.330	0.042	0.330	0.054	0.331	0.088	0.330	0.043	0.329
Ba0(15)	0.090	0.117	0.094	0.102	0.092	0.098	0.093	0.109	0.091	0.092	0.091	0.091
Ba1(15)	0.004	0.005	0.004	0.004	0.004	0.004	0.004	0.004	0.004	0.004	0.004	0.004
By(15)	0.086	0.100	0.086	0.092	0.088	0.093	0.087	0.095	0.087	0.083	0.088	0.084
Ba0(45)	0.164	0.125	0.189	0.240	0.115	0.129	0.148	0.164	0.205	0.325	0.118	0.349
Ba1(45)	0.007	0.005	0.008	0.011	0.005	0.005	0.006	0.007	0.009	0.018	0.005	0.019
By(45)	0.326	0.082	0.320	0.106	0.345	0.085	0.330	0.098	0.321	0.154	0.345	0.152
Ba0(75)	0.319	0.423	0.616	1.765	0.323	0.334	0.409	0.955	0.311	0.405	0.304	0.390
Ba1(75)	0.013	0.017	0.025	0.070	0.013	0.014	0.017	0.038	0.012	0.016	0.012	0.016
By(75)	1.224	0.097	1.138	0.097	1.229	0.095	1.182	0.097	1.229	0.098	1.228	0.097
Ca0(15)	0.143	0.111	0.150	0.230	0.080	0.086	0.104	0.140	0.186	0.219	0.078	0.107
Ca1(15)	0.006	0.004	0.006	0.008	0.003	0.003	0.004	0.005	0.008	0.012	0.003	0.004
Cy(15)	0.083	0.064	0.089	0.115	0.049	0.052	0.061	0.073	0.095	0.129	0.048	0.063
Ca0(45)	0.185	0.123	0.189	0.291	0.118	0.138	0.155	0.186	0.208	0.444	0.118	0.443
Ca1(45)	0.007	0.005	0.008	0.010	0.005	0.005	0.006	0.007	0.008	0.017	0.005	0.017
Cy(45)	0.132	0.325	0.137	0.301	0.106	0.320	0.118	0.330	0.139	0.245	0.105	0.247
Ca0(75)	0.343	0.479	0.366	0.666	0.370	0.400	0.363	0.592	0.366	0.378	0.366	0.415
Ca1(75)	0.014	0.019	0.015	0.023	0.015	0.016	0.015	0.021	0.015	0.015	0.014	0.016
Cy(75)	0.356	0.330	0.354	0.330	0.352	0.327	0.356	0.330	0.351	0.319	0.351	0.321

表 8.16　RTLS 法和 RLS 法参数估值的残余真误差均方误差比($n=10$, $\varepsilon=10\sigma_0$)

参数	RR1	RR2	RR3	RR4	RR5	RR6
Aa0(15)	0.768	1.467	1.165	1.386	0.581	1.313
Aa1(15)	0.667	1.333	1.333	1.250	0.571	1.333
Ay(15)	0.718	1.286	1.186	1.259	0.628	1.381
Aa0(45)	0.590	1.407	1.025	1.104	3.624	7.642
Aa1(45)	0.500	1.167	1.000	1.250	3.143	6.667
Ay(45)	4.101	3.518	7.318	5.893	2.989	6.163
Aa0(75)	0.782	1.428	1.078	1.366	0.581	1.275
Aa1(75)	0.667	1.333	1.000	1.250	0.571	1.333
Ay(75)	4.177	3.837	7.857	6.130	3.750	7.651
Ba0(15)	1.300	1.085	1.065	1.172	1.011	1.000

续表

参数	RR1	RR2	RR3	RR4	RR5	RR6
Ba1(15)	1.250	1.000	1.000	1.000	1.000	1.000
By(15)	1.163	1.070	1.057	1.092	0.954	0.955
Ba0(45)	0.762	1.270	1.122	1.108	1.585	2.958
Ba1(45)	0.714	1.375	1.000	1.167	2.000	3.800
By(45)	0.252	0.331	0.246	0.297	0.480	0.441
Ba0(75)	1.326	2.865	1.034	2.335	1.302	1.283
Ba1(75)	1.308	2.800	1.077	2.235	1.333	1.333
By(75)	0.079	0.085	0.077	0.082	0.080	0.079
Ca0(15)	0.776	1.533	1.075	1.346	1.177	1.372
Ca1(15)	0.667	1.333	1.000	1.250	1.500	1.333
Cy(15)	0.771	1.292	1.061	1.197	1.358	1.313
Ca0(45)	0.665	1.540	1.169	1.200	2.135	3.754
Ca1(45)	0.714	1.250	1.000	1.167	2.125	3.400
Cy(45)	2.462	2.197	3.019	2.797	1.763	2.352
Ca0(75)	1.397	1.820	1.081	1.631	1.033	1.134
Ca1(75)	1.357	1.533	1.067	1.400	1.000	1.143
Cy(75)	0.927	0.932	0.929	0.927	0.909	0.915

(1) 观测值(因变量)含有随机误差和粗差，系数矩阵不含随机误差和粗差的第一种误差影响模型。

对于观测值的估值 $\hat{y}$，由表 8.14 和表 8.16 可知，无论观测值个数 n=6 还是 n=10，对于 A、B、C 三组(斜率约为 tan15°、tan45°和 tan75°)一元线性回归模型，当斜率约为 tan15°时，RTLS 法和 RLS 法得到的观测值估值 $\hat{y}$ 的残余真误差均方误差比 $0.474 \leqslant \text{RR}i \leqslant 1.381$，很难说 RLS 法与 RTLS 法哪个更有效；当斜率约为 tan45°时，RTLS 法和 RLS 法得到的观测值估值 $\hat{y}$ 的残余真误差均方误差比 $\text{RR}i \geqslant 1.344$，RLS 法相对于 RTLS 法更有效；当斜率约为 tan75°时，RTLS 法和 RLS 法得到的观测值估值 $\hat{y}$ 的残余真误差均方误差比 $\text{RR}i \geqslant 1.860$，RLS 法相对于 RTLS 法更有效。

对于回归系数的估值，由表 8.14 和表 8.16 可知，无论观测值个数 n=6 还是 n=10，对于 A、B、C 三组(斜率约为 tan15°、tan45°和 tan75°)一元线性回归模型，当斜率约为 tan15°时，RTLS 法和 RLS 法得到的回归系数的估值 $\hat{a}_0$ 和 $\hat{a}_1$ 的残余真误差均方误差比 $0.5 \leqslant \text{RR}i \leqslant 1.467$，很难说 RLS 法与 RTLS 法哪个更有效；当斜率约为 tan45°时，RTLS 法和 RLS 法得到的回归系数的估值 $\hat{a}_0$ 和 $\hat{a}_1$ 的残余真误差均方误差比绝大多数 $\text{RR}i \geqslant 1.0$,RLS 法相对于 RTLS 法更有效；当斜率约为 tan75°时，RTLS 法和 RLS 法得到的回归系数的估值 $\hat{a}_0$ 和 $\hat{a}_1$ 的残余真误差均方误差比 $0.538 \leqslant \text{RR}i \leqslant 1.428$ ，很难说 RLS 法与 RTLS 法哪个更有效。

(2) 观测值含随机误差，系数矩阵含有随机误差和粗差的第二种误差影响模型。

对于观测值的估值 $\hat{y}$ ，由表 8.14 和表 8.16 可知，无论观测值个数 n=6 还是 n=10，对于 A、B、C 三组(斜率约为 tan15°、tan45°和 tan75°)一元线性回归模型，当斜率约为 tan15°时，RTLS 法和 RLS 法得到的观测值估值 $\hat{y}$ 的残余真误差均方误差比在绝大多数情况下 $\text{RR}i > 1.0$ 、个别情况下 $\text{RR}i$ 接近 1.0，RLS 法相对于 RTLS 法更有效；当斜率约为 tan45°时，RTLS 法和 RLS 法得到的观测值估值 $\hat{y}$ 的残余真误差均方误差比 $\text{RR}i \leqslant 0.508$ ，RTLS 法相对于 RLS 法更有效；当斜率约为 tan75°时，RTLS 法和 RLS 法得到的观测值估值 $\hat{y}$ 的残余真误差均方误差比 $\text{RR}i \leqslant 0.085$ ，RTLS 法相对于 RLS 法更有效。

对于回归系数的估值，由表 8.14 和表 8.16 可知，无论观测值个数 n=6 还是 n=10，对于 A、B、C 三组(斜率约为 tan15°、tan45°和 tan75°)一元线性回归模型，当斜率约为 tan15°时，RTLS 法和 RLS 法得到的回归系数的估值 $\hat{a}_0$ 和 $\hat{a}_1$ 的残余真误差均方误差比 $\text{RR}i > 1.0$,RLS 法相对于 RTLS 法更有效；当斜率约为 tan45°时，RTLS 法和 RLS 法得到的回归系数的估值 $\hat{a}_0$ 和 $\hat{a}_1$ 的残余真误差均方误差比在绝大多数情况下 $\text{RR}i > 1.0$ 、个别情况下 $\text{RR}i$ 接近 1.0, RLS 法相对于 RTLS 法更有效；当斜率约为 tan75°时，RTLS 法和 RLS 法得到的回归系数的估值 $\hat{a}_0$ 和 $\hat{a}_1$ 的残余真误差均方误差比 $0.613 \leqslant \text{RR}i \leqslant 5.010$ ，很难说 RLS 法与 RTLS 法哪个更有效。

(3) 观测值含有随机误差和粗差，系数矩阵仅含随机误差的第三种误差影响模型。

对于观测值的估值 $\hat{y}$ ，由表 8.14 和表 8.16 可知，无论观测值个数 n=6 还是 n=10，对于 A、B、C 三组(斜率约为 tan15°、tan45°和 tan75°)一元线性回归模型，当斜率约为 tan15°时，RTLS 法和 RLS 法得到的观测值估值 $\hat{y}$ 的残余真误差均方误差比 $0.465 \leqslant \text{RR}i \leqslant 1.358$ ，很难说 RLS 法与 RTLS 法哪个更有效；当斜率约为 tan45°时，RTLS 法和 RLS 法得到的观测值估值 $\hat{y}$ 的残余真误差均方误差比 $\text{RR}i \geqslant 1.249$ ，RLS 法相对于 RTLS 法更有效；当斜率约为 tan75°时，RTLS 法和 RLS 法得到的观测值估值 $\hat{y}$ 的残余真误差均方误差比在绝大多数情况下 $\text{RR}i > 1.0$ 、个别情况下 $\text{RR}i$ 接近 1.0，RLS 法相对于 RTLS 法更有效。

对于回归系数的估值，由表 8.14 和表 8.16 可知，无论观测值个数 n=6 还是 n=10，对于 A、B、C 三组(斜率约为 tan15°、tan45°和 tan75°)一元线性回归模型，当斜率约为 tan15°时，RTLS 法和 RLS 法得到的回归系数的估值 $\hat{a}_0$ 和 $\hat{a}_1$ 的残余真

误差均方误差比 $0.481 \leqslant \mathrm{RR}i \leqslant 1.533$，很难说 RLS 法与 RTLS 法哪个更有效；当斜率约为 tan45°时，RTLS 法和 RLS 法得到的回归系数的估值 $\hat{a}_0$ 和 $\hat{a}_1$ 的残余真误差均方误差比在绝大多数情况下 $\mathrm{RR}i > 1.0$，RLS 法相对于 RTLS 法更有效；当斜率约为 tan75°时，RTLS 法和 RLS 法得到的回归系数的估值 $\hat{a}_0$ 和 $\hat{a}_1$ 的残余真误差均方误差比 $\mathrm{RR}i > 1.0$，RLS 法相对于 RTLS 法更有效。

由上述可知，RTLS 法和 RLS 法得到的回归系数的估值 $\hat{a}_0$ 和 $\hat{a}_1$ 的残余真误差均方误差比飘忽不定，具有不稳定性，因此就回归系数估值而言，RLS 法和 RTLS 法的相对有效性难以判断，故将相对较为稳定的观测值估值 $\hat{y}$ 的残余真误差均方误差比作为衡量 RTLS 法和 RLS 法在一元线性回归中的相对有效性的唯一指标更为精准。

综上所述，无论哪种误差影响模型，当一元线性回归模型的斜率较小(约为 tan15°)时，很难说明 RLS 法和 RTLS 法哪个更有效；当一元线性回归模型的斜率较大(约为 tan45°或 tan75°)时，在第一和第三种误差影响模型下，RLS 法优于 RTLS 法；第二种误差影响模型下，RTLS 法优于 RLS 法。

8.4 稳健总体最小二乘法多元线性回归的相对有效性

8.4.1 稳健总体最小二乘法二元线性回归的相对有效性

1. 二元线性回归的仿真实验

二元线性回归的理论方程为

$$\tilde{y} = \tilde{a}_0 + \tilde{a}_1 x_1 + \tilde{a}_2 x_2$$

根据理论回归方程，当给定 $\tilde{a}_0$、$\tilde{a}_1$、$\tilde{a}_2$ 和自变量 x 的取值时就可得到仿真实验的模拟观测值真值，由模拟观测值真值加上包含粗差的随机误差生成模拟观测值。以观测值 n=8、n=10(n 表示观测值个数)的二元线性回归模型为例，分别在三种不同误差影响模型、不同粗差大小 $\varepsilon=5\sigma_0$ 和 $\varepsilon=10\sigma_0$ 以及不同稳健估计方法(六种)的情形下进行仿真实验。在仿真实验中，选取服从正态分布 $N(0,1^2)$ 的随机误差。

观测值个数 n=8 的二元线性回归的模拟观测值真值 $(\tilde{y}_i, \tilde{x}_{i1}, \tilde{x}_{i2})(i=1,2,\cdots,8)$ 分别为[47](141.390, 11.70, 49.90)，(178.935, 7.90, 70.60)，(124.018, 28.90, 32.60)，(155.672, 28.40, 48.70)，(202.404, 30.60, 71.00)，(137.901, 49.60, 29.20)，(178.741, 50.10, 49.40)，(219.58, 49.60, 70.10)。理论回归方程为 $y = 30.0497 + 0.9987x_1 + 1.9971x_2$。

观测值个数 n=10 的二元线性回归的模拟观测值真值$(\tilde{y}_i,\tilde{x}_{i1},\tilde{x}_{i2})(i=1,2,\cdots,10)$分别为[44](151.140, −2.29, 31), (178.833, 1.61, 34), (190.665, 4.15, 38), (237.251, 9.41, 39), (243.503, 11.68, 44), (280.548, 16.25, 46), (307.392, 20.06, 49), (327.336, 23.46, 53), (387.020, 30.43, 55), (405.576, 33.04, 57)。理论回归方程为 $y=266.734+9.433x_1-3.032x_2$。

对于 n=8 的二元线性回归模型，粗差 $\varepsilon=5\sigma_0$ 和 $\varepsilon=10\sigma_0$ 时，RLS 法和 RTLS 法在三种误差影响模型中得到的回归系数的估值 $\hat{a}_0$、$\hat{a}_1$、$\hat{a}_2$ 及观测值估值 $\hat{y}$ 的残余真误差均方误差见表 8.17。由表 8.17 可计算得出 RTLS 法与 RLS 法的回归系数估值 $\hat{a}_0$、$\hat{a}_1$、$\hat{a}_2$ 以及观测值估值 $\hat{y}$ 的残余真误差均方误差比，如表 8.18 所示。

对于 n=10 的二元线性回归模型，粗差 $\varepsilon=5\sigma_0$ 和 $\varepsilon=10\sigma_0$ 时，RLS 法和 RTLS 法在三种误差影响模型中得到的回归系数的估值 $\hat{a}_0$、$\hat{a}_1$、$\hat{a}_2$ 及观测值估值 $\hat{y}$ 的残余真误差均方误差见表 8.19。由表 8.19 可计算得出 RTLS 法与 RLS 法的回归系数估值 $\hat{a}_0$、$\hat{a}_1$、$\hat{a}_2$ 以及观测值估值 $\hat{y}$ 的残余真误差均方误差比，如表 8.20 所示。

表 8.17　RLS 法和 RTLS 法参数估值的残余真误差均方误差($n=8$)

参数	S1	T1	S2	T2	S3	T3	S4	T4	S5	T5	S6	T6
Aa0(5)	1.98	2.37	2.39	2.49	2.18	2.71	2.16	2.18	2.43	2.79	2.12	2.84
Aa1(5)	0.03	0.04	0.03	0.03	0.03	0.04	0.03	0.03	0.04	0.04	0.03	0.04
Aa2(5)	0.03	0.03	0.03	0.04	0.03	0.04	0.03	0.03	0.04	0.04	0.03	0.04
Ay(5)	0.85	1.86	1.01	1.97	0.94	1.81	0.89	1.98	1.02	1.79	0.93	1.79
Aa0(10)	1.56	2.67	3.07	3.31	2.39	4.47	2.48	2.51	2.64	5.03	2.34	5.28
Aa1(10)	0.02	0.05	0.05	0.04	0.04	0.07	0.03	0.03	0.05	0.08	0.04	0.09
Aa2(10)	0.02	0.05	0.04	0.04	0.04	0.06	0.03	0.03	0.04	0.07	0.03	0.08
Ay(10)	0.65	3.53	1.34	3.64	1.01	3.37	1.03	3.64	1.20	3.30	0.97	3.31
Ba0(5)	4.47	4.45	4.78	5.33	4.29	4.59	4.60	6.25	4.41	4.73	4.24	4.48
Ba1(5)	0.07	0.06	0.07	0.07	0.06	0.07	0.07	0.09	0.06	0.07	0.06	0.07
Ba2(5)	0.07	0.07	0.07	0.08	0.06	0.06	0.07	0.08	0.07	0.07	0.06	0.07
By(5)	3.03	0.94	2.93	0.93	2.91	0.94	2.99	0.93	2.88	0.95	2.88	0.95
Ba0(10)	4.88	4.78	5.82	7.84	5.00	6.00	5.34	7.13	5.01	6.96	4.98	6.69
Ba1(10)	0.07	0.08	0.09	0.10	0.08	0.09	0.08	0.10	0.08	0.12	0.08	0.11
Ba2(10)	0.07	0.08	0.09	0.11	0.08	0.10	0.08	0.10	0.08	0.11	0.08	0.11
By(10)	5.19	0.97	4.81	0.93	4.93	1.07	5.12	0.94	5.05	1.10	4.97	1.09
Ca0(5)	4.30	4.01	4.11	4.90	4.12	3.91	4.19	5.25	4.11	3.95	4.13	3.89
Ca1(5)	0.06	0.06	0.06	0.06	0.06	0.06	0.06	0.07	0.06	0.06	0.06	0.06
Ca2(5)	0.06	0.06	0.06	0.07	0.06	0.06	0.06	0.07	0.06	0.06	0.06	0.06
Cy(5)	2.11	1.82	2.17	1.98	2.05	1.80	2.19	1.98	2.04	1.80	2.09	1.80

续表

参数	S1	T1	S2	T2	S3	T3	S4	T4	S5	T5	S6	T6
Ca0(10)	4.76	4.90	5.12	6.62	5.03	5.57	4.90	6.39	5.10	5.65	4.62	5.56
Ca1(10)	0.07	0.08	0.08	0.08	0.07	0.08	0.07	0.08	0.07	0.09	0.07	0.09
Ca2(10)	0.07	0.07	0.07	0.08	0.07	0.08	0.07	0.08	0.07	0.08	0.07	0.08
Cy(10)	2.33	3.44	2.53	3.65	2.47	3.34	2.43	3.64	2.47	3.30	2.39	3.30

注：Aa0(i)、Aa1(i)、Aa2(i)、Ay(i)表示当粗差 $\varepsilon=(i)\sigma_0$ 时第一种误差影响模型的回归系数和因变量，Ba0(i)、Ba1(i)、Ba2(i)、By(i)表示当粗差 $\varepsilon=(i)\sigma_0$ 时第二种误差影响模型的回归系数和因变量，Ca0(i)、Ca1(i)、Ca2(i)、Cy(i)表示当粗差 $\varepsilon=(i)\sigma_0$ 时第三种误差影响模型的回归系数和因变量，其中 $i=5,10$；S1 表示 RLS 得到的 Huber 法的 MSRTE，记为 S1(Huber 法)，同理有 S2(L1 法)、S3(Danish 法)、S4(German-McClure 法)、S5(IGG 方案)、S6(IGGIII 方案)；T1 表示 RTLS 得到的 Huber 法的 MSRTE，记为 T1(Huber 法)，同理有 T2(L1 法)、T3(Danish 法)、T4(German-McClure 法)、T5(IGG 方案)、T6(IGGIII 方案)。表 8.19、表 8.21、表 8.23、表 8.25、表 8.27、表 8.29 和表 8.31 中的数值含义与表 8.17 相同。

表 8.18　RTLS 法和 RLS 法参数估值的残余真误差均方误差比($n=8$)

参数	RR1	RR2	RR3	RR4	RR5	RR6
Aa0(5)	1.20	1.04	1.24	1.01	1.15	1.34
Aa1(5)	1.33	1.00	1.33	1.00	1.00	1.33
Aa2(5)	1.00	1.33	1.33	1.00	1.00	1.33
Ay(5)	2.19	1.95	1.93	2.22	1.75	1.92
Aa0(10)	1.71	1.08	1.87	1.01	1.91	2.26
Aa1(10)	2.50	0.80	1.75	1.00	1.60	2.25
Aa2(10)	2.50	1.00	1.50	1.00	1.75	2.67
Ay(10)	5.43	2.72	3.34	3.53	2.75	3.41
Ba0(5)	1.00	1.12	1.07	1.36	1.07	1.06
Ba1(5)	0.86	1.00	1.17	1.29	1.17	1.17
Ba2(5)	1.00	1.14	1.00	1.14	1.00	1.17
By(5)	0.31	0.32	0.32	0.31	0.33	0.33
Ba0(10)	0.98	1.35	1.20	1.34	1.39	1.34
Ba1(10)	1.14	1.11	1.13	1.25	1.50	1.38
Ba2(10)	1.14	1.22	1.25	1.25	1.38	1.38
By(10)	0.19	0.19	0.22	0.18	0.22	0.22
Ca0(5)	0.93	1.19	0.95	1.25	0.96	0.94
Ca1(5)	1.00	1.00	1.00	1.17	1.00	1.00
Ca2(5)	1.00	1.17	1.00	1.17	1.00	1.00
Cy(5)	0.86	0.91	0.88	0.90	0.88	0.86
Ca0(10)	1.03	1.29	1.11	1.30	1.11	1.20

续表

参数	RR1	RR2	RR3	RR4	RR5	RR6
Ca1(10)	1.14	1.00	1.14	1.14	1.29	1.29
Ca2(10)	1.00	1.14	1.14	1.14	1.14	1.14
Cy(10)	1.48	1.44	1.35	1.50	1.34	1.38

注：RRi 表示第 i 种稳健估计方法下 RTLS 法和 RLS 法的残余真误差均方误差之比，记为 RRi = Ti/Si，$i=1,2,\cdots,6$。表 8.20、表 8.22、表 8.24、表 8.26、表 8.28、表 8.30 和表 8.32 中的数值含义与表 8.18 相同。

表 8.19　RLS 法和 RTLS 法参数估值的残余真误差均方误差($n=10$)

参数	S1	T1	S2	T2	S3	T3	S4	T4	S5	T5	S6	T6
Aa0(5)	7.81	9.09	11.73	11.74	8.26	9.84	10.90	11.50	8.50	13.15	8.19	14.46
Aa1(5)	0.17	0.21	0.26	0.26	0.18	0.22	0.24	0.25	0.19	0.29	0.18	0.33
Aa2(5)	0.23	0.27	0.35	0.35	0.25	0.29	0.32	0.34	0.25	0.39	0.24	0.42
Ay(5)	0.60	1.81	0.85	1.82	0.60	1.82	0.78	1.82	0.64	1.83	0.62	1.86
Aa0(10)	7.65	7.86	15.71	17.90	7.72	7.73	11.02	13.00	7.43	28.43	8.09	40.22
Aa1(10)	0.17	0.18	0.35	0.39	0.17	0.17	0.25	0.29	0.17	0.67	0.18	1.02
Aa2(10)	0.23	0.23	0.47	0.52	0.23	0.23	0.33	0.38	0.22	0.86	0.24	1.22
Ay(10)	0.56	3.29	1.13	3.29	0.58	3.29	0.82	3.29	0.55	3.29	0.61	3.36
Ba0(5)	117.76	780.95	126.69	518.10	123.17	1081.40	121.16	265.14	118.14	1161.94	122.72	1451.04
Ba1(5)	2.65	17.42	2.85	10.97	2.74	24.39	2.70	5.88	2.63	25.39	2.74	31.93
Ba2(5)	3.50	23.43	3.76	15.33	3.66	32.50	3.59	7.91	3.51	34.69	3.64	43.54
By(5)	10.28	0.93	9.46	0.94	9.74	0.94	9.58	0.94	9.74	0.94	9.71	0.93
Ba0(10)	168.05	344.49	158.07	915.94	177.91	377.24	166.57	633.97	180.08	493.18	186.66	573.44
Ba1(10)	3.79	7.38	3.59	18.55	4.03	7.85	3.77	13.55	4.07	10.37	4.20	11.76
Ba2(10)	5.00	10.26	4.71	26.88	5.30	11.14	4.96	18.80	5.36	14.58	5.55	16.86
By(10)	12.73	0.94	10.92	0.94	11.63	0.95	12.29	0.95	11.72	0.94	11.67	0.93
Ca0(5)	91.96	136.79	87.60	295.60	90.11	124.59	91.13	287.39	88.36	116.13	91.30	413.34
Ca1(5)	2.08	3.00	1.95	6.33	2.01	2.74	2.04	6.41	2.00	2.54	2.07	8.27
Ca2(5)	2.75	4.05	2.62	8.62	2.70	3.70	2.73	8.55	2.65	3.43	2.74	11.96
Cy(5)	7.56	1.81	7.14	1.82	7.26	1.81	7.53	1.82	7.25	1.81	7.26	1.81
Ca0(10)	94.22	142.19	89.00	140.61	92.36	213.50	93.07	160.57	90.11	142.23	91.63	245.93
Ca1(10)	2.13	3.15	2.01	3.10	2.06	4.77	2.10	3.53	2.03	3.14	2.07	5.33
Ca2(10)	2.83	4.21	2.67	4.15	2.77	6.37	2.80	4.75	2.71	4.22	2.76	7.26
Cy(10)	7.83	3.28	7.12	3.29	7.26	3.28	7.67	3.29	7.40	3.27	7.45	3.28

表 8.20　RTLS 法和 RLS 法参数估值的残余真误差均方误差比($n=10$)

参数	RR1	RR2	RR3	RR4	RR5	RR6
Aa0(5)	1.16	1.00	1.19	1.06	1.55	1.77
Aa1(5)	1.24	1.00	1.22	1.04	1.53	1.83
Aa2(5)	1.17	1.00	1.16	1.06	1.56	1.75
Ay(5)	3.02	2.14	3.03	2.33	2.86	3.00
Aa0(10)	1.03	1.14	1.00	1.18	3.83	4.97
Aa1(10)	1.06	1.11	1.00	1.16	3.94	5.67
Aa2(10)	1.00	1.11	1.00	1.15	3.91	5.08
Ay(10)	5.88	2.91	5.67	4.01	5.98	5.51
Ba0(5)	6.63	4.09	8.78	2.19	9.84	11.82
Ba1(5)	6.57	3.85	8.90	2.18	9.65	11.65
Ba2(5)	6.69	4.08	8.88	2.20	9.88	11.96
By(5)	0.09	0.10	0.10	0.10	0.10	0.10
Ba0(10)	2.05	5.79	2.12	3.81	2.74	3.07
Ba1(10)	1.95	5.17	1.95	3.59	2.55	2.80
Ba2(10)	2.05	5.71	2.10	3.79	2.72	3.04
By(10)	0.07	0.09	0.08	0.08	0.08	0.08
Ca0(5)	1.49	3.37	1.38	3.15	1.31	4.53
Ca1(5)	1.44	3.25	1.36	3.14	1.27	4.00
Ca2(5)	1.47	3.29	1.37	3.13	1.29	4.36
Cy(5)	0.24	0.25	0.25	0.24	0.25	0.25
Ca0(10)	1.51	1.58	2.31	1.73	1.58	2.68
Ca1(10)	1.48	1.54	2.32	1.68	1.55	2.57
Ca2(10)	1.49	1.55	2.30	1.70	1.56	2.63
Cy(10)	0.42	0.46	0.45	0.43	0.44	0.44

2. 二元线性回归仿真实验结果分析

对于观测值的估值 $\hat{y}$，由表 8.18 和表 8.20 可知，对于观测值个数 n=8 和 n=10 的两个不同的二元线性回归模型，无论粗差选取 $\varepsilon=5\sigma_0$ 还是 $\varepsilon=10\sigma_0$ ，第一种误差影响模型下，RTLS 法和 RLS 法得到的观测值估值 $\hat{y}$ 的残余真误差均方误差比 $\mathrm{RR}i\geqslant1.75$ ，即 RLS 法相对于 RTLS 法更有效；第二种误差影响模型下，RTLS 法和 RLS 法得到的观测值估值 $\hat{y}$ 的残余真误差均方误差比 $\mathrm{RR}i\leqslant0.33$ ，RTLS 法相对于 RLS 法更有效；第三种误差影响模型下，当粗差选取 $\varepsilon=5\sigma_0$ 时，RTLS 法和 RLS 法得到的观测值估值 $\hat{y}$ 的残余真误差均方误差比 $\mathrm{RR}i\leqslant0.91$ ，RTLS 法相对于 RLS 法更有效；当粗差选取 $\varepsilon=10\sigma_0$ 时，RTLS 法和 RLS 法得到的观测值估

值 $\hat{y}$ 的残余真误差均方误差比 $0.42 \leqslant \mathrm{RR}i \leqslant 1.50$，很难说 RLS 法与 RTLS 法哪个更有效。

对于回归系数的估值，由表 8.18 和表 8.20 可知，在三种不同的误差影响模型下，对于观测值个数 n=8 和 n=10 两个不同的二元线性回归模型，无论粗差选取 $\varepsilon = 5\sigma_0$ 还是 $\varepsilon = 10\sigma_0$，RTLS 法和 RLS 法得到的回归系数的估值 $\hat{a}_0$、$\hat{a}_1$、$\hat{a}_2$ 的残余真误差均方误差比在绝大多数情况下 $\mathrm{RR}i > 1.0$、个别情况下 $\mathrm{RR}i$ 接近 1.0，因此就回归系数而言，RLS 法相对于 RTLS 法更有效。

综上所述，针对观测值个数 n=8 和 n=10 的两个不同的二元线性回归模型，就回归系数而言，RLS 法始终优于 RTLS 法。对于观测值的估值，第一种误差影响模型下，RLS 法优于 RTLS 法；第二种误差影响模型下，RTLS 法优于 RLS 法；第三种误差影响模型下，很难说 RLS 法与 RTLS 法哪个更有效。

8.4.2　稳健总体最小二乘法三元线性回归的相对有效性

1. 三元线性回归的仿真实验

三元线性回归理论方程为

$$\tilde{y} = \tilde{a}_0 + \tilde{a}_1 x_1 + \tilde{a}_2 x_2 + \tilde{a}_3 x_3$$

根据理论回归方程，当给定 $\tilde{a}_0$、$\tilde{a}_1$、$\tilde{a}_2$、$\tilde{a}_3$ 和自变量 x 的取值时就可得到仿真实验的模拟观测值真值，由模拟观测值真值加上包含粗差的随机误差生成模拟观测值。以观测值 n=8、n=10(n 表示观测值个数)的三元线性回归模型为例，分别在三种不同误差影响模型、不同粗差大小 $\varepsilon=5\sigma_0$ 和 $\varepsilon=10\sigma_0$ 以及不同稳健估计方法(六种)的情形下进行仿真实验。在仿真实验中，选取服从正态分布 $N(0,1^2)$ 的随机误差。

观测值个数 n=8 的三元线性回归的模拟观测值真值 $(\tilde{y}_i, \tilde{x}_{i1}, \tilde{x}_{i2}, \tilde{x}_{i3})$ $(i = 1,2,\cdots,8)$ 分别为[47](142.554, 237.30, 54.90, 12.10)，(120.755, 223.40, 43.20, 13.50)，(147.946, 288.40, 50.40, 19.20)，(145.895, 208.30, 53.50, 15.60)，(122.613, 222.70, 42.70, 15.00)，(150.704, 275.70, 52.50, 18.50)，(131.136, 280.10, 46.20, 15.10)，(148.317, 289.60, 53.00, 16.60)。理论回归方程为 $y = 0.8556 + 0.0187x_1 + 2.0729x_2 + 1.9387x_3$。

观测值个数 n=10 的三元线性回归的模拟观测值真值 $(\tilde{y}_i, \tilde{x}_{i1}, \tilde{x}_{i2}, \tilde{x}_{i3})$ $(i = 1,2,\cdots,10)$ 分别为[44](440.862, 0.00, 0.00, 0.00)，(569.146, 0.00, 32.00, 41.75)，(594.242, 22.83, 16.00, 41.75)，(610.455, 22.83, 32.00, 20.83)，(619.309, 45.65, 0.00, 41.75)，(635.522, 45.65, 16.00, 20.83)，(651.839, 45.65, 32.00, 0.00)，(659.512, 45.65, 16.00, 41.75)，(675.726, 45.65, 32.00, 20.83)，(699.716, 45.65, 32.00, 41.75)。理论回归方程为 $y = 440.862 + 2.860x_1 + 2.513x_2 + 1.147x_3$。

对于 n=8 的三元线性回归模型，粗差 $\varepsilon=5\sigma_0$ 和 $\varepsilon=10\sigma_0$ 时，RLS 法和 RTLS 法在三种误差影响模型中得到的回归系数的估值 $\tilde{a}_0$、$\tilde{a}_1$、$\tilde{a}_2$、$\tilde{a}_3$ 以及观测值估值 $\hat{y}$ 的残余真误差均方误差见表 8.21。由表 8.21 可计算得出 RTLS 法与 RLS 法的回归系数估值 $\tilde{a}_0$、$\tilde{a}_1$、$\tilde{a}_2$、$\tilde{a}_3$ 以及观测值估值 $\hat{y}$ 的残余真误差均方误差比，如表 8.22 所示。

对于 n=10 的三元线性回归模型，粗差 $\varepsilon=5\sigma_0$ 和 $\varepsilon=10\sigma_0$ 时，RLS 法和 RTLS 法在三种误差影响模型中得到的回归系数的估值 $\tilde{a}_0$、$\tilde{a}_1$、$\tilde{a}_2$、$\tilde{a}_3$ 以及观测值估值 $\hat{y}$ 的残余真误差均方误差见表 8.23。由表 8.23 可计算得出 RTLS 法与 RLS 法的回归系数估值 $\tilde{a}_0$、$\tilde{a}_1$、$\tilde{a}_2$、$\tilde{a}_3$ 以及观测值估值 $\hat{y}$ 的残余真误差均方误差比，如表 8.24 所示。

表 8.21 RLS 法和 RTLS 法参数估值的残余真误差均方误差($n=8$)

参数	S1	T1	S2	T2	S3	T3	S4	T4	S5	T5	S6	T6
Aa0(5)	6.54	19.37	6.09	39.76	7.18	37.07	5.67	36.83	7.24	10.63	7.21	13.05
Aa1(5)	0.02	0.03	0.02	0.04	0.02	0.05	0.02	0.04	0.02	0.02	0.02	0.03
Aa2(5)	0.13	0.29	0.12	0.50	0.14	0.52	0.12	0.50	0.14	0.18	0.13	0.20
Aa3(5)	0.32	0.46	0.27	0.52	0.34	0.59	0.30	0.50	0.36	0.40	0.34	0.42
Ay(5)	1.27	1.90	1.14	1.98	1.34	1.90	1.16	2.04	1.39	1.92	1.36	1.87
Aa0(10)	5.64	16.88	8.08	82.10	11.27	35.14	6.75	77.91	11.34	16.99	10.72	40.79
Aa1(10)	0.03	0.04	0.03	0.09	0.04	0.07	0.02	0.09	0.04	0.05	0.04	0.07
Aa2(10)	0.16	0.28	0.17	1.04	0.24	0.54	0.15	1.00	0.24	0.30	0.24	0.61
Aa3(10)	0.40	0.85	0.37	1.09	0.56	1.03	0.31	1.06	0.57	0.89	0.58	1.10
Ay(10)	1.45	3.46	1.56	3.98	2.18	3.52	1.33	3.82	2.23	3.50	2.19	3.50
Ba0(5)	12.48	153.46	13.89	169.88	12.95	102.38	16.64	248.56	13.28	129.16	12.97	89.03
Ba1(5)	0.04	0.24	0.05	0.14	0.04	0.11	0.05	0.27	0.05	0.12	0.04	0.14
Ba2(5)	0.22	2.09	0.27	2.53	0.24	1.49	0.30	3.10	0.24	1.68	0.23	1.35
Ba3(5)	0.69	1.19	0.69	2.99	0.70	1.89	0.73	9.31	0.69	2.89	0.69	1.31
By(5)	2.58	0.96	2.84	1.09	2.50	0.94	3.24	1.32	2.56	0.96	2.52	0.99
Ba0(10)	16.48	158.35	14.87	434.37	15.71	545.36	15.64	446.74	16.02	228.87	15.55	928.23
Ba1(10)	0.05	0.26	0.05	0.34	0.05	0.56	0.06	0.33	0.06	0.39	0.05	0.89
Ba2(10)	0.31	2.52	0.30	6.75	0.30	8.05	0.33	6.86	0.32	3.99	0.30	8.85
Ba3(10)	0.99	6.74	0.93	4.77	0.98	7.04	1.04	5.56	0.99	5.79	0.99	21.38
By(10)	3.54	1.01	3.75	1.19	3.44	0.99	4.18	1.37	3.50	0.98	3.28	0.99
Ca0(5)	32.09	79.30	37.85	164.73	30.99	187.14	39.18	64.46	32.00	144.57	32.38	256.36
Ca1(5)	3.33	0.11	3.48	0.10	3.37	0.19	3.59	0.08	3.29	0.16	3.29	0.27
Ca2(5)	2.15	1.20	2.20	2.64	2.18	2.74	2.30	0.93	2.11	1.95	2.13	3.44
Ca3(5)	2.14	1.22	2.25	1.37	2.15	1.42	2.36	1.28	2.10	1.65	2.13	2.13

续表

参数	S1	T1	S2	T2	S3	T3	S4	T4	S5	T5	S6	T6
Cy(5)	3.69	1.93	4.00	1.99	3.60	1.93	4.37	2.21	3.64	1.95	3.66	1.91
Ca0(10)	38.44	154.54	40.85	91.68	36.49	124.46	44.01	104.15	36.40	159.13	36.49	105.86
Ca1(10)	3.47	0.28	3.59	0.11	3.34	0.19	3.66	0.13	3.29	0.19	3.44	0.10
Ca2(10)	2.28	3.38	2.31	1.24	2.19	1.64	2.35	1.53	2.15	2.18	2.23	1.68
Ca3(10)	2.44	6.91	2.37	1.42	2.37	1.81	2.48	1.84	2.32	3.03	2.32	2.45
Cy(10)	4.34	3.53	4.50	3.85	4.17	3.53	4.78	3.90	4.21	3.52	4.29	3.52

表 8.22　RTLS 法和 RLS 法参数估值的残余真误差均方误差比($n=8$)

参数	RR1	RR2	RR3	RR4	RR5	RR6
Aa0(5)	2.96	6.53	5.16	6.50	1.47	1.81
Aa1(5)	1.50	2.00	2.50	2.00	1.00	1.50
Aa2(5)	2.23	4.17	3.71	4.17	1.29	1.54
Aa3(5)	1.44	1.93	1.74	1.67	1.11	1.24
Ay(5)	1.50	1.74	1.42	1.76	1.38	1.38
Aa0(10)	2.99	10.16	3.12	11.54	1.50	3.81
Aa1(10)	1.67	3.00	1.75	4.50	1.25	1.75
Aa2(10)	1.67	6.12	2.25	6.67	1.25	2.54
Aa3(10)	2.15	2.95	1.84	3.42	1.56	1.90
Ay(10)	2.39	2.55	1.61	2.87	1.57	1.60
Ba0(5)	12.29	12.23	7.91	14.94	9.73	6.86
Ba1(5)	5.54	2.80	2.75	5.40	2.40	3.50
Ba2(5)	9.57	9.37	6.21	10.33	7.00	5.87
Ba3(5)	1.74	4.33	2.70	12.75	4.19	1.90
By(5)	0.37	0.38	0.38	0.41	0.38	0.39
Ba0(10)	9.61	29.21	34.71	28.56	14.29	59.69
Ba1(10)	4.85	6.80	11.20	5.50	6.50	17.80
Ba2(10)	8.10	22.50	26.83	20.79	12.47	29.50
Ba3(10)	6.80	5.13	7.18	5.35	5.85	21.60
By(10)	0.29	0.32	0.29	0.33	0.28	0.30
Ca0(5)	2.47	4.35	6.04	1.65	4.52	7.92
Ca1(5)	0.03	0.03	0.06	0.02	0.05	0.08
Ca2(5)	0.56	1.20	1.26	0.40	0.92	1.62
Ca3(5)	0.57	0.61	0.66	0.54	0.79	1.00
Cy(5)	0.52	0.50	0.54	0.51	0.54	0.52
Ca0(10)	4.02	2.24	3.41	2.37	4.37	2.90

续表

参数	RR1	RR2	RR3	RR4	RR5	RR6
Ca1(10)	0.08	0.03	0.06	0.04	0.06	0.03
Ca2(10)	1.48	0.54	0.75	0.65	1.01	0.75
Ca3(10)	2.83	0.60	0.76	0.74	1.31	1.06
Cy(10)	0.81	0.86	0.85	0.82	0.84	0.82

表 8.23　RLS 法和 RTLS 法参数估值的残余真误差均方误差($n=10$)

参数	S1	T1	S2	T2	S3	T3	S4	T4	S5	T5	S6	T6
Aa0(5)	0.29	0.41	0.86	2.12	1.12	1.31	0.88	1.32	0.68	1.23	0.85	0.92
Aa1(5)	0.01	0.03	0.03	0.05	0.01	0.02	0.01	0.04	0.01	0.05	0.01	0.04
Aa2(5)	0.01	0.07	0.05	0.17	0.03	0.03	0.01	0.05	0.01	0.02	0.01	0.01
Aa3(5)	0.03	0.04	0.01	0.05	0.01	0.05	0.01	0.07	0.02	0.02	0.03	0.06
Ay(5)	0.51	1.72	1.42	3.35	0.48	1.91	0.46	1.92	0.51	1.78	0.57	1.73
Aa0(10)	0.62	1.26	0.67	2.53	0.99	3.30	0.67	3.26	0.89	1.04	0.81	2.56
Aa1(10)	0.01	0.04	0.01	0.04	0.02	0.03	0.01	0.06	0.03	0.06	0.01	0.05
Aa2(10)	0.06	0.08	0.02	0.04	0.03	0.07	0.03	0.07	0.03	0.05	0.01	0.05
Aa3(10)	0.03	0.05	0.02	0.12	0.01	0.06	0.02	0.05	0.01	0.05	0.03	0.03
Ay(10)	0.92	3.12	0.70	3.19	0.60	3.18	0.58	3.16	0.67	3.13	0.72	3.11
Ba0(5)	3.89	3.84	4.21	3.70	3.62	3.71	4.02	3.63	3.88	3.79	3.70	3.71
Ba1(5)	0.08	0.08	0.08	0.08	0.08	0.08	0.09	0.08	0.08	0.08	0.08	0.08
Ba2(5)	0.12	0.11	0.12	0.11	0.11	0.11	0.12	0.11	0.11	0.12	0.12	0.11
Ba3(5)	0.09	0.08	0.09	0.09	0.08	0.08	0.09	0.09	0.09	0.09	0.09	0.08
By(5)	4.53	0.96	4.34	0.97	4.33	0.98	4.53	0.97	4.28	0.97	4.34	0.98
Ba0(10)	4.54	5.26	5.00	5.24	4.91	5.54	4.68	5.22	4.83	5.31	4.77	5.35
Ba1(10)	0.09	0.12	0.10	0.12	0.10	0.12	0.10	0.12	0.10	0.12	0.10	0.13
Ba2(10)	0.14	0.18	0.15	0.17	0.15	0.19	0.15	0.17	0.15	0.18	0.15	0.18
Ba3(10)	0.10	0.13	0.11	0.13	0.11	0.14	0.11	0.13	0.12	0.13	0.11	0.13
By(10)	7.21	1.01	6.46	1.01	6.72	1.02	6.86	1.02	6.80	1.02	6.98	1.02
Ca0(5)	2.95	5.53	4.26	5.75	2.92	4.61	2.39	4.13	2.49	3.68	4.46	6.60
Ca1(5)	0.02	0.03	0.09	0.09	0.04	0.02	0.14	0.04	0.04	0.09	0.06	0.02
Ca2(5)	0.21	0.04	0.12	0.15	0.07	0.06	0.07	0.04	0.01	0.02	0.04	0.12
Ca3(5)	0.14	0.15	0.17	0.14	0.06	0.08	0.01	0.07	0.12	0.07	0.14	0.15
Cy(5)	2.97	1.74	3.37	1.66	3.02	1.67	3.38	1.68	3.81	1.70	5.92	1.78
Ca0(10)	3.07	4.88	2.65	3.91	3.31	4.38	2.31	5.14	5.00	6.03	3.20	4.88
Ca1(10)	0.06	0.05	0.12	0.02	0.04	0.01	0.03	0.13	0.07	0.04	0.18	0.05

续表

参数	S1	T1	S2	T2	S3	T3	S4	T4	S5	T5	S6	T6
Ca2(10)	0.12	0.12	0.03	0.10	0.04	0.05	0.12	0.08	0.21	0.18	0.08	0.12
Ca3(10)	0.11	0.07	0.14	0.22	0.08	0.04	0.08	0.09	0.04	0.05	0.07	0.07
Cy(10)	5.02	3.10	3.82	3.23	4.75	3.20	4.21	3.27	4.05	3.26	3.70	3.10

表 8.24　RTLS 法和 RLS 法参数估值的残余真误差均方误差比($n=10$)

参数	RR1	RR2	RR3	RR4	RR5	RR6
Aa0(5)	1.41	2.47	1.17	1.50	1.81	1.08
Aa1(5)	3.00	1.67	2.00	4.00	5.00	4.00
Aa2(5)	7.00	3.40	1.00	5.00	2.00	1.00
Aa3(5)	1.33	5.00	5.00	7.00	1.00	2.00
Ay(5)	3.37	2.36	3.98	4.17	3.49	3.04
Aa0(10)	2.03	3.78	3.33	4.87	1.17	3.16
Aa1(10)	4.00	4.00	1.50	6.00	2.00	5.00
Aa2(10)	1.33	2.00	2.33	2.33	1.67	5.00
Aa3(10)	1.67	6.00	6.00	2.50	5.00	1.00
Ay(10)	3.39	4.56	5.30	5.45	4.67	4.32
Ba0(5)	0.99	0.88	1.03	0.90	0.98	1.00
Ba1(5)	1.00	0.96	1.02	0.89	1.01	1.00
Ba2(5)	0.92	0.92	0.99	0.90	1.03	0.95
Ba3(5)	0.94	0.95	0.99	0.92	0.96	0.99
By(5)	0.21	0.22	0.23	0.21	0.23	0.23
Ba0(10)	1.16	1.05	1.13	1.12	1.10	1.12
Ba1(10)	1.30	1.17	1.21	1.21	1.22	1.26
Ba2(10)	1.33	1.16	1.25	1.16	1.19	1.24
Ba3(10)	1.28	1.18	1.23	1.16	1.16	1.18
By(10)	0.14	0.16	0.15	0.15	0.15	0.15
Ca0(5)	1.87	1.35	1.58	1.73	1.48	1.48
Ca1(5)	1.50	1.00	0.50	0.29	2.25	0.33
Ca2(5)	0.19	1.25	0.86	0.57	2.00	3.00
Ca3(5)	1.07	0.82	1.33	7.00	0.58	1.07
Cy(5)	0.59	0.59	0.55	0.50	0.45	0.30
Ca0(10)	1.59	1.48	1.32	2.23	1.21	1.53
Ca1(10)	0.83	0.17	0.25	4.33	0.57	0.28
Ca2(10)	1.00	3.33	1.25	0.67	0.86	1.50
Ca3(10)	0.64	1.57	0.50	1.13	1.25	1.00
Cy(10)	0.62	0.85	0.67	0.78	0.80	0.84

2. 三元线性回归仿真实验结果分析

对于观测值的估值$\hat{y}$，由表 8.22 和表 8.24 可知，对于观测值个数 n=8 和 n=10 的两个不同的三元线性回归模型，无论粗差选取$\varepsilon=5\sigma_0$还是$\varepsilon=10\sigma_0$，第一种误差影响模型下，RTLS 法和 RLS 法得到的观测值估值$\hat{y}$的残余真误差均方误差比 $\mathrm{RR}i\geqslant1.38$，RLS 法相对于 RTLS 法更有效；第二种误差影响模型下，RTLS 法和 RLS 法得到的观测值估值$\hat{y}$的残余真误差均方误差比$\mathrm{RR}i\leqslant0.41$，RTLS 法相对于 RLS 法更有效；第三种误差影响模型下，RTLS 法和 RLS 法得到的观测值估值$\hat{y}$的残余真误差均方误差比$\mathrm{RR}i\leqslant0.86$，RTLS 法相对于 RLS 法更有效。

对于回归系数的估值，由表 8.22 和表 8.24 可知，对于观测值个数 n=8 和 n=10 的两个不同的三元线性回归模型，无论粗差选取$\varepsilon=5\sigma_0$还是$\varepsilon=10\sigma_0$，第一种误差影响模型下，RTLS 法和 RLS 法得到的回归系数的估值$\hat{a}_0$、$\hat{a}_1$、$\hat{a}_2$、$\hat{a}_3$的残余真误差均方误差比$\mathrm{RR}i\geqslant1.0$，RLS 法相对于 RTLS 法更有效；第二种误差影响模型下，RTLS 法和 RLS 法得到的回归系数的估值$\hat{a}_0$、$\hat{a}_1$、$\hat{a}_2$、$\hat{a}_3$的残余真误差均方误差比在绝大多数情况下$\mathrm{RR}i\geqslant1.0$、个别情况下$\mathrm{RR}i$接近 1.0，RLS 法相对于 RTLS 法更有效；第三种误差影响模型下，RTLS 法和 RLS 法得到的回归系数的估值$\hat{a}_0$、$\hat{a}_1$、$\hat{a}_2$、$\hat{a}_3$的残余真误差均方误差比$0.02\leqslant\mathrm{RR}i\leqslant7.92$，很难说 RLS 法与 RTLS 法哪个更有效。

综上所述，针对观测值个数 n=8 和 n=10 两个不同的三元线性回归模型，就回归系数而言，第一种和第二种误差影响模型下，RLS 法优于 RTLS 法；第三种误差影响模型下，很难说 RLS 法和 RTLS 法哪个更有效。对于观测值的估值，第一种误差影响模型下，RLS 法优于 RTLS 法；第二种误差影响模型下，RTLS 法优于 RLS 法；第三种误差影响模型下，RTLS 法优于 RLS 法。

8.4.3　稳健总体最小二乘法四元线性回归的相对有效性

1. 四元线性回归的仿真实验

四元线性回归理论方程为

$$\tilde{y}=\tilde{a}_0+\tilde{a}_1x_1+\tilde{a}_2x_2+\tilde{a}_3x_3+\tilde{a}_4x_4$$

根据理论回归方程，当给定$\tilde{a}_0$、$\tilde{a}_1$、$\tilde{a}_2$、$\tilde{a}_3$、$\tilde{a}_4$和自变量 x 的取值时就可得到仿真实验的模拟观测值真值，由模拟观测值真值加上包含粗差的随机误差生成模拟观测值。以观测值 n=10、n=12(n 表示观测值个数)的四元线性回归模型为例，分别在三种不同误差影响模型、不同粗差大小ε=5σ_0和ε=10σ_0以及不同稳健估计方法(六种)的情形下进行仿真实验。在仿真实验中，选取服从正态分布$N(0,1^2)$的随机误差。

观测值个数 n=10 的四元线性回归的模拟观测值真值

$(\tilde{y}_i,\tilde{x}_{i1},\tilde{x}_{i2},\tilde{x}_{i3},\tilde{x}_{i4})(i=1,2,\cdots,10)$ 分别为[47](216.115, 113, 24, 30, 27)，(273.761, 152, 34, 30, 21)，(319.073, 186, 40, 27, 18)，(339.239, 198, 46, 27, 18)，(350.319, 201, 55, 27, 18)，(359.107, 204, 61, 27, 21)，(367.772, 207, 67, 27, 21)，(371.606, 210, 67, 27, 21)，(380.703, 213, 70, 30, 21)，(356.815, 204, 58, 27, 24)。理论回归方程为 $y=22.7898+1.2780x_1+0.8051x_2+0.9394x_3+0.0411x_4$。

观测值个数 n=12 的四元线性回归的模拟观测值真值 $(\tilde{y}_i,\tilde{x}_{i1},\tilde{x}_{i2},\tilde{x}_{i3},\tilde{x}_{i4})(i=1,2,\cdots,12)$ 分别为[44](134.374, 34.58, 3.0, 8210, 1838)，(137.044, 37.72, 3.5, 8250, 1800)，(137.642, 15.54, 3.5, 8250, 1800)，(139.950, 29.55, 4.5, 8080, 1720)，(144.938, 33.35, 4.5, 8510, 1740)，(145.388, 25.87, 5.0, 8260, 1740)，(147.065, 18.87, 5.0, 8310, 1729)，(168.193, 21.07, 3.5, 8210, 3530)，(170.589, 29.45, 3.0, 8410, 3720)，(179.005, 33.46, 4.5, 8400, 3700)，(180.198, 27.35, 5.0, 8450, 3560)，(183.172, 23.85, 5.0, 8450, 3720)。理论回归方程为 $y=-6.074-0.027x_1+5.996x_2+0.011x_3+0.018x_4$。

对于 n=10 的四元线性回归模型，粗差 $\varepsilon=5\sigma_0$ 和 $\varepsilon=10\sigma_0$ 时，RLS 法和 RTLS 法在三种误差影响模型中得到的回归系数的估值 $\hat{a}_0$、$\hat{a}_1$、$\hat{a}_2$、$\hat{a}_3$、$\hat{a}_4$ 以及观测值估值 $\hat{y}$ 的残余真误差均方误差见表 8.25。由表 8.25 可计算得出 RTLS 法与 RLS 法的回归系数估值 $\hat{a}_0$、$\hat{a}_1$、$\hat{a}_2$、$\hat{a}_3$、$\hat{a}_4$ 以及观测值估值 $\hat{y}$ 的残余真误差均方误差比，如表 8.26 所示。

对于 n=12 的四元线性回归模型，粗差 $\varepsilon=5\sigma_0$ 和 $\varepsilon=10\sigma_0$ 时，RLS 法和 RTLS 法在三种误差影响模型中得到的回归系数的估值 $\hat{a}_0$、$\hat{a}_1$、$\hat{a}_2$、$\hat{a}_3$、$\hat{a}_4$ 以及观测值估值 $\hat{y}$ 的残余真误差均方误差见表 8.27。由表 8.27 可计算得出 RTLS 法与 RLS 法的回归系数估值 $\hat{a}_0$、$\hat{a}_1$、$\hat{a}_2$、$\hat{a}_3$、$\hat{a}_4$ 以及观测值估值 $\hat{y}$ 的残余真误差均方误差比，如表 8.28 所示。

表 8.25　RLS 法和 RTLS 法参数估值的残余真误差均方误差($n=10$)

参数	S1	T1	S2	T2	S3	T3	S4	T4	S5	T5	S6	T6
Aa0(5)	21.32	566.06	24.01	235.69	21.93	1461.61	22.91	203.37	23.41	109.69	21.88	102.34
Aa1(5)	0.06	0.93	0.08	0.59	0.07	4.02	0.07	0.51	0.07	0.30	0.07	0.28
Aa2(5)	0.10	0.92	0.12	0.77	0.10	5.71	0.11	0.68	0.12	0.43	0.10	0.40
Aa3(5)	0.43	15.17	0.47	4.40	0.45	26.45	0.47	4.00	0.46	2.13	0.44	1.98
Aa4(5)	0.26	1.53	0.29	2.11	0.25	12.61	0.28	1.95	0.27	0.93	0.28	0.87
Ay(5)	1.05	1.75	1.21	1.84	1.09	1.71	1.17	1.84	1.15	1.71	1.11	1.71
Aa0(10)	29.03	3674.84	34.51	759.73	30.72	2376.61	31.75	451.56	30.24	1519.34	29.29	2200.21
Aa1(10)	0.09	5.75	0.10	1.57	0.09	5.68	0.10	1.06	0.09	3.85	0.09	5.54

续表

参数	S1	T1	S2	T2	S3	T3	S4	T4	S5	T5	S6	T6
Aa2(10)	0.12	5.38	0.15	1.81	0.12	7.86	0.16	1.36	0.12	5.42	0.11	7.78
Aa3(10)	0.53	100.55	0.71	16.81	0.57	50.80	0.63	9.60	0.56	30.61	0.54	44.58
Aa4(10)	0.34	7.99	0.36	4.77	0.34	14.30	0.39	3.71	0.36	10.57	0.34	15.09
Ay(10)	1.43	3.29	1.74	3.30	1.41	3.28	1.59	3.30	1.37	3.28	1.40	3.28
Ba0(5)	29.76	614.61	32.17	258.72	30.45	260.53	34.40	277.01	29.11	201.20	29.86	156.18
Ba1(5)	0.09	1.41	0.10	0.68	0.09	0.69	0.11	0.89	0.09	0.52	0.09	0.47
Ba2(5)	0.15	1.61	0.16	0.93	0.14	1.05	0.17	1.36	0.15	0.72	0.15	0.70
Ba3(5)	0.64	12.27	0.68	4.77	0.66	5.45	0.75	3.84	0.66	4.21	0.64	2.87
Ba4(5)	0.35	4.72	0.39	2.30	0.35	2.08	0.42	3.96	0.35	1.88	0.35	1.60
By(5)	1.61	0.91	1.69	0.94	1.56	0.91	1.83	0.94	1.55	0.92	1.58	0.93
Ba0(10)	37.58	3178.56	38.26	762.70	34.74	1042.34	37.66	370.83	34.44	236.43	36.19	355.68
Ba1(10)	0.12	10.81	0.11	1.65	0.11	2.51	0.12	0.97	0.11	0.65	0.11	0.91
Ba2(10)	0.19	16.21	0.18	2.27	0.18	3.62	0.19	1.36	0.18	0.99	0.18	1.29
Ba3(10)	0.79	48.20	0.82	16.23	0.75	21.56	0.85	6.90	0.74	4.75	0.80	7.27
Ba4(10)	0.41	33.17	0.43	4.88	0.39	8.22	0.42	3.69	0.39	2.04	0.40	2.87
By(10)	2.11	0.91	2.05	0.96	2.05	0.91	2.23	0.93	2.05	0.91	2.05	0.92
Ca0(5)	30.98	358.25	34.12	389.28	31.35	353.97	33.56	385.41	31.83	321.75	31.52	203.96
Ca1(5)	0.10	0.89	0.11	1.07	0.10	1.00	0.11	1.08	0.10	0.84	0.10	0.58
Ca2(5)	0.16	1.30	0.17	1.48	0.16	1.39	0.19	1.55	0.16	1.25	0.16	0.85
Ca3(5)	0.63	7.44	0.70	6.83	0.65	6.07	0.70	6.66	0.67	6.47	0.67	3.93
Ca4(5)	0.40	3.00	0.43	3.56	0.41	3.83	0.45	3.84	0.40	2.87	0.41	1.91
Cy(5)	1.72	1.75	1.80	1.81	1.70	1.74	1.86	1.83	1.70	1.74	1.72	1.73
Ca0(10)	39.31	1733.56	44.09	793.40	38.22	1425.23	41.64	670.09	40.32	756.38	41.68	1427.57
Ca1(10)	0.13	5.06	0.15	2.13	0.13	3.69	0.15	1.91	0.13	2.01	0.13	3.91
Ca2(10)	0.20	7.38	0.24	3.25	0.21	5.17	0.22	2.80	0.21	2.91	0.21	5.46
Ca3(10)	0.83	30.99	0.85	14.86	0.80	30.16	0.83	11.19	0.83	14.75	0.86	26.27
Ca4(10)	0.51	16.05	0.58	7.95	0.50	11.45	0.57	7.40	0.53	7.16	0.55	12.55
Cy(10)	2.18	3.25	2.37	3.31	2.19	3.25	2.31	3.29	2.29	3.25	2.25	3.24

表 8.26　RTLS 法和 RLS 法参数估值的残余真误差均方误差比($n = 10$)

参数	RR1	RR2	RR3	RR4	RR5	RR6
Aa0(5)	26.55	9.82	66.65	8.88	4.69	4.68
Aa1(5)	14.42	7.38	57.43	7.29	4.29	4.00
Aa2(5)	9.62	6.42	57.10	6.18	3.58	4.00
Aa3(5)	34.94	9.36	58.78	8.51	4.63	4.50

续表

参数	RR1	RR2	RR3	RR4	RR5	RR6
Aa4(5)	5.99	7.28	50.44	6.96	3.44	3.11
Ay(5)	1.67	1.52	1.57	1.57	1.49	1.54
Aa0(10)	126.59	22.01	77.36	14.22	50.24	75.12
Aa1(10)	63.89	15.70	63.11	10.60	42.78	61.56
Aa2(10)	44.83	12.07	65.50	8.50	45.17	70.73
Aa3(10)	189.72	23.68	89.12	15.24	54.66	82.56
Aa4(10)	23.50	13.25	42.06	9.51	29.36	44.38
Ay(10)	2.30	1.90	2.33	2.08	2.39	2.34
Ba0(5)	20.65	8.04	8.56	8.05	6.91	5.23
Ba1(5)	15.40	6.80	7.67	8.09	5.78	5.22
Ba2(5)	10.72	5.81	7.50	8.00	4.80	4.67
Ba3(5)	19.03	7.01	8.26	5.12	6.38	4.48
Ba4(5)	13.43	5.90	5.94	9.43	5.37	4.57
By(5)	0.56	0.56	0.58	0.51	0.59	0.59
Ba0(10)	84.59	19.93	30.00	9.85	6.86	9.83
Ba1(10)	92.31	15.00	22.82	8.08	5.91	8.27
Ba2(10)	86.85	12.61	20.11	7.16	5.50	7.17
Ba3(10)	61.05	19.79	28.75	8.12	6.42	9.09
Ba4(10)	81.39	11.35	21.08	8.79	5.23	7.18
By(10)	0.43	0.47	0.44	0.42	0.44	0.45
Ca0(5)	11.56	11.41	11.29	11.48	10.11	6.47
Ca1(5)	8.98	9.73	10.00	9.82	8.40	5.80
Ca2(5)	8.06	8.71	8.69	8.16	7.81	5.31
Ca3(5)	11.79	9.76	9.34	9.51	9.66	5.87
Ca4(5)	7.45	8.28	9.34	8.53	7.18	4.66
Cy(5)	1.02	1.01	1.02	0.98	1.02	1.01
Ca0(10)	44.10	18.00	37.29	16.09	18.76	34.25
Ca1(10)	40.01	14.20	28.38	12.73	15.46	30.08
Ca2(10)	36.58	13.54	24.62	12.73	13.86	26.00
Ca3(10)	37.25	17.48	37.70	13.48	17.77	30.55
Ca4(10)	31.44	13.71	22.90	12.98	13.51	22.82
Cy(10)	1.49	1.40	1.48	1.42	1.42	1.44

表 8.27　RLS 法和 RTLS 法参数估值的残余真误差均方误差($n=12$)

参数	S1	T1	S2	T2	S3	T3	S4	T4	S5	T5	S6	T6
Aa0(5)	11.51	27.27	14.42	18.79	11.20	26.57	13.63	17.20	11.24	30.79	11.25	28.20
Aa1(5)	0.16	0.37	0.20	0.24	0.15	0.37	0.19	0.21	0.16	0.44	0.15	0.38

续表

参数	S1	T1	S2	T2	S3	T3	S4	T4	S5	T5	S6	T6
Aa2(5)	0.10	0.22	0.13	0.16	0.10	0.22	0.12	0.15	0.10	0.25	0.10	0.23
Aa3(5)	0.31	0.68	0.35	0.44	0.32	0.65	0.35	0.45	0.29	0.73	0.30	0.70
Aa4(5)	0.16	0.34	0.18	0.25	0.16	0.31	0.18	0.24	0.16	0.35	0.16	0.34
Ay(5)	0.89	1.64	1.01	1.69	0.89	1.62	1.00	1.70	0.87	1.60	0.89	1.60
Aa0(10)	14.25	401.68	18.21	369.51	13.84	611.26	15.83	446.10	13.35	626.31	14.25	534.06
Aa1(10)	0.17	5.56	0.26	3.56	0.17	8.53	0.21	4.25	0.17	8.75	0.17	7.43
Aa2(10)	0.13	2.76	0.16	3.61	0.12	4.21	0.14	4.41	0.12	4.29	0.13	3.68
Aa3(10)	0.40	10.89	0.47	4.77	0.43	16.42	0.42	5.76	0.39	16.78	0.41	14.18
Aa4(10)	0.22	4.75	0.24	4.19	0.21	7.14	0.23	5.10	0.20	7.28	0.22	6.20
Ay(10)	1.18	3.01	1.36	2.72	1.19	3.02	1.26	3.42	1.13	3.01	1.21	3.01
Ba0(5)	19.22	87.66	18.71	37.18	18.61	69.25	19.74	35.28	18.69	67.44	18.93	47.27
Ba1(5)	0.30	1.24	0.30	0.51	0.31	0.93	0.30	0.49	0.29	0.97	0.31	0.62
Ba2(5)	0.18	0.68	0.18	0.33	0.17	0.49	0.19	0.32	0.18	0.50	0.18	0.36
Ba3(5)	0.40	2.23	0.38	0.71	0.40	1.93	0.42	0.68	0.37	1.78	0.38	1.24
Ba4(5)	0.21	0.93	0.21	0.39	0.20	0.84	0.22	0.40	0.20	0.77	0.20	0.59
By(5)	1.50	0.90	1.55	1.16	1.51	0.90	1.59	1.22	1.45	0.90	1.49	0.88
Ba0(10)	23.51	89.04	23.12	41.63	23.58	68.63	22.01	53.95	23.76	63.28	23.64	84.23
Ba1(10)	0.38	1.17	0.37	0.58	0.37	0.88	0.37	0.75	0.39	0.84	0.38	1.12
Ba2(10)	0.23	0.60	0.23	0.38	0.23	0.50	0.23	0.47	0.22	0.45	0.23	0.58
Ba3(10)	0.46	3.18	0.43	0.74	0.44	1.85	0.43	1.10	0.46	1.78	0.45	2.35
Ba4(10)	0.24	1.25	0.24	0.42	0.24	0.87	0.23	0.58	0.23	0.81	0.24	1.08
By(10)	1.77	0.91	1.73	1.17	1.73	0.91	1.87	1.27	1.73	0.91	1.74	0.90
Ca0(5)	19.46	123.35	20.65	48.70	19.78	77.47	20.40	66.05	18.84	60.12	19.87	148.31
Ca1(5)	0.30	1.50	0.32	0.65	0.30	1.10	0.30	0.84	0.30	0.87	0.30	2.05
Ca2(5)	0.19	0.93	0.19	0.43	0.19	0.53	0.20	0.60	0.18	0.44	0.19	1.02
Ca3(5)	0.43	2.93	0.48	0.91	0.44	2.22	0.46	1.30	0.42	1.67	0.43	4.03
Ca4(5)	0.23	1.59	0.25	0.52	0.24	0.96	0.25	0.73	0.23	0.71	0.24	1.80
Cy(5)	1.57	1.62	1.65	1.81	1.58	1.59	1.69	1.84	1.55	1.59	1.57	1.60
Ca0(10)	19.34	586.34	24.15	151.32	20.40	647.00	22.60	224.57	19.76	383.99	20.36	320.65
Ca1(10)	0.30	8.47	0.35	1.78	0.31	7.92	0.33	2.72	0.31	5.81	0.30	4.46
Ca2(10)	0.19	3.95	0.24	1.35	0.20	4.26	0.22	1.91	0.20	2.45	0.20	2.24
Ca3(10)	0.47	16.32	0.55	2.62	0.50	17.58	0.54	4.46	0.49	11.36	0.49	8.64
Ca4(10)	0.27	6.73	0.29	1.73	0.28	8.96	0.29	2.52	0.26	4.33	0.27	3.80
Cy(10)	1.75	2.99	1.95	2.89	1.79	2.95	1.95	3.28	1.77	2.97	1.78	2.97

表 8.28　RTLS 法和 RLS 法参数估值的残余真误差均方误差比($n=12$)

参数	RR1	RR2	RR3	RR4	RR5	RR6
Aa0(5)	2.37	1.30	2.37	1.26	2.74	2.51
Aa1(5)	2.31	1.20	2.47	1.11	2.75	2.53
Aa2(5)	2.20	1.23	2.20	1.25	2.50	2.30
Aa3(5)	2.19	1.26	2.03	1.29	2.52	2.33
Aa4(5)	2.13	1.39	1.94	1.33	2.19	2.13
Ay(5)	1.84	1.67	1.82	1.70	1.84	1.80
Aa0(10)	28.19	20.29	44.17	28.18	46.91	37.48
Aa1(10)	32.71	13.69	50.18	20.24	51.47	43.71
Aa2(10)	21.23	22.56	35.08	31.50	35.75	28.31
Aa3(10)	27.23	10.15	38.19	13.71	43.03	34.59
Aa4(10)	21.59	17.46	34.00	22.17	36.40	28.18
Ay(10)	2.55	2.00	2.54	2.71	2.66	2.49
Ba0(5)	4.56	1.99	3.72	1.79	3.61	2.50
Ba1(5)	4.13	1.70	3.00	1.63	3.34	2.00
Ba2(5)	3.78	1.83	2.88	1.68	2.78	2.00
Ba3(5)	5.58	1.87	4.83	1.62	4.81	3.26
Ba4(5)	4.43	1.86	4.20	1.82	3.85	2.95
By(5)	0.60	0.75	0.60	0.77	0.62	0.59
Ba0(10)	3.79	1.80	2.91	2.45	2.66	3.56
Ba1(10)	3.06	1.57	2.38	2.03	2.15	2.95
Ba2(10)	2.66	1.65	2.17	2.04	2.05	2.52
Ba3(10)	6.96	1.72	4.20	2.56	3.87	5.22
Ba4(10)	5.27	1.75	3.63	2.52	3.52	4.50
By(10)	0.51	0.68	0.53	0.68	0.53	0.52
Ca0(5)	6.34	2.36	3.92	3.24	3.19	7.46
Ca1(5)	5.00	2.03	3.67	2.80	2.90	6.83
Ca2(5)	4.89	2.26	2.79	3.00	2.44	5.37
Ca3(5)	6.81	1.90	5.05	2.83	3.98	9.37
Ca4(5)	6.91	2.08	4.00	2.92	3.09	7.50
Cy(5)	1.03	1.10	1.01	1.09	1.03	1.02
Ca0(10)	30.32	6.27	31.72	9.94	19.43	15.75
Ca1(10)	28.55	5.09	25.55	8.24	18.74	14.87
Ca2(10)	20.71	5.63	21.30	8.68	12.25	11.20
Ca3(10)	34.74	4.76	35.16	8.26	23.18	17.63
Ca4(10)	25.34	5.97	32.00	8.69	16.65	14.07
Cy(10)	1.71	1.48	1.65	1.68	1.68	1.67

2. 四元线性回归仿真实验结果分析

对于观测值的估值 $\hat{y}$，由表 8.26 和表 8.28 可知，对于观测值个数 n=10 和 n=12 的两个不同的四元线性回归模型，无论粗差选取 $\varepsilon=5\sigma_0$ 还是 $\varepsilon=10\sigma_0$，第一种误差影响模型下，RTLS 法和 RLS 法得到的观测值估值 $\hat{y}$ 的残余真误差均方误差比 $\mathrm{RR}i \geqslant 1.49$，RLS 法相对于 RTLS 法更有效；第二种误差影响模型下，RTLS 法和 RLS 法得到的观测值估值 $\hat{y}$ 的残余真误差均方误差比 $\mathrm{RR}i \leqslant 0.77$，RTLS 法相对于 RLS 法更有效；第三种误差影响模型下，RTLS 法和 RLS 法得到的观测值估值 $\hat{y}$ 的残余真误差均方误差比在绝大多数情况下 $\mathrm{RR}i \geqslant 1.0$，RLS 法相对于 RTLS 法更有效。

对于回归系数的估值，由表 8.26 和表 8.28 可知，在三种不同的误差影响模型下，对于观测值个数 n=10 和 n=12 的两个不同的四元线性回归模型，无论粗差选取 $\varepsilon=5\sigma_0$ 还是 $\varepsilon=10\sigma_0$，RTLS 法和 RLS 法得到的回归系数的估值 $\hat{a}_0$、$\hat{a}_1$、$\hat{a}_2$、$\hat{a}_3$、$\hat{a}_4$ 的残余真误差均方误差比 $\mathrm{RR}i \geqslant 1.0$，因此就回归系数而言，RLS 法相对于 RTLS 法更有效。

综上所述，针对观测值个数 n=10 和 n=12 的两个不同的四元线性回归模型，就回归系数而言，RLS 法始终优于 RTLS 法。对于观测值的估值，第一种误差影响模型下，RLS 法优于 RTLS 法；第二种误差影响模型下，RTLS 法优于 RLS 法；第三种误差影响模型下，RLS 法优于 RTLS 法。

8.4.4 稳健总体最小二乘法五元线性回归的相对有效性

1. 五元线性回归的仿真实验

五元线性回归理论方程为

$$\tilde{y} = \tilde{a}_0 + \tilde{a}_1 x_1 + \tilde{a}_2 x_2 + \tilde{a}_3 x_3 + \tilde{a}_4 x_4 + \tilde{a}_5 x_5$$

根据理论回归方程，当给定 $\tilde{a}_0$、$\tilde{a}_1$、$\tilde{a}_2$、$\tilde{a}_3$、$\tilde{a}_4$、$\tilde{a}_5$ 和自变量 x 的取值时就可得到仿真实验的模拟观测值真值，由模拟观测值真值加上包含粗差的随机误差就生成模拟观测值。以观测值 n=12、n=14(n 表示观测值个数)的五元线性回归模型为例，分别在三种不同误差影响模型、不同稳健估计方法(六种)以及不同粗差大小 $\varepsilon=5\sigma_0$ 和 $\varepsilon=10\sigma_0$ 的情形下进行仿真实验。在仿真实验中，选取服从正态分布 $N(0,1^2)$ 的随机误差。

观测值个数 n=12 的五元线性回归的模拟观测值真值 $(\tilde{y}_i, \tilde{x}_{i1}, \tilde{x}_{i2}, \tilde{x}_{i3}, \tilde{x}_{i4}, \tilde{x}_{i5})(i=1,2,\cdots,12)$ 分别为[47](116.899, 29.0, 63.0, 3.3, 76.0, 10.2)，(171.974, 50.0, 44.0, 7.8, 128.8, 16.1)，(211.073, 82.0, 133.0, 11.8, 158.6, 16.3)，(265.063, 131.0, 168.0, 15.6, 187.9, 19.3)，(321.123, 238.0, 178.0, 21.1, 146.3, 23.1)，(434.495, 354.0, 221.0, 35.8, 165.0, 44.4)，(633.030, 470.0, 322.0, 96.1, 280.0, 87.7)，

(790.376, 626.0, 332.0, 96.1, 280.0, 87.7)，(868.931, 680.0, 556.0, 128.5, 275.6, 98.9)，(461.828, 353.0, 244.0, 67.6, 109.5, 55.8)，(403.896, 313.0, 179.0, 50.8, 101.5, 60.3)，(457.451, 352.0, 248.0, 55.4, 142.3, 71.8)。理论回归方程为 $y=51.5343+0.6561x_1-0.0784x_2+1.9297x_3+0.5822x_4+0.0649x_5$。

观测值个数 n=14 的五元线性回归的模拟观测值真值 $(\tilde{y}_i,\tilde{x}_{i1},\tilde{x}_{i2},\tilde{x}_{i3},\tilde{x}_{i4},\tilde{x}_{i5})(i=1,2,\cdots,14)$ 分别为[47](136.849, 470.0, 322.0, 73.1, 262.2, 71.8)，(173.937, 626.0, 332.0, 96.1, 280.0, 87.7)，(275.318, 680.0, 556.0, 128.5, 275.6, 98.9)，(205.988, 353.0, 244.0, 67.6, 109.5, 55.8)，(192.565, 313.0, 179.0, 50.8, 101.5, 60.3)，(200.520, 352.0, 248.0, 55.4, 142.3, 71.8)，(220.782, 453.0, 378.0, 71.4, 203.8, 88.0)，(327.870, 495.0, 788.0, 112.0, 265.6, 104.5)，(420.188, 597.0, 1016.0, 158.9, 331.8, 125.1)，(361.184, 478.0, 749.0, 108.6, 239.0, 114.2)，(275.232, 117.0, 402.0, 51.0, 175.6, 90.3)，(320.226, 360.0, 733.0, 131.4, 272.0, 80.5)，(554.364, 620.0, 1386.0, 255.4, 362.8, 103.0)，(770.127, 970.0, 2470.0, 313.1, 415.3, 141.8)。理论回归方程为 $y=69.8911-0.1868x_1+0.1160x_2+1.7410x_3-0.6758x_4+2.3305x_5$。

对于 n=12 的五元线性回归模型，粗差 $\varepsilon=5\sigma_0$ 和 $\varepsilon=10\sigma_0$ 时，RLS 法和 RTLS 法在三种误差影响模型中得到的回归系数的估值 $\hat{a}_0$、$\hat{a}_1$、$\hat{a}_2$、$\hat{a}_3$、$\hat{a}_4$、$\hat{a}_5$ 以及观测值估值 $\hat{y}$ 的残余真误差均方误差见表 8.29。由表 8.29 可计算得出 RTLS 法与 RLS 法的回归系数估值 $\hat{a}_0$、$\hat{a}_1$、$\hat{a}_2$、$\hat{a}_3$、$\hat{a}_4$、$\hat{a}_5$ 以及观测值估值 $\hat{y}$ 的残余真误差均方误差比，如表 8.30 所示。

对于 n=14 的五元线性回归模型，粗差 ε=5σ_0 和 ε=10σ_0 时，RLS 法和 RTLS 法在三种误差影响模型中得到的回归系数的估值 $\hat{a}_0$、$\hat{a}_1$、$\hat{a}_2$、$\hat{a}_3$、$\hat{a}_4$、$\hat{a}_5$ 以及观测值估值 $\hat{y}$ 的残余真误差均方误差见表 8.31。由表 8.31 可计算得出 RTLS 法与 RLS 法的回归系数估值 $\hat{a}_0$、$\hat{a}_1$、$\hat{a}_2$、$\hat{a}_3$、$\hat{a}_4$、$\hat{a}_5$ 以及观测值估值 $\hat{y}$ 的残余真误差均方误差比，如表 8.32 所示。

表 8.29　RLS 法和 RTLS 法参数估值的残余真误差均方误差($n=12$)

参数	S1	T1	S2	T2	S3	T3	S4	T4	S5	T5	S6	T6
Aa0(5)	1.31	1.50	1.43	1.50	1.36	1.55	1.41	1.49	1.34	1.53	1.32	1.64
Aa1(5)	0.01	0.01	0.01	0.01	0.01	0.01	0.01	0.01	0.01	0.01	0.01	0.01
Aa2(5)	0.01	0.01	0.01	0.01	0.01	0.01	0.01	0.01	0.01	0.01	0.01	0.01
Aa3(5)	0.06	0.07	0.06	0.07	0.06	0.07	0.07	0.07	0.06	0.06	0.06	0.07
Aa4(5)	0.01	0.01	0.01	0.01	0.01	0.01	0.01	0.01	0.01	0.01	0.01	0.01
Aa5(5)	0.06	0.06	0.06	0.06	0.06	0.06	0.06	0.07	0.06	0.07	0.06	0.06
Ay(5)	1.06	1.59	1.18	1.72	1.11	1.59	1.22	1.72	1.09	1.58	1.07	1.59

续表

参数	S1	T1	S2	T2	S3	T3	S4	T4	S5	T5	S6	T6
Aa0(10)	1.27	2.05	1.77	1.91	1.48	2.35	1.58	1.67	1.56	2.76	1.45	2.86
Aa1(10)	0.01	0.02	0.01	0.01	0.01	0.02	0.01	0.01	0.01	0.02	0.01	0.02
Aa2(10)	0.01	0.02	0.02	0.02	0.02	0.02	0.02	0.01	0.02	0.02	0.01	0.03
Aa3(10)	0.07	0.11	0.08	0.09	0.08	0.11	0.08	0.09	0.08	0.13	0.08	0.14
Aa4(10)	0.01	0.02	0.01	0.01	0.01	0.02	0.01	0.01	0.01	0.02	0.01	0.02
Aa5(10)	0.07	0.09	0.08	0.08	0.08	0.11	0.08	0.08	0.08	0.11	0.08	0.13
Ay(10)	1.30	2.88	1.57	3.04	1.38	2.86	1.50	3.04	1.37	2.80	1.33	2.82
Ba0(5)	2.48	2.26	2.61	2.78	2.38	2.28	2.82	2.98	2.44	2.30	2.49	2.33
Ba1(5)	0.02	0.01	0.02	0.02	0.01	0.02	0.02	0.02	0.01	0.02	0.02	0.01
Ba2(5)	0.02	0.02	0.02	0.02	0.02	0.02	0.02	0.02	0.02	0.02	0.02	0.02
Ba3(5)	0.10	0.09	0.11	0.11	0.10	0.10	0.12	0.14	0.10	0.10	0.10	0.10
Ba4(5)	0.02	0.02	0.02	0.02	0.02	0.02	0.02	0.02	0.02	0.02	0.02	0.02
Ba5(5)	0.10	0.10	0.11	0.11	0.10	0.10	0.11	0.14	0.10	0.10	0.10	0.09
By(5)	2.04	0.95	2.10	0.98	1.95	0.96	2.23	0.97	1.90	0.95	1.94	0.95
Ba0(10)	2.72	2.56	2.89	2.70	2.66	2.84	2.99	3.17	2.56	2.90	2.68	2.78
Ba1(10)	0.02	0.02	0.02	0.02	0.02	0.02	0.02	0.02	0.02	0.02	0.02	0.02
Ba2(10)	0.02	0.02	0.02	0.02	0.02	0.02	0.02	0.03	0.02	0.02	0.02	0.02
Ba3(10)	0.12	0.11	0.13	0.13	0.12	0.12	0.13	0.14	0.11	0.13	0.11	0.12
Ba4(10)	0.02	0.02	0.02	0.02	0.02	0.02	0.02	0.02	0.02	0.02	0.02	0.02
Ba5(10)	0.11	0.12	0.12	0.12	0.11	0.12	0.12	0.14	0.10	0.13	0.11	0.13
By(10)	2.64	0.96	2.66	0.97	2.54	0.98	2.77	0.97	2.42	0.99	2.50	0.97
Ca0(5)	2.69	2.43	2.77	2.94	2.52	2.49	2.80	3.14	2.35	2.38	2.55	2.50
Ca1(5)	0.02	0.02	0.02	0.02	0.02	0.02	0.02	0.02	0.02	0.02	0.02	0.02
Ca2(5)	0.02	0.02	0.02	0.02	0.02	0.02	0.02	0.02	0.02	0.02	0.02	0.02
Ca3(5)	0.11	0.10	0.12	0.12	0.10	0.11	0.13	0.14	0.10	0.10	0.10	0.10
Ca4(5)	0.02	0.02	0.02	0.02	0.02	0.02	0.02	0.02	0.02	0.02	0.02	0.02
Ca5(5)	0.11	0.10	0.11	0.12	0.10	0.10	0.12	0.13	0.10	0.10	0.10	0.11
Cy(5)	2.04	1.62	2.15	1.72	1.95	1.60	2.32	1.73	1.94	1.61	1.96	1.61
Ca0(10)	2.88	3.35	3.18	3.51	2.97	3.30	3.09	3.81	2.93	3.46	2.99	3.45
Ca1(10)	0.02	0.02	0.02	0.02	0.02	0.02	0.03	0.03	0.02	0.02	0.02	0.02
Ca2(10)	0.02	0.03	0.03	0.03	0.02	0.03	0.03	0.03	0.02	0.03	0.02	0.03
Ca3(10)	0.13	0.15	0.14	0.15	0.14	0.14	0.15	0.19	0.14	0.14	0.13	0.15
Ca4(10)	0.02	0.02	0.02	0.02	0.02	0.02	0.03	0.03	0.02	0.02	0.02	0.02
Ca5(10)	0.12	0.14	0.14	0.15	0.13	0.14	0.16	0.16	0.13	0.14	0.13	0.15
Cy(10)	2.42	2.84	2.60	3.04	2.41	2.82	2.81	3.04	2.41	2.80	2.46	2.81

表 8.30　RTLS 法和 RLS 法参数估值的残余真误差均方误差比($n=12$)

参数	RR1	RR2	RR3	RR4	RR5	RR6
Aa0(5)	1.15	1.05	1.14	1.06	1.14	1.24
Aa1(5)	1.00	1.00	1.00	1.00	1.00	1.00
Aa2(5)	1.00	1.00	1.00	1.00	1.00	1.00
Aa3(5)	1.17	1.17	1.17	1.00	1.00	1.17
Aa4(5)	1.00	1.00	1.00	1.00	1.00	1.00
Aa5(5)	1.00	1.00	1.00	1.17	1.17	1.00
Ay(5)	1.50	1.46	1.43	1.41	1.45	1.49
Aa0(10)	1.61	1.08	1.59	1.06	1.77	1.97
Aa1(10)	2.00	1.00	2.00	1.00	2.00	2.00
Aa2(10)	2.00	1.00	1.00	0.50	1.00	3.00
Aa3(10)	1.57	1.13	1.38	1.13	1.63	1.75
Aa4(10)	2.00	1.00	2.00	1.00	2.00	2.00
Aa5(10)	1.29	1.00	1.38	1.00	1.38	1.63
Ay(10)	2.22	1.94	2.07	2.03	2.04	2.12
Ba0(5)	0.91	1.07	0.96	1.06	0.94	0.94
Ba1(5)	0.50	1.00	2.00	1.00	2.00	0.50
Ba2(5)	1.00	1.00	1.00	1.00	1.00	1.00
Ba3(5)	0.90	1.00	1.00	1.17	1.00	1.00
Ba4(5)	1.00	1.00	1.00	1.00	1.00	1.00
Ba5(5)	1.00	1.00	1.00	1.27	1.00	0.90
By(5)	0.47	0.47	0.49	0.43	0.50	0.49
Ba0(10)	0.94	0.93	1.07	1.06	1.13	1.04
Ba1(10)	1.00	1.00	1.00	1.00	1.00	1.00
Ba2(10)	1.00	1.00	1.00	1.50	1.00	1.00
Ba3(10)	0.92	1.00	1.00	1.08	1.18	1.09
Ba4(10)	1.00	1.00	1.00	1.00	1.00	1.00
Ba5(10)	1.09	1.00	1.09	1.17	1.30	1.18
By(10)	0.36	0.36	0.39	0.35	0.41	0.39
Ca0(5)	0.90	1.06	0.99	1.12	1.01	0.98
Ca1(5)	1.00	1.00	1.00	1.00	1.00	1.00
Ca2(5)	1.00	1.00	1.00	1.00	1.00	1.00
Ca3(5)	0.91	1.00	1.10	1.08	1.00	1.00
Ca4(5)	1.00	1.00	1.00	1.00	1.00	1.00
Ca5(5)	0.91	1.09	1.00	1.08	1.00	1.10
Cy(5)	0.79	0.80	0.82	0.75	0.83	0.82

续表

参数	RR1	RR2	RR3	RR4	RR5	RR6
Ca0(10)	1.16	1.10	1.11	1.23	1.18	1.15
Ca1(10)	1.00	1.00	1.00	1.00	1.00	1.00
Ca2(10)	1.50	1.00	1.50	1.00	1.50	1.50
Ca3(10)	1.15	1.07	1.00	1.27	1.00	1.15
Ca4(10)	1.00	1.00	1.00	1.00	1.00	1.00
Ca5(10)	1.17	1.07	1.08	1.00	1.08	1.15
Cy(10)	1.17	1.17	1.17	1.08	1.16	1.14

表 8.31　RLS 法和 RTLS 法参数估值的残余真误差均方误差($n = 14$)

参数	S1	T1	S2	T2	S3	T3	S4	T4	S5	T5	S6	T6
Aa0(5)	1.31	1.50	1.43	1.50	1.36	1.55	1.41	1.49	1.34	1.53	1.32	1.64
Aa1(5)	0.01	0.01	0.01	0.01	0.01	0.01	0.01	0.01	0.01	0.01	0.01	0.01
Aa2(5)	0.01	0.01	0.01	0.01	0.01	0.01	0.01	0.01	0.01	0.01	0.01	0.01
Aa3(5)	0.06	0.07	0.06	0.07	0.06	0.07	0.07	0.07	0.06	0.06	0.06	0.07
Aa4(5)	0.01	0.01	0.01	0.01	0.01	0.01	0.01	0.01	0.01	0.01	0.01	0.01
Aa5(5)	0.06	0.06	0.06	0.06	0.06	0.06	0.06	0.07	0.06	0.07	0.06	0.06
Ay(5)	1.06	1.59	1.18	1.72	1.11	1.59	1.22	1.72	1.09	1.58	1.07	1.59
Aa0(10)	1.27	2.05	1.77	1.91	1.48	2.35	1.58	1.67	1.56	2.76	1.45	2.86
Aa1(10)	0.01	0.02	0.01	0.01	0.01	0.02	0.01	0.01	0.01	0.02	0.01	0.02
Aa2(10)	0.01	0.02	0.02	0.02	0.02	0.02	0.02	0.01	0.02	0.02	0.01	0.03
Aa3(10)	0.07	0.11	0.08	0.09	0.08	0.11	0.08	0.09	0.08	0.13	0.08	0.14
Aa4(10)	0.01	0.02	0.01	0.01	0.01	0.02	0.01	0.01	0.01	0.02	0.01	0.02
Aa5(10)	0.07	0.09	0.08	0.08	0.08	0.11	0.08	0.08	0.08	0.11	0.08	0.13
Ay(10)	1.30	2.88	1.57	3.04	1.38	2.86	1.50	3.04	1.37	2.80	1.33	2.82
Ba0(5)	2.48	2.26	2.61	2.78	2.38	2.28	2.82	2.98	2.44	2.30	2.49	2.33
Ba1(5)	0.02	0.01	0.02	0.02	0.01	0.02	0.02	0.02	0.01	0.02	0.02	0.01
Ba2(5)	0.02	0.02	0.02	0.02	0.02	0.02	0.02	0.02	0.02	0.02	0.02	0.02
Ba3(5)	0.10	0.09	0.11	0.11	0.10	0.10	0.12	0.14	0.10	0.10	0.10	0.10
Ba4(5)	0.02	0.02	0.02	0.02	0.02	0.02	0.02	0.02	0.02	0.02	0.02	0.02
Ba5(5)	0.10	0.10	0.11	0.11	0.10	0.10	0.11	0.14	0.10	0.10	0.10	0.09
By(5)	2.04	0.95	2.10	0.98	1.95	0.96	2.23	0.97	1.90	0.95	1.94	0.95
Ba0(10)	2.72	2.56	2.89	2.70	2.66	2.84	2.99	3.17	2.56	2.90	2.68	2.78
Ba1(10)	0.02	0.02	0.02	0.02	0.02	0.02	0.02	0.02	0.02	0.02	0.02	0.02
Ba2(10)	0.02	0.02	0.02	0.02	0.02	0.02	0.02	0.03	0.02	0.02	0.02	0.02
Ba3(10)	0.12	0.11	0.13	0.13	0.12	0.12	0.13	0.14	0.11	0.13	0.11	0.12

续表

参数	S1	T1	S2	T2	S3	T3	S4	T4	S5	T5	S6	T6
Ba4(10)	0.02	0.02	0.02	0.02	0.02	0.02	0.02	0.02	0.02	0.02	0.02	0.02
Ba5(10)	0.11	0.12	0.12	0.12	0.11	0.12	0.12	0.14	0.10	0.13	0.11	0.13
By(10)	2.64	0.96	2.66	0.97	2.54	0.98	2.77	0.97	2.42	0.99	2.50	0.97
Ca0(5)	2.69	2.43	2.77	2.94	2.52	2.49	2.80	3.14	2.35	2.38	2.55	2.50
Ca1(5)	0.02	0.02	0.02	0.02	0.02	0.02	0.02	0.02	0.02	0.02	0.02	0.02
Ca2(5)	0.02	0.02	0.02	0.02	0.02	0.02	0.02	0.02	0.02	0.02	0.02	0.02
Ca3(5)	0.11	0.10	0.12	0.12	0.10	0.11	0.13	0.14	0.10	0.10	0.10	0.10
Ca4(5)	0.02	0.02	0.02	0.02	0.02	0.02	0.02	0.02	0.02	0.02	0.02	0.02
Ca5(5)	0.11	0.10	0.11	0.12	0.10	0.10	0.12	0.13	0.10	0.10	0.10	0.11
Cy(5)	2.04	1.62	2.15	1.72	1.95	1.60	2.32	1.73	1.94	1.61	1.96	1.61
Ca0(10)	2.88	3.35	3.18	3.51	2.97	3.30	3.09	3.81	2.93	3.46	2.99	3.45
Ca1(10)	0.02	0.02	0.02	0.02	0.02	0.02	0.03	0.03	0.02	0.02	0.02	0.02
Ca2(10)	0.02	0.03	0.03	0.03	0.02	0.03	0.03	0.03	0.02	0.03	0.02	0.03
Ca3(10)	0.13	0.15	0.14	0.15	0.14	0.14	0.15	0.19	0.14	0.14	0.13	0.15
Ca4(10)	0.02	0.02	0.02	0.02	0.02	0.02	0.03	0.03	0.02	0.02	0.02	0.02
Ca5(10)	0.12	0.14	0.14	0.15	0.13	0.14	0.16	0.16	0.13	0.14	0.13	0.15
Cy(10)	2.42	2.84	2.60	3.04	2.41	2.82	2.81	3.04	2.41	2.80	2.46	2.81

表 8.32　RTLS 法和 RLS 法参数估值的残余真误差均方误差比($n=14$)

参数	RR1	RR2	RR3	RR4	RR5	RR6
Aa0(5)	1.22	1.02	1.23	1.05	1.26	1.30
Aa1(5)	1.00	1.00	1.00	0.75	1.33	1.33
Aa2(5)	1.00	1.00	1.00	1.00	1.00	1.00
Aa3(5)	1.10	0.96	1.09	1.00	1.09	1.17
Aa4(5)	1.22	0.91	1.10	1.00	1.22	1.33
Aa5(5)	1.20	1.03	1.13	0.73	1.16	1.23
Ay(5)	1.82	1.59	1.78	1.63	1.74	1.72
Aa0(10)	1.23	1.06	1.36	0.95	2.47	2.19
Aa1(10)	1.00	1.00	1.67	1.00	2.33	2.67
Aa2(10)	1.33	1.00	1.33	1.00	2.00	2.33
Aa3(10)	1.19	1.06	1.19	1.03	1.79	2.35
Aa4(10)	1.38	1.00	1.44	1.00	2.44	2.75
Aa5(10)	1.32	1.00	1.33	0.93	2.17	2.33
Ay(10)	2.81	1.99	2.79	2.36	2.74	2.82
Ba0(5)	0.87	1.11	0.96	0.98	0.96	0.90

续表

参数	RR1	RR2	RR3	RR4	RR5	RR6
Ba1(5)	0.88	1.00	0.88	1.00	0.88	0.88
Ba2(5)	0.86	1.00	1.00	1.00	1.00	1.00
Ba3(5)	0.91	1.09	1.00	1.03	0.96	0.96
Ba4(5)	0.89	1.11	0.96	1.07	0.92	0.92
Ba5(5)	0.88	1.10	0.98	1.07	0.96	0.89
By(5)	0.32	0.35	0.33	0.33	0.34	0.34
Ba0(10)	0.95	1.15	1.09	1.17	1.11	1.09
Ba1(10)	1.13	1.00	1.13	1.10	1.13	1.13
Ba2(10)	1.00	1.00	1.14	1.13	1.14	1.00
Ba3(10)	1.02	1.05	1.05	0.97	1.08	1.10
Ba4(10)	0.96	1.00	1.12	0.80	1.12	1.12
Ba5(10)	1.00	1.11	1.09	1.07	1.16	1.16
By(10)	0.25	0.27	0.26	0.26	0.25	0.25
Ca0(5)	0.85	1.14	0.86	1.06	0.89	0.83
Ca1(5)	0.88	1.13	1.00	0.90	1.00	0.88
Ca2(5)	0.86	1.17	0.86	0.78	1.00	0.86
Ca3(5)	0.96	0.98	0.98	0.83	0.98	1.02
Ca4(5)	0.85	0.96	0.96	0.86	0.92	0.88
Ca5(5)	0.87	1.06	0.89	0.84	0.90	0.85
Cy(5)	0.58	0.61	0.60	0.59	0.61	0.60
Ca0(10)	0.89	1.10	0.89	0.93	0.95	0.92
Ca1(10)	0.89	1.00	0.89	0.26	1.00	1.00
Ca2(10)	0.88	1.00	1.00	0.88	1.14	1.14
Ca3(10)	0.92	0.96	1.05	0.25	1.10	1.05
Ca4(10)	0.97	0.97	1.00	0.43	0.97	1.00
Ca5(10)	0.87	0.98	0.93	0.15	0.98	0.97
Cy(10)	0.91	0.95	0.92	0.88	0.94	0.93

2. 五元线性回归仿真实验结果分析

对于观测值的估值 $\hat{y}$，由表 8.30 和表 8.32 可知，对于观测值个数 n=12 和 n=14 的两个不同的五元线性回归模型，无论粗差选取 $\varepsilon=5\sigma_0$ 还是 $\varepsilon=10\sigma_0$，第一种误差影响模型下，RTLS 法和 RLS 法得到的观测值估值 $\hat{y}$ 的残余真误差均方误差比 RR$i\geqslant1.41$，RLS 法相对于 RTLS 法更有效；第二种误差影响模型下，RTLS 法和 RLS 法得到的观测值估值 $\hat{y}$ 的残余真误差均方误差比 RR$i\leqslant0.50$，RTLS 法相对于

RLS 法更有效；第三种误差影响模型下，RTLS 法和 RLS 法得到的观测值估值 $\hat{y}$ 的残余真误差均方误差比 $0.58 \leqslant \mathrm{RR}i \leqslant 1.17$，很难说 RLS 法与 RTLS 法哪个更有效。

对于回归系数的估值，由表 8.30 和表 8.32 可知，在三种不同的误差影响模型下，对于观测值个数 n=12 和 n=14 两个不同的五元线性回归模型，无论粗差选取 $\varepsilon=5\sigma_0$ 还是 $\varepsilon=10\sigma_0$，RTLS 法和 RLS 法得到的回归系数的估值 $\hat{a}_0$、$\hat{a}_1$、$\hat{a}_2$、$\hat{a}_3$、$\hat{a}_4$、$\hat{a}_5$ 的残余真误差均方误差比在绝大多数情况下 $\mathrm{RR}i > 1.0$、个别情况下 RRi 接近 1.0 或小于 1.0，因此就回归系数而言，RLS 法相对于 RTLS 法更有效。

综上所述，针对观测值个数 n=12 和 n=14 的两个不同的五元线性回归模型，就回归系数而言，RLS 法始终优于 RTLS 法。对于观测值的估值，第一种误差影响模型下，RLS 法优于 RTLS 法；第二种误差影响模型下，RTLS 法优于 RLS 法；第三种误差影响模型下，很难说 RLS 法与 RTLS 法哪个更有效。

8.5　稳健总体最小二乘法线性回归的相对有效性总结

本章通过模拟一元至五元线性回归模型，在三种不同的误差影响模型、不同观测值个数、不同粗差大小以及不同稳健估计方法(六种)下分别进行仿真实验，通过 RTLS 法和 RLS 法得出的观测值估值及回归系数估值的残余真误差均方误差比来判定 RLS 法和 RTLS 法在线性回归中的相对有效性。

仿真实验结果表明：

对于一元线性回归，无论哪种误差影响模型，当一元线性回归模型的斜率较小(约为 tan15°)时，很难说 RLS 法和 RTLS 法哪个更有效；当一元线性回归模型的斜率较大(约为 tan45°或 tan75°)时，第一和第三种误差影响模型下，RLS 法优于 RTLS 法；第二种误差影响模型下，RTLS 法优于 RLS 法。

对于二元至五元线性回归，第一种误差影响模型下，RLS 法优于 RTLS 法；第二种误差影响模型下，RTLS 法优于 RLS 法；第三种误差影响模型下，很难说 RLS 法与 RTLS 法哪个更有效。

第 9 章　最小二乘法线性回归的估值漂移

线性回归通常采用相关系数或复相关系数和复判定系数来检验回归方程的拟合程度，相关系数或复相关系数和复判定系数越趋近于 1，说明因变量和自变量的线性关系越密切，回归方程的有效性越好。然而，在实践中发现，LS 法或其他参数估计方法解算一元或多元线性回归系数时，存在回归系数估值明显偏离其真值的现象，即使相关系数或复相关系数和复判定系数都趋近于 1，也存在回归系数估值明显偏离其真值的现象。观测值估值或回归系数的估值显著地偏离其真值的现象称为估值漂移。本章对线性回归中观测值和回归系数估值漂移相关的问题进行讨论[61]。

9.1　参数的估值漂移和检验方法

1. 参数估值的相对真误差和估值漂移

用 $\tilde{L}_k$ 表示参数 L_k 的真值，$\hat{L}_k$ 表示利用参数估计方法得到的参数 L_k 的估值。参数估值的相对真误差为

$$d_k = \left| \frac{\tilde{L}_k - \hat{L}_k}{\tilde{L}_k} \right| \times 100\% \tag{9-1}$$

定义 9-1　用参数估计方法得到的参数的估值显著地偏离其真值的现象称为参数的估值漂移(estimated value drift，EVD)。

当 $d_k > \bar{d}$ 时就认为是“估值显著地偏离其真值”。不同的用途时可对 $\bar{d}$ 赋予不同的值。当 $d_k \approx \bar{d} = 50\%$ 或 $d_k \leqslant \bar{d} = 50\%$ 时，参数估值的有效数字为 1 位；当 $d_k \approx \bar{d} = 10\%$ 或 $d_k < \bar{d} = 10\%$ 时，参数估值的有效数字为 2 位；当 $d_k \approx \bar{d} = 1\%$ 或 $d_k \leqslant \bar{d} = 1\%$ 时，参数估值的有效数字为 3 位；当 $d_k \approx \bar{d} = 0.1\%$ 或 $d_k \leqslant \bar{d} = 0.1\%$ 时，参数估值的有效数字为 4 位；当 $d_k > \bar{d} = 50\%$ 时，参数估值的有效数字只有 1 位，而且还是可疑数字，称为参数具有显著的估值漂移。在线性回归中，d_k 表示观测值估值的相对真误差或回归系数估值的相对真误差。

2. 判定参数估值漂移的初步方法

实践表明，在线性回归中，当观测值母体的均方误差大到一定程度时，回归

系数的估值就可能出现估值漂移现象，当观测值母体的均方误差小到一定程度时，回归系数的估值就不会出现估值漂移现象。用 σ_0 表示观测值母体的均方误差；$|\overline{y}|$ 表示参与回归计算的观测值绝对值的平均值；ω 表示待定系数，称为均方误差系数，通过实验的方法确定。对于给定的估值漂移指标 $\overline{d}$ ，当

$$\sigma_0 > \omega|\overline{y}| \tag{9-2}$$

时就认为回归系数估值可能产生估值漂移。

定义 9-2　ω 称为均方误差系数，要通过实验的方法确定。

在实际应用中用观测值的验后均方误差 $\hat{\sigma}_0$ 代替观测值母体的均方误差 σ_0 。用回归系数估值的相对均方误差检验参数的估值漂移。用 $\hat{b}_i$ 和 $\hat{\sigma}_{bi}$ 表示参数估计方法得到的参数的估值及其对应的均方误差，t 表示回归系数的个数，ξ 与估值漂移指标 $\overline{d}$ 相关，通过仿真实验确定。对于给定的估值漂移指标 $\overline{d}$ ，当

$$w_{bi} = \left|\frac{\hat{\sigma}_{bi}}{\hat{b}_i}\right| \times 100\% > \xi\,,\quad i = 0,1,2,\cdots,t-1 \tag{9-3}$$

时就认为回归系数估值可能产生估值漂移。

定义 9-3　$w_{bi}\,(i = 0,1,2,\cdots,t-1)$称为回归系数估值的相对均方误差。

3. 有关系数的确定

采用仿真实验的方法确定有关系数，仿真实验基本方法参见本书第 1 章的内容，其他说明如下。

(1) 用正态分布随机函数生成服从 $N(0,\sigma_{0i}^2)$ 分布的模拟真误差，观测值真值加真误差生成模拟观测值，σ_{0i}=$\omega_i|\overline{y}|$ (观测值绝对值平均值的 ω_i 倍)。

(2) 对每组模拟观测值用 LS 法(或其他参数估计方法)计算回归系数估值 $\hat{b}_i$ 、模拟观测值的均方误差估值 $\hat{\sigma}_0$ 、回归系数估值的均方误差 $\hat{\sigma}_{bj}$ 、回归系数估值的相对真误差 $d_i = \left|\frac{\tilde{b}_i - \hat{b}_i}{\tilde{b}_i}\right| \times 100\%$ 和回归系数估值的相对均方误差 $w_{bi} = \left|\frac{\hat{\sigma}_{bi}}{\hat{b}_i}\right| \times 100\%$ ，其中 $i = 0,1,\cdots,t-1$ 。

(3) 对回归系数估值相对真误差条件 $d_i \leqslant \overline{d}_k$ 、回归系数估值相对均方误差条件 $w_{bi} \leqslant \xi_k$ 和 $d_i \leqslant \overline{d}_k$ 并且 $w_{bi} \leqslant \xi_k$ 的情形分别进行数量统计，其中 $i = 0,1,\cdots,t-1$ 。取 $\overline{d}_k = \xi_k$=50%、10%、1%。

(4) 仿真实验次数 S=3000 次。每个 σ_{0i} 仿真实验完成后分别计算满足条件 $d_i \leqslant \overline{d}_k$ 、$w_{bi} \leqslant \xi_k$ 和 $d_i \leqslant \overline{d}_k$ 并且 $w_{bi} \leqslant \xi_k$ 的百分数，其中 $i = 0,1,\cdots,t-1$ 。

9.2 最小二乘法线性回归的估值漂移现象

9.2.1 线性回归的计算

线性回归方程的一般形式为

$$\hat{y}=\hat{b}_0+\hat{b}_1x_1+\hat{b}_2x_2+\cdots+\hat{b}_{t-1}x_{t-1} \tag{9-4}$$

误差方程为

$$v_i=\hat{b}_0+x_{i1}\hat{b}_1+x_{i2}\hat{b}_2+\cdots+x_{i(t-1)}\hat{b}_{t-1}-y_i,\quad i=1,2,\cdots,n \tag{9-5}$$

$$\begin{bmatrix} v_1 \\ v_2 \\ \vdots \\ v_n \end{bmatrix}=\begin{bmatrix} 1 & x_{11} & x_{12} & \cdots & x_{1(t-1)} \\ 1 & x_{21} & x_{22} & \cdots & x_{2(t-1)} \\ \vdots & \vdots & \vdots & & \vdots \\ 1 & x_{n1} & x_{n2} & \cdots & x_{n(t-1)} \end{bmatrix}\begin{bmatrix} \hat{b}_0 \\ \hat{b}_1 \\ \vdots \\ \hat{b}_{t-1} \end{bmatrix}-\begin{bmatrix} y_1 \\ y_2 \\ \vdots \\ y_n \end{bmatrix} \tag{9-6}$$

式中，$\hat{b}_0$，$\hat{b}_1$，$\hat{b}_2,\cdots,\hat{b}_{t-1}$是回归系数，$t$表示未知数的个数；$y_i$表示观测值(因变量)；$x_{i1}$，$x_{i2},\cdots,x_{i(t-1)}$相当于自变量；$v_i=\hat{y}_i-y_i$是观测值$y_i$的残差，$\hat{y}_i$是观测值$y_i$的估值；$n$表示观测值的数量。

由 LS 法得线性回归的法方程为

$$\begin{bmatrix} \sum(1) & \sum(x_{i1}) & \sum(x_{i2}) & \cdots & \sum\left(x_{i(t-1)}\right) \\ \sum(x_{i1}) & \sum(x_{i1}x_{i1}) & \sum(x_{i1}x_{i2}) & \cdots & \sum\left(x_{i1}x_{i(t-1)}\right) \\ \vdots & \vdots & \vdots & & \vdots \\ \sum\left(x_{i(t-1)}\right) & \sum\left(x_{i(t-1)}x_{i1}\right) & \sum\left(x_{i(t-1)}x_{i2}\right) & \cdots & \sum\left(x_{i(t-1)}x_{i(t-1)}\right) \end{bmatrix}\begin{bmatrix} \hat{b}_0 \\ \hat{b}_1 \\ \vdots \\ \hat{b}_{t-1} \end{bmatrix}-\begin{bmatrix} \sum(y_i) \\ \sum(x_{i1}y_i) \\ \vdots \\ \sum\left(x_{i(t-1)}y_i\right) \end{bmatrix}=0 \tag{9-7}$$

线性回归的法方程系数矩阵为

$$N=\begin{bmatrix} N_{b0b0} & N_{b0b1} & N_{b0b2} & \cdots & N_{b0b(t-1)} \\ N_{b1b0} & N_{b1b1} & N_{b1b2} & \cdots & N_{b1b(t-1)} \\ \vdots & \vdots & \vdots & & \vdots \\ N_{b(t-1)b0} & N_{b(t-1)b1} & N_{b(t-1)b2} & \cdots & N_{b(t-1)b(t-1)} \end{bmatrix}$$

$$=\begin{bmatrix} \sum(1) & \sum(x_{i1}) & \sum(x_{i2}) & \cdots & \sum\left(x_{i(t-1)}\right) \\ \sum(x_{i1}) & \sum(x_{i1}x_{i1}) & \sum(x_{i1}x_{i2}) & \cdots & \sum\left(x_{i1}x_{i(t-1)}\right) \\ \vdots & \vdots & \vdots & & \vdots \\ \sum\left(x_{i(t-1)}\right) & \sum\left(x_{i(t-1)}x_{i1}\right) & \sum\left(x_{i(t-1)}x_{i2}\right) & \cdots & \sum\left(x_{i(t-1)}x_{i(t-1)}\right) \end{bmatrix} \tag{9-8}$$

线性回归的协因数矩阵为

$$Q=\begin{bmatrix} q_{b0b0} & q_{b0b1} & q_{b0b2} & \cdots & q_{b0b(t-1)} \\ q_{b1b0} & q_{b1b1} & q_{b1b2} & \cdots & q_{b1b(t-1)} \\ \vdots & \vdots & \vdots & & \vdots \\ q_{b(t-1)b0} & q_{b(t-1)b1} & q_{b(t-1)b2} & \cdots & q_{b(t-1)b(t-1)} \end{bmatrix}$$

$$=\begin{bmatrix} \sum(1) & \sum(x_{i1}) & \sum(x_{i2}) & \cdots & \sum(x_{i(t-1)}) \\ \sum(x_{i1}) & \sum(x_{i1}x_{i1}) & \sum(x_{i1}x_{i2}) & \cdots & \sum(x_{i1}x_{i(t-1)}) \\ \vdots & \vdots & \vdots & & \vdots \\ \sum(x_{i(t-1)}) & \sum(x_{i(t-1)}x_{i1}) & \sum(x_{i(t-1)}x_{i2}) & \cdots & \sum(x_{i(t-1)}x_{i(t-1)}) \end{bmatrix}^{-1} \tag{9-9}$$

回归系数的解为

$$\begin{bmatrix} \hat{b}_0 \\ \hat{b}_1 \\ \vdots \\ \hat{b}_{(t-1)} \end{bmatrix}=\begin{bmatrix} \sum(1) & \sum(x_{i1}) & \sum(x_{i2}) & \cdots & \sum(x_{i(t-1)}) \\ \sum(x_{i1}) & \sum(x_{i1}x_{i1}) & \sum(x_{i1}x_{i2}) & \cdots & \sum(x_{i1}x_{i(t-1)}) \\ \vdots & \vdots & \vdots & & \vdots \\ \sum(x_{i(t-1)}) & \sum(x_{i(t-1)}x_{i1}) & \sum(x_{i(t-1)}x_{i2}) & \cdots & \sum(x_{i(t-1)}x_{i(t-1)}) \end{bmatrix}^{-1}\begin{bmatrix} \sum(y_i) \\ \sum(x_{i1}y_i) \\ \vdots \\ \sum(x_{i(t-1)}y_i) \end{bmatrix} \tag{9-10}$$

式(9-10)是线性回归方程(9-4)的回归系数解的一般形式。根据线性回归方程的一般形式，可直接写出不同模型的线性回归方程的解。观测值的均方误差为

$$\hat{\sigma}_0=\sqrt{\frac{1}{n-t}\sum_{i=1}^{n}v_i^2} \tag{9-11}$$

回归系数的均方误差为

$$\hat{\sigma}_{b0}=\hat{\sigma}_0\sqrt{q_{b0b0}}\text{，}\hat{\sigma}_{b1}=\hat{\sigma}_0\sqrt{q_{b1b1}}\text{，}\cdots\text{，}\hat{\sigma}_{b(t-1)}=\hat{\sigma}_0\sqrt{q_{b(t-1)b(t-1)}} \tag{9-12}$$

回归系数的相对均方误差为

$$w_{b0}=\left|\frac{\hat{\sigma}_{b0}}{\hat{b}_0}\right|\times 100\%\text{，}w_{b1}=\left|\frac{\hat{\sigma}_{b0}}{\hat{b}_1}\right|\times 100\%\text{，}\cdots\text{，}w_{bu}=\left|\frac{\hat{\sigma}_{b(t-1)}}{\hat{b}_{t-1}}\right|\times 100\% \tag{9-13}$$

观测值的绝对值平均值$|\overline{y}|$为

$$|\overline{y}|=\frac{1}{n}\sum_{i=1}^{n}|y_i| \tag{9-14}$$

相关系数r、复相关系数R和复判定系数R^2分别为

$$r=\frac{\sum_{i=1}^{n}(x_i-\overline{x})(y_i-\overline{y})}{\sqrt{\sum_{i=1}^{n}(y_i-\overline{x})^2\sum_{i=1}^{n}(y_i-\overline{y})^2}},\quad R=\frac{\sum_{i=1}^{n}(y_i-\overline{y})(\hat{y}_i-\overline{y})}{\sqrt{\sum_{i=1}^{n}(y_i-\overline{y})^2\sum_{i=1}^{n}(\hat{y}_i-\overline{y})^2}},\quad R^2=1-\frac{\sum_{i=1}^{n}(y_i-\hat{y})^2}{\sum_{i=1}^{n}(y_i-\overline{y})^2} \tag{9-15}$$

式中，$\overline{y}$ 为 y_i 的均值。

9.2.2 估值漂移算例

三元线性回归的理论回归方程为

$$\tilde{y}=-158.75916+3.38110\tilde{x}_1+0.13258\tilde{x}_2-0.05725\tilde{x}_3$$

10 组观测值真值加随机误差生成 A、B 和 C 三组模拟观测值(简称观测值)。A 组的真误差 $\Delta \sim N(0.0,15.0^2)$，均方误差(15.0)约为观测值绝对值平均值(1500)的 1.00%；B 组的真误差 $\Delta \sim N(0.0,7.5^2)$，均方误差约为观测值绝对值平均值的 0.50%；C 组的真误差 $\Delta \sim N(0.0,1.5^2)$，均方误差约为观测值绝对值平均值的 0.10%；理论观测值 $(\tilde{y},\tilde{x}_1,\tilde{x}_2,\tilde{x}_3)$ 和模拟观测值见表 9.1。对于三组模拟观测值分别用 LS 法计算其回归方程 $\hat{y}=\hat{b}_0+\hat{b}_1\tilde{x}_1+\hat{b}_2\tilde{x}_2+\hat{b}_3\tilde{x}_3$。回归系数估值及其相对真误差见表 9.2，观测值估值及其相对真误差见表 9.3，回归系数估值及其均方误差见表 9.4。

将 A、B 和 C 三组中的模拟真误差取反，生成 A'、B' 和 C' 另外三组模拟观测值，真误差取反的理论观测值和模拟观测值见表 9.5，对 A'、B' 和 C' 三组模拟观测值分别用最小二乘法计算其回归系数、真误差取反的回归系数估值及其相对互差见表 9.6。

表 9.1 理论观测值和模拟观测值

序号	$\tilde{y}$	$\tilde{x}_1$	$\tilde{x}_2$	$\tilde{x}_3$	$A(\Delta)$	$A(y)$	$B(\Delta)$	$B(y)$	$C(\Delta)$	$C(y)$
1	1537.811	366.27	4117.7	1532.7	−12.09	1525.721	−6.05	1531.761	−1.21	1536.601
2	1541.561	370.80	4070.4	1625.2	27.70	1569.261	13.85	1555.411	2.77	1544.331
3	1548.553	373.85	4132.1	1826.1	−11.56	1536.993	−5.78	1542.773	−1.16	1547.393
4	1561.091	375.75	4143.8	1746.4	10.07	1571.161	5.04	1566.131	1.01	1562.101
5	1565.005	372.54	4227.6	1682.5	−20.97	1544.035	−10.49	1554.515	−2.10	1562.905
6	1511.252	364.19	4150.0	1948.6	−2.44	1508.812	−1.22	1510.032	−0.24	1511.012
7	1478.659	355.69	4180.0	2085.4	−2.59	1476.069	−1.30	1477.359	−0.26	1478.399
8	1483.695	347.00	4222.2	1581.9	6.49	1490.185	3.25	1486.945	0.65	1484.345
9	1473.682	335.09	4391.0	1444.3	0.10	1473.782	0.05	1473.732	0.01	1473.692
10	1414.381	298.40	4831.0	1332.2	5.29	1419.671	2.65	1417.031	0.53	1414.911

注：$A(\Delta)$ 表示 A 组模拟真误差，$A(y)$ 是对应的模拟观测值，$A(y_i)=\tilde{y}_i+A(\Delta_i)$；$B(\Delta)$ 表示 B 组模拟真误差，$B(y)$ 是对应的模拟观测值，$B(y_i)=\tilde{y}_i+B(\Delta_i)$；$C(\Delta)$ 表示 C 组模拟真误差，$C(y)$ 是对应的模拟观测值；$i=1,2,\cdots,10$。表 9.5、表 9.7、表 9.11、表 9.49、表 9.53 中的数值含义与表 9.1 相同。

表 9.2　回归系数估值及其相对真误差

项目	理论值	$A(b)$	R_A	$B(b)$	R_B	$C(b)$	R_C
b_0	−158.759	391.734	347	116.502	173.4	−103.656	34.7
b_1	3.381	2.749	19	3.065	9.3	3.318	1.9
b_2	0.133	0.061	54	0.097	27.1	0.125	5.7
b_3	−0.057	−0.071	24	−0.064	12.5	−0.059	2.8

注：$A(b)$、$B(b)$ 和 $C(b)$ 分别表示 A、B 和 C 组回归系数估值；R_A、R_B 和 R_C 分别表示 A、B 和 C 组回归系数估值的相对真误差(%)。表 9.8、表 9.50 中的数值含义与表 9.2 相同。

表 9.3　观测值估值及其相对真误差

序号	$\tilde{y}$	$A(\hat{y})$	$A(R)$	$B(\hat{y})$	$B(R)$	$C(\hat{y})$	$C(R)$
1	1537.811	1542.498	0.30	1540.155	0.15	1538.279	0.03
2	1541.561	1545.488	0.25	1543.524	0.13	1541.954	0.03
3	1548.553	1543.405	0.33	1545.978	0.17	1548.038	0.03
4	1561.091	1555.000	0.39	1558.044	0.20	1560.481	0.04
5	1565.005	1555.850	0.58	1560.427	0.29	1564.088	0.06
6	1511.252	1509.257	0.13	1510.253	0.07	1511.053	0.01
7	1478.659	1478.026	0.04	1478.341	0.02	1478.597	0.00
8	1483.695	1492.444	0.59	1488.070	0.29	1484.571	0.06
9	1473.682	1479.820	0.42	1476.753	0.21	1474.296	0.04
10	1414.381	1413.901	0.03	1414.145	0.02	1414.334	0.00

注：$A(\hat{y})$、$B(\hat{y})$ 和 $C(\hat{y})$ 分别表示 A、B 和 C 组观测值的估值；$A(R)$、$B(R)$ 和 $C(R)$ 分别表示 A、B 和 C 组观测值估值的相对真误差(%)。表 9.9、表 9.51 中的数值含义与表 9.3 相同。

表 9.4　回归系数估值及其均方误差

项目	b_0	$\hat{\sigma}_{b0}$	R_{b0}	b_1	$\hat{\sigma}_{b1}$	R_{b1}	b_2	$\hat{\sigma}_{b2}$
理论值	−158.759	—	—	3.381	—	—	0.133	—
A 组	391.734	509.617	130.1	2.749	0.627	22.8	0.061	0.069
B 组	116.502	254.903	218.8	3.065	0.313	10.2	0.097	0.034
C 组	−103.656	51.011	49.2	3.318	0.0627	1.9	0.125	0.007

项目	R_{b2}	b_3	$\hat{\sigma}_{b3}$	R_{b3}	$\hat{\sigma}_0$	R	R^2
理论值	—	−0.057	—	—	—	—	—
A 组	112.1	−0.071	0.028	39.3	15.096	0.9659	0.9329
B 组	35.5	−0.064	0.014	21.7	7.551	0.9915	0.9831
C 组	5.5	−0.059	0.003	4.8	1.511	0.9997	0.9993

注：b_0、b_1、b_2、b_3 分别表示理论回归系数 $\tilde{b}_0$、$\tilde{b}_1$、$\tilde{b}_2$、$\tilde{b}_3$ 和模拟观测值的回归系数 $\hat{b}_0$、$\hat{b}_1$、$\hat{b}_2$、$\hat{b}_3$；$\hat{\sigma}_{b0}$、$\hat{\sigma}_{b1}$、$\hat{\sigma}_{b2}$、$\hat{\sigma}_{b3}$ 表示模拟观测值回归系数估值的均方误差；R_{b0}、R_{b1}、R_{b2} 和 R_{b3} 分别表示模拟观测值回归系数 $\hat{b}_0$、$\hat{b}_1$、$\hat{b}_2$、$\hat{b}_3$ 的相对均方误差(%)；$\hat{\sigma}_0$ 表示模拟观测值均方误差的估值；R 表示复相关系数；R^2 表示复判定系数。表 9.10、表 9.52 中的数值含义与表 9.4 相同。

表 9.5　真误差取反的理论观测值和模拟观测值

序号	$\tilde{y}$	$\tilde{x}_1$	$\tilde{x}_2$	$\tilde{x}_3$	$A'(\Delta)$	$A'(y)$	$B'(\Delta)$	$B'(y)$	$C'(\Delta)$	$C'(y)$
1	1537.811	366.27	4117.7	1532.7	12.09	1549.901	6.05	1543.861	1.21	1539.021
2	1541.561	370.80	4070.4	1625.2	–27.70	1513.861	–13.85	1527.711	–2.77	1538.791
3	1548.553	373.85	4132.1	1826.1	11.56	1560.113	5.78	1554.333	1.16	1549.713
4	1561.091	375.75	4143.8	1746.4	–10.07	1551.021	–5.04	1556.051	–1.01	1560.081
5	1565.005	372.54	4227.6	1682.5	20.97	1585.975	10.49	1575.495	2.10	1567.105
6	1511.252	364.19	4150.0	1948.6	2.44	1513.692	1.22	1512.472	0.24	1511.492
7	1478.659	355.69	4180.0	2085.4	2.59	1481.249	1.30	1479.959	0.26	1478.919
8	1483.695	347.00	4222.2	1581.9	–6.49	1477.205	–3.25	1480.445	–0.65	1483.045
9	1473.682	335.09	4391.0	1444.3	–0.10	1473.582	–0.05	1473.632	–0.01	1473.672
10	1414.381	298.40	4831.0	1332.2	–5.29	1409.091	–2.65	1411.731	–0.53	1413.851

表 9.6　真误差取反的回归系数估值及其相对互差

项目	$A(b)$	$A'(b)$	R_A	$B(b)$	$B'(b)$	R_B	$C(b)$	$C'(b)$	R_C
b_0	391.734	–709.252	281.1	116.502	–434.016	472.5	–103.656	–231.862	123.7
b_1	2.749	4.013	46.0	3.065	3.697	20.6	3.318	3.444	3.8
b_2	0.061	0.204	234.4	0.097	0.168	73.2	0.125	0.140	12.0
b_3	–0.071	–0.044	–38.0	–0.064	–0.050	21.9	–0.059	–0.056	5.1

注：$A(b)$、$B(b)$ 和 $C(b)$ 分别表示 A、B 和 C 组回归系数的计算结果，$A'(b)$、$B'(b)$ 和 $C'(b)$ 分别表示 A'、B' 和 C' 组回归系数的计算结果；R_A 表示 A 组和 A' 组回归系数估值的相对互差(%)，R_B 表示 B 组和 B' 组回归系数估值的相对互差(%)，R_C 表示 C 组和 C' 组回归系数估值的相对互差(%)；$R_A(b_i)=\left|\dfrac{A(b_i)-A'(b_i)}{A(b_i)}\right|\times 100\%$，$R_B(b_i)=\left|\dfrac{B(b_i)-B'(b_i)}{B(b_i)}\right|\times 100\%$，$R_C(b_i)=\left|\dfrac{C(b_i)-C'(b_i)}{C(b_i)}\right|\times 100\%$，$i=0,1,2,3$。表 9.12、表 9.54 中的数值含义与表 9.6 相同。

1. 回归系数存在估值漂移现象

由表 9.2 可知，理论回归系数 $\tilde{b}_0=-158.759$，$\tilde{b}_2=0.133$，A 组观测值的回归系数估值 $\hat{b}_0=391.734$，$\hat{b}_0$ 的相对真误差为 347%(大于 50%，A 组中的相对真误差最大值)，$\hat{b}_2=0.061$，$\hat{b}_2$ 的相对真误差为 54%(大于 50%)，即 A 组观测值的回归系数估值存在显著的估值漂移；比较 $\tilde{b}_0=-158.759$ 和 $\hat{b}_0=391.734$ 可知，当回归系数估值出现显著的估值漂移时，回归系数估值可能出现难以想象的结果。B 组观测值的回归系数估值 $\hat{b}_0=116.502$，$\hat{b}_0$ 的相对真误差为 173.4%(大于 50%，B 组中的相对真误差最大值)，即 B 组观测值的回归系数估值同样存在显著的估值漂移。

C 组观测值的回归系数估值 $\hat{b}_0 = -103.656$，相对真误差为 34.7%(小于 50%，C 组中的相对真误差最大值)，即 C 组观测值的回归系数估值漂移不显著。

A 与 A' 组、B 与 B' 组以及 C 与 C' 组的观测值真误差分别服从相同的误差分布。由表 9.6 可知，A 组观测值的回归系数估值 $\hat{b}_0 = 391.734$，A' 组观测值的回归系数估值 $\hat{b}_0' = -709.252$，$\hat{b}_0$ 与 $\hat{b}_0'$ 的相对互差为 281.1%(相对互差的最大值)；同样，$\hat{b}_2 = 0.061$，$\hat{b}_2' = 0.204$，$\hat{b}_2$ 与 $\hat{b}_2'$ 的相对互差为 234.4%。B 组观测值的回归系数估值 $\hat{b}_0 = 116.502$，B' 组观测值的回归系数估值 $\hat{b}_0' = -434.016$，$\hat{b}_0$ 与 $\hat{b}_0'$ 的相对互差为 472.5%(相对互差的最大值)。C 组观测值的回归系数估值 $\hat{b}_0 = -103.656$，C' 组观测值的回归系数估值 $\hat{b}_0' = -231.862$，$\hat{b}_0$ 与 $\hat{b}_0'$ 的相对互差为 123.7%(相对互差的最大值)。即来自相同误差分布的真误差也可使回归系数的估值产生显著差异，同样说明了回归系数存在估值漂移现象。

由表 9.3 可知，A、B 和 C 三组的观测值估值的相对真误差最大值分别为 0.59%、0.29%和 0.06%，三组观测值估值与其真值的差异均不显著，即观测值的估值不会产生显著的估值漂移。

2. 回归系数估值漂移的原因

线性回归数学模型的特点导致回归系数可能产生估值漂移，也导致了用 LS 法求解时法方程系数间的差异很大，例如，在本算例中，法方程系数主对角线 $N_{b0b0} = 10.000$、$N_{b1b1} = 1.272 \times 10^{10}$、$N_{b2b2} = 1.808 \times 10^{8}$ 和 $N_{b3b3} = 2.871 \times 10^{9}$。不同的观测值误差会导致法方程的常数项有微小的变化，法方程常数项的微小变化就有可能导致回归系数的显著变化。例如，由表 9.6 可知，A 与 A' 组的观测值真误差服从相同的误差分布，A 组观测值的回归系数估值 $\hat{b}_0 = 391.734$，A' 组观测值的回归系数估值 $\hat{b}_0' = -709.252$，$\hat{b}_0$ 与 $\hat{b}_0'$ 的相对互差为 281.1%；同样，$\hat{b}_2 = 0.061$，$\hat{b}_2' = 0.204$，$\hat{b}_2$ 与 $\hat{b}_2'$ 的相对互差为 234.4%。

3. 确定回归系数估值漂移的基本思路

回归系数估值漂移的显著程度随着观测值误差的增大而增大。由表 9.4 可知，A 组观测值的真误差 $\varDelta \sim N(0.0, 15.0^2)$，观测值的验后均方误差为 $\hat{\sigma}_{0A} = 15.096$，约为观测值绝对值平均值(1500)的 1.00%，回归系数估值相对真误差最大值为 347%；B 组观测值的真误差 $\varDelta \sim N(0.0, 7.5^2)$，观测值的验后均方误差为 $\hat{\sigma}_{0B} = 7.551$，约为观测值绝对值平均值的 0.50%，回归系数估值相对真误差最大值为 173.4%；C 组观测值的真误差 $\varDelta \sim N(0.0, 1.5^2)$，观测值的验后均方误差为 $\hat{\sigma}_{0C} = 1.511$，约为观测值绝对值平均值的 0.10%，回归系数估值相对真误差最大值为 34.7%。

就本算例而言，当观测值的均方误差大到一定程度时，回归系数就可能出现估值漂移现象；当观测值的均方误差小到一定程度时，回归系数就不会出现估值漂移现象。$|\overline{y}|=1500$，取$\overline{d}=50\%$，当$\omega=0.5\%$时，认为 A 组($\hat{\sigma}_{0A}=15.096$；相对真误差最大值为 347%，大于$\overline{d}=50\%$)和 B 组($\hat{\sigma}_{0B}=7.551$；相对真误差最大值为 173.4%，大于$\overline{d}=50\%$)观测值的回归系数可能产生估值漂移，C 组($\hat{\sigma}_{0C}=1.511$；相对真误差最大值为 34.7%，小于$\overline{d}=50\%$)观测值的回归系数不会产生估值漂移。

4. 线性回归系数有效性的检验

由表 9.2 和表 9.4 可知，A 组回归系数$\hat{b}_0$和$\hat{b}_2$的相对真误差分别为 347%和 54%，说明了回归系数估值漂移(取$\overline{d}=50\%$)；但复相关系数和复判定系数分别是$R=0.9659$和$R^2=0.9329$，说明回归有效。B 组回归系数$\hat{b}_0$的相对真误差为 173.4%，说明了回归系数估值漂移(取$\overline{d}=50\%$)；但复相关系数和复判定系数分别是$R=0.9915$和$R^2=0.9831$，说明回归有效。由此可见，只用复相关系数和复判定系数说明线性回归的有效性具有一定的局限性。

由表 9.4 可知，A 组回归系数$\hat{b}_0$、$\hat{b}_1$、$\hat{b}_2$和$\hat{b}_3$的相对均方误差分别为 130.1%、22.8%、112.1%和 39.3%；B 组回归系数$\hat{b}_0$、$\hat{b}_1$、$\hat{b}_2$和$\hat{b}_3$的相对均方误差分别为 218.8%、10.2%、35.5%和 21.7%；C 组回归系数$\hat{b}_0$、$\hat{b}_1$、$\hat{b}_2$和$\hat{b}_3$的相对均方误差分别为 49.2%、1.9%、5.5%和 4.8%；A 组和 B 组的回归系数均存在估值漂移(取$\overline{d}=50\%$)，C 组则不然。

就本算例而言，当回归系数估值的相对均方误差大于$\xi=50\%$时，回归系数就可能产生估值漂移。顾及回归系数的估值漂移，在线性回归有效性判断中引入回归系数估值相对均方误差的判断。当回归系数估值的相对均方误差均小于ξ并且复相关系数和复判定系数满足要求时，线性回归有效。相对于仅用相关系数确定，增加回归系数估值漂移的确定，对线性回归特别是回归系数的有效性确定具有更高的可靠性。

9.3　一元线性回归的估值漂移

9.3.1　一元线性回归估值漂移算例

一元线性回归的理论回归方程为

$$\tilde{y}=3.63681+0.58302\tilde{x}$$

8 组观测值真值加随机误差生成 A、B 和 C 三组模拟观测值(简称观测值)。A

组的真误差 $\Delta \sim N(0.0,1.0^2)$，均方误差(1.0)约为观测值绝对值平均值(10)的 10.00%；B 组的真误差 $\Delta \sim N(0.0,0.5^2)$，均方误差约为观测值绝对值平均值的 5.00%；C 组的真误差 $\Delta \sim N(0.0,0.1^2)$，均方误差约为观测值绝对值平均值的 1.00%；理论观测值 $(\tilde{y},\tilde{x})$ 和模拟观测值见表 9.7。对于三组模拟观测值分别用 LS 法计算其回归方程 $\hat{y}=\hat{b}_0+\hat{b}_1\tilde{x}$。回归系数估值及其相对真误差见表 9.8，观测值估值及其相对真误差见表 9.9，回归系数估值及其均方误差见表 9.10。

将 A、B 和 C 三组中的模拟真误差取反，生成 A'、B' 和 C' 另外三组模拟观测值，真误差取反的理论观测值和模拟观测值见表 9.11，对 A'、B' 和 C' 三组模拟观测值分别用 LS 法计算、真误差取反的回归系数估值及其相对互差见表 9.12。

表 9.7　理论观测值和模拟观测值

序号	$\tilde{y}$	$\tilde{x}_1$	$A(\Delta)$	$A(y)$	$B(\Delta)$	$B(y)$	$C(\Delta)$	$C(y)$
1	7.426	6.5	−0.83	6.595	−0.42	7.010	−0.08	7.343
2	8.009	7.5	−0.98	7.030	−0.49	7.519	−0.10	7.911
3	8.301	8.0	−1.16	7.145	−0.58	7.723	−0.12	8.185
4	9.059	9.3	−0.53	8.525	−0.27	8.792	−0.05	9.006
5	9.758	10.5	−2.00	7.755	−1.00	8.757	−0.20	9.558
6	10.516	11.8	0.96	11.480	0.48	10.998	0.10	10.612
7	11.507	13.5	0.52	12.027	0.26	11.767	0.05	11.559
8	12.265	14.8	−0.02	12.245	−0.01	12.255	0.00	12.263

表 9.8　回归系数估值及其相对真误差

项目	理论值	$A(b)$	R_A	$B(b)$	R_B	$C(b)$	R_C
b_0	3.637	1.219	66.5	2.428	33.2	3.395	6.65
b_1	0.583	0.770	32.0	0.676	16.0	0.602	3.20

表 9.9　观测值估值及其相对真误差

序号	$\tilde{y}$	$A(\hat{y})$	$A(R)$	$B(\hat{y})$	$B(R)$	$C(\hat{y})$	$C(R)$
1	7.426	6.223	16.2	6.825	8.1	7.306	1.62
2	8.009	6.993	12.7	7.501	6.3	7.908	1.27
3	8.301	7.378	11.1	7.839	5.6	8.208	1.12
4	9.059	8.378	7.5	8.718	3.8	8.991	0.76
5	9.758	9.302	4.7	9.530	2.3	9.713	0.47
6	10.516	10.303	2.0	10.410	1.0	10.495	0.20
7	11.507	11.612	0.9	11.559	0.5	11.518	0.09
8	12.265	12.612	2.8	12.439	1.4	12.300	0.28

表 9.10 回归系数估值及其均方误差

项目	b_0	$\hat{\sigma}_{b0}$	R_{b0}	b_1	$\hat{\sigma}_{b1}$	R_{b1}	$\hat{\sigma}_0$	r
理论值	3.637	—	—	0.583	—	—	—	—
A 组	1.219	1.145	93.919	0.770	0.108	14.022	0.845	0.9458
B 组	2.428	0.572	23.577	0.676	0.054	7.980	0.423	0.9814
C 组	3.395	0.114	3.372	0.602	0.011	1.794	0.085	0.9990

注：r 表示一元线性回归的相关系数。

表 9.11 真误差取反的理论观测值和模拟观测值

序号	$\tilde{y}$	$\tilde{x}$	$A'(\Delta)$	$A'(y)$	$B'(\Delta)$	$B'(y)$	$C'(\Delta)$	$C'(y)$
1	7.426	6.5	0.83	8.257	0.42	7.634	0.08	7.468
2	8.009	7.5	0.98	8.988	0.49	8.254	0.10	8.058
3	8.301	8.0	1.16	9.457	0.58	8.590	0.12	8.359
4	9.059	9.3	0.53	9.593	0.27	9.192	0.05	9.086
5	9.758	10.5	2.00	11.761	1.00	10.259	0.20	9.858
6	10.516	11.8	–0.96	9.552	–0.48	10.275	–0.10	10.468
7	11.507	13.5	–0.52	10.987	–0.26	11.377	–0.05	11.481
8	12.265	14.8	0.02	12.285	0.01	12.270	0.00	12.266

表 9.12 真误差取反的回归系数估值及其相对互差

项目	$A(b)$	$A'(b)$	R_A	$B(b)$	$B'(b)$	R_B	$C(b)$	$C'(b)$	R_C
b_0	1.219	6.055	396.7	2.428	4.846	99.6	3.395	3.879	14.3
b_1	0.770	0.396	48.6	0.676	0.490	27.5	0.602	0.564	6.3

1. 回归系数存在估值漂移现象

由表 9.8 可知，理论回归系数$\tilde{b}_0 = 3.637$，$\tilde{b}_1 = 0.583$，A 组观测值的回归系数估值$\hat{b}_0 = 1.219$，$\hat{b}_0$的相对真误差为66.5%(大于 50%，A 组中的相对真误差最大值)，$\hat{b}_1 = 0.770$，$\hat{b}_1$的相对真误差为 32.0%(小于 50%)，即 A 组观测值的回归系数$\hat{b}_0$估值存在显著的估值漂移，而回归系数$\hat{b}_1$的估值漂移不显著；比较$\tilde{b}_0 = 3.637$和$\hat{b}_0 = 1.219$可知，当回归系数估值出现显著的估值漂移时，回归系数估值可能出现难以想象的结果。B 组和 C 组的观测值的回归系数$\hat{b}_0$、$\hat{b}_1$的相对真误差均小于50%，即 B、C 组观测值的回归系数估值漂移不显著。

A 与A'组、B 与B'组以及 C 与C'组的观测值真误差分别服从相同的误差分布。由表 9.12 可知，A 组观测值的回归系数估值$\hat{b}_0 = 1.219$，A'组观测值的回归

系数估值 $\hat{b}_0'=6.055$，$\hat{b}_0$ 与 $\hat{b}_0'$ 的相对互差为 396.7%(相对互差的最大值)；同样，$\hat{b}_1=0.770$，$\hat{b}_1'=0.396$，$\hat{b}_1$ 与 $\hat{b}_1'$ 的相对互差为 48.6%。从 A 与 A' 组实验中可以看出：来自相同误差分布的真误差可使回归系数的估值产生显著差异，同样说明了回归系数存在估值漂移现象。

由表 9.9 可知，A、B 和 C 三组的观测值估值的相对真误差最大值分别为 16.2%、8.1%和 1.62%，三组观测值估值及其真值的差异均不显著，即观测值的估值不会产生显著的估值漂移。

2. 回归系数估值漂移的原因

线性回归数学模型的特点导致回归系数可能产生估值漂移，也导致用 LS 法求解时法方程系数间的差异很大，例如，在本算例中法方程系数主对角线 $N_{b0b0}=8.00$ 和 $N_{b1b1}=8.998\times10^2$。不同的观测值误差会导致法方程的常数项有微小的变化，法方程常数项的微小变化就有可能导致回归系数的显著变化。例如，由表 9.12 可知，A 与 A' 组的观测值真误差服从相同的误差分布，A 组观测值的回归系数估值 $\hat{b}_0=1.219$，A' 组观测值的回归系数估值 $\hat{b}_0'=6.055$，$\hat{b}_0$ 与 $\hat{b}_0'$ 的相对互差为 396.7%。

3. 确定线性回归中回归系数估值漂移的基本方法

回归系数估值漂移的显著程度随着观测值误差的增大而增大。由表 9.10 可知，A 组观测值的真误差 $\Delta\sim N(0.0,1.0^2)$，观测值的验后均方误差为 $\hat{\sigma}_{0A}=0.845$，约为观测值绝对值平均值(9.6)的 10.00%，回归系数估值相对真误差最大值为 66.5%；B 组观测值的真误差 $\Delta\sim N(0.0,0.5^2)$，观测值的验后均方误差为 $\hat{\sigma}_{0B}=0.423$，约为观测值绝对值平均值的 5.00%，回归系数估值相对真误差最大值为 33.2%；C 组观测值的真误差 $\Delta\sim N(0.0,0.1^2)$，观测值的验后均方误差为 $\hat{\sigma}_{0C}=0.085$，约为观测值绝对值平均值的 1.00%，回归系数估值相对真误差最大值为 6.65%。

就本算例而言，当观测值的均方误差大到一定程度时，回归系数就可能出现估值漂移现象；当观测值的均方误差小到一定程度时，回归系数就不会出现估值漂移现象。$|\overline{y}|\approx10$，取 $\overline{d}=50\%$，当 $\omega=10\%$ 时，认为 A 组($\hat{\sigma}_{0A}=0.845$；相对真误差最大值为 66.5%，大于 $\overline{d}=50\%$)观测值的回归系数可能产生估值漂移；当 $\omega=5\%$ 时，B 组($\hat{\sigma}_{0B}=0.423$；相对真误差最大值为 33.2%，小于 $\overline{d}=50\%$)观测值的回归系数不会产生估值漂移；当 $\omega=1\%$ 时，C 组($\hat{\sigma}_{0C}=0.085$；相对真误差最大值为 6.65%，小于 $\overline{d}=50\%$)观测值的回归系数不会产生估值漂移。

4. 线性回归系数有效性的判定

由表 9.8 和表 9.10 可知，A 组回归系数 $\hat{b}_0$ 的相对真误差为 66.5%，说明了回归系数估值漂移(取 $\bar{d}=50\%$)，但相关系数 $r=0.9458$，说明回归有效。由此可见，在一元线性回归实验中只用相关系数说明线性回归的有效性具有一定的局限性。

由表 9.10 可知，A 组回归系数 $\hat{b}_0$ 和 $\hat{b}_1$ 的相对均方误差分别为 93.9%和 14.0%；B 组回归系数 $\hat{b}_0$ 和 $\hat{b}_1$ 的相对均方误差分别为 23.6%和 8.0%；C 组回归系数 $\hat{b}_0$ 和 $\hat{b}_1$ 的相对均方误差分别为 3.4%和 1.8%。A 组的回归系数 $\hat{b}_0$ 存在显著的估值漂移(取 $\bar{d}=50\%$)，B 组和 C 组则不然。就本算例而言，当回归系数的相对均方误差大于 $\xi=50\%$ 时回归系数就可能产生估值漂移。顾及回归系数的估值漂移，在线性回归有效性判定中引入回归系数相对均方误差的判定，当回归系数的相对均方误差均小于 ξ 并且相关系数满足要求时，一元线性回归有效。相对于仅用相关系数确定，增加了回归系数估值漂移的确定，对一元线性回归特别是回归系数的有效性确定具有更高的可靠性。

9.3.2　一元线性回归仿真实验

1. 仿真实验一

理论回归方程 $\tilde{y}=3.53301+0.58342\tilde{x}$ 的 6 组理论观测值见表 9.13，理论观测值绝对值平均值约为 24。回归系数估值相对真误差均小于等于给定限值的百分比、回归系数估值的相对真误差与相对均方误差均小于等于给定限值的百分比、相关系数的总体平均值见表 9.14；回归系数估值相对真误差总体平均值和相对均方误差总体平均值的百分比见表 9.15。

表 9.13　一元线性回归的理论观测值

序号	$\tilde{y}$	$\tilde{x}_1$	序号	$\tilde{y}$	$\tilde{x}_1$
1	12.5760	15.5	4	25.9947	38.5
2	14.5013	18.8	5	32.9957	50.5
3	15.4931	20.5	6	40.0551	62.6

表 9.14　回归系数估值相对真误差与相对均方误差均小于等于 $\bar{d}=\xi$ 的百分比(%)

序号	$\sigma_0(\omega)$	$\bar{d}_1$	$\bar{d}_2$	$\bar{d}_3$	ξ_1	ξ_2	ξ_3	r
1	3.6(15.00%)	41.9	8.0	0.1	5.8	0.0	0.0	0.9825
2	2.4(10.00%)	60.3	13.5	0.2	25.8	0.0	0.0	0.9899
3	1.2(5.00%)	91.4	26.5	0.6	84.2	0.5	0.0	0.9923
4	0.24(1.00%)	100.0	91.2	13.0	100.0	89.4	0.0	0.9999

续表

序号	$\sigma_0(\omega)$	$\bar{d}_1$	$\bar{d}_2$	$\bar{d}_3$	ξ_1	ξ_2	ξ_3	r
5	0.12(0.50%)	100.0	100.0	26.3	100.0	99.9	0.5	1.0000
6	0.024(0.10%)	100.0	100.0	91.0	100.0	100.0	89.7	1.0000
7	0.012(0.05%)	100.0	100.0	100.0	100.0	100.0	99.9	1.0000
8	0.0024(0.01%)	100.0	100.0	100.0	100.0	100.0	100.0	1.0000

注：σ_0 表示观测值母体均方误差，ω 表示均方误差系数；$\bar{d}_1$ 表示回归系数估值的相对真误差均小于等于 $\bar{d}=50\%$ 的百分比，$\bar{d}_2$ 表示回归系数估值的相对真误差均小于等于 $\bar{d}=10\%$ 的百分比，$\bar{d}_3$ 表示回归系数估值的相对真误差均小于等于 $\bar{d}=1\%$ 的百分比；ξ_1 表示回归系数估值相对真误差与相对均方误差均小于等于 $\bar{d}=\xi=50.00\%$ 的百分比，ξ_2 表示回归系数估值的相对真误差与相对均方误差均小于等于 $\bar{d}=\xi=10.00\%$ 的百分比，ξ_3 表示回归系数估值的相对真误差与相对均方误差均小于等于 $\bar{d}=\xi=1.00\%$ 的百分比；r 表示相关系数的总体平均值，R 表示复相关系数的总体平均值，R^2 表示复判定系数的总体平均值。表 9.17、表 9.20、表 9.23、表 9.26、表 9.29、表 9.32、表 9.35、表 9.38、表 9.41、表 9.44、表 9.47、表 9.56、表 9.59、表 9.62 中的数值含义与表 9.14 相同。

表 9.15 回归系数估值相对真误差总体平均值和相对均方误差总体平均值的百分比(%)

序号	$\sigma_0(\omega)$	db_0	db_1	wb_0	wb_1
1	3.6(15.00%)	71.1	10.9	318.8	13.2
2	2.4(10.00%)	46.4	7.3	250.0	8.6
3	1.2(5.00%)	23.4	3.6	33.3	4.3
4	0.24(1.00%)	4.7	0.7	5.6	0.9
5	0.12(0.50%)	2.3	0.4	2.8	0.4
6	0.024(0.10%)	0.5	0.1	0.5	0.1
7	0.012(0.05%)	0.2	0.0	0.3	0.0
8	0.0024(0.01%)	0.0	0.0	0.1	0.0

注：σ_0 表示随机误差母体的均方误差，ω 表示均方误差系数；db_i 表示回归系数估值 $\hat{b}_i$ 相对真误差的总体平均值，wb_i 表示回归系数估值 $\hat{b}_i$ 相对均方误差的总体平均值，$i=0,1$。后续表格中讨论线性回归方程的均方误差，其中 i 的取值随着回归系数的不同而不同，其表中所表达内容相同。表 9.18、表 9.21、表 9.24、表 9.27、表 9.30、表 9.33、表 9.36、表 9.39、表 9.42、表 9.45、表 9.48、表 9.57、表 9.60、表 9.63 中的数值含义与表 9.15 相同。

1) 回归系数的估值漂移

由表 9.14 和表 9.15 可知，当 $\omega=5.00\%$ 时，回归系数估值的相对真误差均小于等于 $\bar{d}=50\%$ 的百分比是 91.4%，回归系数估值相对真误差平均值的最大值是 23.4%；当 $\omega=1.00\%$ 时，回归系数的相对真误差均小于等于 $\bar{d}=50\%$ 的百分比是 100.0%，回归系数估值相对真误差平均值的最大值是 4.7%；即当 $\omega>1.00\%$ 时，回归系数可能产生显著的估值漂移。

由表 9.15 可知，回归系数中常数项估值 $\hat{b}_0$ 的总体平均相对真误差大于其他回归系数估值$\hat{b}_1$的总体平均相对真误差，即回归系数中的常数项更容易产生显著的估值漂移。

2) 回归系数估值的有效性和ω的选取

由表 9.14 和表 9.15 可知，当$\omega = 5.00\%$时，回归系数估值的相对真误差均小于等于$\overline{d} = 50\%$的百分比是 91.4%，回归系数估值相对真误差总体平均值的最大值是 23.4%；当ω=1.00%时，回归系数估值的相对真误差均小于等于$\overline{d} = 50\%$的百分比是 100%，回归系数估值相对真误差总体平均值的最大值是 4.7%；即当$\omega \approx 1.00\%$或$\omega < 1.00\%$时，回归系数估值的相对真误差均小于等于$\overline{d} = 50\%$。

当ω=1.00%时，回归系数估值的相对真误差均小于等于$\overline{d} = 10\%$的百分比是 91.2%，回归系数估值相对真误差总体平均值的最大值是 4.7%；当$\omega = 0.50\%$时，回归系数估值的相对真误差均小于等于$\overline{d} = 10\%$的百分比是 100.0%，回归系数估值相对真误差总体平均值的最大值是 2.3%；即当$\omega \approx 0.50\%$或$\omega < 0.50\%$时，回归系数估值的相对真误差均小于等于$\overline{d} = 10\%$。

当$\omega = 0.10\%$时，各回归系数的相对真误差均小于等于$\overline{d} = 1\%$的百分比是 91.0%，回归系数估值相对真误差总体平均值的最大值是 0.5%；当$\omega = 0.05\%$时，回归系数估值的相对真误差均小于等于$\overline{d} = 1\%$的百分比是 100%，回归系数估值相对真误差总体平均值的最大值是 0.2%；即当$\omega \approx 0.05\%$或$\omega < 0.05\%$时，回归系数估值的相对真误差均小于等于$\overline{d} = 1\%$。

3) 回归系数估值有效性的判定

由表 9.14 可知，当$\omega = 15.00\%$、$\omega = 10.00\%$、$\omega = 5.00\%$和$\omega = 1.00\%$时，相关系数的总体平均值分别是 0.9825、0.9899、0.9923 和 0.9999。当ω<0.50%时，相关系数总体平均值均为 1.0000；当$\omega > 0.50\%$时，回归系数估值可能产生显著的估值漂移；由此可见，相关系数并不能说明回归系数估值是否产生了显著的估值漂移。

由表 9.14 和表 9.15 可知，当$\omega = 1.00\%$时，回归系数估值的相对真误差和相对均方误差同时小于等于$\overline{d} = 50\%$的百分比是 100.0%，回归系数估值相对真误差总体平均值最大值是 4.7%，回归系数估值相对均方误差总体平均值最大值是 5.6%；当ω=0.50%时，回归系数估值的相对真误差和相对均方误差同时小于等于$\overline{d} = 10\%$的百分比是 100.0%，回归系数估值相对真误差总体平均值最大值是 2.3%，回归系数估值相对均方误差总体平均值最大值是 2.8%；当$\omega = 0.05\%$时，回归系数估值的相对真误差和相对均方误差同时小于等于$\overline{d} = 1\%$的百分比是 100%，回归系数估值相对真误差总体平均值最大值是 0.2%，回归系数估值相对均方误差总体平均值最大值是 0.3%。由此可见，对于相同的均方误差系数ω，各种百分比均接近，用回归系数估值的相对均方误差和用回归系数估值的相对真误差对回归系数估值的有效性判定等价，可以用回归系数估值的相对均方误差代替回归系数估值的相对真误差对回归系数估值的有效性进行判定。

2. 仿真实验二

理论回归方程 $\tilde{y}=100.53301+1.73205\tilde{x}$ 的 10 组理论观测值见表 9.16，理论观测值绝对值的平均值约为 420。回归系数估值相对真误差均小于等于给定限值的百分比及回归系数估值的相对真误差与相对均方误差均小于等于给定限值的百分比及相关系数的总体平均值见表 9.17；回归系数估值相对真误差总体平均值和相对均方误差总体平均值的百分比见表 9.18。

表 9.16　一元线性回归的理论观测值

序号	$\tilde{y}$	$\tilde{x}_1$	序号	$\tilde{y}$	$\tilde{x}_1$
1	309.7647	120.8	6	430.4885	190.5
2	326.5655	130.5	7	447.8090	200.5
3	369.8668	155.5	8	481.5840	220.0
4	396.3672	170.8	9	499.7705	230.5
5	413.1680	180.5	10	533.5455	250.0

表 9.17　回归系数估值相对真误差与相对均方误差均小于等于 $\bar{d}=\xi$ 的百分比及相关系数的总体平均值(%)

序号	$\sigma_0(\omega)$	$\bar{d}_1$	$\bar{d}_2$	$\bar{d}_3$	ξ_1	ξ_2	ξ_3	r
1	63(15.00%)	42.5	8.4	0.0	2.3	0.0	0.0	0.6878
2	42(10.00%)	60.1	13.5	0.4	20.2	0.0	0.0	0.8864
3	21(5.00%)	90.3	26.9	1.0	84.0	0.1	0.0	0.9676
4	4.2(1.00%)	100.0	91.1	13.0	100.0	90.9	0.0	0.9979
5	2.1(0.50%)	100.0	99.9	26.5	100.0	99.9	0.0	0.9999
6	0.42(0.10%)	100.0	100.0	89.7	100.0	100.0	89.6	1.0000
7	0.21(0.05%)	100.0	100.0	99.9	100.0	100.0	99.9	1.0000
8	0.042(0.01%)	100.0	100.0	100.0	100.0	100.0	100.0	1.0000

表 9.18　回归系数估值相对真误差总体平均值和相对均方误差总体平均值的百分比(%)

序号	$\sigma_0(\omega)$	db_0	db_1	wb_0	wb_1
1	63(15.00%)	72.9	22.4	372.6	29.4
2	42(10.00%)	47.5	14.6	220.1	18.3
3	21(5.00%)	24.0	7.4	39.6	9.1
4	4.2(1.00%)	4.8	1.5	5.9	1.8

续表

序号	$\sigma_0(\omega)$	db_0	db_1	wb_0	wb_1
5	2.1(0.50%)	2.4	0.7	2.9	0.9
6	0.42(0.10%)	0.5	0.1	0.6	0.2
7	0.21(0.05%)	0.2	0.1	0.3	0.1
8	0.042(0.01%)	0.0	0.0	0.1	0.0

1) 回归系数的估值漂移

由表 9.17 和表 9.18 可知，当 $\omega = 5.00\%$ 时，回归系数估值的相对真误差均小于等于 $\bar{d} = 50\%$ 的百分比是 90.3%，回归系数估值相对真误差平均值的最大值是 24.0%；当 $\omega = 1.00\%$ 时，回归系数的相对真误差均小于等于 $\bar{d} = 50\%$ 的百分比是 100.0%，回归系数估值相对真误差平均值的最大值是 4.8%；即当 $\omega > 1.00\%$ 时，回归系数可能产生显著的估值漂移。

由表 9.18 可知，回归系数中常数项估值 $\hat{b}_0$ 的总体平均相对真误差大于其他回归系数估值 $\hat{b}_1$ 的总体平均相对真误差，即回归系数中的常数项更容易产生显著的估值漂移。

2) 回归系数估值的有效性和 ω 的选取

由表 9.17 和表 9.18 可知，当 $\omega = 5.00\%$ 时，回归系数估值的相对真误差均小于等于 $\bar{d} = 50\%$ 的百分比是 90.3%，回归系数估值相对真误差总体平均值的最大值是 24.0%；当 $\omega = 1.00\%$ 时，回归系数估值的相对真误差均小于等于 $\bar{d} = 50\%$ 的百分比是 100%，回归系数估值相对真误差总体平均值的最大值是 4.8%；即当 $\omega \approx 1.00\%$ 或 $\omega < 1.00\%$ 时，回归系数估值的相对真误差均小于等于 $\bar{d} = 50\%$。

当 ω=1.00%时，回归系数估值的相对真误差均小于等于 $\bar{d} = 10\%$ 的百分比是 91.1%，回归系数估值相对真误差总体平均值的最大值是 4.8%；当 $\omega = 0.50\%$ 时，回归系数估值的相对真误差均小于等于 $\bar{d} = 10\%$ 的百分比是 99.9%，回归系数估值相对真误差总体平均值的最大值是 2.4%；即当 $\omega \approx 0.50\%$ 或 $\omega < 0.50\%$ 时，回归系数估值的相对真误差均小于等于 $\bar{d} = 10\%$。

当 $\omega = 0.10\%$ 时，各回归系数估值的相对真误差均小于等于 $\bar{d} = 1\%$ 的百分比是 89.7%，回归系数估值相对真误差总体平均值的最大值是 0.5%；当 $\omega = 0.05\%$ 时，回归系数估值的相对真误差均小于等于 $\bar{d} = 1\%$ 的百分比是 99.9%，回归系数估值相对真误差总体平均值的最大值是 0.3%；即当 $\omega \approx 0.05\%$ 或 $\omega < 0.05\%$ 时，回归系数估值的相对真误差均小于等于 $\bar{d} = 1\%$。

3) 回归系数估值有效性的判定

由表 9.17 可知，当 $\omega=15.00\%$、$\omega=10.00\%$、$\omega=5.00\%$、$\omega=1.00\%$ 和 $\omega=0.50\%$，相关系数的总体平均值分别是 0.6878、0.8864、0.9676、0.9979 和 0.9999。当 $\omega<0.50\%$ 时，相关系数总体平均值均为 1.0000；当 $\omega<0.50\%$ 时，回归系数估值可能产生显著的估值漂移。由此可见，相关系数并不能说明回归系数估值是否产生了显著的估值漂移。

由表 9.17 和表 9.18 可知，当 $\omega=1.00\%$ 时，回归系数估值的相对真误差和相对均方误差同时小于等于 $\bar{d}=50\%$ 的百分比是 100.0%，回归系数估值相对真误差总体平均值的最大值是 4.8%，回归系数估值相对均方误差总体平均值的最大值是 5.9%；当 $\omega=0.50\%$ 时，回归系数估值的相对真误差和相对均方误差同时小于等于 $\bar{d}=10\%$ 的百分比是 99.9%，回归系数估值相对真误差总体平均值的最大值是 2.4%，回归系数估值相对均方误差总体平均值的最大值是 2.9%；当 $\omega=0.05\%$ 时，回归系数估值相对真误差和相对均方误差同时小于等于 $\bar{d}=1\%$ 的百分比是 99.9%，回归系数估值相对真误差总体平均值的最大值是 0.2%，回归系数估值相对均方误差总体平均值的最大值是 0.3%。由此可见，对于相同的均方误差系数 ω，各种百分比均接近，用回归系数估值的相对均方误差和用回归系数估值的相对真误差对回归系数估值的有效性判定等价，可以用回归系数估值的相对均方误差代替回归系数估值的相对真误差对回归系数估值的有效性进行判定。

3. 仿真实验三

理论回归方程 $\tilde{y}=400.53301+3.73205\tilde{x}$ 的 10 组理论观测值见表 9.19，理论观测值绝对值平均值约为 1600。回归系数估值相对真误差均小于等于给定限值的百分比、回归系数估值的相对真误差与相对均方误差均小于等于给定限值的百分比、相关系数的总体平均值见表 9.20；回归系数估值相对真误差总体平均值和相对均方误差总体平均值的百分比见表 9.21。

表 9.19 一元线性回归的理论观测值

序号	$\tilde{y}$	$\tilde{x}_1$	序号	$\tilde{y}$	$\tilde{x}_1$
1	1149.5554	200.7	6	1633.9755	330.5
2	1261.1437	230.6	7	1746.6834	360.7
3	1391.3923	265.5	8	1819.0852	380.1
4	1447.3730	280.5	9	1876.5588	395.5
5	1519.7748	299.9	10	2005.3145	430.0

表 9.20　回归系数估值相对真误差与相对均方误差均小于等于 $\bar{d}=\xi$ 的百分比(%)

序号	$\sigma_0(\omega)$	$\bar{d}_1$	$\bar{d}_2$	$\bar{d}_3$	ξ_1	ξ_2	ξ_3	r
1	240(15.00%)	45.1	8.9	0.1	4.4	0.0	0.0	0.8672
2	160(10.00%)	63.8	14.3	0.3	27.8	0.0	0.0	0.8999
3	80(5.00%)	93.7	27.8	0.8	89.4	0.0	0.0	0.9853
4	16(1.00%)	100.0	92.6	13.4	100.0	92.5	0.0	0.9990
5	8(0.50%)	100.0	100.0	28.7	100.0	100.0	0.1	0.9998
6	1.6(0.10%)	100.0	100.0	92.7	100.0	100.0	92.7	1.0000
7	0.8(0.05%)	100.0	100.0	100.0	100.0	100.0	100.0	1.0000
8	0.16(0.01%)	100.0	100.0	100.0	100.0	100.0	100.0	1.0000

表 9.21　回归系数估值相对真误差总体平均值和相对均方误差总体平均值的百分比(%)

序号	$\sigma_0(\omega)$	db_0	db_1	wb_0	wb_1
1	240(15.00%)	66.1	21.7	556.7	29.2
2	160(10.00%)	43.9	14.5	232.3	18.4
3	80(5.00%)	21.9	7.2	29.9	9.1
4	16(1.00%)	4.5	1.5	5.4	1.8
5	8(0.50%)	2.2	0.7	2.7	0.9
6	1.6(0.10%)	0.4	0.1	0.5	0.2
7	0.8(0.05%)	0.2	0.1	0.3	0.1
8	0.16(0.01%)	0.0	0.0	0.1	0.0

1) 回归系数的估值漂移

由表 9.20 和表 9.21 可知，当 $\omega=5.00\%$ 时，回归系数估值的相对真误差均小于等于 $\bar{d}=50\%$ 的百分比是 93.7%，回归系数估值相对真误差平均值的最大值是 21.9%；当 $\omega=1.00\%$ 时，回归系数的相对真误差均小于等于 $\bar{d}=50\%$ 的百分比是 100.0%，回归系数估值相对真误差平均值的最大值是 4.5%；即当 $\omega>1.00\%$ 时，回归系数可能产生显著的估值漂移。

由表 9.20 可知，回归系数中常数项估值 $\hat{b}_0$ 的总体平均相对真误差大于其他回归系数估值 $\hat{b}_1$ 的总体平均相对真误差，即回归系数中的常数项更容易产生显著的估值漂移。

2) 回归系数估值的有效性和 ω 的选取

由表 9.20 和表 9.21 可知，当 $\omega=5.00\%$ 时，回归系数估值的相对真误差均小于等于 $\bar{d}=50\%$ 的百分比是 93.7%，回归系数估值相对真误差总体平均值的最大值是 21.9%；当 $\omega=1.00\%$ 时，回归系数估值的相对真误差均小于等于 $\bar{d}=50\%$ 的百分比是 100%，回归系数估值相对真误差总体平均值的最大值是 4.5%；即当 $\omega\approx1.00\%$ 或 $\omega<1.00\%$ 时，回归系数估值的相对真误差均小于等于 $\bar{d}=50\%$。

当 $\omega=1.00\%$ 时，回归系数估值的相对真误差均小于等于 $\bar{d}=10\%$ 的百分比是 92.6%，回归系数估值相对真误差总体平均值的最大值是 4.5%；当 $\omega=0.50\%$ 时，回归系数估值的相对真误差均小于等于 $\bar{d}=10\%$ 的百分比是 100.0%，回归系数估值相对真误差总体平均值的最大值是 2.2%；即当 $\omega\approx0.50\%$ 或 $\omega<0.50\%$ 时，回归系数估值的相对真误差均小于等于 $\bar{d}=10\%$。

当 $\omega=0.05\%$ 时，回归系数估值的相对真误差均小于等于 $\bar{d}=1\%$ 的百分比是 100.0%，回归系数估值相对真误差总体平均值的最大值是 0.2%；即当 $\omega\approx0.05\%$ 或 $\omega<0.05\%$ 时，回归系数估值的相对真误差均小于等于 $\bar{d}=1\%$。

3) 回归系数估值有效性的判定

由表 9.20 可知，当 $\omega=15.00\%$、$\omega=10.00\%$、$\omega=5.00\%$、$\omega=1.00\%$ 和 $\omega=0.50\%$ 时，复相关系数的总体平均值分别是 0.8672、0.8999、0.9853、0.9990 和 0.9998。当 ω<0.10%时，相关系数总体平均值均为 1.0000；当 ω>0.10%时，回归系数估值可能产生显著的估值漂移。由此可见，相关系数并不能说明回归系数估值是否产生了显著的估值漂移。

由表 9.20 和表 9.21 可知，当 $\omega=1.00\%$ 时，回归系数估值的相对真误差和相对均方误差同时小于等于 $\bar{d}=50\%$ 的百分比是 100.0%，回归系数估值相对真误差总体平均值的最大值是 4.5%，回归系数估值相对均方误差总体平均值的最大值是 5.4%；当 $\omega=0.50\%$ 时，回归系数估值的相对真误差和相对均方误差同时小于等于 $\bar{d}=10\%$ 的百分比是 100.0%，回归系数估值相对真误差总体平均值的最大值是 2.2%，回归系数估值相对均方误差总体平均值的最大值是 2.7%；当 $\omega=0.05\%$ 时，回归系数估值的相对真误差和相对均方误差同时小于等于 $\bar{d}=1\%$ 的百分比是 100.0%，回归系数估值相对真误差总体平均值的最大值是 0.2%，回归系数估值相对均方误差总体平均值的最大值是 0.3%。由此可见，对于相同的均方误差系数 ω，各种百分比均接近，用回归系数估值的相对均方误差和用回归系数估值的相对真误差对回归系数估值的有效性判定等价，可以用回归系数估值的相对均方误差代替回归系数估值的相对真误差对回归系数估值的有效性进行判定。

9.3.3　一元线性回归估值漂移的讨论

在 LS 法一元线性回归中，观测值估值不会产生估值漂移，回归系数估值可能产生估值漂移。当均方误差系数 ω>1.00% 时，即当验后均方误差

$\hat{\sigma}_0 > 1.00\% \times |\overline{y}|$时，回归系数估值可能产生显著的估值漂移。

当 $\omega \approx 1.00\%$ 或 $\omega < 1.00\%$ 时，回归系数估值的相对真误差均小于等于 $\overline{d} = 50\%$，回归系数估值具有 1 位有效数字。当 $\omega \approx 0.50\%$ 或 $\omega < 0.50\%$ 时，回归系数估值的相对真误差均小于等于 $\overline{d} = 10\%$，回归系数估值具有 2 位有效数字。当 $\omega \approx 0.05\%$ 或 $\omega < 0.05\%$ 时，回归系数估值的相对真误差均小于等于 $\overline{d} = 1\%$，回归系数估值具有 3 位有效数字。

相关系数不能说明回归系数估值是否产生了显著的估值漂移，用回归系数估值的相对均方误差代替回归系数估值的相对真误差对回归系数估值的有效性进行判定。当回归系数估值的相对均方误差大于 50%时，回归系数估值可能产生显著的估值漂移；当回归系数估值的相对均方误差小于 50%时，说明回归系数估值的相对真误差均小于 50%，回归系数估值具有 1 位有效数字；当回归系数估值的相对均方误差接近或小于 10%时，说明回归系数估值的相对真误差均接近或小于 10%，回归系数估值具有 2 位有效数字。当回归系数估值的相对均方误差接近或小于 1%时，说明回归系数估值的相对真误差均接近或小于 1%，回归系数估值具有 3 位有效数字。

9.4　二元线性回归的估值漂移

9.4.1　二元线性回归仿真实验

1. 仿真实验一

理论回归方程 $\tilde{y} = 3.53305 + 1.51414\tilde{x}_1 + 0.58342\tilde{x}_2$ 的 10 组理论观测值见表 9.22，理论观测值绝对值的平均值约为 17。回归系数估值相对真误差均小于等于给定限值的百分比、回归系数估值的相对真误差与相对均方误差均小于等于给定限值的百分比、复相关系数的总体平均值、复判定系数的总体平均值见表 9.23；回归系数估值相对真误差总体平均值和相对均方误差总体平均值的百分比见表 9.24。

表 9.22　二元线性回归的理论观测值

序号	$\tilde{y}$	$\tilde{x}_1$	$\tilde{x}_2$	序号	$\tilde{y}$	$\tilde{x}_1$	$\tilde{x}_2$
1	14.2281	3.90	8.21	6	16.8213	5.00	9.80
2	14.5895	4.00	8.57	7	17.9173	5.30	10.90
3	14.9335	4.10	8.90	8	19.0244	5.80	11.50
4	15.2946	4.30	9.00	9	18.8841	5.90	11.00
5	16.4948	4.90	9.50	10	19.3272	6.00	11.50

表 9.23　回归系数估值相对真误差与相对均方误差均小于等于 $\bar{d}=\xi$ 的百分比(%)

序号	$\sigma_0(\omega)$	$\bar{d}_1$	$\bar{d}_2$	$\bar{d}_3$	ξ_1	ξ_2	ξ_3	R	R^2
1	0.85(5.00%)	21.1	0.9	0.0	0.0	0.0	0.0	0.9572	0.9162
2	0.17(1.00%)	92.7	21.5	0.1	88.6	0.0	0.0	0.9982	0.9964
3	0.085(0.50%)	100.0	50.1	0.8	100.0	7.5	0.0	0.9995	0.9990
4	0.017(0.10%)	100.0	100.0	20.4	100.0	100.0	0.1	1.0000	1.0000
5	0.0085(0.05%)	100.0	100.0	50.0	100.0	100.0	8.7	1.0000	1.0000
6	0.0017(0.01%)	100.0	100.0	100.0	100.0	100.0	100.0	1.0000	1.0000
7	0.0009(0.005%)	100.0	100.0	100.0	100.0	100.0	100.0	1.0000	1.0000
8	0.0002(0.001%)	100.0	100.0	100.0	100.0	100.0	100.0	1.0000	1.0000

表 9.24　回归系数估值相对真误差总体平均值和相对均方误差总体平均值的百分比(%)

序号	$\sigma_0(\omega)$	db_0	db_1	db_2	wb_0	wb_1	wb_2
1	0.85(5.00%)	57.1	66.0	112.1	215.1	331.1	820.2
2	0.17(1.00%)	11.2	13.0	22.2	14.0	16.4	30.0
3	0.085(0.50%)	5.7	6.7	11.3	6.9	8.0	13.9
4	0.017(0.10%)	1.1	1.3	2.2	1.4	1.6	2.7
5	0.0085(0.05%)	0.6	0.7	1.1	0.7	0.8	1.4
6	0.0017(0.01%)	0.1	0.1	0.2	0.1	0.2	0.3
7	0.0009(0.005%)	0.1	0.1	0.1	0.1	0.1	0.1
8	0.0002(0.001%)	0.0	0.0	0.0	0.0	0.0	0.0

1) 回归系数的估值漂移

由表 9.23 和表 9.24 可知，当 $\omega=1.00\%$ 时，回归系数估值的相对真误差均小于等于 $\bar{d}=50\%$ 的百分比是 92.7%，回归系数估值相对真误差平均值的最大值是 22.2%；当 $\omega=0.50\%$ 时，回归系数的相对真误差均小于等于 $\bar{d}=50\%$ 的百分比是 100.0%，回归系数估值相对真误差平均值的最大值是 11.3%；即当 $\omega>0.50\%$ 时，回归系数可能产生显著的估值漂移。

由表 9.23 可知，回归系数中常数项估值 $\hat{b}_0$ 的总体平均相对真误差大于其他回归系数估值 $\hat{b}_1$ 和 $\hat{b}_2$ 的总体平均相对真误差，即回归系数中的常数项更容易产生显著的估值漂移。

2) 回归系数估值的有效性和 ω 的选取

由表 9.23 和表 9.24 可知，当 $\omega=1.00\%$ 时，回归系数估值的相对真误差均小于等于 $\bar{d}=50\%$ 的百分比是 92.7%，回归系数估值相对真误差总体平均值的最大值是 22.2%；当 $\omega=0.50\%$ 时，回归系数估值的相对真误差均小于等于 $\bar{d}=50\%$ 的百分比是 100%，回归系数估值相对真误差总体平均值的最大值是 11.3%；即当 $\omega \approx 0.50\%$ 或 $\omega < 0.50\%$ 时，回归系数估值的相对真误差均小于等于 $\bar{d} = 50\%$。

当 $\omega = 0.50\%$ 时，回归系数估值的相对真误差均小于等于 $\bar{d} = 10\%$ 的百分比是 50.1%，回归系数估值相对真误差总体平均值的最大值是 11.3%；当 $\omega = 0.10\%$ 时，回归系数估值的相对真误差均小于等于 $\bar{d} = 10\%$ 的百分比是 100.0%，回归系数估值相对真误差总体平均值的最大值是 2.2%；即当 $\omega \approx 0.10\%$ 或 $\omega < 0.10\%$ 时，回归系数估值的相对真误差均小于等于 $\bar{d} = 10\%$。

当 $\omega = 0.05\%$ 时，各回归系数的相对真误差均小于等于 $\bar{d} = 1\%$ 的百分比是 50.0%，回归系数估值相对真误差总体平均值的最大值是 1.1%；当 $\omega = 0.01\%$ 时，回归系数估值的相对真误差均小于等于 $\bar{d} = 1\%$ 的百分比是 100.0%，回归系数估值相对真误差总体平均值的最大值是 0.2%；即当 $\omega \approx 0.01\%$ 或 $\omega < 0.01\%$ 时，回归系数估值的相对真误差均小于等于 $\bar{d} = 1\%$。

3) 回归系数估值有效性的判定

由表 9.23 可知，当 $\omega = 5.00\%$、$\omega = 1.00\%$ 和 $\omega = 0.50\%$ 时，复相关系数的总体平均值分别是 0.9572、0.9982 和 0.9995；复判定系数的总体平均值分别是 0.9162、0.9964 和 0.9990。当 $\omega < 0.10\%$ 时，复相关系数和复判定系数的总体平均值均为 1.0000；当 $\omega > 0.10\%$ 时，回归系数估值可能产生显著的估值漂移。由此可见，复相关系数和复判定系数并不能说明回归系数估值是否产生了显著的估值漂移。

由表 9.23 和表 9.24 可知，当 $\omega = 0.50\%$ 时，回归系数估值的相对真误差和相对均方误差同时小于等于 $\bar{d} = 50\%$ 的百分比是 100.0%，回归系数估值相对真误差总体平均值的最大值是 11.3%，回归系数估值相对均方误差总体平均值的最大值是 13.9%；当 $\omega = 0.10\%$ 时，回归系数估值的相对真误差和相对均方误差同时小于等于 $\bar{d} = 10\%$ 的百分比是 100.0%，回归系数估值相对真误差总体平均值的最大值是 2.2%，回归系数估值相对均方误差总体平均值的最大值是 2.7%；当 $\omega = 0.01\%$ 时，回归系数估值的相对真误差和相对均方误差同时小于等于 $\bar{d} = 1\%$ 的百分比是 100.0%，回归系数估值相对真误差总体平均值的最大值是 0.2%，回归系数估值相对均方误差总体平均值的最大值是 0.3%。由此可见，对于相同的均方误差系数 ω，各种百分比均接近，用回归系数估值的相对均方误差和用回归系数估值的相对真误差对回归系数估值的有效性判定等价，可以用回归系数估值的相对均方误差代替回归系数估值的相对真误差对回归系数估值的有效性进行判定。

2. 仿真实验二

理论回归方程 $\tilde{y} = 50.35301 + 1.01403\tilde{x}_1 + 1.38302\tilde{x}_2$ 的 10 组理论观测值见表 9.25，理论观测值绝对值的平均值约为 300。回归系数估值相对真误差均小于等于给定限值的百分比、回归系数估值的相对真误差与相对均方误差均小于等于给定限值的百分比、复相关系数的总体平均值、复判定系数的总体平均值见表 9.26；回归系数估值相对真误差总体平均值和相对均方误差总体平均值的百分比见表 9.27。

表 9.25 二元线性回归的理论观测值

序号	$\tilde{y}$	$\tilde{x}_1$	$\tilde{x}_2$	序号	$\tilde{y}$	$\tilde{x}_1$	$\tilde{x}_2$
1	208.1701	100.40	40.50	6	311.0665	140.50	85.50
2	235.0609	120.10	45.50	7	322.6909	150.60	86.50
3	261.5581	125.50	60.70	8	345.1285	170.00	88.50
4	290.5171	130.60	77.90	9	353.6098	175.50	90.60
5	301.6165	138.00	80.50	10	368.4070	180.00	98.00

表 9.26 回归系数估值相对真误差与相对均方误差均小于等于 $\bar{d}=\xi$ 的百分比(%)

序号	$\sigma_0(\omega)$	$\bar{d}_1$	$\bar{d}_2$	$\bar{d}_3$	ξ_1	ξ_2	ξ_3	R	R^2
1	15(5.00%)	48.0	2.8	0.0	12.4	0.0	0.0	0.9719	0.9446
2	3(1.00%)	99.9	49.4	0.6	99.9	16.8	0.0	0.9988	0.9976
3	1.5(0.50%)	100.0	90.9	2.4	100.0	90.7	0.0	0.9997	0.9994
4	0.3(0.10%)	100.0	100.0	48.2	100.0	100.0	16.4	1.0000	1.0000
5	0.15(0.05%)	100.0	100.0	85.1	100.0	100.0	85.0	1.0000	1.0000
6	0.03(0.01%)	100.0	100.0	100.0	100.0	100.0	100.0	1.0000	1.0000
7	0.015(0.005%)	100.0	100.0	100.0	100.0	100.0	100.0	1.0000	1.0000
8	0.003(0.001%)	100.0	100.0	100.0	100.0	100.0	100.0	1.0000	1.0000

表 9.27 回归系数估值相对真误差总体平均值和相对均方误差总体平均值的百分比(%)

序号	$\sigma_0(\omega)$	db_0	db_1	db_2	wb_0	wb_1	wb_2
1	15(5.00%)	48.5	33.3	31.6	174.9	67.1	64.5
2	3(1.00%)	9.3	6.6	6.4	11.4	8.0	7.7
3	1.5(0.50%)	4.6	3.2	3.1	5.7	4.0	3.8
4	0.3(0.10%)	1.0	0.6	0.6	1.1	0.8	0.8
5	0.15(0.05%)	0.6	0.3	0.3	0.6	0.4	0.4
6	0.03(0.01%)	0.4	0.1	0.1	0.1	0.1	0.1
7	0.015(0.005%)	0.4	0.0	0.0	0.1	0.0	0.0
8	0.003(0.001%)	0.4	0.0	0.0	0.0	0.0	0.0

1) 回归系数的估值漂移

由表 9.26 和表 9.27 可知，当 $\omega=1.00\%$ 时，回归系数估值的相对真误差均小

于等于 $\overline{d}=50\%$ 的百分比是 99.9%，回归系数估值相对真误差平均值的最大值是 9.3%；即当 $\omega>1.00\%$ 时，回归系数可能产生显著的估值漂移。

由表 9.27 可知，回归系数中常数项估值 $\hat{b}_0$ 的总体平均相对真误差大于其他回归系数估值 $\hat{b}_1$ 和 $\hat{b}_2$ 的总体平均相对真误差，即回归系数中的常数项更容易产生显著的估值漂移。

2) 回归系数估值的有效性和 ω 的选取

由表 9.26 和表 9.27 可知，当 $\omega=1.00\%$ 时，回归系数估值的相对真误差均小于等于 $\overline{d}=50\%$ 的百分比是 99.9%，回归系数估值相对真误差总体平均值的最大值是 9.3%；即当 $\omega\approx1.00\%$ 或 $\omega<1.00\%$ 时，回归系数估值的相对真误差均小于等于 $\overline{d}=50\%$。

当 $\omega=0.50\%$ 时，回归系数估值的相对真误差均小于等于 $\overline{d}=10\%$ 的百分比是 90.9%，回归系数估值相对真误差总体平均值的最大值是 4.6%；当 $\omega=0.10\%$ 时，回归系数估值的相对真误差均小于等于 $\overline{d}=10\%$ 的百分比是 100.0%，回归系数估值相对真误差总体平均值的最大值是 1.0%；即当 $\omega\approx0.10\%$ 或 $\omega<0.10\%$ 时，回归系数估值的相对真误差均小于等于 $\overline{d}=10\%$。

当 $\omega=0.05\%$ 时，各回归系数估值的相对真误差均小于等于 $\overline{d}=1\%$ 的百分比是 85.1%，回归系数估值相对真误差总体平均值的最大值是 0.6%；当 $\omega=0.01\%$ 时，回归系数估值的相对真误差均小于等于 $\overline{d}=1\%$ 的百分比是 100.0%，回归系数估值相对真误差总体平均值的最大值是 0.4%；即当 $\omega\approx0.01\%$ 或 $\omega<0.01\%$ 时，回归系数估值的相对真误差均小于等于 $\overline{d}=1\%$。

3) 回归系数估值有效性的判定

由表 9.26 可知，当 $\omega=5.00\%$、$\omega=1.00\%$ 和 $\omega=0.50\%$ 时，复相关系数的总体平均值分别是 0.9719、0.9988 和 0.9997；复判定系数的总体平均值分别是 0.9446、0.9976 和 0.9994。当 $\omega<0.10\%$ 时，复相关系数和复判定系数的总体平均值均为 1.0000；当 $\omega>0.10\%$ 时，回归系数估值可能产生显著的估值漂移。由此可见，复相关系数和复判定系数并不能说明回归系数估值是否产生了显著的估值漂移。

由表 9.26 和表 9.27 可知，当 $\omega=1.00\%$ 时，回归系数估值的相对真误差和相对均方误差同时小于等于 $\overline{d}=50\%$ 的百分比是 99.9%，回归系数估值相对真误差总体平均值的最大值是 9.3%，回归系数估值相对均方误差总体平均值的最大值是 11.4%；当 $\omega=0.10\%$ 时，回归系数估值的相对真误差和相对均方误差同时小于等于 $\overline{d}=10\%$ 的百分比是 100.0%，回归系数估值相对真误差总体平均值的最大值是 1.0%，回归系数估值相对均方误差总体平均值的最大值是 1.1%；当 $\omega=0.01\%$ 时，回归系数估值的相对真误差和相对均方误差同时小于等于 $\overline{d}=1\%$ 的百分比是

100.0%，回归系数估值相对真误差总体平均值的最大值是 0.4%，回归系数估值相对均方误差总体平均值的最大值是 0.1%。由此可见，对于相同的均方误差系数 ω，各种百分比均接近，用回归系数估值的相对均方误差和用回归系数估值的相对真误差对回归系数估值的有效性判定等价，可以用回归系数估值的相对均方误差代替回归系数估值的相对真误差对回归系数估值的有效性进行判定。

3. 仿真实验三

理论回归方程 $\tilde{y}=70.65301+3.08411\tilde{x}_1+2.58303\tilde{x}_2$ 的 12 组理论观测值见表 9.28，理论观测值绝对值的平均值约为 900。回归系数估值相对真误差均小于等于给定限值的百分比、回归系数估值的相对真误差与相对均方误差均小于等于给定限值的百分比、复相关系数的总体平均值、复判定系数的总体平均值见表 9.29；回归系数估值相对真误差总体平均值和相对均方误差总体平均值的百分比见表 9.30。

表 9.28　二元线性回归的理论观测值

序号	$\tilde{y}$	$\tilde{x}_1$	$\tilde{x}_2$	序号	$\tilde{y}$	$\tilde{x}_1$	$\tilde{x}_2$
1	498.6505	100.5	45.7	7	817.6011	170.5	85.6
2	574.4314	120.8	50.8	8	983.6385	220.4	90.3
3	629.4027	130.5	60.5	9	1090.2103	250.6	95.5
4	704.3084	150.6	65.5	10	1180.4089	280.6	94.6
5	740.7821	160.5	67.8	11	1238.9414	300.5	93.5
6	788.3825	165.8	79.9	12	1397.8041	350.0	95.9

表 9.29　回归系数估值相对真误差与相对均方误差均小于等于 $\bar{d}=\xi$ 的百分比(%)

序号	$\sigma_0(\omega)$	$\bar{d}_1$	$\bar{d}_2$	$\bar{d}_3$	ξ_1	ξ_2	ξ_3	R	R^2
1	45(5.00%)	35.2	2.4	0.0	1.9	0.0	0.0	0.9910	0.9821
2	9(1.00%)	99.6	32.9	0.4	99.6	0.5	0.0	0.9996	0.9992
3	4.5(0.50%)	100.0	71.6	2.0	100.0	49.7	0.0	0.9999	0.9998
4	0.9(0.10%)	100.0	100.0	35.4	100.0	100.0	0.6	1.0000	1.0000
5	0.45(0.05%)	100.0	100.0	72.1	100.0	100.0	51.2	1.0000	1.0000
6	0.09(0.01%)	100.0	100.0	100.0	100.0	100.0	100.0	1.0000	1.0000
7	0.045(0.005%)	100.0	100.0	100.0	100.0	100.0	100.0	1.0000	1.0000
8	0.009(0.001%)	100.0	100.0	100.0	100.0	100.0	100.0	1.0000	1.0000

表 9.30　回归系数估值相对真误差总体平均值和相对均方误差总体平均值的百分比(%)

序号	$\sigma_0(\omega)$	db_0	db_1	db_2	wb_0	wb_1	wb_2
1	45(5.00%)	73.5	8.8	46.2	449.2	10.9	354.2
2	9(1.00%)	14.7	1.8	9.2	18.3	2.2	11.3
3	4.5(0.50%)	7.2	0.9	4.5	9.0	1.1	5.6
4	0.9(0.10%)	1.5	0.2	0.9	1.8	0.2	1.1
5	0.45(0.05%)	0.7	0.1	0.5	0.9	0.1	0.6
6	0.09(0.01%)	0.1	0.0	0.1	0.2	0.0	0.1
7	0.045(0.005%)	0.1	0.0	0.1	0.1	0.0	0.1
8	0.009(0.001%)	0.0	0.0	0.0	0.0	0.0	0.0

1) 回归系数的估值漂移

由表 9.29 和表 9.30 可知，当 $\omega = 1.00\%$ 时，回归系数估值的相对真误差均小于等于 $\overline{d} = 50\%$ 的百分比是 99.6%，回归系数估值相对真误差平均值的最大值是 14.7%；当 $\omega = 0.50\%$ 时，回归系数估值的相对真误差均小于等于 $\overline{d} = 50\%$ 的百分比是 100.0%，回归系数估值相对真误差平均值的最大值是 7.2%；即当 $\omega > 0.50\%$ 时，回归系数可能产生显著的估值漂移。

由表 9.30 可知，回归系数中常数项估值 $\hat{b}_0$ 的总体平均相对真误差大于其他回归系数估值 $\hat{b}_1$ 和 $\hat{b}_2$ 的总体平均相对真误差，即回归系数中的常数项更容易产生显著的估值漂移。

2) 回归系数估值的有效性和 ω 的选取

由表 9.29 和表 9.30 可知，当 $\omega = 1.00\%$ 时，回归系数估值的相对真误差均小于等于 $\overline{d} = 50\%$ 的百分比是 99.6%，回归系数估值相对真误差总体平均值的最大值是 14.7%；即当 $\omega \approx 1.00\%$ 或 $\omega < 1.00\%$ 时，回归系数估值的相对真误差均小于等于 $\overline{d} = 50\%$。

当 $\omega = 0.50\%$ 时，回归系数估值的相对真误差均小于等于 $\overline{d} = 10\%$ 的百分比是 71.6%，回归系数估值相对真误差总体平均值的最大值是 7.2%；当 $\omega = 0.10\%$ 时，回归系数估值的相对真误差均小于等于 $\overline{d} = 10\%$ 的百分比是 100.0%，回归系数估值相对真误差总体平均值的最大值是 1.5%；即当 $\omega \approx 0.10\%$ 或 $\omega < 0.10\%$ 时，回归系数估值的相对真误差均小于等于 $\overline{d} = 10\%$。

当 $\omega = 0.05\%$ 时，各回归系数的相对真误差均小于等于 $\overline{d} = 1\%$ 的百分比是 72.1%，回归系数估值相对真误差总体平均值的最大值是 0.7%；当 $\omega = 0.01\%$ 时，回归系数估值的相对真误差均小于等于 $\overline{d} = 1\%$ 的百分比是 100.0%，回归系数估值相对真误差总体平均值的最大值是 0.1%；即当 $\omega \approx 0.01\%$ 或 $\omega < 0.01\%$ 时，回

归系数估值的相对真误差均小于等于 $\bar{d}=1\%$ 。

3) 回归系数估值有效性的判定

由表 9.29 可知，当 $\omega=5.00\%$ 、$\omega=1.00\%$ 和 $\omega=0.50\%$ 时，复相关系数的总体平均值分别是0.9910、0.9996和0.9999；复判定系数的总体平均值分别是0.9821、0.9992 和 0.9998。当 $\omega<0.10\%$ 时，复相关系数和复判定系数的总体平均值均为1.0000；当 $\omega>0.50\%$ 时，回归系数估值可能产生显著的估值漂移。由此可见，复相关系数和复判定系数并不能说明回归系数估值是否产生了显著的估值漂移。

由表 9.29 和表 9.30 可知，当 $\omega=1.00\%$ 时，回归系数估值的相对真误差和相对均方误差同时小于等于 $\bar{d}=50\%$ 的百分比是 99.6%，回归系数估值相对真误差总体平均值的最大值是 14.7%，回归系数估值相对均方误差总体平均值的最大值是 18.3%；当 $\omega=0.10\%$ 时，回归系数估值的相对真误差和相对均方误差同时小于等于 $\bar{d}=10\%$ 的百分比是 100.0%，回归系数估值相对真误差总体平均值的最大值是 1.5%，回归系数估值相对均方误差总体平均值的最大值是 1.8%；当 $\omega=0.01\%$ 时，回归系数估值的相对真误差和相对均方误差同时小于等于 $\bar{d}=1\%$ 的百分比是100.0%，回归系数估值相对真误差总体平均值的最大值是 0.1%，回归系数估值相对均方误差总体平均值的最大值是 0.2%。由此可见，对于相同的均方误差系数 ω ，各种百分比均接近，用回归系数估值的相对均方误差和用回归系数估值的相对真误差对回归系数估值的有效性判定等价，可以用回归系数估值的相对均方误差代替回归系数估值的相对真误差对回归系数估值的有效性进行判定。

9.4.2 二元线性回归估值漂移的讨论

观测值估值不会产生估值漂移，回归系数估值可能产生估值漂移。当均方误差系数 $\omega>1.00\%$ 时，即当验后均方误差 $\hat{\sigma}_0>1.00\%\times|\bar{y}|$ 时，回归系数估值可能产生显著的估值漂移。

当 $\omega\approx1.00\%$ 或 $\omega<1.00\%$ 时，回归系数估值的相对真误差均小于等于 $\bar{d}=50\%$ ，回归系数估值具有 1 位有效数字。当 $\omega\approx0.10\%$ 或 $\omega<0.10\%$ 时，回归系数估值的相对真误差均小于等于 $\bar{d}=10\%$ ，回归系数估值具有 2 位有效数字。当 $\omega\approx0.01\%$ 或 $\omega<0.01\%$ 时，回归系数估值的相对真误差均小于等于 $\bar{d}=1\%$ ，回归系数估值具有 3 位有效数字。

复相关系数和复判定系数并不能说明回归系数估值是否产生了显著的估值漂移，用回归系数估值的相对均方误差代替相对真误差对回归系数估值的有效性进行判定。当回归系数估值的相对均方误差大于 50%时，回归系数估值可能产生显著的估值漂移；当回归系数估值的相对均方误差小于 50%时，说明回归系数估值的相对真误差均小于 50%，回归系数估值具有 1 位有效数字；当回归系数估值的相对均方误差接近或小于 10%时，说明回归系数估值的相对真误差均接近或小于 10%，回归系数估值具有 2 位有效数字。当回归系数估值的相对均方误差接近或小于 1.0%时，说明回归系数估值的相对真误差均接近或小于 1%，回归系数估值具有 3 位有效数字。

9.5　三元线性回归的估值漂移

9.5.1　三元线性回归仿真实验

1. 仿真实验一

理论回归方程 $\tilde{y}=-6.7731+0.7759\tilde{x}_1+0.6672\tilde{x}_2+0.7766\tilde{x}_3$ 的 10 组理论观测值见表 9.31，理论观测值绝对值的平均值约为 45。回归系数估值相对真误差均小于等于给定限值的百分比、回归系数估值的相对真误差与相对均方误差均小于等于给定限值的百分比、复相关系数的总体平均值、复判定系数的总体平均值见表 9.32；回归系数估值相对真误差总体平均值和相对均方误差总体平均值的百分比见表 9.33。

表 9.31　三元线性回归的理论观测值

序号	$\tilde{y}$	$\tilde{x}_1$	$\tilde{x}_2$	$\tilde{x}_3$	序号	$\tilde{y}$	$\tilde{x}_1$	$\tilde{x}_2$	$\tilde{x}_3$
1	32.2329	1	31.39	22.26	6	46.5152	6	36.32	31.42
2	34.6340	2	32.08	23.76	7	49.1611	7	36.69	33.51
3	37.3922	3	33.34	25.23	8	54.6775	8	38.15	38.36
4	40.5779	4	34.88	27.01	9	60.0064	9	39.55	43.02
5	43.5419	5	35.82	29.02	10	65.4149	10	40.86	47.86

表 9.32　回归系数估值相对真误差与相对均方误差均小于等于 $\bar{d}=\xi$ 的百分比(%)

序号	$\sigma_0(\omega)$	$\bar{d}_1$	$\bar{d}_2$	$\bar{d}_3$	ξ_1	ξ_2	ξ_3	R	R^2
1	2.25(5.00%)	1.6	0.1	0.0	0.0	0.0	0.0	0.9876	0.9754
2	0.45(1.00%)	20.9	1.5	0.0	0.1	0.0	0.0	0.9995	0.9990
3	0.225(0.50%)	42.3	6.0	0.0	4.6	0.0	0.0	0.9999	0.9998
4	0.045(0.10%)	99.6	42.0	1.5	99.6	2.9	0.0	1.0000	1.0000
5	0.0225(0.05%)	100.0	74.2	5.5	100.0	56.3	0.0	1.0000	1.0000
6	0.0045(0.01%)	100.0	100.0	43.6	100.0	100.0	2.9	1.0000	1.0000
7	0.0023(0.005%)	100.0	100.0	74.2	100.0	100.0	53.3	1.0000	1.0000
8	0.0005(0.001%)	100.0	100.0	100.0	100.0	100.0	100.0	1.0000	1.0000

表 9.33　回归系数估值相对真误差总体平均值和相对均方误差总体平均值的百分比(%)

序号	$\sigma_0(\omega)$	db_0	db_1	db_2	db_3	wb_0	wb_1	wb_2	wb_3
1	2.25(5.00%)	700.0	201.8	241.6	37.8	802.3	1475.8	530.2	150.6
2	0.45(1.00%)	140.3	41.0	48.4	8.1	4558.7	169.0	154.1	9.3
3	0.225(0.50%)	70.4	20.4	24.4	3.9	369.5	25.9	47.8	4.6
4	0.045(0.10%)	14.1	4.1	4.9	0.8	17.2	4.8	5.8	0.9
5	0.0225(0.05%)	7.1	2.0	2.4	0.4	8.4	2.4	2.9	0.5
6	0.0045(0.01%)	1.4	0.4	0.5	0.1	1.7	0.5	0.6	0.1
7	0.0023(0.005%)	0.7	0.2	0.2	0.0	0.9	0.2	0.3	0.0
8	0.0005(0.001%)	0.2	0.0	0.1	0.0	0.2	0.1	0.1	0.0

1) 回归系数的估值漂移

由表 9.32 和表 9.33 可知，当$\omega = 0.10\%$时，回归系数估值的相对真误差均小于等于$\bar{d} = 50\%$的百分比是 99.6%，回归系数估值相对真误差平均值的最大值是 14.1%；即当$\omega > 0.10\%$时，回归系数可能产生显著的估值漂移。

由表 9.33 可知，回归系数中常数项估值$\hat{b}_0$的总体平均相对真误差大于其他回归系数估值$\hat{b}_1$、$\hat{b}_2$和$\hat{b}_3$的总体平均相对真误差，即回归系数中的常数项更容易产生显著的估值漂移。

2) 回归系数估值的有效性和ω的选取

由表 9.32 和表 9.33 可知，当$\omega = 0.10\%$时，回归系数估值的相对真误差均小于等于$\bar{d} = 50\%$的百分比是 99.6%，回归系数估值相对真误差总体平均值的最大值是 14.1%；即当$\omega \approx 0.10\%$或$\omega < 0.10\%$时，回归系数估值的相对真误差均小于等于$\bar{d} = 50\%$。

当$\omega = 0.05\%$时，回归系数估值的相对真误差均小于等于$\bar{d} = 10\%$的百分比是 74.2%，回归系数估值相对真误差总体平均值的最大值是 7.1%；当$\omega = 0.01\%$时，回归系数的相对真误差均小于等于$\bar{d} = 10\%$的百分比是 100.0%，回归系数估值相对真误差总体平均值的最大值是 1.4%；即当$\omega \approx 0.01\%$或$\omega < 0.01\%$时，回归系数估值的相对真误差均小于等于$\bar{d} = 10\%$。

当$\omega = 0.005\%$时，各回归系数估值的相对真误差均小于等于$\bar{d} = 1\%$的百分比是 74.2%，回归系数估值相对真误差总体平均值的最大值是 0.7%；当$\omega = 0.001\%$时，回归系数估值的相对真误差均小于等于$\bar{d} = 1\%$的百分比是 100%，回归系数估值相对真误差总体平均值的最大值是 0.2%；即当$\omega \approx 0.001\%$或$\omega < 0.001\%$时，回归系数估值的相对真误差均小于等于$\bar{d} = 1\%$。

3) 回归系数估值有效性的判定

由表 9.32 可知，当 $\omega=5.00\%$ 、$\omega=1.00\%$ 和 $\omega=0.50\%$ 时，复相关系数的总体平均值分别是 0.9876、0.9995 和 0.9999；复判定系数的总体平均值分别是 0.9754、0.9990 和 0.9998；当 $\omega<0.10\%$ 时，复相关系数以及复判定系数的总体平均值均为 1.0000；当 $\omega>0.10\%$ 时，回归系数估值可能产生显著的估值漂移。由此可见，复相关系数和复判定系数并不能说明回归系数估值是否产生了显著的估值漂移。

由表 9.32 和表 9.33 可知，当 $\omega=0.10\%$ 时，回归系数估值的相对真误差和相对均方误差同时小于等于 $\bar{d}=50\%$ 的百分比是 99.6%，回归系数估值相对真误差总体平均值的最大值是 14.1%，回归系数估值相对均方误差总体平均值的最大值是 17.2%；当 $\omega=0.01\%$ 时，回归系数估值的相对真误差和相对均方误差同时小于等于 $\bar{d}=10\%$ 的百分比是 100.0%，回归系数估值相对真误差总体平均值的最大值是 1.4%，回归系数估值相对均方误差总体平均值的最大值是 1.7%；当 $\omega=0.001\%$ 时，回归系数估值的相对真误差和相对均方误差同时小于等于 $\bar{d}=1\%$ 的百分比是 100%，回归系数估值相对真误差总体平均值的最大值是 0.2%，回归系数估值相对均方误差总体平均值的最大值是 0.2%。由此可见，对于相同的均方误差系数 ω，各种百分比均接近，用回归系数估值的相对均方误差和用回归系数估值的相对真误差对回归系数估值的有效性判定等价，可以用回归系数估值的相对均方误差代替回归系数估值的相对真误差对回归系数估值的有效性进行判定。

2. 仿真实验二

理论回归方程 $\tilde{y}=-158.75916+3.38110\tilde{x}_1+0.13258\tilde{x}_2-0.05725\tilde{x}_3$ 的 10 组理论观测值见表 9.34，理论观测值绝对值的平均值约为 1500。回归系数估值相对真误差均小于等于给定限值的百分比、回归系数估值的相对真误差与相对均方误差均小于等于给定限值的百分比、复相关系数的总体平均值、复判定系数的总体平均值见表 9.35；回归系数估值相对真误差总体平均值和相对均方误差总体平均值的百分比见表 9.36。

表 9.34 三元线性回归的理论观测值

序号	$\tilde{y}$	$\tilde{x}_1$	$\tilde{x}_2$	$\tilde{x}_3$	序号	$\tilde{y}$	$\tilde{x}_1$	$\tilde{x}_2$	$\tilde{x}_3$
1	1537.811	366.27	4117.7	1532.7	6	1511.252	364.19	4150.0	1948.6
2	1541.561	370.80	4070.4	1625.2	7	1478.659	355.69	4180.0	2085.4
3	1548.553	373.85	4132.1	1826.1	8	1483.695	347.00	4222.2	1581.9
4	1561.091	375.75	4143.8	1746.4	9	1473.682	335.09	4391.0	1444.3
5	1565.005	372.54	4227.6	1682.5	10	1414.381	298.40	4831.0	1332.2

表 9.35　回归系数估值相对真误差与相对均方误差均小于等于 $\bar{d}=\xi$ 的百分比(%)

序号	$\sigma_0(\omega)$	$\bar{d}_1$	$\bar{d}_2$	$\bar{d}_3$	ξ_1	ξ_2	ξ_3	R	R^2
1	75.00(5.00%)	0.3	0.0	0.0	0.0	0.0	0.0	0.7030	0.4942
2	15.00(1.00%)	9.1	0.3	0.0	0.0	0.0	0.0	0.9721	0.9450
3	7.50(0.50%)	23.2	1.5	0.0	0.1	0.0	0.0	0.9927	0.9855
4	1.50(0.10%)	89.3	24.9	0.2	82.3	0.1	0.0	0.9997	0.9994
5	0.75(0.05%)	99.9	49.1	1.7	99.9	6.9	0.0	0.9999	0.9998
6	0.15(0.01%)	100.0	99.9	23.5	100.0	99.9	0.2	1.0000	1.0000
7	0.075(0.005%)	100.0	100.0	47.1	100.0	100.0	5.7	1.0000	1.0000
8	0.015(0.001%)	100.0	100.0	100.0	100.0	100.0	100.0	1.0000	1.0000

表 9.36　回归系数估值相对真误差总体平均值和相对均方误差总体平均值的百分比(%)

序号	$\sigma_0(\omega)$	db_0	db_1	db_2	db_3	wb_0	wb_1	wb_2	wb_3
1	75.00(5.00%)	1249.7	72.2	201.3	187.9	601.0	435.5	548.4	2586.9
2	15.00(1.00%)	241.2	13.9	38.9	37.1	611.3	17.4	185.6	150.7
3	7.50(0.50%)	122.0	7.0	19.6	18.6	925.6	8.6	25.8	23.7
4	1.50(0.10%)	24.3	1.4	3.9	3.7	34.7	1.7	4.7	4.4
5	0.75(0.05%)	12.3	0.7	2.0	1.9	15.1	0.8	2.4	2.2
6	0.15(0.01%)	2.4	0.1	0.5	0.5	2.9	0.2	0.5	0.4
7	0.075(0.005%)	1.2	0.1	0.3	0.4	1.5	0.1	0.2	0.2
8	0.015(0.001%)	0.2	0.0	0.3	0.4	0.3	0.0	0.0	0.0

1) 回归系数的估值漂移

由表 9.35 和表 9.36 可知，当 $\omega=0.10\%$ 时，回归系数估值的相对真误差均小于等于 $\bar{d}=50\%$ 的百分比是 89.3%，回归系数估值相对真误差平均值的最大值是 24.3%；当 $\omega=0.05\%$ 时，回归系数估值的相对真误差均小于等于 $\bar{d}=50\%$ 的百分比是 99.9%，回归系数估值相对真误差平均值的最大值是 12.3%；即当 $\omega>0.05\%$ 时，回归系数可能产生显著的估值漂移。

由表 9.36 可知，回归系数中常数项估值 $\hat{b}_0$ 的总体平均相对真误差大于其他回归系数估值 $\hat{b}_1$、$\hat{b}_2$ 和 $\hat{b}_3$ 的总体平均相对真误差，即回归系数中的常数项更容易产生显著的估值漂移。

2) 回归系数估值的有效性和 ω 的选取

由表 9.35 和表 9.36 可知，当 $\omega=0.10\%$ 时，回归系数估值的相对真误差均小

于等于 $\bar{d}=50\%$ 的百分比是 89.3%，回归系数估值相对真误差总体平均值的最大值是 24.3%；当 $\omega=0.05\%$ 时，回归系数估值的相对真误差均小于等于 $\bar{d}=50\%$ 的百分比是 99.9%，回归系数估值相对真误差总体平均值的最大值是 12.3%；即当 $\omega\approx0.05\%$ 或 $\omega<0.05\%$ 时，回归系数估值的相对真误差均小于等于 $\bar{d}=50\%$ 。

当 $\omega=0.05\%$ 时，回归系数估值的相对真误差均小于等于 $\bar{d}=10\%$ 的百分比是 49.1%，回归系数估值相对真误差总体平均值的最大值是 12.3%；当 $\omega=0.01\%$ 时，回归系数估值的相对真误差均小于等于 $\bar{d}=10\%$ 的百分比是 99.9%，回归系数估值相对真误差总体平均值的最大值是 2.4%；即当 $\omega\approx0.01\%$ 或 $\omega<0.01\%$ 时，回归系数估值的相对真误差均小于等于 $\bar{d}=10\%$ 。

当 $\omega=0.005\%$ 时，各回归系数估值的相对真误差均小于等于 $\bar{d}=1\%$ 的百分比是 47.1%，回归系数估值相对真误差总体平均值的最大值是 1.2%；当 $\omega=0.001\%$ 时，回归系数估值的相对真误差均小于等于 $\bar{d}=1\%$ 的百分比是 100%，回归系数估值相对真误差总体平均值的最大值是 0.3%；即当 $\omega\approx0.001\%$ 或 $\omega<0.001\%$时，回归系数估值的相对真误差均小于等于 $\bar{d}=1\%$ 。

3) 回归系数估值有效性的判定

由表 9.35 可知，当 $\omega=5.00\%$ 、$\omega=1.00\%$ 、$\omega=0.50\%$ 、$\omega=0.10\%$ 和 $\omega=0.05\%$ 时，复相关系数的总体平均值分别是 0.7030、0.9721、0.9927、0.9997 和 0.9999；复判定系数的总体平均值分别是 0.4942、0.9450、0.9855、0.9994 和 0.9998；当 $\omega<0.01\%$ 时，复相关系数以及复判定系数的总体平均值均为 1.0000；当 $\omega>0.01\%$ 时，回归系数估值可能产生显著的估值漂移。由此可见，复相关系数和复判定系数并不能说明回归系数估值是否产生了显著的估值漂移。

由表 9.35 和表 9.36 可知，当 $\omega=0.05\%$ 时，回归系数估值的相对真误差和相对均方误差同时小于等于 $\bar{d}=50\%$ 的百分比是 99.9%，回归系数估值相对真误差总体平均值的最大值是 12.3%，回归系数估值相对均方误差总体平均值的最大值是 15.1%；当 $\omega=0.01\%$ 时，回归系数估值的相对真误差和相对均方误差同时小于等于 $\bar{d}=10\%$ 的百分比是 99.9%，回归系数估值相对真误差总体平均值的最大值是 2.4%，回归系数估值相对均方误差总体平均值的最大值是 2.9%；当 $\omega=0.001\%$ 时，回归系数估值的相对真误差和相对均方误差同时小于等于 $\bar{d}=1\%$ 的百分比是 100%，回归系数估值相对真误差总体平均值的最大值是 0.4%，回归系数估值相对均方误差总体平均值的最大值是 0.3%。由此可见，对于相同的均方误差系数 ω ，各种百分比均接近，用回归系数估值的相对均方误差和用回归系数估值的相对真误差对回归系数估值的有效性判定等价，可以用回归系数估值的相对均方误差代替回归系数估值的相对真误差对回归系数估值的有效性进行判定。

3. 仿真实验三

理论回归方程 $\tilde{y}=-675.31163+77.67900\tilde{x}_1+0.66666\tilde{x}_2+0.77642\tilde{x}_3$ 的 17 组理论观测值见表 9.37，理论观测值绝对值的平均值约为 6400。回归系数估值相对真误差均小于等于给定限值的百分比、回归系数估值的相对真误差与相对均方误差均小于等于给定限值的百分比、复相关系数的总体平均值、复判定系数的总体平均值见表 9.38；回归系数估值相对真误差总体平均值和相对均方误差总体平均值的百分比见表 9.39。

表 9.37　三元线性回归的理论观测值

序号	$\tilde{y}$	$\tilde{x}_1$	$\tilde{x}_2$	$\tilde{x}_3$	序号	$\tilde{y}$	$\tilde{x}_1$	$\tilde{x}_2$	$\tilde{x}_3$
1	3223.089	1	3139	2225.70	10	6541.429	10	4086	4786.05
2	3463.727	2	3208	2376.34	11	7076.134	11	4229	5251.90
3	3739.127	3	3334	2522.81	12	7615.463	12	4273	5808.71
4	4057.744	4	3488	2700.90	13	8186.335	13	4364	6365.79
5	4354.375	5	3582	2902.19	14	8883.823	14	4472	7071.35
6	4651.393	6	3632	3141.76	15	9526.713	15	4521	7757.25
7	4916.157	7	3669	3350.95	16	10265.722	16	4498	8628.77
8	5467.607	8	3815	3835.79	17	10953.608	17	4545	9374.34
9	6000.786	9	3955	4302.25					

表 9.38　回归系数估值相对真误差与相对均方误差均小于等于 $\bar{d}=\xi$ 的百分比(%)

序号	$\sigma_0(\omega)$	$\bar{d}_1$	$\bar{d}_2$	$\bar{d}_3$	ξ_1	ξ_2	ξ_3	R	R^2
1	320(5.00%)	2.5	0.2	0.0	0.0	0.0	0.0	0.9938	0.9876
2	64(1.00%)	28.3	2.9	0.0	0.0	0.0	0.0	0.9998	0.9996
3	32(0.50%)	54.7	9.2	0.1	10.7	0.0	0.0	0.9999	0.9998
4	6.4(0.10%)	100.0	54.5	3.3	100.0	5.5	0.0	1.0000	1.0000
5	3.2(0.05%)	100.0	85.5	9.3	100.0	84.8	0.0	1.0000	1.0000
6	0.64(0.01%)	100.0	100.0	54.2	100.0	100.0	4.9	1.0000	1.0000
7	0.32(0.005%)	100.0	100.0	85.7	100.0	100.0	85.5	1.0000	1.0000
8	0.064(0.001%)	100.0	100.0	100.0	100.0	100.0	100.0	1.0000	1.0000

表 9.39　回归系数估值相对真误差总体平均值和相对均方误差总体平均值的百分比(%)

序号	$\sigma_0(\omega)$	db_0	db_1	db_2	db_3	wb_0	wb_1	wb_2	wb_3
1	320(5.00%)	548.0	205.4	176.6	18.5	777.6	627.1	724.3	24.1
2	64(1.00%)	108.1	40.4	34.8	3.7	559.0	370.0	88.4	4.5

续表

序号	$\sigma_0(\omega)$	db_0	db_1	db_2	db_3	wb_0	wb_1	wb_2	wb_3
3	32(0.50%)	53.9	20.5	17.3	1.9	189.2	27.2	22.5	2.3
4	6.4(0.10%)	10.7	4.0	3.4	0.4	13.5	5.0	4.3	0.4
5	3.2(0.05%)	5.5	2.1	1.8	0.2	6.7	2.5	2.1	0.2
6	0.64(0.01%)	1.1	0.4	0.4	0.1	1.3	0.5	0.4	0.0
7	0.32(0.005%)	0.5	0.2	0.2	0.1	0.7	0.2	0.2	0.0
8	0.064(0.001%)	0.1	0.0	0.1	0.1	0.1	0.0	0.0	0.0

1) 回归系数的估值漂移

由表 9.38 和表 9.39 可知，当 $\omega = 0.50\%$ 时，回归系数估值的相对真误差均小于等于 $\overline{d} = 50\%$ 的百分比是 54.7%，回归系数估值相对真误差平均值的最大值是 53.9%；当 $\omega = 0.10\%$ 时，回归系数估值的相对真误差均小于等于 $\overline{d} = 50\%$ 的百分比是 100%，回归系数估值相对真误差平均值的最大值是 10.7%；即当 $\omega > 0.10\%$ 时，回归系数可能产生显著的估值漂移。

由表 9.39 可知，回归系数中常数项估值 $\hat{b}_0$ 的总体平均相对真误差大于其他回归系数估值 $\hat{b}_1$、$\hat{b}_2$ 和 $\hat{b}_3$ 的总体平均相对真误差，即回归系数中的常数项更容易产生显著的估值漂移。

2) 回归系数估值的有效性和均方误差系数的选取

由表 9.38 和表 9.39 可知，当 $\omega = 0.50\%$ 时，回归系数估值的相对真误差均小于等于 $\overline{d} = 50\%$ 的百分比是 54.7%，回归系数估值相对真误差总体平均值的最大值是 53.9%；当 $\omega = 0.10\%$ 时，回归系数估值的相对真误差均小于等于 $\overline{d} = 50\%$ 的百分比是 100%，回归系数估值相对真误差总体平均值的最大值是 10.7%；即当 $\omega \approx 0.10\%$ 或 $\omega < 0.10\%$ 时，回归系数估值的相对真误差均小于等于 $\overline{d} = 50\%$。

当 $\omega = 0.05\%$ 时，回归系数估值的相对真误差均小于等于 $\overline{d} = 10\%$ 的百分比是 85.5%，回归系数估值相对真误差总体平均值的最大值是 5.5%；当 $\omega = 0.01\%$ 时，回归系数估值的相对真误差均小于等于 $\overline{d} = 10\%$ 的百分比是 100%，回归系数估值相对真误差总体平均值的最大值是 1.1%；即当 $\omega \approx 0.01\%$ 或 $\omega < 0.01\%$ 时，回归系数估值的相对真误差均小于等于 $\overline{d} = 10\%$。

当 $\omega = 0.005\%$ 时，各回归系数估值的相对真误差均小于等于 $\overline{d} = 1\%$ 的百分比是 85.7%，回归系数估值相对真误差总体平均值的最大值是 0.5%；当 $\omega = 0.001\%$ 时，回归系数估值的相对真误差均小于等于 $\overline{d} = 1\%$ 的百分比是 100%，回归系数估值相对真误差总体平均值的最大值是 0.1%；即当 $\omega \approx 0.001\%$ 或 $\omega < 0.001\%$ 时，

回归系数估值的相对真误差均小于等于$\bar{d}=1\%$。

3) 回归系数估值有效性的判定

由表 9.38 可知，当$\omega=5.00\%$、$\omega=1.00\%$和$\omega=0.50\%$时，复相关系数的总体平均值分别是0.9938、0.9998和0.9999;复判定系数的总体平均值分别是0.9876、0.9996 和 0.9998。当$\omega<0.50\%$时，复相关系数以及复判定系数的总体平均值均为 1.0000；当$\omega>0.10\%$时，回归系数估值可能产生显著的估值漂移。由此可见，复相关系数和复判定系数并不能说明回归系数估值是否产生了显著的估值漂移。

由表 9.38 和表 9.39 可知，当$\omega=0.10\%$时，回归系数估值的相对真误差和相对均方误差同时小于等于$\bar{d}=50\%$的百分比是 100%,回归系数估值相对真误差总体平均值的最大值是 10.7%，回归系数估值相对均方误差总体平均值的最大值是 13.5%；当$\omega=0.01\%$时，回归系数估值的相对真误差和相对均方误差同时小于等于$\bar{d}=10\%$的百分比是 100%，回归系数估值相对真误差总体平均值的最大值是 1.1%,回归系数估值相对均方误差总体平均值的最大值是 1.3%;当$\omega=0.001\%$时，回归系数估值的相对真误差和相对均方误差同时小于等于$\bar{d}=1\%$的百分比是 100%，回归系数估值相对真误差总体平均值的最大值是 0.1%，回归系数估值相对均方误差总体平均值的最大值是 0.1%。由此可见，对于相同的均方误差系数ω，各种百分比均接近，用回归系数估值的相对均方误差和用回归系数估值的相对真误差对回归系数估值的有效性判定等价，可以用回归系数估值的相对均方误差代替回归系数估值的相对真误差对回归系数估值的有效性进行判定。

9.5.2　三元线性回归估值漂移的讨论

观测值估值不会产生估值漂移，回归系数估值可能产生估值漂移。当均方误差系数$\omega>0.10\%$时，即当验后均方误差$\hat{\sigma}_0>0.10\%|\bar{y}|$时，回归系数估值可能产生显著的估值漂移。

当$\omega\approx0.10\%$或$\omega<0.10\%$时，回归系数估值的相对真误差均小于等于$\bar{d}=50\%$，回归系数估值具有 1 位有效数字。当$\omega\approx0.01\%$或$\omega<0.01\%$时，回归系数估值的相对真误差均小于等于$\bar{d}=10\%$，回归系数估值具有 2 位有效数字。当$\omega\approx0.001\%$或$\omega<0.001\%$时，回归系数估值的相对真误差均小于等于$\bar{d}=1\%$，回归系数估值具有 3 位有效数字。

复相关系数和复判定系数并不能说明回归系数估值是否产生了显著的估值漂移，用回归系数估值的相对均方误差代替相对真误差对回归系数估值的有效性进行判定。当回归系数估值的相对均方误差大于 50%时，回归系数估值可能产生显著的估值漂移；当回归系数估值的相对均方误差小于 50%时，说明回归系数估值的相对真误差均小于 50%，回归系数估值具有 1 位有效数字；当回归系数估值的相对均方误差接近或小于 10%时，说明回归系数估值的相对真误差均接近或小于 10%，回归系数估值具有 2 位有效数字。当回归系数估值的相对均方误差接近或小于 1%时，说明回归系数估值的相对真误差均接近或小于 1%，回归系数估值具有 3 位有效数字。

9.6　四元线性回归的估值漂移

9.6.1　四元线性回归仿真实验

1. 仿真实验一

理论回归方程 $\tilde{y}=-6.07401-0.02711\tilde{x}_1+5.99632\tilde{x}_2+0.01101\tilde{x}_3+0.01801\tilde{x}_4$ 的 14 组理论观测值见表 9.40，理论观测值绝对值的平均值约为 11。回归系数估值相对真误差均小于等于给定限值的百分比、回归系数估值的相对真误差与相对均方误差均小于等于给定限值的百分比、复相关系数的总体平均值、复判定系数的总体平均值见表 9.41；回归系数估值相对真误差总体平均值和相对均方误差总体平均值的百分比见表 9.42。

表 9.40　四元线性回归的理论观测值

序号	$\tilde{y}$	$\tilde{x}_1$	$\tilde{x}_2$	$\tilde{x}_3$	$\tilde{x}_4$	序号	$\tilde{y}$	$\tilde{x}_1$	$\tilde{x}_2$	$\tilde{x}_3$	$\tilde{x}_4$
1	7.9806	3.458	0.30	821	183.8	8	11.3643	2.107	0.35	821	353.0
2	8.2475	3.772	0.35	825	180.0	9	11.6042	2.945	0.30	841	372.0
3	8.3079	1.544	0.35	825	180.0	10	12.4457	3.346	0.45	840	370.0
4	8.5380	2.955	0.45	808	172.0	11	12.5650	2.735	0.50	845	356.0
5	9.0372	3.335	0.45	851	174.0	12	12.8627	2.385	0.50	845	372.0
6	9.0820	2.587	0.50	826	174.0	13	13.6739	1.914	0.35	834	473.0
7	9.2500	1.877	0.50	831	179.2	14	14.1124	1.917	0.45	839	461.0

表 9.41　回归系数估值相对真误差与相对均方误差均小于等于 $\bar{d}=\xi$ 的百分比(%)

序号	$\sigma_0(\omega)$	$\bar{d}_1$	$\bar{d}_2$	$\bar{d}_3$	ξ_1	ξ_2	ξ_3	R	R^2
1	0.55(5.00%)	0.7	0.0	0.0	0.0	0.0	0.0	0.9845	0.9692
2	0.11(1.00%)	21.5	1.2	0.0	0.0	0.0	0.0	0.9994	0.9988
3	0.055(0.50%)	46.2	4.0	0.0	10.6	0.0	0.0	0.9998	0.9996
4	0.011(0.10%)	99.9	47.4	1.3	99.9	7.1	0.0	1.0000	1.0000
5	0.0055(0.05%)	100.0	78.7	4.2	100.0	77.3	0.0	1.0000	1.0000

续表

序号	$\sigma_0(\omega)$	$\bar{d}_1$	$\bar{d}_2$	$\bar{d}_3$	ξ_1	ξ_2	ξ_3	R	R^2
6	0.0011(0.01%)	100.0	100.0	47.7	100.0	100.0	6.8	1.0000	1.0000
7	0.0006(0.005%)	100.0	100.0	80.1	100.0	100.0	79.0	1.0000	1.0000
8	0.0001(0.001%)	100.0	100.0	100.0	100.0	100.0	100.0	1.0000	1.0000

表 9.42　回归系数估值相对真误差总体平均值和相对均方误差总体平均值的百分比(%)

序号	$\sigma_0(\omega)$	db_0	db_1	db_2	db_3	db_4	wb_0	wb_1	wb_2	wb_3	wb_4
1	0.55(5.00%)	148.0	633.4	25.3	104.0	6.4	1546.8	518.3	33.6	338.7	6.8
2	0.11(1.00%)	29.2	124.5	5.0	20.5	1.3	46.8	402.7	5.4	23.5	1.4
3	0.055(0.50%)	14.7	63.2	2.6	10.3	0.6	15.8	289.7	2.7	10.9	0.7
4	0.011(0.10%)	3.0	12.5	0.5	2.1	0.1	3.1	13.6	0.5	2.2	0.1
5	0.0055(0.05%)	1.5	6.3	0.3	1.0	0.1	1.5	6.6	0.3	1.1	0.1
6	0.0011(0.01%)	0.3	1.2	0.0	0.2	0.0	0.3	1.3	0.1	0.2	0.0
7	0.0006(0.005%)	0.1	0.6	0.0	0.1	0.0	0.2	0.7	0.0	0.1	0.0
8	0.0001(0.001%)	0.0	0.1	0.0	0.0	0.0	0.0	0.1	0.0	0.0	0.0

1) 回归系数的估值漂移

由表 9.41 和表 9.42 可知，当 $\omega = 0.10\%$ 时，回归系数估值的相对真误差均小于等于 $\bar{d} = 50\%$ 的百分比是 99.9%，回归系数估值相对真误差平均值的最大值是 12.5%；即当 $\omega > 0.10\%$ 时，回归系数可能产生显著的估值漂移。

2) 回归系数估值的有效性和 ω 的选取

由表 9.42 和表 9.43 可知，当 $\omega = 0.10\%$ 时，回归系数估值的相对真误差均小于等于 $\bar{d} = 50\%$ 的百分比是 99.9%，回归系数估值相对真误差总体平均值的最大值是 12.5%；即当 $\omega \approx 0.10\%$ 或 $\omega < 0.10\%$ 时，回归系数估值的相对真误差均小于等于 $\bar{d} = 50\%$。

当 $\omega = 0.05\%$ 时，回归系数估值的相对真误差均小于等于 $\bar{d} = 10\%$ 的百分比是 78.7%，回归系数估值相对真误差总体平均值的最大值是 6.3%；当 $\omega = 0.01\%$ 时，回归系数估值的相对真误差均小于等于 $\bar{d} = 10\%$ 的百分比是 100.0%，回归系数估值相对真误差总体平均值的最大值是 1.2%；即当 $\omega \approx 0.01\%$ 或 $\omega < 0.01\%$ 时，回归系数估值的相对真误差均小于等于 $\bar{d} = 10\%$。

当 $\omega = 0.005\%$ 时，各回归系数估值的相对真误差均小于等于 $\bar{d} = 1\%$ 的百分比是 80.1%，回归系数估值相对真误差总体平均值的最大值是 0.6%；当 $\omega = 0.001\%$ 时，回归系数估值的相对真误差均小于等于 $\bar{d} = 1\%$ 的百分比是 100%，回归系数估值相对真误差总体平均值的最大值是 0.1%；即当 $\omega \approx 0.001\%$ 或 $\omega < 0.001\%$ 时，回归系数估值的相对真误差均小于等于 $\bar{d} = 1\%$ 。

3) 回归系数估值有效性的判定

由表 9.41 可知，当 $\omega = 5.00\%$ 、 $\omega = 1.00\%$ 和 $\omega = 0.50\%$ 时，复相关系数的总体平均值分别是 0.9845、0.9994 和 0.9998；复判定系数的总体平均值分别是 0.9692、0.9988 和 0.9996；当 $\omega < 0.10\%$ 时，复相关系数以及复判定系数的总体平均值均为 1.0000；当 $\omega > 0.50\%$ 时，回归系数估值可能产生显著的估值漂移。由此可见，复相关系数和复判定系数并不能说明回归系数估值是否产生了显著的估值漂移。

由表 9.41 和表 9.42 可知，当 $\omega = 0.10\%$ 时，回归系数估值的相对真误差和相对均方误差同时小于等于 $\bar{d} = 50\%$ 的百分比是 99.9%，回归系数估值相对真误差总体平均值的最大值是 12.5%，回归系数估值相对均方误差总体平均值的最大值是 13.6%；当 $\omega = 0.01\%$ 时，回归系数估值的相对真误差和相对均方误差同时小于等于 $\bar{d} = 10\%$ 的百分比是 100%，回归系数估值相对真误差总体平均值的最大值是 1.2%，回归系数估值相对均方误差总体平均值的最大值是 1.3%；当 $\omega = 0.001\%$ 时，回归系数估值的相对真误差和相对均方误差同时小于等于 $\bar{d} = 1\%$ 的百分比是 100%，回归系数估值相对真误差总体平均值的最大值是 0.1%，回归系数估值相对均方误差总体平均值的最大值是 0.1%。由此可见，对于相同的均方误差系数 ω ，各种百分比均接近，用回归系数估值的相对均方误差和用回归系数估值的相对真误差对回归系数估值的有效性判定等价，可以用回归系数估值的相对均方误差代替回归系数估值的相对真误差对回归系数估值的有效性进行判定。

2. 仿真实验二

理论回归方程 $\tilde{y} = 1.63613 + 0.16071\tilde{x}_1 - 0.30332\tilde{x}_2 + 0.41899\tilde{x}_3 + 0.28324\tilde{x}_4$ 的 12 组理论观测值见表 9.43，理论观测值绝对值的平均值约为 28。回归系数估值相对真误差均小于等于给定限值的百分比、回归系数估值的相对真误差与相对均方误差均小于等于给定限值的百分比、复相关系数的总体平均值、复判定系数的总体平均值见表 9.44；回归系数估值相对真误差总体平均值和相对均方误差总体平均值的百分比见表 9.45。

表 9.43　四元线性回归的理论观测值

序号	$\tilde{y}$	$\tilde{x}_1$	$\tilde{x}_2$	$\tilde{x}_3$	$\tilde{x}_4$	序号	$\tilde{y}$	$\tilde{x}_1$	$\tilde{x}_2$	$\tilde{x}_3$	$\tilde{x}_4$
1	21.1730	40.7	8.8	28.6	13	7	26.9607	50.0	11.3	36.6	19
2	21.9974	41.1	9.3	30.1	14	8	28.9346	52.5	12.3	40.4	20
3	24.2028	44.7	8.6	32.8	15	9	31.3649	55.0	12.9	45.0	21
4	24.6056	45.3	8.8	33.0	16	10	33.5444	56.1	14.0	49.9	22
5	25.2439	46.7	9.2	33.6	17	11	34.0056	58.5	18.0	52.3	23
6	26.3095	49.5	9.9	34.9	18	12	35.2213	60.3	20.3	55.5	24

表 9.44　回归系数估值相对真误差与相对均方误差均小于等于 $\bar{d}=\xi$ 的百分比(%)

序号	$\sigma_0(\omega)$	$\bar{d}_1$	$\bar{d}_2$	$\bar{d}_3$	ξ_1	ξ_2	ξ_3	R	R^2
1	1.4(5.00%)	0.2	0.0	0.0	0.0	0.0	0.0	0.9731	0.9469
2	0.28(1.00%)	15.8	0.2	0.0	0.1	0.0	0.0	0.9988	0.9976
3	0.14(0.50%)	41.8	1.6	0.0	7.1	0.0	0.0	0.9997	0.9994
4	0.028(0.10%)	99.6	41.1	0.1	99.6	5.4	0.0	1.0000	1.0000
5	0.014(0.05%)	100.0	76.1	1.7	100.0	71.3	0.0	1.0000	1.0000
6	0.0028(0.01%)	100.0	100.0	40.0	100.0	100.0	5.0	1.0000	1.0000
7	0.0014(0.005%)	100.0	100.0	74.0	100.0	100.0	70.0	1.0000	1.0000
8	0.0003(0.001%)	100.0	100.0	100.0	100.0	100.0	100.0	1.0000	1.0000

表 9.45　回归系数估值相对真误差总体平均值和相对均方误差总体平均值的百分比(%)

序号	$\sigma_0(\omega)$	db_0	db_1	db_2	db_3	db_4	wb_0	wb_1	wb_2	wb_3	wb_4
1	1.4(5.00%)	692.6	406.8	103.7	55.4	375.4	498.0	475.1	354.4	219.7	499.5
2	0.28(1.00%)	137.8	81.0	20.7	11.0	74.0	403.5	235.3	22.6	11.4	572.0
3	0.14(0.50%)	68.5	40.1	10.3	5.5	36.6	375.9	103.9	10.5	5.5	80.5
4	0.028(0.10%)	14.0	8.2	2.0	1.1	7.6	14.4	8.4	2.1	1.1	7.7
5	0.014(0.05%)	6.8	4.0	1.0	0.5	3.7	7.1	4.1	1.0	0.6	3.8
6	0.0028(0.01%)	1.4	0.8	0.2	0.1	0.8	1.4	0.8	0.2	0.1	0.8
7	0.0014(0.005%)	0.7	0.4	0.1	0.1	0.4	0.7	0.4	0.1	0.1	0.4
8	0.0003(0.001%)	0.1	0.1	0.0	0.0	0.1	0.1	0.1	0.0	0.0	0.1

1) 回归系数的估值漂移

由表 9.44 和表 9.45 可知，当 $\omega=0.10\%$ 时，回归系数估值的相对真误差均小于等于 $\bar{d}=50\%$ 的百分比是 99.6%，回归系数估值相对真误差平均值的最大值是 14.0%；即当 $\omega>0.05\%$ 时，回归系数可能产生显著的估值漂移。

2) 回归系数估值的有效性和 ω 的选取

由表 9.44 和表 9.45 可知，当 $\omega = 0.10\%$ 时，回归系数估值的相对真误差均小于等于 $\overline{d} = 50\%$ 的百分比是 99.6%，回归系数估值相对真误差总体平均值的最大值是 14.0%；即当 $\omega \approx 0.10\%$ 或 $\omega < 0.10\%$ 时，回归系数估值的相对真误差均小于等于 $\overline{d} = 50\%$ 。

当 $\omega = 0.05\%$ 时，回归系数估值的相对真误差均小于等于 $\overline{d} = 10\%$ 的百分比是 76.1%，回归系数估值相对真误差总体平均值的最大值是 6.8%；当 $\omega = 0.01\%$ 时，回归系数估值的相对真误差均小于等于 $\overline{d} = 10\%$ 的百分比是 100.0%，回归系数估值相对真误差总体平均值的最大值是 1.4%；即当 $\omega \approx 0.01\%$ 或 $\omega < 0.01\%$ 时，回归系数估值的相对真误差均小于等于 $\overline{d} = 10\%$ 。

当 $\omega = 0.005\%$ 时，各回归系数估值的相对真误差均小于等于 $\overline{d} = 1\%$ 的百分比是 74.0%，回归系数估值相对真误差总体平均值的最大值是 0.7%；当 $\omega = 0.001\%$ 时，回归系数估值的相对真误差均小于等于 $\overline{d} = 1\%$ 的百分比是 100%，回归系数估值相对真误差总体平均值的最大值是 0.1%；即当 $\omega \approx 0.001\%$ 或 $\omega < 0.001\%$ 时，回归系数估值的相对真误差均小于等于 $\overline{d} = 1\%$ 。

3) 回归系数估值有效性的判定

由表 9.44 可知，当 $\omega = 5.00\%$ 、 $\omega = 1.00\%$ 和 $\omega = 0.50\%$ 时，复相关系数的总体平均值分别是 0.9731、0.9988 和 0.9997；复判定系数的总体平均值分别是 0.9496、0.9976 和 0.9994；当 $\omega < 0.50\%$ 时，复相关系数以及复判定系数的总体平均值均为 1.0000；当 $\omega > 0.50\%$ 时，回归系数估值可能产生显著的估值漂移。由此可见，复相关系数和复判定系数并不能说明回归系数估值是否产生了显著的估值漂移。

由表 9.44 和表 9.45 可知，当 $\omega = 0.10\%$ 时，回归系数估值的相对真误差和相对均方误差同时小于等于 $\overline{d} = 50\%$ 百分比是 99.6%，回归系数估值相对真误差总体平均值的最大值是 14.0%，回归系数估值相对均方误差总体平均值的最大值是 14.4%；当 $\omega = 0.01\%$ 时，回归系数估值的相对真误差和相对均方误差同时小于等于 $\overline{d} = 10\%$ 的百分比是 100%，回归系数估值相对真误差总体平均值的最大值是 1.4%，回归系数估值相对均方误差总体平均值的最大值是 1.4%；当 $\omega = 0.001\%$ 时，回归系数估值的相对真误差和相对均方误差同时小于等于 $\overline{d} = 1\%$ 的百分比是 100%，回归系数估值相对真误差总体平均值的最大值是 0.1%，回归系数估值相对均方误差总体平均值的最大值是 0.1%。由此可见，对于相同的均方误差系数 ω ，各种百分比均接近，用回归系数估值的相对均方误差和用回归系数估值的相对真误差对回归系数估值的有效性判定等价，可以用回归系数估值的相对均方误差代替回归系数估值的相对真误差对回归系数估值的有效性进行判定。

3. 仿真实验三

理论回归方程 $\tilde{y}=62.4182+1.5510\tilde{x}_1+0.5100\tilde{x}_2+0.1018\tilde{x}_3-0.1442\tilde{x}_4$ 的 13 组理论观测值见表 9.46，理论观测值绝对值的平均值约为 95。回归系数估值相对真误差均小于等于给定限值的百分比、回归系数估值的相对真误差与相对均方误差均小于等于给定限值的百分比、复相关系数的总体平均值、复判定系数的总体平均值见表 9.47；回归系数估值相对真误差总体平均值和相对均方误差总体平均值的百分比见表 9.48。

表 9.46　四元线性回归的理论观测值

序号	$\tilde{y}$	$\tilde{x}_1$	$\tilde{x}_2$	$\tilde{x}_3$	$\tilde{x}_4$	序号	$\tilde{y}$	$\tilde{x}_1$	$\tilde{x}_2$	$\tilde{x}_3$	$\tilde{x}_4$
1	78.4940	7	26	6	60	8	75.6740	1	31	22	44
2	72.7878	1	29	15	52	9	91.7202	2	54	18	22
3	105.9696	11	56	8	20	10	115.6172	21	47	4	26
4	89.3262	11	31	8	47	11	81.8078	1	40	23	34
5	95.6474	7	52	6	33	12	112.3250	11	66	9	12
6	105.2730	11	55	9	22	13	111.6922	10	68	8	12
7	104.1466	3	71	17	6						

表 9.47　回归系数估值相对真误差与相对均方误差均小于等于 $\bar{d}=\xi$ 的百分比(%)

序号	$\sigma_0(\omega)$	$\bar{d}_1$	$\bar{d}_2$	$\bar{d}_3$	ξ_1	ξ_2	ξ_3	R	R^2
1	4.75(5.00%)	0.5	0.0	0.0	0.0	0.0	0.0	0.9735	0.9477
2	0.95(1.00%)	10.9	0.6	0.0	0.0	0.0	0.0	0.9989	0.9978
3	0.475(0.50%)	26.3	1.5	0.0	0.4	0.0	0.0	0.9997	0.9994
4	0.095(0.10%)	95.1	26.7	0.7	94.8	0.2	0.0	1.0000	1.0000
5	0.0475(0.05%)	100.0	54.9	2.1	100.0	20.9	0.0	1.0000	1.0000
6	0.0095(0.01%)	100.0	100.0	28.3	100.0	100.0	0.2	1.0000	1.0000
7	0.0048(0.005%)	100.0	100.0	55.3	100.0	100.0	21.4	1.0000	1.0000
8	0.0010(0.001%)	100.0	100.0	100.0	100.0	100.0	100.0	1.0000	1.0000

表 9.48　回归系数估值相对真误差总体平均值和相对均方误差总体平均值的百分比(%)

序号	$\sigma_0(\omega)$	db_0	db_1	db_2	db_3	db_4	wb_0	wb_1	wb_2	wb_3	wb_4
1	4.75(5.00%)	156.4	67.3	197.3	1038.9	684.6	423.9	358.1	509.1	754.2	527.3
2	0.95(1.00%)	30.9	13.1	39.1	203.7	135.4	55.0	14.4	113.2	666.3	421.0

续表

序号	$\sigma_0(\omega)$	db_0	db_1	db_2	db_3	db_4	wb_0	wb_1	wb_2	wb_3	wb_4
3	0.475(0.50%)	15.9	6.8	20.1	105.6	69.7	17.1	7.1	22.5	401.5	564.3
4	0.095(0.10%)	3.1	1.3	3.9	20.5	13.6	3.3	1.4	4.1	23.7	14.7
5	0.0475(0.05%)	1.6	0.7	2.0	10.4	7.0	1.6	0.7	2.1	11.0	7.3
6	0.0095(0.01%)	0.3	0.1	0.4	2.1	1.4	0.3	0.1	0.4	2.2	1.4
7	0.0048(0.005%)	0.2	0.1	0.2	1.0	0.7	0.2	0.1	0.2	1.1	0.7
8	0.0010(0.001%)	0.0	0.0	0.0	0.2	0.1	0.0	0.0	0.0	0.2	0.1

1) 回归系数的估值漂移

由表 9.47 和表 9.48 可知，当 $\omega = 0.10\%$ 时，回归系数估值的相对真误差均小于等于 $\bar{d} = 50\%$ 的百分比是 95.1%，回归系数估值相对真误差平均值的最大值是 20.5%；当 $\omega = 0.05\%$ 时，回归系数估值的相对真误差均小于等于 $\bar{d} = 50\%$ 的百分比是 100%，回归系数估值相对真误差平均值的最大值是 10.4%；即当 $\omega > 0.05\%$ 时，回归系数可能产生显著的估值漂移。

2) 回归系数估值的有效性和 ω 的选取

由表 9.47 和表 9.48 可知，当 $\omega = 0.10\%$ 时，回归系数估值的相对真误差均小于等于 $\bar{d} = 50\%$ 的百分比是 95.1%，回归系数估值相对真误差总体平均值的最大值是 20.5%；即当 $\omega \approx 0.10\%$ 或 $\omega < 0.10\%$ 时，回归系数估值的相对真误差均小于等于 $\bar{d} = 50\%$。

当 $\omega = 0.05\%$ 时，回归系数估值的相对真误差均小于等于 $\bar{d} = 10\%$ 的百分比是 54.9%，回归系数估值相对真误差总体平均值的最大值是 10.4%；当 $\omega = 0.01\%$ 时，回归系数估值的相对真误差均小于等于 $\bar{d} = 10\%$ 的百分比是 100.0%，回归系数估值相对真误差总体平均值的最大值是 2.1%；即当 $\omega \approx 0.01\%$ 或 $\omega < 0.01\%$ 时，回归系数估值的相对真误差均小于等于 $\bar{d} = 10\%$。

当 $\omega = 0.005\%$ 时，各回归系数估值的相对真误差均小于等于 $\bar{d} = 1\%$ 的百分比是 55.3%，回归系数估值相对真误差总体平均值的最大值是 1.0%；当 $\omega = 0.001\%$ 时，回归系数估值的相对真误差均小于等于 $\bar{d} = 1\%$ 的百分比是 100%，回归系数估值相对真误差总体平均值的最大值是 0.2%；即当 $\omega \approx 0.001\%$ 或 $\omega < 0.001\%$ 时，回归系数估值的相对真误差均小于等于 $\bar{d} = 1\%$。

3) 回归系数估值有效性的判定

由表 9.47 可知，当 $\omega = 5.00\%$、$\omega = 1.00\%$ 和 $\omega = 0.50\%$ 时，复相关系数的总体平均值分别是 0.9735、0.9989 和 0.9997，复判定系数的总体平均值分别是 0.9477、

0.9978 和 0.9994；当 $\omega < 0.50\%$ 时，复相关系数以及复判定系数的总体平均值均为 1.0000；当 $\omega > 0.50\%$ 时，回归系数估值可能产生显著的估值漂移。由此可见，复相关系数和复判定系数并不能说明回归系数估值是否产生了显著的估值漂移。

由表 9.47 和表 9.48 可知，当 $\omega = 0.10\%$ 时，回归系数估值的相对真误差和相对均方误差同时小于等于 $\bar{d} = 50\%$ 的百分比是 95.1%，回归系数估值相对真误差总体平均值的最大值是 20.5%，回归系数估值相对均方误差总体平均值的最大值是 23.7%；当 $\omega = 0.01\%$ 时，回归系数估值的相对真误差和相对均方误差同时小于等于 $\bar{d} = 10\%$ 的百分比是 100%，回归系数估值相对真误差总体平均值的最大值是 2.1%，回归系数估值相对均方误差总体平均值的最大值是 2.2%；当 $\omega = 0.001\%$ 时，回归系数估值的相对真误差和相对均方误差同时小于等于 $\bar{d} = 1\%$ 的百分比是 100%，回归系数估值相对真误差总体平均值的最大值是 0.2%，回归系数估值相对均方误差总体平均值的最大值是 0.2%。由此可见，对于相同的均方误差系数 ω，各种百分比均接近，用回归系数估值的相对均方误差和用回归系数估值的相对真误差对回归系数估值的有效性判定等价，可以用回归系数估值的相对均方误差代替回归系数估值的相对真误差对回归系数估值的有效性进行判定。

9.6.2　四元线性回归估值漂移的讨论

观测值估值不会产生估值漂移，回归系数估值可能产生估值漂移。当均方误差系数 $\omega > 0.10\%$ 时，即当验后均方误差 $\hat{\sigma}_0 > 0.10\% \times |\bar{y}|$ 时，回归系数估值可能产生显著的估值漂移。

当 $\omega \approx 0.10\%$ 或 $\omega < 0.10\%$ 时，回归系数估值的相对真误差均小于等于 $\bar{d} = 50\%$，回归系数估值具有 1 位有效数字。当 $\omega \approx 0.01\%$ 或 $\omega < 0.01\%$ 时，回归系数估值的相对真误差均小于等于 $\bar{d} = 10\%$，回归系数估值具有 2 位有效数字。当 $\omega \approx 0.001\%$ 或 $\omega < 0.001\%$ 时，回归系数估值的相对真误差均小于等于 $\bar{d} = 1\%$，回归系数估值具有 3 位有效数字。

复相关系数和复判定系数并不能说明回归系数估值是否产生了显著的估值漂移，用回归系数估值的相对均方误差代替相对真误差对回归系数估值的有效性进行判定。当回归系数估值的相对均方误差大于 50%时，回归系数估值可能产生显著的估值漂移；当回归系数估值的相对均方误差小于 50%时，说明回归系数估值的相对真误差均小于 50%，回归系数估值具有 1 位有效数字；当回归系数估值的相对均方误差接近或小于 10%时，说明回归系数估值的相对真误差均接近或小于 10%，回归系数估值具有 2 位有效数字。当回归系数估值的相对均方误差接近或小于 1%时，说明回归系数估值的相对真误差均接近或小于 1%，回归系数估值具有 3 位有效数字。

9.7 五元线性回归的估值漂移

9.7.1 五元线性回归算例

五元线性回归的理论回归方程 $\tilde{y}=40.4531+1.56071\tilde{x}_1+0.30332\tilde{x}_2-0.28899\tilde{x}_3+0.10324\tilde{x}_4+0.14344\tilde{x}_5$ 的 12 组观测值真值加随机误差生成 A、B 和 C 三组模拟观测值(简称观测值)。A 组的真误差 $\Delta \sim N(0.0,1.50^2)$，均方误差(1.50)约为观测值绝对值平均值(130)的 1.00%；B 组的真误差 $\Delta \sim N(0.0,0.75^2)$，均方误差约为观测值绝对值平均值的 0.50%；$C$ 组的真误差 $\Delta \sim N(0.0,0.15^2)$，均方误差约为观测值绝对值平均值的 0.10%。理论观测值 $(\tilde{y},\tilde{x}_1,\tilde{x}_2,\tilde{x}_3,\tilde{x}_4,\tilde{x}_5)$ 和模拟观测值见表 9.49。对于三组模拟观测值分别用 LS 法计算其回归方程 $\hat{y}=\hat{b}_0+\hat{b}_1\tilde{x}_1+\hat{b}_2\tilde{x}_2+\hat{b}_3\tilde{x}_3+\hat{b}_4\tilde{x}_4+\hat{b}_5\tilde{x}_5$。回归系数估值及其相对真误差见表 9.50，观测值估值及其相对真误差见表 9.51，回归系数估值及其均方误差见表 9.52。

将 A、B 和 C 三组中的模拟真误差取反，生成 A'、B' 和 C' 另外三组模拟观测值，真误差取反的理论观测值和模拟观测值见表 9.53，对 A'、B' 和 C' 三组模拟观测值分别用 LS 法计算其回归系数，真误差取反的回归系数估值及其相对互差见表 9.54。

表 9.49 理论观测值和模拟观测值

序号	$\tilde{y}$	$\tilde{x}_1$	$\tilde{x}_2$	$\tilde{x}_3$	$\tilde{x}_4$	$\tilde{x}_5$	$A(\Delta)$	$A(y)$	$B(\Delta)$	$B(y)$	$C(\Delta)$	$C(y)$
1	156.4851	8	313	222.70	151	400	0.60	157.0851	0.30	156.7851	0.06	156.5451
2	161.8711	12	320	237.34	152	408	−1.50	160.3711	−0.75	161.1211	−0.15	161.7211
3	163.2542	13	333	252.81	154	409	0.31	163.5642	0.16	163.4092	0.03	163.2852
4	148.7765	4	348	270.90	155	410	1.44	150.2165	0.72	149.4965	0.14	148.9205
5	142.9874	1	358	290.19	155	420	−1.30	141.6874	−0.65	142.3374	−0.13	142.8574
6	147.3013	7	363	314.76	156	423	1.56	148.8613	0.78	148.0813	0.16	147.4573
7	146.3163	9	366	335.95	157	430	0.04	146.3563	0.02	146.3363	0.00	146.3203
8	121.0886	10	408	478.05	158	440	−0.16	120.9286	−0.08	121.0086	−0.02	121.0726
9	117.6234	13	422	525.90	158	450	−0.07	117.5534	−0.04	117.5884	−0.01	117.6164
10	103.1742	12	427	580.71	158	460	−0.23	102.9442	−0.12	103.0592	−0.02	103.1512

续表

序号	$\tilde{y}$	$\tilde{x}_1$	$\tilde{x}_2$	$\tilde{x}_3$	$\tilde{x}_4$	$\tilde{x}_5$	$A(\Delta)$	$A(y)$	$B(\Delta)$	$B(y)$	$C(\Delta)$	$C(y)$
11	93.0849	13	436	635.79	159	470	0.23	93.3149	0.12	93.1999	0.02	93.1079
12	78.7364	14	447	707.35	159	480	0.60	79.3364	0.30	79.0364	0.06	78.7964

表 9.50　回归系数估值及其相对真误差

项目	理论值	$A(b)$	R_A	$B(b)$	R_B	$C(b)$	R_C
b_0	40.453	−29.732	173.5	5.360	86.8	33.433	17.4
b_1	1.561	1.473	5.7	1.517	2.8	1.552	0.6
b_2	0.303	0.191	37.0	0.247	18.4	0.292	3.6
b_3	−0.289	−0.247	14.5	−0.268	7.3	−0.285	1.5
b_4	0.103	1.172	1037.6	0.637	518.9	0.210	104.0
b_5	0.143	−0.018	112.5	0.063	56.1	0.127	11.0

表 9.51　观测值估值及其相对真误差

序号	$\tilde{y}$	$A(\hat{y})$	$A(R)$	$B(\hat{y})$	$B(R)$	$C(\hat{y})$	$C(R)$
1	156.4851	156.537	0.03	156.511	0.02	156.490	0.00
2	161.8711	161.176	0.43	161.523	0.21	161.802	0.04
3	163.2542	163.633	0.23	163.443	0.12	163.292	0.02
4	148.7765	149.926	0.77	149.351	0.39	148.891	0.08
5	142.9874	142.471	0.36	142.729	0.18	142.936	0.04
6	147.3013	147.308	0.00	147.305	0.00	147.302	0.00
7	146.3163	146.637	0.22	146.477	0.11	146.348	0.02
8	121.0886	122.008	0.76	121.548	0.38	121.181	0.08
9	117.6234	117.096	0.45	117.360	0.22	117.571	0.04
10	103.1742	102.856	0.31	103.015	0.15	103.142	0.03
11	93.0849	93.430	0.37	93.257	0.19	93.119	0.04
12	78.7364	79.141	0.51	78.939	0.26	78.777	0.05

表 9.52　回归系数估值及其均方误差

项目	b_0	$\hat{\sigma}_{b0}$	R_{b0}	b_1	$\hat{\sigma}_{b1}$	R_{b1}	b_2	$\hat{\sigma}_{b2}$	R_{b2}	b_3	$\hat{\sigma}_{b3}$	R_{b4}
理论值	40.453	—	—	1.561	—	—	0.303	—	—	−0.289	—	—
A 组	−29.732	57.728	194.2	1.473	0.108	7.4	0.191	0.073	38.3	−0.247	0.024	9.7

续表

项目	b_0	$\hat{\sigma}_{b0}$	R_{b0}	b_1	$\hat{\sigma}_{b1}$	R_{b1}	b_2	$\hat{\sigma}_{b2}$	R_{b2}	b_3	$\hat{\sigma}_{b3}$	R_{b3}
B 组	5.360	28.864	538.5	1.517	0.054	3.6	0.247	0.037	14.8	–0.268	0.012	4.5
C 组	33.433	5.773	17.3	1.552	0.011	0.7	0.292	0.007	2.5	–0.285	0.002	0.8

项目	b_4	$\hat{\sigma}_{b4}$	R_{b4}	b_5	$\hat{\sigma}_{b5}$	R_{b5}	$\hat{\sigma}_0$	R	R^2
理论值	0.103	—	—	0.143	—	—	—	—	—
A 组	1.172	0.583	49.8	–0.018	0.101	566.0	0.964	0.9996	0.9994
B 组	0.637	0.292	45.7	0.063	0.0507	80.8	0.482	0.9999	0.9998
C 组	0.210	0.058	27.8	0.127	0.010	8.0	0.096	1.0000	1.0000

表 9.53 真误差取反的理论观测值和模拟观测值

序号	$\tilde{y}$	$\tilde{x}_1$	$\tilde{x}_2$	$\tilde{x}_3$	$\tilde{x}_4$	$\tilde{x}_5$	$A'(\Delta)$	$A'(y)$	$B'(\Delta)$	$B'(y)$	$C'(\Delta)$	$C'(y)$
1	156.4851	8	313	222.70	151	400	–0.60	155.8851	–0.30	156.1851	–0.06	156.4251
2	161.8711	12	320	237.34	152	408	1.50	163.3711	0.75	162.6211	0.15	162.0211
3	163.2542	13	333	252.81	154	409	–0.31	162.9442	–0.16	163.0992	–0.03	163.2232
4	148.7765	4	348	270.90	155	410	–1.44	147.3365	–0.72	148.0565	–0.14	148.6325
5	142.9874	1	358	290.19	155	420	1.30	144.2874	0.65	143.6374	0.13	143.1174
6	147.3013	7	363	314.76	156	423	–1.56	145.7413	–0.78	146.5213	–0.16	147.1453
7	146.3163	9	366	335.95	157	430	–0.04	146.2763	–0.02	146.2963	0.00	146.3123
8	121.0886	10	408	478.05	158	440	0.16	121.2486	0.08	121.1686	0.02	121.1046
9	117.6234	13	422	525.90	158	450	0.07	117.6934	0.04	117.6584	0.01	117.6304
10	103.1742	12	427	580.71	158	460	0.23	103.4042	0.12	103.2892	0.02	103.1972
11	93.0849	13	436	635.79	159	470	–0.23	92.8549	–0.12	92.9699	–0.02	93.0619
12	78.7364	14	447	707.35	159	480	–0.60	78.1364	–0.30	78.4364	–0.06	78.6764

表 9.54 真误差取反的回归系数估值及其相对互差

项目	$A(b)$	$A'(b)$	R_A	$B(b)$	$B'(b)$	R_B	$C(b)$	$C'(b)$	R_C
b_0	–29.732	110.635	472.1	5.360	75.544	1309.4	33.433	47.470	42.0
b_1	1.473	1.649	11.9	1.517	1.605	5.8	1.552	1.570	1.2
b_2	0.191	0.416	117.8	0.247	0.360	45.7	0.292	0.315	7.9
b_3	–0.247	–0.331	34.0	–0.268	–0.310	15.7	–0.285	–0.293	2.8
b_4	1.172	–0.965	182.3	0.637	–0.431	167.7	0.210	–0.004	101.9
b_5	–0.018	0.305	1794.4	0.063	0.224	255.6	0.127	0.160	26.0

1. 回归系数存在估值漂移现象

由表 9.50 可知，理论回归系数 $\tilde{b}_0 = 40.453$ ， $\tilde{b}_4 = 0.103$ ， $\tilde{b}_5 = 0.143$ ，A 组观测值的回归系数估值 $\hat{b}_0 = -29.732$ ， $\hat{b}_0$ 的相对真误差为 173.5%(大于 50%)，$\hat{b}_4 = 1.172$ ，$\hat{b}_4$ 的相对真误差为 1037.6%(远大于 50%，A 组中的相对真误差最大值)，$\hat{b}_5 = -0.018$ ， $\hat{b}_5$ 的相对真误差为 112.5%(大于 50%)，即 A 组观测值的回归系数估值存在显著的估值漂移。B 组观测值的回归系数估值 $\hat{b}_4 = 0.637$ ， $\hat{b}_4$ 的相对真误差为 518.9%(大于 50%，B 组中的相对真误差最大值)，即 B 组观测值的回归系数估值 $(\hat{b}_0,\hat{b}_4,\hat{b}_5)$ 同样存在显著的估值漂移。C 组观测值的回归系数估值 $\hat{b}_4$ 的相对真误差为 104.0%(大于 50%)，也同样存在估值漂移。

A 与 A' 组、B 与 B' 组以及 C 与 C' 组的观测值真误差分别服从相同的误差分布。由表 9.54 可知，A 组观测值的回归系数估值 $\hat{b}_0 = -29.732$ ， A' 组观测值的回归系数估值 $\hat{b}_0' = 110.635$ ，$\hat{b}_0$ 与 $\hat{b}_0'$ 的相对互差为 472.1%；$\hat{b}_4 = 1.172$ ，$\hat{b}_4' = -0.965$ ，$\hat{b}_4$ 与 $\hat{b}_4'$ 的相对互差为 182.3%； $\hat{b}_5 = -0.018$ ， $\hat{b}_5' = 0.305$ ， $\hat{b}_5$ 与 $\hat{b}_5'$ 的相对互差为 1794.4%(相对互差的最大值)。B 组观测值 $\hat{b}_0$ 与 $\hat{b}_0'$ 、$\hat{b}_4$ 与 $\hat{b}_4'$ 、$\hat{b}_5$ 与 $\hat{b}_5'$ 的相对互差分别为 1309.4%(相对互差的最大值)、167.7%、255.6%。C 组观测值的回归系数估值 $\hat{b}_4$ 与 $\hat{b}_4'$ 的相对互差为 101.9%(相对互差的最大值)。即来自相同误差分布的真误差可使回归系数的估值产生显著差异，同样说明了回归系数存在估值漂移现象。

由表 9.51 可知，A、B 和 C 三组的观测值估值的相对真误差最大值分别为 0.77%、0.39%和 0.08%，三组观测值估值与其真值的差异均不显著，即观测值的估值不会产生显著的估值漂移。

2. 回归系数估值漂移的原因

线性回归数学模型的特点导致回归系数可能产生估值漂移，也导致用 LS 法求解时法方程系数间的差异很大。例如，在本算例中法方程系数主对角线 $N_{b0b0} = 1.200\times10^1$ 、 $N_{b1b1} = 1.302\times10^3$ 、 $N_{b2b2} = 1.743\times10^6$ 、 $N_{b3b3} = 2.286\times10^6$ 、 $N_{b4b4} = 2.921\times10^5$ 和 $N_{b5b5} = 2.261\times10^6$ 。不同的观测值误差会导致法方程的常数项有微小的变化，法方程常数项的微小变化就有可能导致回归系数的显著变化。例如，由表 9.54 可知，A 与 A' 组的观测值真误差服从相同的误差分布，A 组观测值的回归系数估值 $\hat{b}_0 = -29.732$ ， A' 组观测值的回归系数估值 $\hat{b}_0' = 110.635$ ， $\hat{b}_0$ 与 $\hat{b}_0'$ 的相对互差为 472.1%；同样， $\hat{b}_4$ 与 $\hat{b}_4'$ 、$\hat{b}_5$ 与 $\hat{b}_5'$ 的相对互差分别为 182.3%、1794.4%。

3. 确定线性回归中回归系数估值漂移的基本方法

回归系数估值漂移的显著程度随着观测值误差的增大而增大。由表9.52可知，A 组观测值的真误差 $\Delta \sim N(0.0,1.0^2)$，观测值的验后均方误差为 $\hat{\sigma}_{0A}=0.964$，约为观测值绝对值平均值(130)的 1%，回归系数估值相对真误差最大值为 1037.6%；B 组观测值的真误差 $\Delta \sim N(0.0,0.5^2)$，观测值的验后均方误差为 $\hat{\sigma}_{0B}=0.482$，约为观测值绝对值平均值的 0.5%，回归系数估值相对真误差最大值为 518.9%；C 组观测值的真误差 $\Delta \sim N(0.0,0.1^2)$，观测值的验后均方误差为 $\hat{\sigma}_{0C}=0.096$，约为观测值绝对值平均值的 0.1%，回归系数估值相对真误差最大值为 104.0%。

就本算例而言，当观测值的均方误差大到一定程度时，回归系数就可能出现估值漂移现象；当观测值的均方误差小到一定程度时，回归系数就不会出现估值漂移现象。$|\overline{y}|$=130，取 $\overline{d}=50\%$，当 $\omega=0.5\%$ 时，认为 A 组(相对真误差最大值为 1037.6%，大于 $\overline{d}=50\%$)和 B 组(相对真误差最大值为 518.9%，大于 $\overline{d}=50\%$)观测值的回归系数可能产生估值漂移，C 组(相对真误差最大值为 104.0%，大于 $\overline{d}=50\%$)观测值的回归系数可能产生估值漂移。

4. 线性回归系数有效性的判定

由表 9.50 和表 9.52 可知，A 组回归系数 $\hat{b}_0$、$\hat{b}_4$、$\hat{b}_5$ 的相对真误差分别为 173.5%、1037.6%、112.5%，说明回归系数估值漂移(取 $\overline{d}=50\%$)；但复相关系数和复判定系数分别是 $R=0.9996$ 和 $R^2=0.9994$，说明回归有效。B 组回归系数 $\hat{b}_0$、$\hat{b}_4$、$\hat{b}_5$ 的相对真误差分别为 86.8%、518.9%、56.1%，说明回归系数估值漂移(取 $\overline{d}=50\%$)；但复相关系数和复判定系数分别是 $R=0.9999$ 和 $R^2=0.9998$，说明回归有效。由此可见，只用复相关系数和复判定系数说明线性回归的有效性具有一定的局限性。

由表 9.52 可知，A 组回归系数 $\hat{b}_0$、$\hat{b}_1$、$\hat{b}_2$、$\hat{b}_3$、$\hat{b}_4$ 和 $\hat{b}_5$ 的相对均方误差分别为 194.2%、7.4%、38.3%、9.7%、49.8%和 566.0%；B 组回归系数 $\hat{b}_0$、$\hat{b}_1$、$\hat{b}_2$、$\hat{b}_3$、$\hat{b}_4$ 和 $\hat{b}_5$ 的相对均方误差分别为 538.5%、3.6%、14.8%、4.5%、45.7%和 80.8%；C 组回归系数 $\hat{b}_0$、$\hat{b}_1$、$\hat{b}_2$、$\hat{b}_3$、$\hat{b}_4$ 和 $\hat{b}_5$ 的相对均方误差分别为 17.3%、0.7%、2.5%、0.8%、27.8%和 8.0%；A、B 和 C 三组的回归系数均存在估值漂移(取 $\overline{d}=50\%$)。就本算例而言，当回归系数的相对均方误差大于 $\xi=50\%$ 时回归系数就可能产生估值漂移。顾及回归系数的估值漂移，在线性回归有效性判定中引入回归系数相对均方误差的判定。当回归系数的相对均方误差均小于 ξ 并且复相关系数和复判定系数满足要求时，线性回归有效。相对于仅用复相关系数和复判定

系数确定，增加回归系数估值漂移的确定，对线性回归特别是回归系数的有效性确定具有更高的可靠性。

9.7.2　五元线性回归仿真实验

1. 仿真实验一

理论回归方程 $\tilde{y}=-24.57420+1.86069\tilde{x}_1-1.30332\tilde{x}_2+2.51899\tilde{x}_3+4.43414\tilde{x}_4-1.7676\tilde{x}_5$ 的 10 组理论观测值见表 9.55，理论观测值绝对值的平均值约为 220。回归系数估值相对真误差均小于等于给定限值的百分比、回归系数估值的相对真误差与相对均方误差均小于等于给定限值的百分比、复相关系数的总体平均值、复判定系数的总体平均值见表 9.56；回归系数估值相对真误差总体平均值和相对均方误差总体平均值的百分比见表 9.57。

表 9.55　五元线性回归的理论观测值

序号	$\tilde{y}$	$\tilde{x}_1$	$\tilde{x}_2$	$\tilde{x}_3$	$\tilde{x}_4$	$\tilde{x}_5$	序号	$\tilde{y}$	$\tilde{x}_1$	$\tilde{x}_2$	$\tilde{x}_3$	$\tilde{x}_4$	$\tilde{x}_5$
1	167.6060	40.7	8.8	28.6	13	1	6	206.4460	49.5	9.9	34.9	18	9
2	170.6084	41.1	9.3	30.1	14	4	7	210.7329	50.0	11.3	36.6	19	11
3	184.1519	44.7	8.6	32.8	15	7	8	233.3904	52.5	12.3	40.4	20	8
4	188.1780	45.3	8.8	33.0	16	8	9	246.2112	55.0	12.9	45.0	21	12
5	199.7423	46.7	9.2	33.6	17	6	10	261.8339	56.1	14.0	49.9	22	13

表 9.56　回归系数估值相对真误差与相对均方误差均小于等于 $\bar{d}=\xi$ 的百分比(%)

序号	$\sigma_0(\omega)$	$\bar{d}_1$	$\bar{d}_2$	$\bar{d}_3$	ξ_1	ξ_2	ξ_3	R	R^2
1	11(5.00%)	0.0	0.0	0.0	0.0	0.0	0.0	0.9768	0.9541
2	2.2(1.00%)	1.7	0.0	0.0	1.7	0.0	0.0	0.9990	0.9980
3	1.1(0.50%)	30.8	0.0	0.0	28.8	0.0	0.0	0.9998	0.9996
4	0.22(0.10%)	99.8	36.8	0.0	99.8	35.7	0.0	1.0000	1.0000
5	0.11(0.05%)	100.0	90.7	0.0	100.0	89.5	0.0	1.0000	1.0000
6	0.022(0.01%)	100.0	100.0	36.0	100.0	100.0	35.0	1.0000	1.0000
7	0.011(0.005%)	100.0	100.0	89.3	100.0	100.0	80.7	1.0000	1.0000
8	0.0022(0.001%)	100.0	100.0	100.0	100.0	100.0	100.0	1.0000	1.0000

表 9.57　回归系数估值相对真误差总体平均值和相对均方误差总体平均值的百分比(%)

序号	$\sigma_0(\omega)$	db_0	db_1	db_2	db_3	db_4	db_5	wb_0	wb_1	wb_2	wb_3	wb_4	wb_5
1	11(5.00%)	360.3	274.5	455.6	80.8	214.1	120.8	601.4	458.7	819.9	362.0	360.3	274.5
2	2.2(1.00%)	73.3	55.5	91.4	16.1	42.9	23.7	421.0	944.7	280.0	14.0	73.3	55.5

续表

序号	$\sigma_0(\omega)$	db_0	db_1	db_2	db_3	db_4	db_5	wb_0	wb_1	wb_2	wb_3	wb_4	wb_5
3	1.1(0.50%)	36.9	27.7	44.8	8.2	21.1	11.9	53.9	29.6	114.8	6.7	36.9	27.7
4	0.22(0.10%)	7.2	5.4	9.1	1.6	4.2	2.3	6.2	4.6	7.6	1.3	7.2	5.4
5	0.11(0.05%)	3.7	2.8	4.6	0.8	2.1	1.2	3.0	2.3	3.7	0.7	3.7	2.8
6	0.022(0.01%)	0.7	0.6	0.9	0.2	0.4	0.2	0.6	0.5	0.7	0.1	0.7	0.6
7	0.011(0.005%)	0.4	0.3	0.4	0.1	0.2	0.1	0.3	0.2	0.4	0.1	0.4	0.3
8	0.0022(0.001%)	0.1	0.1	0.1	0.0	0.0	0.0	0.1	0.0	0.1	0.0	0.1	0.1

1) 回归系数的估值漂移

由表 9.56 和表 9.57 可知，当 $\omega=0.10\%$ 时，回归系数估值的相对真误差均小于等于 $\overline{d}=50\%$ 的百分比是 99.8%，回归系数估值相对真误差平均值的最大值是 9.1%；即当 $\omega>0.10\%$ 时，回归系数可能产生显著的估值漂移。

2) 回归系数估值的有效性和 ω 的选取

由表 9.56 和表 9.57 可知，当 $\omega=0.10\%$ 时，回归系数估值的相对真误差均小于等于 $\overline{d}=50\%$ 的百分比是 99.8%，回归系数估值相对真误差总体平均值的最大值是 9.1%；即当 $\omega\approx0.10\%$ 或 $\omega<0.10\%$ 时，回归系数估值的相对真误差均小于等于 $\overline{d}=50\%$。

当 $\omega=0.05\%$ 时，回归系数估值的相对真误差均小于等于 $\overline{d}=10\%$ 的百分比是 90.7%，回归系数估值相对真误差总体平均值的最大值是 4.6%；当 $\omega=0.01\%$ 时，回归系数估值的相对真误差均小于等于 $\overline{d}=10\%$ 的百分比是 100.0%，回归系数估值相对真误差总体平均值的最大值是 0.9%；即当 $\omega\approx0.01\%$ 或 $\omega<0.01\%$ 时，回归系数估值的相对真误差均小于等于 $\overline{d}=10\%$。

当 $\omega=0.005\%$ 时，各回归系数估值的相对真误差均小于等于 $\overline{d}=1\%$ 的百分比是 89.3%，回归系数估值相对真误差总体平均值的最大值是 0.4%；当 $\omega=0.001\%$ 时，回归系数估值的相对真误差均小于等于 $\overline{d}=1\%$ 的百分比是 100%，回归系数估值相对真误差总体平均值的最大值是 0.1%；即当 $\omega\approx0.001\%$ 或 $\omega<0.001\%$ 时，回归系数估值的相对真误差均小于等于 $\overline{d}=1\%$。

3) 回归系数估值有效性的判定

由表 9.56 可知，当 $\omega=5.00\%$、$\omega=1.00\%$ 和 $\omega=0.50\%$ 时，复相关系数的总体平均值分别是 0.9768、0.9990 和 0.9998；复判定系数的总体平均值分别是 0.9541、0.9980 和 0.9996。当 $\omega<0.10\%$ 时，复相关系数以及复判定系数的总体平均值均为 1.0000；当 $\omega>0.50\%$ 时，回归系数估值可能产生显著的估值漂移。由此可见，复相关系数和复判定系数并不能说明回归系数估值是否产生了显著的估值漂移。

由表 9.56 和表 9.57 可知，当 $\omega=0.10\%$ 时，回归系数估值的相对真误差和相对均方误差同时小于等于 $\bar{d}=50\%$ 的百分比是 99.8%，回归系数估值相对真误差总体平均值的最大值是 9.1%，回归系数估值相对均方误差总体平均值的最大值是 7.6%；当 $\omega=0.01\%$ 时，回归系数估值的相对真误差和相对均方误差同时小于等于 $\bar{d}=10\%$ 的百分比是 100%，回归系数估值相对真误差总体平均值的最大值是 0.9%，回归系数估值相对均方误差总体平均值的最大值是 0.7%；当 $\omega=0.001\%$ 时，回归系数估值的相对真误差和相对均方误差同时小于等于 $\bar{d}=1\%$ 的百分比是 100%，回归系数估值相对真误差总体平均值的最大值是 0.1%，回归系数估值相对均方误差总体平均值的最大值是 0.1%。由此可见，对于相同的均方误差系数 ω，各种百分比均接近，用回归系数估值的相对均方误差和用回归系数估值的相对真误差对回归系数估值的有效性判定等价，可以用回归系数估值的相对均方误差代替回归系数估值的相对真误差对回归系数估值的有效性进行判定。

2. 仿真实验二

理论回归方程 $\tilde{y}=40.63613+0.56071\tilde{x}_1-0.30332\tilde{x}_2+0.21899\tilde{x}_3+0.11324\tilde{x}_4-1.58324\tilde{x}_5$ 的 18 组理论观测值见表 9.58，理论观测值绝对值的平均值约为 33。回归系数估值相对真误差均小于等于给定限值的百分比、回归系数估值的相对真误差与相对均方误差均小于等于给定限值的百分比、复相关系数的总体平均值、复判定系数的总体平均值见表 9.59；回归系数估值相对真误差总体平均值和相对均方误差总体平均值的百分比见表 9.60。

表 9.58 五元线性回归的理论观测值

序号	$\tilde{y}$	$\tilde{x}_1$	$\tilde{x}_2$	$\tilde{x}_3$	$\tilde{x}_4$	$\tilde{x}_5$	序号	$\tilde{y}$	$\tilde{x}_1$	$\tilde{x}_2$	$\tilde{x}_3$	$\tilde{x}_4$	$\tilde{x}_5$
1	28.6014	1	31.39	50.26	87	8.8	10	32.8676	10	40.86	87.86	93.0	12.9
2	29.4223	2	32.08	55.76	87.5	9.3	11	33.1976	11	41.0	90.30	94.5	13.0
3	32.8395	3	33.34	65.23	88.0	8.6	12	34.2617	12	43.5	101.5	95.5	14.0
4	33.0629	4	34.88	67.01	88.5	8.8	13	35.0468	13	44.0	102.3	96.0	14.3
5	33.2586	5	35.82	69.02	89.5	9.2	14	35.2127	14	48.5	103.5	97.0	14.5
6	33.1416	6	36.32	71.42	90.0	9.9	15	34.4678	15	48.7	103.6	97.5	15.0
7	31.8652	7	36.69	73.51	90.3	11.3	16	34.2548	16	49.0	104.0	98.0	15.5
8	32.8644	8	38.15	78.36	91.5	11.5	17	34.0771	17	49.5	104.5	98.5	15.7
9	28.6014	9	39.55	83.02	92.5	12.3	18	34.3356	18	50.0	105.0	99.0	15.8

表 9.59　回归系数估值相对真误差与相对均方误差均小于等于 $\bar{d}=\xi$ 的百分比(%)

序号	$\sigma_0(\omega)$	$\bar{d}_1$	$\bar{d}_2$	$\bar{d}_3$	ξ_1	ξ_2	ξ_3	R	R^2
1	1.65(5.00%)	0.3	0.0	0.0	0.0	0.0	0.0	0.8188	0.6704
2	0.33(1.00%)	14.0	0.3	0.0	0.0	0.0	0.0	0.9891	0.9783
3	0.165(0.50%)	32.2	2.5	0.0	0.3	0.0	0.0	0.9973	0.9946
4	0.033(0.10%)	94.8	30.6	0.2	94.5	0.0	0.0	0.9999	0.9998
5	0.0165(0.05%)	100.0	57.7	2.8	100.0	23.1	0.0	1.0000	1.0000
6	0.0033(0.01%)	100.0	100.0	30.4	100.0	100.0	0.0	1.0000	1.0000
7	0.0017(0.005%)	100.0	100.0	58.3	100.0	100.0	20.7	1.0000	1.0000
8	0.0003(0.001%)	100.0	100.0	100.0	100.0	100.0	100.0	1.0000	1.0000

表 9.60　回归系数估值相对真误差总体平均值和相对均方误差总体平均值的百分比(%)

序号	$\sigma_0(\omega)$	db_0	db_1	db_2	db_3	db_4	db_5	wb_0	wb_1	wb_2	wb_3	wb_4	wb_5
1	1.65(5.00%)	282.9	107.1	125.1	39.2	998.6	46.9	4622.3	397.6	421.1	100.4	282.9	107.1
2	0.33(1.00%)	56.5	21.4	25.6	7.8	200.1	9.1	220.2	25.2	33.4	8.3	56.5	21.4
3	0.165(0.50%)	28.7	11.2	12.7	3.9	101.1	4.6	42.6	11.8	13.6	4.1	28.7	11.2
4	0.033(0.10%)	5.9	2.2	2.5	0.8	20.7	0.9	6.1	2.3	2.7	0.8	5.9	2.2
5	0.0165(0.05%)	2.8	1.1	1.2	0.4	10.0	0.5	3.0	1.2	1.3	0.4	2.8	1.1
6	0.0033(0.01%)	0.6	0.2	0.2	0.1	2.0	0.1	0.6	0.2	0.3	0.1	0.6	0.2
7	0.0017(0.005%)	0.3	0.1	0.1	0.0	1.0	0.0	0.3	0.1	0.1	0.0	0.3	0.1
8	0.0003(0.001%)	0.1	0.0	0.0	0.0	0.2	0.0	0.1	0.0	0.0	0.0	0.1	0.0

1) 回归系数的估值漂移

由表 9.59 和表 9.60 可知，当 $\omega=0.10\%$ 时，回归系数估值的相对真误差均小于等于 $\bar{d}=50\%$ 的百分比是 94.8%，回归系数估值相对真误差平均值的最大值是 20.7%；当 $\omega=0.05\%$ 时，回归系数估值的相对真误差均小于等于 $\bar{d}=50\%$ 的百分比是 100%，回归系数估值相对真误差平均值的最大值是 10.0%；即当 $\omega>0.05\%$ 时，回归系数可能产生显著的估值漂移。

2) 回归系数估值的有效性和 ω 的选取

由表 9.59 和表 9.60 可知，当 $\omega=0.10\%$ 时，回归系数估值的相对真误差均小于等于 $\bar{d}=50\%$ 的百分比是 94.8%，回归系数估值相对真误差总体平均值的最大值是 20.7%；当 $\omega = 0.05\%$ 时，回归系数估值的相对真误差均小于等于 $\bar{d} = 50\%$ 的百分比是 100%，回归系数估值相对真误差总体平均值的最大值是 10.0%；即当 $\omega \approx 0.05\%$ 或 $\omega < 0.05\%$ 时，回归系数估值的相对真误差均小于等于 $\bar{d} = 50\%$。

当 $\omega = 0.05\%$ 时，回归系数估值的相对真误差均小于等于 $\bar{d} = 10\%$ 的百分比是 57.7%，回归系数估值相对真误差总体平均值的最大值是 10.0%；当 $\omega = 0.01\%$ 时，回归系数估值的相对真误差均小于等于 $\bar{d} = 10\%$ 的百分比是 100.0%，回归系数估值相对真误差总体平均值的最大值是 2.0%；即当 $\omega \approx 0.01\%$ 或 $\omega < 0.01\%$ 时，回归系数估值的相对真误差均小于等于 $\bar{d} = 10\%$。

当 $\omega = 0.005\%$ 时，各回归系数估值的相对真误差均小于等于 $\bar{d} = 1\%$ 的百分比是 58.3%，回归系数估值相对真误差总体平均值的最大值是 1.0%；当 $\omega = 0.001\%$ 时，回归系数估值的相对真误差均小于等于 $\bar{d} = 1\%$ 的百分比是 100%，回归系数估值相对真误差总体平均值的最大值是 0.2%；即当 $\omega \approx 0.001\%$ 或 $\omega < 0.001\%$ 时，回归系数估值的相对真误差均小于等于 $\bar{d} = 1\%$。

3) 回归系数估值有效性的判定

由表 9.59 可知，当 $\omega = 5.00\%$、$\omega = 1.00\%$、$\omega = 0.50\%$ 和 $\omega = 0.10\%$ 时，复相关系数的总体平均值分别是 0.8188、0.9891、0.9973 和 0.9999，复判定系数的总体平均值分别是 0.6704、0.9783、0.9946 和 0.9998；当 $\omega < 0.10\%$ 时，复相关系数以及复判定系数的总体平均值均为 1.0000；当 $\omega > 0.05\%$ 时，回归系数估值可能产生显著的估值漂移。由此可见，复相关系数和复判定系数并不能说明回归系数估值是否产生了显著的估值漂移。

由表 9.59 和表 9.60 可知，当 $\omega = 0.05\%$ 时，回归系数估值的相对真误差和相对均方误差同时小于等于 $\bar{d} = 50\%$ 的百分比是 100.0%，回归系数估值相对真误差总体平均值的最大值是 10.0%，回归系数估值相对均方误差总体平均值的最大值是 3.0%；当 $\omega = 0.01\%$ 时，回归系数估值的相对真误差和相对均方误差同时小于等于 $\bar{d} = 10\%$ 的百分比是 100%，回归系数估值相对真误差总体平均值的最大值是 2.0%，回归系数估值相对均方误差总体平均值的最大值是 0.6%；当 $\omega = 0.001\%$ 时，回归系数估值的相对真误差和相对均方误差同时小于等于 $\bar{d} = 1\%$ 的百分比是 100%，回归系数估值相对真误差总体平均值的最大值是 0.2%，回归系数估值相对均方误差总体平均值的最大值是 0.1%。由此可见，对于相同的均方误差系数 ω，各种百分比均接近，用回归系数估值的相对均方误差和用回归系数估值的相对真误差对回归系数估值的有效性判定等价，可以用回归系数估值的相对均方误差代替回归系数估值的相对真误差对回归系数估值的有效性进行判定。

3. 仿真实验三

理论回归方程 $\tilde{y}=-77.8891-0.9808\tilde{x}_1-0.2357\tilde{x}_2-0.0586\tilde{x}_3+0.3741\tilde{x}_4+0.5845\tilde{x}_5$ 的 18 组理论观测值见表 9.61，理论观测值绝对值的平均值约为 93。回归系数估值相对真误差均小于等于给定限值的百分比、回归系数估值的相对真误差与相对均方误差均小于等于给定限值的百分比、复相关系数的总体平均值、复判定系数的总体平均值见表 9.62；回归系数估值相对真误差总体平均值和相对均方误差总体平均值的百分比见表 9.63。

表 9.61　五元线性回归的理论观测值

序号	$\tilde{y}$	$\tilde{x}_1$	$\tilde{x}_2$	$\tilde{x}_3$	$\tilde{x}_4$	$\tilde{x}_5$	序号	$\tilde{y}$	$\tilde{x}_1$	$\tilde{x}_2$	$\tilde{x}_3$	$\tilde{x}_4$	$\tilde{x}_5$
1	90.6488	87.2	147.8	308.0	112.1	453.4	10	91.6477	86.0	138.8	267.6	106.5	449.0
2	93.3945	87.1	150.0	320.6	116.6	457.2	11	90.9343	82.8	137.8	258.0	106.1	441.3
3	95.0892	88.6	153.5	297.9	113.4	463.8	12	90.3905	81.9	134.6	245.7	106.0	436.4
4	96.2939	90.0	157.3	303.5	117.0	468.0	13	89.7922	80.8	131.6	243.1	110.0	429.5
5	94.3991	91.1	159.7	296.0	117.5	466.5	14	90.6488	87.2	147.8	308.0	112.1	453.4
6	93.7518	89.8	154.6	285.8	113.8	462.5	15	93.3945	87.1	150.0	320.6	116.6	457.2
7	92.9810	90.7	151.7	301.1	114.2	462.8	16	95.0892	88.6	153.5	297.9	113.4	463.8
8	90.6488	87.2	147.8	308.0	112.1	453.4	17	91.6477	86.0	138.8	267.6	106.5	449.0
9	93.3945	87.1	150.0	320.6	116.6	457.2	18	90.9343	82.8	137.8	258.0	106.1	441.3

表 9.62　回归系数估值相对真误差与相对均方误差均小于等于 $\bar{d}=\xi$ 的百分比(%)

序号	$\sigma_0(\omega)$	$\bar{d}_1$	$\bar{d}_2$	$\bar{d}_3$	ξ_1	ξ_2	ξ_3	R	R^2
1	4.65(5.00%)	0.1	0.0	0.0	0.9	0.0	0.0	0.7147	0.5108
2	0.93(1.00%)	43.2	0.2	0.0	40.7	0.0	0.0	0.9371	0.8782
3	0.465(0.50%)	87.0	3.5	0.0	91.3	0.3	0.0	0.9826	0.9655
4	0.093(0.10%)	99.9	87.4	0.1	100.0	100.0	0.0	0.9993	0.9986
5	0.0465(0.05%)	100.0	99.8	2.9	100.0	100.0	0.0	0.9998	0.9996
6	0.0093(0.01%)	100.0	100.0	87.3	100.0	100.0	100.0	1.0000	1.0000
7	0.0047(0.005%)	100.0	100.0	99.7	100.0	100.0	100.0	1.0000	1.0000
8	0.0009(0.001%)	100.0	100.0	100.0	100.0	100.0	100.0	1.0000	1.0000

表 9.63　回归系数估值相对真误差总体平均值和相对均方误差总体平均值的百分比(%)

序号	$\sigma_0(\omega)$	db_0	db_1	db_2	db_3	db_4	db_5	wb_0	wb_1	wb_2	wb_3	wb_4	wb_5
1	4.65(5.00%)	165.4	100.7	258.7	123.3	156.3	83.2	640.8	462.1	488.9	424.7	414.1	319.4
2	0.93(1.00%)	33.1	19.9	51.4	24.2	31.4	16.7	55.0	22.7	197.1	30.0	49.1	18.5
3	0.465(0.50%)	16.5	10.1	26.0	12.5	15.9	8.3	18.3	10.8	33.7	13.4	17.4	8.9
4	0.093(0.10%)	3.3	1.9	5.1	2.5	3.2	1.6	3.5	2.1	5.5	2.7	3.4	1.8
5	0.0465(0.05%)	1.6	1.0	2.5	1.2	1.6	0.8	1.7	1.1	2.7	1.3	1.7	0.9
6	0.0093(0.01%)	0.3	0.2	0.5	0.3	0.3	0.2	0.4	0.2	0.5	0.3	0.3	0.2
7	0.0047(0.005%)	0.2	0.1	0.3	0.1	0.2	0.1	0.2	0.1	0.3	0.1	0.2	0.1
8	0.0009(0.001%)	0.0	0.0	0.1	0.0	0.0	0.0	0.0	0.0	0.1	0.0	0.0	0.0

1) 回归系数的估值漂移

由表 9.62 和表 9.63 可知，当 $\omega = 0.10\%$ 时，回归系数估值的相对真误差均小于等于 $\bar{d} = 50\%$ 的百分比是 99.9%，回归系数估值相对真误差平均值的最大值是 5.1%；当 $\omega = 0.05\%$ 时，回归系数估值的相对真误差均小于等于 $\bar{d} = 50\%$ 的百分比是 100%，回归系数估值相对真误差平均值的最大值是 2.5%；即当 $\omega > 0.05\%$ 时，回归系数可能产生显著的估值漂移。

2) 回归系数估值的有效性和 ω 的选取

由表 9.62 和表 9.63 可知，当 $\omega = 0.10\%$ 时，回归系数估值的相对真误差均小于等于 $\bar{d} = 50\%$ 的百分比是 99.9%，回归系数估值相对真误差总体平均值的最大值是 5.1%；即当 $\omega \approx 0.10\%$ 或 $\omega < 0.10\%$ 时，回归系数估值的相对真误差均小于等于 $\bar{d} = 50\%$。

当 $\omega = 0.05\%$ 时，回归系数估值的相对真误差均小于等于 $\bar{d} = 10\%$ 的百分比是 99.8%，回归系数估值相对真误差总体平均值的最大值是 2.5%；即当 $\omega \approx 0.05\%$ 或 $\omega < 0.05\%$ 时，回归系数估值的相对真误差均小于等于 $\bar{d} = 10\%$。

当 $\omega = 0.005\%$ 时，各回归系数估值的相对真误差均小于等于 $\bar{d} = 1\%$ 的百分比是 99.7%，回归系数估值相对真误差总体平均值的最大值是 0.3%；即当 $\omega \approx 0.005\%$ 或 $\omega < 0.005\%$ 时，回归系数估值的相对真误差均小于等于 $\bar{d} = 1\%$。

3) 回归系数估值有效性的判定

由表 9.62 可知，当 $\omega = 5.00\%$、$\omega = 1.00\%$、$\omega = 0.50\%$、$\omega = 0.10\%$ 和 $\omega = 0.05\%$ 时，复相关系数的总体平均值分别是 0.7147、0.9371、0.9826、0.9993 和 0.9998，复判定系数的总体平均值分别是 0.5108、0.8782、0.9655、0.9986 和 0.9996；当 $\omega < 0.05\%$ 时，复相关系数以及复判定系数的总体平均值均为 1.0000；当 $\omega > 0.05\%$ 时，回归系数估值可能产生显著的估值漂移。由此可见，复相关系数

和复判定系数并不能说明回归系数估值是否产生了显著的估值漂移。

由表 9.62 和表 9.63 可知，当 $\omega = 0.10\%$ 时，回归系数估值的相对真误差和相对均方误差同时小于等于 $\overline{d} = 50\%$ 的百分比是 99.9%，回归系数估值相对真误差总体平均值的最大值是 5.1%，回归系数估值相对均方误差总体平均值的最大值是 5.5%；当 $\omega = 0.05\%$ 时，回归系数估值的相对真误差和相对均方误差同时小于等于 $\overline{d} = 10\%$ 的百分比是 99.8%，回归系数估值相对真误差总体平均值的最大值是 2.5%，回归系数估值相对均方误差总体平均值的最大值是 2.7%；当 $\omega = 0.005\%$ 时，回归系数估值的相对真误差和相对均方误差同时小于等于 $\overline{d} = 1\%$ 的百分比是 99.7%，回归系数估值相对真误差总体平均值的最大值是 0.3%，回归系数估值相对均方误差总体平均值的最大值是 0.3%。由此可见，对于相同的均方误差系数 ω，各种百分比均接近，用回归系数估值的相对均方误差和用回归系数估值的相对真误差对回归系数估值的有效性判定等价，可以用回归系数估值的相对均方误差代替回归系数估值的相对真误差对回归系数估值的有效性进行判定。

9.7.3 五元线性回归估值漂移的讨论

观测值估值不会产生估值漂移，回归系数估值可能产生估值漂移。当均方误差系数 $\omega > 0.10\%$ 时，即当验后均方误差 $\sigma_0 > 0.10\% \times |\overline{y}|$ 时，回归系数估值可能产生显著的估值漂移。

当 $\omega \approx 0.10\%$ 或 $\omega < 0.10\%$ 时，回归系数估值的相对真误差均小于等于 $\overline{d} = 50\%$，回归系数估值具有 1 位有效数字；当 $\omega \approx 0.01\%$ 或 $\omega < 0.01\%$ 时，回归系数估值的相对真误差均小于等于 $\overline{d} = 10\%$，回归系数估值具有 2 位有效数字；当 $\omega \approx 0.001\%$ 或 $\omega < 0.001\%$ 时，回归系数估值的相对真误差均小于等于 $\overline{d} = 1\%$，回归系数估值具有 3 位有效数字。

复相关系数和复判定系数并不能说明回归系数估值是否产生了显著的估值漂移，用回归系数估值的相对均方误差代替相对真误差对回归系数估值的有效性进行判定。当回归系数估值的相对均方误差大于 50%时，回归系数估值可能产生显著的估值漂移；当回归系数估值的相对均方误差小于 50%时，说明回归系数估值的相对真误差均小于 50%，回归系数估值具有 1 位有效数字；当回归系数估值的相对均方误差接近或小于 10%时，说明回归系数估值的相对真误差均接近或小于 10%，回归系数估值具有 2 位有效数字。当回归系数估值的相对均方误差接近或小于 1.0%时，说明回归系数估值的相对真误差均接近或小于 1%，回归系数估值具有 3 位有效数字。

9.8　最小二乘法线性回归中回归系数估值漂移的判定

线性回归中回归系数的估值可能产生估值漂移，随着观测值母体均方误差的增大，回归系数估值漂移的可能性增大。本章通过一元至五元线性回归算例和仿真实验，讨论了 LS 法在线性回归中的估值漂移问题，确定了一元至五元线性回归中可能出现估值漂移的均方误差系数，对于不同元的线性回归方程可能有不同的均方误差系数，LS 法一元至五元线性回归系数估值漂移的均方误差系数见表 9.64。

表 9.64　一元到五元的线性回归系数估值漂移的均方误差系数 ω (%)

序号	维数	$\bar{d}_1 \leqslant 50\%$	$\bar{d}_2 \leqslant 10\%$	$\bar{d}_3 \leqslant 1\%$
1	一元	1.0	0.5	0.05
2	二元	1.0	0.1	0.01
3	三元	0.1	0.01	0.001
4	四元	0.1	0.01	0.001
5	五元	0.1	0.01	0.001

注：$\bar{d}_1 \leqslant 50\%$ 表示回归系数估值的相对真误差均满足 $\bar{d}_1 \leqslant 50\%$ 的观测值母体均方误差与观测值均值的比值；$\bar{d}_2 \leqslant 10\%$ 表示回归系数估值的相对真误差均满足 $\bar{d}_2 \leqslant 10\%$ 的观测值母体均方误差与观测值均值的比值；$\bar{d}_3 \leqslant 1\%$ 表示回归系数估值的相对真误差均满足 $\bar{d}_3 \leqslant 1\%$ 的观测值母体均方误差与观测值均值的比值。

1. 最小二乘法线性回归估值漂移的初步判定

(1) LS 法线性回归估值漂移的判定方法。用 σ_0 表示观测值母体的均方误差，$|\bar{y}|$ 表示参与回归计算的观测值绝对值的平均值，ω 表示均方误差系数，当

$$\hat{\omega} = \frac{\sigma_0}{|\bar{y}|} > \omega$$

时就认为回归系数估值可能产生估值漂移。在实际应用中用均方误差的估值 $\hat{\sigma}_0$ 代替观测值母体的均方误差 σ_0。

(2) 一元线性回归的估值漂移。当 $\hat{\omega} > 1.0\%$ 时，回归系数的估值就可能产生估值漂移。总体上，当 $\hat{\omega} \approx 1.0\%$ 或 $\hat{\omega} < 1.0\%$ 时，参数估值的有效数字为 1 位；当 $\hat{\omega} \approx 0.5\%$ 或 $\hat{\omega} < 0.5\%$ 时，参数估值的有效数字为 2 位；当 $\hat{\omega} \approx 0.05\%$ 或 $\hat{\omega} < 0.05\%$ 时，参数估值的有效数字为 3 位。

(3) 二元线性回归的估值漂移。当 $\hat{\omega} > 1.0\%$ 时，回归系数的估值就可能产生估值漂移。总体上，当 $\hat{\omega} \approx 1.0\%$ 或 $\hat{\omega} < 1.0\%$ 时，参数估值的有效数字为 1 位；当 $\hat{\omega} \approx 0.1\%$ 或 $\hat{\omega} < 0.1\%$ 时，参数估值的有效数字为 2 位；当 $\hat{\omega} \approx 0.01\%$ 或 $\hat{\omega} < 0.01\%$

时，参数估值的有效数字为 3 位。

(4) 三元、四元和五元线性回归的估值漂移。当 $\hat{\omega} > 0.1\%$ 时，回归系数的估值就可能产生估值漂移。总体上，当 $\hat{\omega} \approx 0.1\%$ 或 $\hat{\omega} < 0.1\%$ 时，参数估值的有效数字为 1 位；当 $\hat{\omega} \approx 0.01\%$ 或 $\hat{\omega} < 0.01\%$ 时，参数估值的有效数字为 2 位；当 $\hat{\omega} \approx 0.001\%$ 或 $\hat{\omega} < 0.001\%$ 时，参数估值的有效数字为 3 位。

对于一元至五元线性回归，为了确保线性回归系数的有效性，应使 $\hat{\omega} \approx 0.01\%$ 或 $\hat{\omega} < 0.01\%$。

2. 最小二乘法线性回归有效性的判定

回归方程的拟合程度通常用相关系数或复相关系数和复判定系数来进行判定，但是仅用相关系数或复相关系数和复判定系数确定线性回归的有效性存在一定的局限性，利用回归系数估值的相对均方误差代替未知的相对真误差来对回归系数的有效性进行判定更为有效。在仿真实验中，对回归系数估值的相对真误差总体均值与相对均方误差总体均值的研究表明，相对均方误差与相对真误差具有相同的趋势，也就是说，用回归系数估值的相对均方误差和用回归系数估值的相对真误差对回归系数估值的有效性判定基本等价。即当回归系数估值的相对真误差小于一定限值时，回归系数估值的相对均方误差很大程度上也相应地小于这个限值。相对于仅用相关系数或复相关系数和复判定系数确定，增加回归系数估值漂移的确定，对线性回归特别是回归系数的有效性确定具有更高的可靠性。

3. 用回归系数估值的相对均方误差判定回归系数的估值漂移

用 $\hat{b}_i$ 和 $\hat{\sigma}_{bi}$ 表示参数估计方法得到的参数的估值和其对应的均方误差，t 表示回归系数的个数。当

$$w_{bi} = \left|\frac{\hat{\sigma}_{bi}}{\hat{b}_i}\right| \times 100\% > \xi, \quad i = 0,1,2,\cdots,t-1$$

时就认为回归系数估值可能产生估值漂移。

当 $w_{bi} \approx 50\%$ 或 $w_{bi} < 50\%$ 时，参数估值的有效数字为 1 位；当 $w_{bi} \approx 10\%$ 或 $w_{bi} < 10\%$ 时，参数估值的有效数字为 2 位；当 $w_{bi} \approx 1\%$ 或 $w_{bi} < 1\%$ 时，参数估值的有效数字为 3 位；当 $w_{bi} > 50\%$ 时，参数估值的有效数字只有 1 位，而且还是可疑数字，称为参数具有显著的估值漂移。

4. 回归系数的估值可能产生显著的估值漂移

一元至五元线性回归的算例和仿真实验说明，LS 法解算得到的观测值估值通常不会产生显著的估值漂移，回归系数的估值则可能产生显著的估值漂移。

第 10 章　总体最小二乘法线性回归的估值漂移

TLS 法能对观测值和系数矩阵分别进行平差改正，理论上相对于 LS 法的解算结果会更为精确，然而大量实验发现，LS 法解算线性回归方程时回归系数会发生估值漂移现象，TLS 法解算线性回归方程同样也会发生估值漂移现象，即出现了回归系数估值显著偏离其真值的现象。本章分别以一元至五元线性回归分析为例，对 TLS 法解算的回归系数中出现的显著估值漂移现象进行分析与讨论[62,63]。

根据随机误差存在于误差方程位置的不同，可将参数估计模型分为以下三种误差影响模型(见第 7 章)。

(1) EIV 模型：此误差模型中不仅观测向量含有误差，而且系数矩阵也含有误差。在线性回归模型中体现为因变量和自变量同时含有误差的情形。

(2) EIOO 模型：此误差模型中仅观测向量含有误差，而系数矩阵不含误差。在线性回归模型中体现为仅因变量含有误差的情形。

(3) EIVO 模型：此误差模型中观测向量不含误差，而系数矩阵含有误差。在线性回归模型中体现为仅自变量含有误差的情形。

TLS 法的计算(Euler-Lagrange 逼近法)、观测值单位权中误差、回归系数均方误差以及相对均方差等的计算见第 7 章的相关内容，回归系数估值漂移检验方法见第 9 章的相关内容，仿真实验的方法见第 1 章的相关内容。

10.1　一元线性回归的估值漂移

10.1.1　一元线性回归估值漂移算例

一元线性回归的理论回归方程为

$$\tilde{y}=50.65301+0.98411\tilde{x}$$

6 组观测值真值$(\tilde{y},\tilde{x})$加随机误差$(\varDelta_y,\varDelta_x)$得到模拟观测值$(y,x)$(简称观测值)，随机误差$(\varDelta_y,\varDelta_x)$均服从$N(0.0,\sigma_0^2)$，$\sigma_0^2=6.5^2$，均方误差 6.5 为观测值绝对值均值$\overline{y}=1300$的 0.50%。在三种误差模型下，分别用 TLS 法计算其回归方程$\hat{y}=\hat{b}_0+\hat{b}_1\hat{x}$。模型理论观测值和模拟观测值见表 10.1，不同误差模型的回归系数

估值、相对真误差以及相对均方误差见表 10.2(EIV 模型)、表 10.4(EIOO 模型)和表 10.6(EIVO 模型)，不同误差模型的观测值真误差以及相对真误差见表 10.3(EIV 模型)、表 10.5(EIOO 模型)和表 10.7(EIVO 模型)。

表 10.1　模型理论观测值和模拟观测值

序号	$\tilde{y}$	$\tilde{x}$	Δ_y	Δ_x	y	x
1	946.401	910.211	6.50	−6.49	952.901	903.721
2	1035.206	1000.450	9.12	6.55	1044.326	1007.000
3	1163.438	1130.753	−4.26	1.01	1159.178	1131.763
4	1330.536	1300.549	−9.58	8.34	1320.956	1308.889
5	1547.624	1521.142	−5.45	−9.00	1542.174	1512.142
6	1664.970	1640.383	4.48	−1.29	1669.450	1639.093

注：(Δ_y,Δ_x) 表示模拟真误差，$(\tilde{y},\tilde{x})$ 为理论观测值，(y,x) 是对应的模拟观测值，$y=\tilde{y}+\Delta_y$，$x=\tilde{x}+\Delta_x$。在 EIV 误差模型下解算一元线性回归方程时，观测数据为 (y,x)；在 EIOO 模型下解算时，观测数据为 $(y,\tilde{x})$；在 EIVO 模型下解算时，观测数据为 $(\tilde{y},x)$。

表 10.2　EIV 模型回归系数估值、相对真误差以及相对均方误差

项目	理论值	$\hat{b}$	R_b	$\hat{\sigma}_{b0}$	R_{b0}
b_0	50.653	95.056	87.7	0.5086	0.54
b_1	0.984	0.9501	3.5	0.0004	0.04

注：$\hat{b}$ 表示回归系数估值；R_b 表示回归系数估值的相对真误差(%)；$\hat{\sigma}_{b0}$ 表示回归系数估值的均方误差；R_{b0} 表示回归系数估值的相对均方误差(%)。表 10.4 和表 10.6 中的数值含义与表 10.2 相同。观测值验后中误差为 0.1573，简单相关系数为 0.9993。

表 10.3　EIV 模型观测值真误差以及相对真误差(%)

序号	$\hat{y}$	$\hat{x}$	f_y	f_x	R_y	R_x
1	952.901	903.721	6.500	−6.482	0.7	0.7
2	1044.327	1007.001	9.121	6.628	0.9	0.7
3	1159.179	1131.764	−4.259	1.127	0.4	0.1
4	1320.958	1308.891	−9.578	8.526	0.7	0.7
5	1542.173	1512.141	−5.451	−9.110	0.4	0.6
6	1669.448	1639.091	4.478	−1.470	0.3	0.1

注：(f_y,f_x) 分别表示 (y,x) 的真误差；(R_y,R_x) 分别表示 $(\hat{y},\hat{x})$ 的相对真误差(%)。表 10.5 和表 10.7 中的数值含义与表 10.3 相同。

表 10.4　EIOO 模型回归系数估值、相对真误差以及相对均方误差(%)

项目	理论值	$\hat{b}$	R_b	$\hat{\sigma}_{b0}$	R_{b0}
b_0	50.653	78.194	54.4	0.2701	0.35
b_1	0.984	0.963	2.2	0.0002	0.02

注：观测值验后中误差为 0.1109，简单相关系数为 0.9997。

表 10.5　EIOO 模型观测值真误差及其相对真误差(%)

序号	$\hat{y}$	$\hat{x}$	f_y	f_x	R_y	R_x
1	952.901	910.211	6.500	0.020	0.7	0.0
2	1044.326	1000.450	9.120	−0.038	0.9	0.0
3	1159.179	1130.754	−4.259	0.097	0.4	0.0
4	1320.958	1300.550	−9.578	0.119	0.7	0.0
5	1542.174	1521.142	−5.450	0.006	0.4	0.0
6	1669.448	1640.381	4.478	−0.154	0.3	0.0

表 10.6　EIVO 模型回归系数估值、相对真误差以及相对均方误差(%)

项目	理论值	$\hat{b}$	R_b	$\hat{\sigma}_{b0}$	R_{b0}
b_0	50.653	64.618	27.6	0.3882	0.60
b_1	0.984	0.974	1.1	0.0003	0.03

注：观测值验后中误差为 0.1378，简单相关系数为 0.9997。

表 10.7　EIVO 模型观测值真误差及其相对真误差(%)

序号	$\hat{y}$	$\hat{x}$	f_y	f_x	R_y	R_x
1	946.401	903.721	0.000	−6.518	0.0	0.7
2	1035.208	1007.002	0.002	6.704	0.0	0.7
3	1163.439	1131.764	0.001	1.059	0.0	0.1
4	1330.538	1308.891	0.002	8.472	0.0	0.7
5	1547.621	1512.140	−0.003	−9.164	0.0	0.6
6	1664.969	1639.092	−0.001	−1.357	0.0	0.1

1. 回归系数的估值漂移

在 EIV 误差模型下，由表 10.2 可知，回归系数的理论值 $\tilde{b}_0 = 50.563$ 和 $\tilde{b}_1 = 0.984$，回归系数的估值 $\hat{b}_0 = 95.056$ 和 $\hat{b}_1 = 0.950$，$\hat{b}_0$ 的相对真误差为 87.7%(大于 50%)，$\hat{b}_1$ 的相对真误差为 3.5%(小于 50%)，即仅回归系数估值 $\hat{b}_0$ 存在显著的估

值漂移。由表 10.3 可知，观测值的估值 $(\hat{y},\hat{x})$ 相对真误差绝对值最大值为 0.9%，即观测值的估值不存在显著估值漂移。

在 EIOO 误差模型下，由表 10.4 可知，回归系数的估值 $\hat{b}_0 = 78.194$ 和 $\hat{b}_1 = 0.963$，$\hat{b}_0$ 的相对真误差为 54.4%(大于 50%)，$\hat{b}_1$ 的相对真误差为 2.2%(小于 50%)，即仅回归系数估值 $\hat{b}_0$ 存在显著的估值漂移。由表 10.5 可知，观测值的估值 $(\hat{y},\hat{x})$ 相对真误差绝对值最大值为 0.9%，即观测值的估值不存在显著估值漂移。

在 EIVO 误差模型下，由表 10.6 可知，回归系数的估值 $\hat{b}_0 = 64.618$ 和 $\hat{b}_1 = 0.974$，$\hat{b}_0$ 的相对真误差为 27.6%(小于 50%)，$\hat{b}_1$ 的相对真误差为 1.1%(小于 50%)，即回归系数估值不存在显著的估值漂移。由表 10.7 可知，观测值的估值 $(\hat{y},\hat{x})$ 相对真误差绝对值最大值为 0.7%，即观测值的估值不存在显著的估值漂移。

2. 方差因子的有效性

在 EIV 误差模型下，由表 10.2 可知，回归系数的估值 $\hat{b}_0$ 和 $\hat{b}_1$ 的相对真误差分别为 87.7%和 3.5%，它们的相对均方误差分别为 0.54%和 0.04%，回归系数估值的相对均方误差与对应的相对真误差差异显著，观测值验后中误差估值 $\hat{\sigma}_0 = 0.1573$，小于观测值验前中误差 $\sigma_0 = 6.5$，即方差因子的估值偏小，缺乏足够的可信度。

在 EIOO 误差模型下，由表 10.4 可知，回归系数的估值 $\hat{b}_0$ 和 $\hat{b}_1$ 的相对真误差分别为 54.4%和 2.2%，它们的相对均方误差分别为 0.35 %和 0.02%，回归系数估值的相对均方误差与对应的相对真误差差异显著，观测值验后中误差估值 $\hat{\sigma}_0 = 0.1109$，小于观测值验前中误差 $\sigma_0 = 6.5$，即方差因子的估值偏小，缺乏足够的可信度。

在 EIVO 误差模型下，由表 10.6 可知，回归系数的估值 $\hat{b}_0$ 和 $\hat{b}_1$ 的相对真误差分别为 27.6%和 1.1%，它们的相对均方误差分别为 0.60%和 0.03%，回归系数估值的相对均方误差与对应的相对真误差差异显著，观测值验后中误差估值 $\hat{\sigma}_0 = 0.1378$，小于观测值验前中误差 $\sigma_0 = 6.5$，即方差因子的估值偏小，缺乏足够的可信度。

10.1.2　一元线性回归仿真实验

1. 仿真实验一

理论回归方程 $\tilde{y} = 3.53305 + 1.03942\tilde{x}$ 的 8 组理论观测值见表 10.8，理论观测值绝对值的平均值约为 46。三种不同的误差模型分别进行了 1000 次仿真实验，回归系数估值相对真误差均小于等于给定限值的百分比见表 10.9，回归系数估值相对均方误差均小于等于给定限值的百分比见表 10.10，对于不同误差模型的回归系数估值相对真误差平均值和相对均方误差平均值见表 10.11(EIV 模型)、表 10.12(EIOO 模型)和表 10.13(EIVO 模型)。

表 10.8　一元线性回归的理论观测值

序号	$\tilde{y}$	$\tilde{x}$	序号	$\tilde{y}$	$\tilde{x}$
1	19.387	15.253	5	47.199	42.010
2	28.053	23.590	6	56.190	50.660
3	33.120	28.465	7	66.433	60.514
4	41.378	36.410	8	76.638	70.332

表 10.9　不同误差模型回归系数估值相对真误差均小于等于 $\bar{d}$ 的百分比(%)

序号	$\sigma_0(\omega)$	$\bar{d}_{11}$	$\bar{d}_{12}$	$\bar{d}_{13}$	$\bar{d}_{21}$	$\bar{d}_{22}$	$\bar{d}_{23}$	$\bar{d}_{31}$	$\bar{d}_{32}$	$\bar{d}_{33}$
1	6.9(15.00%)	0.0	0.0	0.0	0.0	0.0	0.0	0.0	0.0	0.0
2	4.6(10.00%)	0.0	0.0	0.0	0.1	0.0	0.0	0.1	0.1	0.0
3	2.3(5.00%)	0.6	0.0	0.0	3.7	0.4	0.0	2.7	0.4	0.0
4	0.46(1.00%)	99.1	32.1	4.5	100.0	53.0	7.2	100.0	50.3	5.0
5	0.23(0.50%)	100.0	77.3	8.0	100.0	92.3	14.0	100.0	88.2	12.9
6	0.046(0.10%)	100.0	100.0	45.6	100.0	100.0	62.8	100.0	100.0	60.3
7	0.023(0.05%)	100.0	100.0	77.0	100.0	100.0	91.9	100.0	100.0	91.6
8	0.0046(0.01%)	100.0	100.0	100.0	100.0	100.0	100.0	100.0	100.0	100.0

注：σ_0 表示观测值母体的均方误差，ω 表示均方误差系数；$\bar{d}_{i1}$ 表示回归系数估值的相对真误差均小于等于 $\bar{d}=50\%$ 的百分比，$\bar{d}_{i2}$ 表示回归系数估值的相对真误差均小于等于 $\bar{d}=10\%$ 的百分比，$\bar{d}_{i3}$ 表示回归系数估值的相对真误差均小于等于 $\bar{d}=1\%$ 的百分比；$i=1$ 表示 EIV 模型，$i=2$ 表示 EIOO 模型，$i=3$ 表示 EIVO 模型。表 10.15、表 10.18、表 10.24、表 10.34、表 10.40、表 10.43、表 10.49、表 10.59、表 10.65 中的数值含义与表 10.9 相同。

表 10.10　不同误差模型回归系数估值相对均方误差均小于等于 ξ 的百分比(%)

序号	$\sigma_0(\omega)$	ξ_{11}	ξ_{12}	ξ_{13}	ξ_{21}	ξ_{22}	ξ_{23}	ξ_{31}	ξ_{32}	ξ_{33}
1	6.9(15.00%)	94.4	72.0	3.3	93.3	68.9	3.1	93.2	75.3	2.5
2	4.6(10.00%)	92.5	68.3	3.1	94.8	66.0	1.1	94.6	75.0	0.6
3	2.3(5.00%)	96.2	65.6	0.8	98.3	60.9	0.1	99.3	70.4	0.0
4	0.46(1.00%)	100.0	99.9	0.0	100.0	100.0	1.5	100.0	100.0	0.6

续表

序号	$\sigma_0(\omega)$	ξ_{11}	ξ_{12}	ξ_{13}	ξ_{21}	ξ_{22}	ξ_{23}	ξ_{31}	ξ_{32}	ξ_{33}
5	0.23(0.50%)	100.0	100.0	4.2	100.0	100.0	16.4	100.0	100.0	14.8
6	0.046(0.10%)	100.0	100.0	100.0	100.0	100.0	100.0	100.0	100.0	100.0
7	0.023(0.05%)	100.0	100.0	100.0	100.0	100.0	100.0	100.0	100.0	100.0
8	0.0046(0.01%)	100.0	100.0	100.0	100.0	100.0	100.0	100.0	100.0	100.0

注：σ_0 表示观测值母体的均方误差，ω 表示均方误差系数；ξ_{i1} 表示回归系数估值的相对均方误差均小于等于 ξ=50% 的百分比，ξ_{i2} 表示回归系数估值的相对均方误差均小于等于 ξ=10% 的百分比，ξ_{i3} 表示回归系数估值的相对均方误差均小于等于 ξ=1% 的百分比；$i=1$ 表示 EIV 模型，$i=2$ 表示 EIOO 模型，$i=3$ 表示 EIVO 模型。表 10.16、表 10.19、表 10.25、表 10.35、表 10.41、表 10.44、表 10.50、表 10.60、表 10.66 中的数值含义与表 10.10 相同。

表 10.11　EIV 模型回归系数估值相对真误差平均值和相对均方误差平均值(%)

序号	$\sigma_0(\omega)$	db_0	db_1	wb_0	wb_1	r	σ_0
1	6.9(15.00%)	5473.9	384.3	3.3	19.7	0.9052	0.408
2	4.6(10.00%)	3090.4	218.3	4.7	49.5	0.9569	0.397
3	2.3(5.00%)	973.3	68.8	8.0	53.0	0.9887	0.374
4	0.46(1.00%)	17.5	1.3	4.0	0.3	0.9996	0.152
5	0.23(0.50%)	6.8	0.5	2.0	0.2	0.9999	0.079
6	0.046(0.10%)	1.3	0.1	0.4	0.0	1.0000	0.016
7	0.023(0.05%)	0.7	0.1	0.2	0.0	1.0000	0.008
8	0.0046(0.01%)	0.1	0.0	0.0	0.0	1.0000	0.002

注：σ_0 表示随机误差母体的均方误差，ω 表示均方误差系数；db_i 表示回归系数估值 $\hat{b}_i$ 相对真误差的总体平均值，wb_i 表示回归系数估值 $\hat{b}_i$ 相对均方误差的总体平均值，$i=0,1$。后续表格中讨论线性回归方程的均方误差，其中 i 的取值随着回归系数的不同而不同，其表格所表达内容相同。表 10.12、表 10.13 中的数值含义与表 10.11 相同。

表 10.12　EIOO 模型回归系数估值相对真误差平均值和相对均方误差平均值(%)

序号	$\sigma_0(\omega)$	db_0	db_1	wb_0	wb_1	r	σ_0
1	6.9(15.00%)	5248.3	368.1	5.0	22.2	0.9526	0.410
2	4.6(10.00%)	2627.3	184.1	7.0	33.1	0.9786	0.401
3	2.3(5.00%)	431.3	30.2	9.7	12.4	0.9946	0.354
4	0.46(1.00%)	10.6	0.8	2.8	0.2	0.9998	0.109
5	0.23(0.50%)	4.4	0.3	1.4	0.1	0.9999	0.056

续表

序号	$\sigma_0(\omega)$	db_0	db_1	wb_0	wb_1	r	σ_0
6	0.046(0.10%)	0.9	0.1	0.3	0.0	1.0000	0.011
7	0.023(0.05%)	0.5	0.0	0.1	0.0	1.0000	0.005
8	0.0046(0.01%)	0.1	0.0	0.0	0.0	1.0000	0.001

表 10.13　EIVO 模型回归系数估值相对真误差平均值和相对均方误差平均值(%)

序号	$\sigma_0(\omega)$	db_0	db_1	wb_0	wb_1	r	σ_0
1	6.9(15.00%)	2237.1	158.2	3.9	59.7	0.9489	0.382
2	4.6(10.00%)	2024.4	143.9	5.7	29.2	0.9770	0.376
3	2.3(5.00%)	339.9	24.1	9.4	11.8	0.9943	0.337
4	0.46(1.00%)	11.4	0.9	2.9	0.2	0.9998	0.112
5	0.23(0.50%)	5.0	0.4	1.4	0.1	0.9999	0.057
6	0.046(0.10%)	0.9	0.1	0.3	0.0	1.0000	0.012
7	0.023(0.05%)	0.5	0.0	0.1	0.0	1.0000	0.006
8	0.0046(0.01%)	0.1	0.0	0.0	0.0	1.0000	0.001

1) 回归系数的估值漂移

在 EIV 误差模型下(表 10.9)，当 $\omega=5.00\%$ 时，回归系数估值的相对真误差均小于等于 $\bar{d}=50\%$ 的百分比是 0.6%；当 $\omega=1.00\%$ 时，回归系数估值的相对真误差均小于等于 $\bar{d}=50\%$ 的百分比是 99.1%；即当 $\omega>1.00\%$ 时，回归系数可能产生显著的估值漂移。

在 EIOO 误差模型下(表 10.9)，当 $\omega=5.00\%$ 时，回归系数估值的相对真误差均小于等于 $\bar{d}=50\%$ 的百分比是 3.7%；当 $\omega=1.00\%$ 时，回归系数估值的相对真误差均小于等于 $\bar{d}=50\%$ 的百分比是 100%；即当 $\omega>1.00\%$ 时，回归系数可能产生显著的估值漂移。

在 EIVO 误差模型下(表 10.9)，当 $\omega=5.00\%$ 时，回归系数估值的相对真误差均小于等于 $\bar{d}=50\%$ 的百分比是 2.7%；当 $\omega=1.00\%$ 时，回归系数估值的相对真误差均小于等于 $\bar{d}=50\%$ 的百分比是 100.0%；即当 $\omega>1.00\%$ 时，回归系数可能产生显著的估值漂移。

2) 回归系数估值的有效性和 ω 的选取

在 EIV 误差模型下(表 10.9)，当 $\omega=1.00\%$ 时，回归系数估值的相对真误差均

小于等于 $\overline{d}=50\%$ 的百分比是 99.1%，即当 $\omega\approx1.00\%$ 或 $\omega<1.00\%$ 时，回归系数估值的相对真误差均小于等于 $\overline{d}=50\%$；当 $\omega=0.10\%$ 时，回归系数估值的相对真误差均小于等于 $\overline{d}=10\%$ 的百分比是 100.0%，即当 $\omega\approx0.10\%$ 或 $\omega<0.10\%$ 时，回归系数估值的相对真误差均小于等于 $\overline{d}=10\%$；当 $\omega=0.01\%$ 时，回归系数估值的相对真误差均小于等于 $\overline{d}=1\%$ 的百分比是 100.0%，即当 $\omega\approx0.01\%$ 或 $\omega<0.01\%$ 时，回归系数估值的相对真误差均小于等于 $\overline{d}=1\%$。

在 EIOO 误差模型下(表 10.9)，当 $\omega=1.00\%$ 时，回归系数估值的相对真误差均小于等于 $\overline{d}=50\%$ 的百分比是 100.0%，即当 $\omega\approx1.00\%$ 或 $\omega<1.00\%$ 时，回归系数估值的相对真误差均小于等于 $\overline{d}=50\%$；当 $\omega=0.50\%$ 时，回归系数估值的相对真误差均小于等于 $\overline{d}=10\%$ 的百分比是 92.3%，即当 $\omega\approx0.50\%$ 或 $\omega<0.50\%$ 时，回归系数估值的相对真误差均小于等于 $\overline{d}=10\%$；当 $\omega=0.05\%$ 时，回归系数估值的相对真误差均小于等于 $\overline{d}=1\%$ 的百分比是 91.9%，即当 $\omega\approx0.05\%$ 或 $\omega<0.05\%$ 时，回归系数估值的相对真误差均小于等于 $\overline{d}=1\%$。

在 EIVO 误差模型下(表 10.9)，当 $\omega=1.00\%$ 时，回归系数估值的相对真误差均小于等于 $\overline{d}=50\%$ 的百分比是 100.0%，即当 $\omega\approx1.00\%$ 或 $\omega<1.00\%$ 时，回归系数估值的相对真误差均小于等于 $\overline{d}=50\%$；当 $\omega=0.10\%$ 时，回归系数估值的相对真误差均小于等于 $\overline{d}=10\%$ 的百分比是 100.0%，即当 $\omega\approx0.10\%$ 或 $\omega<0.10\%$ 时，回归系数估值的相对真误差均小于等于 $\overline{d}=10\%$；当 $\omega=0.05\%$ 时，回归系数估值的相对真误差均小于等于 $\overline{d}=1\%$ 的百分比是 91.6%，即当 $\omega\approx0.05\%$ 或 $\omega<0.05\%$ 时，回归系数估值的相对真误差均小于等于 $\overline{d}=1\%$。

3) 方差因子的有效性

(1) 在 EIV 误差模型下方差因子的有效性。由表 10.9 和表 10.10 可知，当 $\omega=1.00\%$ 时，回归系数估值的相对真误差均小于等于 $\overline{d}=50\%$ 的百分比是 99.1%，而回归系数估值的相对均方误差均小于等于 $\overline{d}=50\%$ 的百分比是 100.0%，回归系数估值的相对真误差均小于等于 $\overline{d}=10\%$ 的百分比是 32.1%，而回归系数估值的相对均方误差均小于等于 $\overline{d}=10\%$ 的百分比是 99.9%，回归系数估值的相对真误差均小于等于 $\overline{d}=1\%$ 的百分比是 4.5%，而回归系数估值的相对均方误差均小于等于 $\overline{d}=1\%$ 的百分比是 0.0%。对于不同的 ω，总有回归系数估值的相对均方误差均小于等于 $\overline{d}$ 的百分比大于等于回归系数的相对真误差均小于等于 $\overline{d}$ 的百分比，特别是当 $\omega>1.00\%$ 时，两者存在显著的差异，参数估计方法得到的方差因子偏小，缺乏足够的可信度。

由表 10.11 可知，当 $\omega=1.00\%$ 时，回归系数估值 $\hat{b}_0$ 和 $\hat{b}_1$ 的相对真误差的平均

值分别是 17.5%和 1.3%，而回归系数估值 $\hat{b}_0$ 和 $\hat{b}_1$ 的相对均方误差的平均值分别是 4.0%和 0.3%。对于不同的 ω，回归系数估值相对均方误差的平均值小于等于回归系数相对真误差的平均值，特别是当 $\omega > 1.00\%$ 时，回归系数估值相对均方误差的平均值比回归系数估值相对真误差的平均值要小得多，参数估计方法得到的方差因子偏小，缺乏足够的可信度。

(2) 在 EIOO 误差模型下方差因子的有效性。由表 10.9 和表 10.10 可知，当 $\omega = 1.00\%$ 时，回归系数估值的相对真误差均小于等于 $\bar{d} = 50\%$ 的百分比是 100.0%，回归系数估值的相对均方误差均小于等于 $\bar{d} = 50\%$ 的百分比是 100.0%，回归系数估值的相对真误差均小于等于 $\bar{d} = 10\%$ 的百分比是 53.0%，而回归系数估值的相对均方误差均小于等于 $\bar{d} = 10\%$ 的百分比是 100.0%，回归系数估值的相对真误差均小于等于 $\bar{d} = 1\%$ 的百分比是 7.2%，而回归系数估值的相对均方误差均小于等于 $\bar{d} = 1\%$ 的百分比是 1.5%。对于不同的 ω，总有回归系数估值的相对均方误差均小于等于 $\bar{d}$ 的百分比大于等于回归系数的相对真误差均小于等于 $\bar{d}$ 的百分比，特别是当 $\omega > 1.00\%$ 时，两者存在显著的差异，参数估计方法得到的方差因子偏小，缺乏足够的可信度。

由表 10.12 可知，当 $\omega = 1.00\%$ 时，回归系数估值 $\hat{b}_0$ 和 $\hat{b}_1$ 的相对真误差的平均值分别是 10.6%和 0.8%，而回归系数估值 $\hat{b}_0$ 和 $\hat{b}_1$ 的相对均方误差的平均值分别是 2.8%和 0.2%。总体上，对于不同的 ω，回归系数估值相对均方误差的平均值小于等于回归系数相对真误差的平均值，特别是当 $\omega > 1.00\%$ 时，回归系数估值相对均方误差的平均值比回归系数估值相对真误差的平均值要小得多，参数估计方法得到的方差因子偏小，缺乏足够的可信度。

(3) 在 EIVO 误差模型下方差因子的有效性。由表 10.9 和表 10.10 可知，当 $\omega = 1.00\%$ 时，回归系数估值的相对真误差均小于等于 $\bar{d} = 50\%$ 的百分比是 100.0%，回归系数估值的相对均方误差均小于等于 $\bar{d} = 50\%$ 的百分比是 100.0%，回归系数的相对真误差均小于等于 $\bar{d} = 10\%$ 的百分比是 50.3%，而回归系数估值的相对均方误差均小于等于 $\bar{d} = 10\%$ 的百分比是 100.0%，回归系数的相对真误差均小于等于 $\bar{d} = 1\%$ 的百分比是 5.0%，而回归系数估值的相对均方误差均小于等于 $\bar{d} = 1\%$ 的百分比是 0.6%。对于不同的 ω，总有回归系数估值相对均方误差均小于等于 $\bar{d}$ 的百分比大于等于回归系数的相对真误差均小于等于 $\bar{d}$ 的百分比，特别是当 $\omega > 1.00\%$ 时，两者存在显著的差异，参数估计方法得到的方差因子偏小，缺乏足够的可信度。

由表 10.13 可知，当 ω=1.00%时，回归系数估值 $\hat{b}_0$ 和 $\hat{b}_1$ 的相对真误差的平均值分别是 11.4%和 0.9%，而回归系数估值 $\hat{b}_0$ 和 $\hat{b}_1$ 的相对均方误差的平均值分别是 2.9%和 0.2%。总体上，对于不同的 ω，回归系数估值相对均方误差的平均值小于等于回归系数相对真误差的平均值，特别是当 $\omega > 1.00\%$ 时，回归系数估值相对均方误差的平均值比回归系数估值相对真误差的平均值要小得多，即参数估计方法得到的方差因子偏小，缺乏足够的可信度。

2. 仿真实验二

理论回归方程 $\tilde{y} = -300.47032 + 3.73205\tilde{x}$ 的 10 组理论观测值见表 10.14，理论观测值绝对值的平均值约为 750。三种不同的误差模型分别进行了 1000 次仿真实验，回归系数估值相对真误差均小于等于给定限值的百分比见表 10.15，回归系数估值相对均方误差均小于等于给定限值的百分比见表 10.16。

表 10.14 一元线性回归的理论观测值

序号	$\tilde{y}$	$\tilde{x}$	序号	$\tilde{y}$	$\tilde{x}$
1	447.809	200.501	6	758.570	283.769
2	521.850	220.340	7	852.651	308.978
3	559.730	230.490	8	934.327	330.863
4	633.457	250.245	9	1007.382	350.438
5	710.542	270.900	10	1074.857	368.518

表 10.15 不同误差模型回归系数估值相对真误差均小于等于 $\bar{d}$ 的百分比(%)

序号	$\sigma_0(\omega)$	$\bar{d}_{11}$	$\bar{d}_{12}$	$\bar{d}_{13}$	$\bar{d}_{21}$	$\bar{d}_{22}$	$\bar{d}_{23}$	$\bar{d}_{31}$	$\bar{d}_{32}$	$\bar{d}_{33}$
1	112.5(15.00%)	0.0	0.0	0.0	0.2	0.0	0.0	0.0	0.0	0.0
2	75.0(10.00%)	0.0	0.0	0.0	5.6	0.4	0.0	0.0	0.0	0.0
3	37.5(5.00%)	0.3	0.0	0.0	80.7	10.4	0.9	0.1	0.0	0.0
4	7.5(1.00%)	97.2	31.8	2.6	100.0	98.5	18.6	98.4	35.5	3.7
5	3.75(0.50%)	100.0	75.4	9.6	100.0	100.0	38.4	100.0	77.3	8.5
6	0.75(0.10%)	100.0	100.0	47.7	100.0	100.0	98.9	100.0	100.0	52.8
7	0.375(0.05%)	100.0	100.0	80.5	100.0	100.0	100.0	100.0	100.0	81.9
8	0.075(0.01%)	100.0	100.0	100.0	100.0	100.0	100.0	100.0	100.0	100.0

表 10.16　不同误差模型回归系数估值相对均方误差均小于等于 ξ 的百分比(%)

序号	$\sigma_0(\omega)$	ξ_{11}	ξ_{12}	ξ_{13}	ξ_{21}	ξ_{22}	ξ_{23}	ξ_{31}	ξ_{32}	ξ_{33}
1	112.5(15.00%)	99.9	99.5	93.1	100.0	99.8	93.1	100.0	100.0	99.5
2	75.0(10.00%)	99.9	99.3	92.1	100.0	99.9	98.1	100.0	100.0	99.8
3	37.5(5.00%)	99.9	99.3	94.3	100.0	99.9	98.3	100.0	100.0	100.0
4	7.5(1.00%)	100.0	100.0	100.0	100.0	100.0	100.0	100.0	100.0	100.0
5	3.75(0.50%)	100.0	100.0	100.0	100.0	100.0	100.0	100.0	100.0	100.0
6	0.75(0.10%)	100.0	100.0	100.0	100.0	100.0	100.0	100.0	100.0	100.0
7	0.375(0.05%)	100.0	100.0	100.0	100.0	100.0	100.0	100.0	100.0	100.0
8	0.075(0.01%)	100.0	100.0	100.0	100.0	100.0	100.0	100.0	100.0	100.0

1) 回归系数的估值漂移

在 EIV 误差模型下(表 10.15)，当 $\omega=5.00\%$ 时，回归系数估值的相对真误差均小于等于 $\bar{d}=50\%$ 的百分比是 0.3%；当 $\omega=1.00\%$ 时，回归系数估值的相对真误差均小于等于 $\bar{d}=50\%$ 的百分比是 97.2%；即当 $\omega>1.00\%$ 时，回归系数可能产生显著的估值漂移。

在 EIOO 误差模型下(表 10.15)，当 $\omega=5.00\%$ 时，回归系数估值的相对真误差均小于等于 $\bar{d}=50\%$ 的百分比是 80.7%；当 $\omega=1.00\%$ 时，回归系数估值的相对真误差均小于等于 $\bar{d}=50\%$ 的百分比是 100.0%；即当 $\omega>1.00\%$ 时，回归系数可能产生显著的估值漂移。

在 EIVO 误差模型下(表 10.15)，当 $\omega=5.00\%$ 时，回归系数估值的相对真误差均小于等于 $\bar{d}=50\%$ 的百分比是 0.1%；当 $\omega=1.00\%$ 时，回归系数估值的相对真误差均小于等于 $\bar{d}=50\%$ 的百分比是 98.4%；即当 $\omega>1.00\%$ 时，回归系数可能产生显著的估值漂移。

2) 回归系数估值的有效性和 ω 的选取

在 EIV 误差模型下(表 10.15)，当 $\omega=1.00\%$ 时，回归系数估值的相对真误差均小于等于 $\bar{d}=50\%$ 的百分比是 97.2%，即当 $\omega\approx1.00\%$ 或 $\omega<1.00\%$ 时，回归系数估值的相对真误差均小于等于 $\bar{d}=50\%$；当 $\omega=0.10\%$ 时，回归系数估值的相对真误差均小于等于 $\bar{d}=10\%$ 的百分比是 100.0%，即当 $\omega\approx0.10\%$ 或 $\omega<0.10\%$ 时，回归系数估值的相对真误差均小于等于 $\bar{d}=10\%$；当 $\omega=0.01\%$ 时，回归系数估值的相对真误差均小于等于 $\bar{d}=1\%$ 的百分比是 100.0%，即当 $\omega\approx0.01\%$ 或 $\omega<0.01\%$ 时，回归系数估值的相对真误差均小于等于 $\bar{d}=1\%$。

在 EIOO 误差模型下(表 10.15)，当 $\omega=1.00\%$ 时，回归系数估值的相对真误

差均小于等于 $\overline{d}=50\%$ 的百分比是 100.0%，即当 $\omega\approx1.00\%$ 或 $\omega<1.00\%$ 时，回归系数估值的相对真误差均小于等于 $\overline{d}=50\%$；当 $\omega=1.00\%$ 时，回归系数估值的相对真误差均小于等于 $\overline{d}=10\%$ 的百分比是 98.5%，即当 $\omega\approx1.00\%$ 或 $\omega<1.00\%$ 时，回归系数估值的相对真误差均小于等于 $\overline{d}=10\%$；当 $\omega=0.10\%$ 时，回归系数估值的相对真误差均小于等于 $\overline{d}=1\%$ 的百分比是 98.9%，即当 $\omega\approx0.10\%$ 或 $\omega<0.10\%$ 时，回归系数估值的相对真误差均小于等于 $\overline{d}=1\%$。

在 EIVO 误差模型下(表 10.15)，当 $\omega=1.00\%$ 时，回归系数估值的相对真误差均小于等于 $\overline{d}=50\%$ 的百分比是 98.4%，即当 $\omega\approx1.00\%$ 或 $\omega<1.00\%$ 时，回归系数估值的相对真误差均小于等于 $\overline{d}=50\%$；当 $\omega=0.10\%$ 时，回归系数估值的相对真误差均小于等于 $\overline{d}=10\%$ 的百分比是 100.0%，即当 $\omega\approx0.10\%$ 或 $\omega<0.10\%$ 时，回归系数估值的相对真误差均小于等于 $\overline{d}=10\%$；当 $\omega=0.01\%$ 时，回归系数估值的相对真误差均小于等于 $\overline{d}=1\%$ 的百分比是 100.0%，即当 $\omega\approx0.01\%$ 或 $\omega<0.01\%$ 时，回归系数估值的相对真误差均小于等于 $\overline{d}=1\%$。

3) 方差因子的有效性

在 EIV 误差模型下，由表 10.15 和表 10.16 可知，当 $\omega=1.00\%$ 时，回归系数估值的相对真误差均小于等于 $\overline{d}=50\%$ 的百分比是 97.2%，而回归系数估值的相对均方误差均小于等于 $\overline{d}=50\%$ 的百分比是 100.0%；回归系数估值的相对真误差均小于等于 $\overline{d}=10\%$ 的百分比是 31.8%，而回归系数估值的相对均方误差均小于等于 $\overline{d}=10\%$ 的百分比是 100.0%；回归系数估值的相对真误差均小于等于 $\overline{d}=1\%$ 的百分比是 2.6%，而回归系数估值的相对均方误差均小于等于 $\overline{d}=1\%$ 的百分比是 100.0%。

在 EIOO 误差模型下，由表 10.15 和表 10.16 可知，当 $\omega=1.00\%$ 时，回归系数估值的相对真误差均小于等于 $\overline{d}=50\%$ 的百分比是 100.0%，而回归系数估值的相对均方误差均小于等于 $\overline{d}=50\%$ 的百分比是 100.0%；回归系数估值的相对真误差均小于等于 $\overline{d}=10\%$ 的百分比是 98.5%，而回归系数估值的相对均方误差均小于等于 $\overline{d}=10\%$ 的百分比是 100.0%；回归系数估值的相对真误差均小于等于 $\overline{d}=1\%$ 的百分比是 18.6%，而回归系数估值的相对均方误差均小于等于 $\overline{d}=1\%$ 的百分比是 100.0%。

在 EIVO 误差模型下，由表 10.15 和表 10.16 可知，当 $\omega=1.00\%$ 时，回归系数估值的相对真误差均小于等于 $\overline{d}=50\%$ 的百分比是 98.4%，而回归系数估值的相对均方误差均小于等于 $\overline{d}=50\%$ 的百分比是 100.0%；回归系数估值的相对真误差均小于等于 $\overline{d}=10\%$ 的百分比是 35.5%，而回归系数估值的相对均方误差均小于等于 $\overline{d}=10\%$ 的百分比是 100.0%；回归系数估值的相对真误差均小于等于 $\overline{d}=1\%$ 的百分比是 3.7%，而回归系数估值的相对均方误差均小于等于 $\overline{d}=1\%$ 的百分比是 100.0%。

对于不同的误差模型和不同的 ω，总有回归系数估值的相对均方误差均小于等于 $\bar{d}$ 的百分比大于等于回归系数的相对真误差均小于等于 $\bar{d}$ 的百分比，特别是当 $\omega>1.00\%$ 时，两者存在显著的差异，参数估计方法得到的方差因子偏小，缺乏足够的可信度。

10.1.3　一元线性回归估值漂移的讨论

1. 回归系数的估值漂移

在 EIV 误差模型下，当 $\omega>1.00\%$ 时，回归系数可能产生显著的估值漂移。在 EIOO 误差模型下，当 $\omega>1.00\%$ 时，回归系数可能产生显著的估值漂移。在 EIVO 误差模型下，当 $\omega>1.00\%$ 时，回归系数可能产生显著的估值漂移。

2. 回归系数估值的有效性和 ω 的选取

在 EIV 误差模型下，当 $\omega\approx1.00\%$ 或 $\omega<1.00\%$ 时，回归系数估值的相对真误差均小于等于 $\bar{d}=50\%$；当 $\omega\approx0.10\%$ 或 $\omega<0.10\%$ 时，回归系数估值的相对真误差均小于等于 $\bar{d}=10\%$；当 $\omega\approx0.01\%$ 或 $\omega<0.01\%$ 时，回归系数估值的相对真误差均小于等于 $\bar{d}=1\%$。

在 EIOO 误差模型下，当 $\omega\approx1.00\%$ 或 $\omega<1.00\%$ 时，回归系数估值的相对真误差均小于等于 $\bar{d}=50\%$；当 $\omega\approx0.50\%$ 或 $\omega<0.50\%$ 时，回归系数估值的相对真误差均小于等于 $\bar{d}=10\%$；当 $\omega\approx0.05\%$ 或 $\omega<0.05\%$ 时，回归系数估值的相对真误差均小于等于 $\bar{d}=1\%$。

在 EIVO 误差模型下，当 $\omega\approx1.00\%$ 或 $\omega<1.00\%$ 时，回归系数估值的相对真误差均小于等于 $\bar{d}=50\%$；当 $\omega\approx0.10\%$ 或 $\omega<0.10\%$ 时，回归系数估值的相对真误差均小于等于 $\bar{d}=10\%$；当 $\omega\approx0.01\%$ 或 $\omega<0.01\%$ 时，回归系数估值的相对真误差均小于等于 $\bar{d}=1\%$。

3. 方差因子的有效性

在三种不同的误差模型下，对于不同的 ω，总有回归系数估值的相对均方误差均小于等于 $\bar{d}$ 的百分比大于等于回归系数估值的相对真误差均小于等于 $\bar{d}$ 的百分比，回归系数估值相对均方误差的平均值小于等于回归系数估值相对真误差的平均值，特别是当 $\omega>1.00\%$ 时，两者存在显著的差异，参数估计方法得到的方差因子偏小，缺乏足够的可信度。

10.2　二元线性回归的估值漂移

10.2.1　二元线性回归仿真实验

1. 仿真实验一

理论回归方程 $\tilde{y}=3.53305+1.51414\tilde{x}_1+0.58342\tilde{x}_2$ 的 10 组理论观测值见表 10.17，理论观测值绝对值的平均值约为 17。三种不同的误差模型分别进行了 1000 次仿真实验，回归系数估值相对真误差均小于等于给定限值的百分比见表 10.18，回归系数估值相对均方误差均小于等于给定限值的百分比见表 10.19；对于不同误差模型的回归系数估值相对真误差平均值和相对均方误差平均值见表 10.20(EIV 模型)、表 10.21(EIOO 模型)和表 10.22(EIVO 模型)。

表 10.17　二元线性回归的理论观测值

序号	$\tilde{y}$	$\tilde{x}_1$	$\tilde{x}_2$	序号	$\tilde{y}$	$\tilde{x}_1$	$\tilde{x}_2$
1	14.2281	3.9	8.21	6	16.8213	5.0	9.80
2	14.5895	4.0	8.57	7	17.9173	5.3	10.90
3	14.9335	4.1	8.90	8	19.0244	5.8	11.50
4	15.2946	4.3	9.00	9	18.8841	5.9	11.00
5	16.4948	4.9	9.50	10	19.3272	6.0	11.50

表 10.18　不同误差模型回归系数估值相对真误差均小于等于 $\bar{d}$ 的百分比(%)

序号	$\sigma_0(\omega)$	$\bar{d}_{11}$	$\bar{d}_{12}$	$\bar{d}_{13}$	$\bar{d}_{21}$	$\bar{d}_{22}$	$\bar{d}_{23}$	$\bar{d}_{31}$	$\bar{d}_{32}$	$\bar{d}_{33}$
1	0.85(5.00%)	0.0	0.0	0.0	0.0	0.0	0.0	0.0	0.0	0.0
2	0.17(1.00%)	48.2	2.4	0.0	73.1	11.1	0.2	68.0	3.2	0.0
3	0.085(0.50%)	84.5	14.4	0.2	99.5	40.7	0.3	92.8	21.9	0.2
4	0.017(0.10%)	100.0	87.5	5.3	100.0	99.9	14.7	100.0	93.4	5.8
5	0.0085(0.05%)	100.0	100.0	16.2	100.0	100.0	43.6	100.0	100.0	21.5
6	0.0017(0.01%)	100.0	100.0	88.4	100.0	100.0	100.0	100.0	100.0	94.4
7	0.0009(0.005%)	100.0	100.0	100.0	100.0	100.0	100.0	100.0	100.0	99.9
8	0.0002(0.001%)	100.0	100.0	100.0	100.0	100.0	100.0	100.0	100.0	100.0

表 10.19　不同误差模型回归系数估值相对均方误差均小于等于 ξ 的百分比(%)

序号	$\sigma_0(\omega)$	ξ_{11}	ξ_{12}	ξ_{13}	ξ_{21}	ξ_{22}	ξ_{23}	ξ_{31}	ξ_{32}	ξ_{33}
1	0.85(5.00%)	84.2	36.7	2.4	98.8	59.1	1.0	82.3	30.9	0.2
2	0.17(1.00%)	74.4	18.1	0.0	89.8	29.4	0.0	86.2	36.9	0.0
3	0.085(0.50%)	97.2	59.9	0.0	100.0	98.9	0.1	98.9	77.4	0.0
4	0.017(0.10%)	100.0	100.0	8.3	100.0	100.0	79.5	100.0	100.0	19.3
5	0.0085(0.05%)	100.0	100.0	85.0	100.0	100.0	100.0	100.0	100.0	97.7
6	0.0017(0.01%)	100.0	100.0	100.0	100.0	100.0	100.0	100.0	100.0	100.0
7	0.0009(0.005%)	100.0	100.0	100.0	100.0	100.0	100.0	100.0	100.0	100.0
8	0.0002(0.001%)	100.0	100.0	100.0	100.0	100.0	100.0	100.0	100.0	100.0

表 10.20　EIV 模型回归系数估值相对真误差平均值和相对均方误差平均值(%)

序号	$\sigma_0(\omega)$	db_0	db_1	db_2	wb_0	wb_1	wb_2	σ_0
1	0.85(5.00%)	849.3	136.6	429.2	3.6	23.3	62.2	0.1208
2	0.17(1.00%)	55.3	36.8	74.2	8.3	9.0	302.4	0.0666
3	0.085(0.50%)	16.1	16.0	28.2	4.1	4.6	20.2	0.0366
4	0.017(0.10%)	2.6	3.1	5.2	0.8	0.9	1.6	0.0075
5	0.0085(0.05%)	1.3	1.5	2.6	0.4	0.5	0.8	0.0037
6	0.0017(0.01%)	0.3	0.3	0.5	0.1	0.1	0.2	0.0007
7	0.0009(0.005%)	0.1	0.1	0.2	0.0	0.0	0.1	0.0004
8	0.0002(0.001%)	0.0	0.0	0.1	0.0	0.0	0.0	0.0001

注：σ_0 表示随机误差母体的均方误差，ω 表示均方误差系数；db_i 表示回归系数估值 $\hat{b}_i$ 相对真误差的总体平均值，wb_i 表示回归系数估值 $\hat{b}_i$ 相对均方误差的总体平均值，$i=0,1,2$。后续表格中讨论多元线性回归方程的均方误差，其中 i 的取值随着回归系数的不同而不同，其表格所表达内容相同。表 10.21、表 10.22 中的数值含义与表 10.20 相同。

表 10.21　EIOO 模型回归系数估值相对真误差平均值和相对均方误差平均值(%)

序号	$\sigma_0(\omega)$	db_0	db_1	db_2	wb_0	wb_1	wb_2	σ_0
1	0.85(5.00%)	1678.9	1593.6	3079.8	7.6	7.7	13.2	0.0789
2	0.17(1.00%)	19.3	19.8	36.2	4.1	4.6	39.3	0.0367
3	0.085(0.50%)	7.3	8.2	14.2	2.1	2.4	4.8	0.0194

续表

序号	$\sigma_0(\omega)$	db_0	db_1	db_2	wb_0	wb_1	wb_2	σ_0
4	0.017(0.10%)	1.4	1.6	2.7	0.4	0.5	0.8	0.0039
5	0.0085(0.05%)	0.6	0.7	1.3	0.2	0.2	0.4	0.0020
6	0.0017(0.01%)	0.1	0.2	0.3	0.0	0.0	0.1	0.0004
7	0.0009(0.005%)	0.1	0.1	0.1	0.0	0.0	0.0	0.0002
8	0.0002(0.001%)	0.0	0.0	0.0	0.0	0.0	0.0	0.0000

表 10.22　EIVO 模型回归系数估值相对真误差平均值和相对均方误差平均值(%)

序号	$\sigma_0(\omega)$	db_0	db_1	db_2	wb_0	wb_1	wb_2	σ_0
1	0.85(5.00%)	598.0	109.5	254.3	3.9	54.2	49.6	0.1080
2	0.17(1.00%)	32.1	25.7	45.4	6.9	7.6	47.9	0.0571
3	0.085(0.50%)	12.2	12.5	21.7	3.4	3.8	12.4	0.0309
4	0.017(0.10%)	2.3	2.7	4.6	0.7	0.8	1.4	0.0063
5	0.0085(0.05%)	1.1	1.3	2.2	0.3	0.4	0.7	0.0032
6	0.0017(0.01%)	0.2	0.2	0.4	0.1	0.1	0.1	0.0006
7	0.0009(0.005%)	0.1	0.1	0.2	0.0	0.0	0.1	0.0003
8	0.0002(0.001%)	0.0	0.0	0.0	0.0	0.0	0.0	0.0001

1) 回归系数的估值漂移

在 EIV 误差模型下(表 10.18)，当 $\omega = 0.50\%$ 时，回归系数估值的相对真误差均小于等于 $\overline{d} = 50\%$ 的百分比是 84.5%；当 $\omega = 0.10\%$ 时，回归系数估值的相对真误差均小于等于 $\overline{d} = 50\%$ 的百分比是 100.0%；即当 $\omega > 0.10\%$ 时，回归系数可能产生显著的估值漂移。

在 EIOO 误差模型下(表 10.18)，当 ω=1.00%时，回归系数估值的相对真误差均小于等于 $\overline{d} = 50\%$ 的百分比是 73.1%；当 $\omega = 0.50\%$ 时，回归系数估值的相对真误差均小于等于 $\overline{d} = 50\%$ 的百分比是 99.5%；即当 $\omega > 0.50\%$ 时，回归系数可能产生显著的估值漂移。

在 EIVO 误差模型下(表 10.18)，当 $\omega = 0.50\%$ 时，回归系数估值的相对真误差均小于等于 $\overline{d} = 50\%$ 的百分比是 92.8%；即当 $\omega > 0.50\%$ 时，回归系数可能产生显著的估值漂移。

2) 回归系数估值的有效性和 ω 的选取

在 EIV 误差模型下(表 10.18)，当 $\omega=0.10\%$ 时，回归系数估值的相对真误差均小于等于 $\bar{d}=50\%$ 的百分比是 100.0%，即当 $\omega\approx 0.10\%$ 或 $\omega<0.10\%$ 时，回归系数估值的相对真误差均小于等于 $\bar{d}=50\%$；当 $\omega=0.05\%$ 时，回归系数估值的相对真误差均小于等于 $\bar{d}=10\%$ 的百分比是 100.0%，即当 $\omega\approx 0.05\%$ 或 $\omega<0.05\%$ 时，回归系数估值的相对真误差均小于等于 $\bar{d}=10\%$；当 $\omega=0.005\%$ 时，回归系数估值的相对真误差均小于等于 $\bar{d}=1\%$ 的百分比是 100.0%，即当 $\omega\approx 0.005\%$ 或 $\omega<0.005\%$ 时，回归系数估值的相对真误差均小于等于 $\bar{d}=1\%$。

在 EIOO 误差模型下(表 10.18)，当 $\omega=0.50\%$ 时，回归系数估值的相对真误差均小于等于 $\bar{d}=50\%$ 的百分比是 99.5%，即当 $\omega\approx 0.50\%$ 或 $\omega<0.50\%$ 时，回归系数估值的相对真误差均小于等于 $\bar{d}=50\%$；当 $\omega=0.10\%$ 时，回归系数估值的相对真误差均小于等于 $\bar{d}=10\%$ 的百分比是 99.9%，即当 $\omega\approx 0.10\%$ 或 $\omega<0.10\%$ 时，回归系数估值的相对真误差均小于等于 $\bar{d}=10\%$；当 $\omega=0.01\%$ 时，回归系数估值的相对真误差均小于等于 $\bar{d}=1\%$ 的百分比是 100.0%，即当 $\omega\approx 0.01\%$ 或 $\omega<0.01\%$ 时，回归系数估值的相对真误差均小于等于 $\bar{d}=1\%$。

在 EIVO 误差模型下(表 10.18)，当 $\omega=0.50\%$ 时，回归系数估值的相对真误差均小于等于 $\bar{d}=50\%$ 的百分比是 92.8%，即当 $\omega\approx 0.50\%$ 或 $\omega<0.50\%$ 时，回归系数估值的相对真误差均小于等于 $\bar{d}=50\%$；当 $\omega=0.10\%$ 时，回归系数估值的相对真误差均小于等于 $\bar{d}=10\%$ 的百分比是 93.4%，即当 $\omega\approx 0.10\%$ 或 $\omega>0.10\%$ 时，回归系数估值的相对真误差均小于等于 $\bar{d}=10\%$；当 $\omega=0.01\%$ 时，回归系数估值的相对真误差均小于等于 $\bar{d}=1\%$ 的百分比是 94.4%，即当 $\omega\approx 0.01\%$ 或 $\omega<0.01\%$ 时，回归系数估值的相对真误差均小于等于 $\bar{d}=1\%$。

3) 方差因子的有效性

(1) 在 EIV 误差模型下方差因子的有效性。由表 10.18 和表 10.19 可知，当 $\omega=0.50\%$ 时，回归系数估值的相对真误差均小于等于 $\bar{d}=50\%$ 的百分比是 84.5%，而回归系数估值的相对均方误差均小于等于 $\bar{d}=50\%$ 的百分比是 97.2%；回归系数估值的相对真误差均小于等于 $\bar{d}=10\%$ 的百分比是 14.4%，而回归系数估值的相对均方误差均小于等于 $\bar{d}=10\%$ 的百分比是 59.9%；回归系数估值的相对真误差均小于等于 $\bar{d}=1\%$ 的百分比是 0.2%，而回归系数估值的相对均方误差均小于等于 $\bar{d}=1\%$ 的百分比是 0.0%。对于不同的 ω，总有回归系数估值的相对均方误差均小于等于 $\bar{d}$ 的百分比大于等于回归系数估值的相对真误差均小于等于 $\bar{d}$ 的百分比，特别是当 $\omega>0.50\%$ 时，两者存在显著的差异，参数估计方法得到的方差因子偏小，缺乏足够的可信度。

由表 10.20 可知，当ω=0.50%时，回归系数估值$\hat{b}_0$、$\hat{b}_1$和$\hat{b}_2$的相对真误差的平均值分别是 16.1%、16.0%和 28.2%，而回归系数估值$\hat{b}_0$、$\hat{b}_1$和$\hat{b}_2$的相对均方误差的平均值分别是 4.1%、4.6%和 20.2%。总体上，对于不同的ω，回归系数估值的相对均方误差的平均值小于等于回归系数估值的相对真误差的平均值，特别是当$\omega > 0.50\%$时，回归系数估值的相对均方误差的平均值比回归系数估值的相对真误差的平均值要小得多，参数估计方法得到的方差因子偏小，缺乏足够的可信度。

(2) 在 EIOO 误差模型下方差因子的有效性。由表 10.18 和表 10.19 可知，当ω=0.50%时，回归系数估值的相对真误差均小于等于$\overline{d} = 50\%$的百分比是 99.5%，而回归系数估值的相对均方误差均小于等于$\overline{d} = 50\%$的百分比是 100.0%；回归系数估值的相对真误差均小于等于$\overline{d} = 10\%$的百分比是 40.7%，而回归系数估值的相对均方误差均小于等于$\overline{d} = 10\%$的百分比是 98.9%；回归系数估值的相对真误差均小于等于$\overline{d} = 1\%$的百分比是 0.3%，而回归系数估值的相对均方误差均小于等于$\overline{d} = 1\%$的百分比是 0.1%。对于不同的ω，总有回归系数估值的相对均方误差均小于等于$\overline{d}$的百分比大于等于回归系数估值的相对真误差均小于等于$\overline{d}$的百分比，特别是当$\omega > 0.50\%$时，两者存在显著的差异，参数估计方法得到的方差因子偏小，缺乏足够的可信度。

由表 10.21 可知，当ω=0.50%时，回归系数估值$\hat{b}_0$、$\hat{b}_1$和$\hat{b}_2$的相对真误差平均值分别是 7.3%、8.2%和 14.2%，而回归系数估值$\hat{b}_0$、$\hat{b}_1$和$\hat{b}_2$的相对均方误差的平均值分别是 2.1%、2.4%和 4.8%。总体上，对于不同的ω，回归系数估值相对均方误差的平均值小于等于回归系数估值相对真误差的平均值，特别是当$\omega > 0.50\%$时，回归系数估值相对均方误差的平均值比回归系数估值相对真误差的平均值要小得多，参数估计方法得到的方差因子偏小，缺乏足够的可信度。

(3) 在 EIVO 误差模型下方差因子的有效性。由表 10.18 和表 10.19 可知，当$\omega = 0.50\%$时，回归系数估值的相对真误差均小于等于$\overline{d} = 50\%$的百分比是 92.8%，而回归系数估值的相对均方误差均小于等于$\overline{d} = 50\%$的百分比是 98.9%；回归系数估值的相对真误差均小于等于$\overline{d} = 10\%$的百分比是 21.9%，而回归系数估值的相对均方误差均小于等于$\overline{d} = 10\%$的百分比是 77.4%；回归系数估值的相对真误差均小于等于$\overline{d} = 1\%$的百分比是 0.2%，而回归系数估值的相对均方误差均小于等于$\overline{d} = 1\%$的百分比是 0.0%。对于不同的ω，总有回归系数估值的相对均方误差均小于等于$\overline{d}$的百分比大于等于回归系数估值的相对真误差均小于等于$\overline{d}$的百分比，特别是当$\omega > 0.10\%$时，两者存在显著的差异，参数估计方法得到的方差因子偏小，缺乏足够的可信度。

由表 10.22 可知，当 $\omega=0.50\%$ 时，回归系数估值 $\hat{b}_0$、$\hat{b}_1$ 和 $\hat{b}_2$ 的相对真误差的平均值分别是 12.2%、12.5%和 21.7%，而回归系数估值 $\hat{b}_0$、$\hat{b}_1$ 和 $\hat{b}_2$ 的相对均方误差的平均值分别是 3.4%、3.8%和 12.4%。总体上，对于不同的 ω，回归系数估值相对均方误差的平均值小于等于回归系数估值相对真误差的平均值，特别是当 $\omega>0.50\%$ 时，回归系数估值相对均方误差的平均值比回归系数估值相对真误差的平均值要小得多，即参数估计方法得到的方差因子偏小，缺乏足够的可信度。

2. 仿真实验二

理论回归方程 $\tilde{y}=70.65301+3.08411\tilde{x}_1+2.58303\tilde{x}_2$ 的 12 组理论观测值见表 10.23，理论观测值绝对值的平均值约为 900。三种不同的误差模型分别进行了 1000 次仿真实验，回归系数估值相对真误差均小于等于给定限值的百分比见表 10.24，回归系数估值相对均方误差均小于等于给定限值的百分比见表 10.25。

表 10.23　二元线性回归的理论观测值

序号	$\tilde{y}$	$\tilde{x}_1$	$\tilde{x}_2$	序号	$\tilde{y}$	$\tilde{x}_1$	$\tilde{x}_2$
1	498.6505	100.5	45.7	7	817.6011	170.5	85.6
2	574.4314	120.8	50.8	8	983.6385	220.4	90.3
3	629.4027	130.5	60.5	9	1090.2103	250.6	95.5
4	704.3084	150.6	65.5	10	1180.4089	280.6	94.6
5	740.7821	160.5	67.8	11	1238.9414	300.5	93.5
6	788.3825	165.8	79.9	12	1397.8041	350.0	95.9

表 10.24　不同误差模型回归系数估值相对真误差均小于等于 $\bar{d}$ 的百分比(%)

序号	$\sigma_0(\omega)$	$\bar{d}_{11}$	$\bar{d}_{12}$	$\bar{d}_{13}$	$\bar{d}_{21}$	$\bar{d}_{22}$	$\bar{d}_{23}$	$\bar{d}_{31}$	$\bar{d}_{32}$	$\bar{d}_{33}$
1	45(5.00%)	0.0	0.0	0.0	0.0	0.0	0.0	0.0	0.0	0.0
2	9(1.00%)	0.1	0.0	0.0	85.2	11.1	0.2	0.2	0.0	0.0
3	4.5(0.50%)	4.2	0.2	0.0	100.0	55.8	1.3	4.7	0.1	0.0
4	0.9(0.10%)	100.0	68.3	2.4	100.0	100.0	34.4	100.0	73.4	1.8
5	0.45(0.05%)	100.0	98.7	11	100.0	100.0	69.8	100.0	99.4	11.1
6	0.09(0.01%)	100.0	100.0	78.5	100.0	100.0	100.0	100.0	100.0	82.2
7	0.045(0.005%)	100.0	100.0	97.3	100.0	100.0	100.0	100.0	100.0	97.3
8	0.009(0.001%)	100.0	100.0	100.0	100.0	100.0	100.0	100.0	100.0	100.0

表 10.25　不同误差模型回归系数估值相对均方误差均小于等于 ξ 的百分比(%)

序号	$\sigma_0(\omega)$	ξ_{11}	ξ_{12}	ξ_{13}	ξ_{21}	ξ_{22}	ξ_{23}	ξ_{31}	ξ_{32}	ξ_{33}
1	45(5.00%)	99.2	97.2	82.3	99.5	98.0	89.7	99.8	98.7	82.7
2	9(1.00%)	99.2	96.3	56.8	98.9	98.3	63.5	98.8	95.3	53.5
3	4.5(0.50%)	99.1	95.3	64.8	99.6	97.1	69.9	99.3	96.1	66.9
4	0.9(0.10%)	100.0	100.0	100.0	100.0	100.0	100.0	100.0	100.0	100.0
5	0.45(0.05%)	100.0	100.0	100.0	100.0	100.0	100.0	100.0	100.0	100.0
6	0.09(0.01%)	100.0	100.0	100.0	100.0	100.0	100.0	100.0	100.0	100.0
7	0.045(0.005%)	100.0	100.0	100.0	100.0	100.0	100.0	100.0	100.0	100.0
8	0.009(0.001%)	100.0	100.0	100.0	100.0	100.0	100.0	100.0	100.0	100.0

1) 回归系数的估值漂移

在 EIV 误差模型下(表 10.24)，当 $\omega = 0.50\%$ 时，回归系数估值的相对真误差均小于等于 $\bar{d} = 50\%$ 的百分比是 4.2%；当 $\omega = 0.10\%$ 时，回归系数估值的相对真误差均小于等于 $\bar{d} = 50\%$ 的百分比是 100.0%；即当 $\omega > 0.10\%$ 时，回归系数可能产生显著的估值漂移。

在 EIOO 误差模型下(表 10.24)，当 $\omega = 1.00\%$ 时，回归系数估值的相对真误差均小于等于 $\bar{d} = 50\%$ 的百分比是 85.2%；当 $\omega = 0.50\%$ 时，回归系数估值的相对真误差均小于等于 $\bar{d} = 50\%$ 的百分比是 100.0%；即当 $\omega > 0.50\%$ 时，回归系数可能产生显著的估值漂移。

在 EIVO 误差模型下(表 10.24)，当 $\omega = 0.50\%$ 时，回归系数估值的相对真误差均小于等于 $\bar{d} = 50\%$ 的百分比是 4.7%；当 $\omega = 0.10\%$ 时，回归系数估值的相对真误差均小于等于 $\bar{d} = 50\%$ 的百分比是 100.0%；即当 $\omega > 0.10\%$ 时，回归系数可能产生显著的估值漂移。

2) 回归系数估值的有效性和 ω 的选取

在 EIV 误差模型下(表 10.24)，当 $\omega = 0.10\%$ 时，回归系数估值的相对真误差均小于等于 $\bar{d} = 50\%$ 的百分比是 100.0%，即当 $\omega \approx 0.10\%$ 或 $\omega < 0.10\%$ 时，回归系数估值的相对真误差均小于等于 $\bar{d} = 50\%$；当 $\omega = 0.05\%$ 时，回归系数估值的相对真误差均小于等于 $\bar{d} = 10\%$ 的百分比是 98.7%，即当 $\omega \approx 0.05\%$ 或 $\omega < 0.05\%$ 时，回归系数估值的相对真误差均小于等于 $\bar{d} = 10\%$；当 $\omega = 0.005\%$ 时，回归系数估值的相对真误差均小于等于 $\bar{d} = 1\%$ 的百分比是 97.3%，即当 $\omega \approx 0.005\%$ 或 $\omega < 0.005\%$ 时，回归系数估值的相对真误差均小于等于 $\bar{d} = 1\%$。

在 EIOO 误差模型下(表 10.24)，当 $\omega = 0.50\%$ 时，回归系数估值的相对真误差均小于等于 $\bar{d} = 50\%$ 的百分比是 100.0%，即当 $\omega \approx 0.50\%$ 或 $\omega < 0.50\%$ 时，回归

系数估值的相对真误差均小于等于 $\bar{d}=50\%$；当 $\omega=0.10\%$ 时，回归系数估值的相对真误差均小于等于 $\bar{d}=10\%$ 的百分比是 100.0%，即当 $\omega\approx0.10\%$ 或 $\omega<0.10\%$ 时，回归系数估值的相对真误差均小于等于 $\bar{d}=10\%$；当 $\omega=0.01\%$ 时，回归系数估值的相对真误差均小于等于 $\bar{d}=1\%$ 的百分比是 100.0%，即当 $\omega\approx0.01\%$ 或 $\omega<0.01\%$ 时，回归系数估值的相对真误差均小于等于 $\bar{d}=1\%$。

在 EIVO 误差模型下(表 10.24)，当 $\omega=0.10\%$ 时，回归系数估值的相对真误差均小于等于 $\bar{d}=50\%$ 的百分比是 100.0%，即当 $\omega\approx0.10\%$ 或 $\omega<0.10\%$ 时，回归系数估值的相对真误差均小于等于 $\bar{d}=50\%$；当 $\omega=0.05\%$ 时，回归系数估值的相对真误差均小于等于 $\bar{d}=10\%$ 的百分比是 99.4%，即当 $\omega\approx0.05\%$ 或 $\omega<0.05\%$ 时，回归系数估值的相对真误差均小于等于 $\bar{d}=10\%$；当 $\omega=0.005\%$ 时，回归系数估值的相对真误差均小于等于 $\bar{d}=1\%$ 的百分比是 97.3%，即当 $\omega\approx0.005\%$ 或 $\omega<0.005\%$ 时，回归系数估值的相对真误差均小于等于 $\bar{d}=1\%$。

3) 方差因子的有效性

在 EIV 误差模型下，由表 10.24 和表 10.25 可知，当 $\omega=0.50\%$ 时，回归系数估值的相对真误差均小于等于 $\bar{d}=50\%$ 的百分比是 4.2%，而回归系数估值的相对均方误差均小于等于 $\bar{d}=50\%$ 的百分比是 99.1%；回归系数估值的相对真误差均小于等于 $\bar{d}=10\%$ 的百分比是 0.2%，而回归系数估值的相对均方误差均小于等于 $\bar{d}=10\%$ 的百分比是 95.3%；回归系数估值的相对真误差均小于等于 $\bar{d}=1\%$ 的百分比是 0.0%，而回归系数估值的相对均方误差均小于等于 $\bar{d}=1\%$ 的百分比是 64.8%。

在 EIOO 误差模型下，由表 10.24 和表 10.25 可知，当 $\omega=0.50\%$ 时，回归系数估值的相对真误差均小于等于 $\bar{d}=50\%$ 的百分比是 100.0%，而回归系数估值的相对均方误差均小于等于 $\bar{d}=50\%$ 的百分比是 99.6%；回归系数估值的相对真误差均小于等于 $\bar{d}=10\%$ 的百分比是 55.8%，而回归系数估值的相对均方误差均小于等于 $\bar{d}=10\%$ 的百分比是 97.1%；回归系数估值的相对真误差均小于等于 $\bar{d}=1\%$ 的百分比是 1.3%，而回归系数估值的相对均方误差均小于等于 $\bar{d}=1\%$ 的百分比是 69.9%。

在 EIVO 误差模型下，由表 10.24 和表 10.25 可知，当 $\omega=0.50\%$ 时，回归系数估值的相对真误差均小于等于 $\bar{d}=50\%$ 的百分比是 4.7%，而回归系数估值的相对均方误差均小于等于 $\bar{d}=50\%$ 的百分比是 99.3%；回归系数估值的相对真误差均小于等于 $\bar{d}=10\%$ 的百分比是 0.1%，而回归系数估值的相对均方误差均小于等于 $\bar{d}=10\%$ 的百分比是 96.1%；回归系数估值的相对真误差均小于等于 $\bar{d}=1\%$ 的百分比是 0.0%，而回归系数估值的相对均方误差均小于等于 $\bar{d}=1\%$ 的百分比是 66.9%。

对于不同的误差模型和不同的ω，总有回归系数估值的相对均方误差均小于等于$\bar{d}$的百分比大于等于回归系数估值的相对真误差均小于等于$\bar{d}$的百分比，特别是当$\omega > 0.50\%$时，两者存在显著的差异，参数估计方法得到的方差因子偏小，缺乏足够的可信度。

10.2.2 二元线性回归估值漂移的讨论

1. 回归系数的估值漂移

在 EIV 误差模型下，当$\omega > 0.10\%$时，回归系数可能产生显著的估值漂移。在 EIOO 误差模型下，当$\omega > 0.50\%$时，回归系数可能产生显著的估值漂移。在 EIVO 误差模型下，当$\omega > 0.10\%$时，回归系数可能产生显著的估值漂移。

2. 回归系数估值的有效性和ω的选取

在 EIV 误差模型下，当$\omega \approx 0.10\%$或$\omega < 0.10\%$时，回归系数估值的相对真误差均小于等于$\bar{d} = 50\%$；当$\omega \approx 0.05\%$或$\omega < 0.05\%$时，回归系数估值的相对真误差均小于等于$\bar{d} = 10\%$；当$\omega \approx 0.005\%$或$\omega < 0.005\%$时，回归系数估值的相对真误差均小于等于$\bar{d} = 1\%$。

在 EIOO 误差模型下，当$\omega \approx 0.50\%$或$\omega < 0.50\%$时，回归系数估值的相对真误差均小于等于$\bar{d} = 50\%$；当$\omega \approx 0.10\%$或$\omega < 0.10\%$时，回归系数估值的相对真误差均小于等于$\bar{d} = 10\%$；当$\omega \approx 0.01\%$或$\omega < 0.01\%$时，回归系数估值的相对真误差均小于等于$\bar{d} = 1\%$。

在 EIVO 误差模型下，当$\omega \approx 0.10\%$或$\omega < 0.10\%$时，回归系数估值的相对真误差均小于等于$\bar{d} = 50\%$；当$\omega \approx 0.05\%$或$\omega < 0.05\%$时，回归系数估值的相对真误差均小于等于$\bar{d} = 10\%$；当$\omega \approx 0.005\%$或$\omega < 0.005\%$时，回归系数估值的相对真误差均小于等于$\bar{d} = 1\%$。

3. 方差因子的有效性

在三种不同的误差模型下，对于不同的ω，总有回归系数估值的相对均方误差均小于等于$\bar{d}$的百分比大于等于回归系数估值的相对真误差均小于等于$\bar{d}$的百分比，回归系数估值相对均方误差的平均值小于等于回归系数估值相对真误差的平均值，特别是当$\omega > 0.05\%$时，两者存在显著的差异，参数估计方法得到的方差因子偏小，缺乏足够的可信度。

10.3　三元线性回归的估值漂移

10.3.1　三元线性回归估值漂移算例

三元线性回归的理论回归方程为

$$\tilde{y}=-158.75916+3.38110\tilde{x}_1+0.13258\tilde{x}_2-0.05725\tilde{x}_3$$

10 组观测值真值 $(\tilde{y},\tilde{x}_1,\tilde{x}_2,\tilde{x}_3)$ 加随机误差 $(\Delta_y,\Delta_{x1},\Delta_{x2},\Delta_{x3})$ 得到模拟观测值 (y,x_1,x_2,x_3)(简称观测值)，随机误差 $(\Delta_y,\Delta_{x1},\Delta_{x2},\Delta_{x3})$ 均服从 $N(0.0,\sigma_0^2)$，$\sigma_0^2=0.75^2$，均方误差 0.75 为观测值绝对值均值 $\overline{y}=1500$ 的 0.05%。在三种误差模型下，分别用 TLS 法计算其回归方程 $\hat{y}=\hat{b}_0+\hat{b}_1\hat{x}_1+\hat{b}_2\hat{x}_2+\hat{b}_3\hat{x}_3$。模型理论观测值和模拟观测值见表 10.26，对于不同误差模型的回归系数估值、相对真误差以及相对均方误差见表 10.27(EIV 模型)、表 10.29(EIOO 模型)和表 10.31(EIVO 模型)，对于不同误差模型的观测值真误差以及相对真误差见表 10.28(EIV 模型)、表 10.30(EIOO 模型)和表 10.32(EIVO 模型)。

表 10.26　模型理论观测值和模拟观测值

序号	$\tilde{y}$	$\tilde{x}_1$	$\tilde{x}_2$	$\tilde{x}_3$	Δ_y	Δ_{x1}	Δ_{x2}	Δ_{x3}	y	x_1	x_2	x_3
1	1537.811	366.27	4117.7	1532.7	−0.20	0.75	−0.31	−0.33	1537.611	367.02	4117.39	1532.37
2	1541.561	370.80	4070.4	1625.2	−0.33	1.50	0.71	−0.32	1541.231	372.30	4071.11	1624.88
3	1548.553	373.85	4132.1	1826.1	−0.31	0.49	−0.27	0.53	1548.243	374.34	4131.83	1826.63
4	1561.091	375.75	4143.8	1746.4	0.74	1.06	−1.20	0.77	1561.831	376.81	4142.60	1747.17
5	1565.005	372.54	4227.6	1682.5	−0.22	1.09	0.04	1.31	1564.785	373.63	4227.64	1683.81
6	1511.252	364.19	4150.0	1948.6	0.86	0.12	−0.93	−1.65	1512.112	364.31	4149.07	1946.95
7	1478.659	355.69	4180.0	2085.4	−0.40	−0.25	0.54	0.24	1478.259	355.44	4180.54	2085.64
8	1483.695	347.00	4222.2	1581.9	0.73	0.31	−0.43	0.11	1484.425	347.31	4221.77	1582.01
9	1473.682	335.09	4391.0	1444.3	−0.39	−1.23	−0.57	−0.61	1473.292	333.86	4390.43	1443.69
10	1414.381	298.40	4831.0	1332.2	0.13	0.39	−0.01	−0.87	1414.511	298.79	4830.99	1331.33

注：$(\Delta_y,\Delta_{x1},\Delta_{x2},\Delta_{x3})$ 表示模拟真误差，$(\tilde{y},\tilde{x}_1,\tilde{x}_2,\tilde{x}_3)$ 为理论观测值，(y,x_1,x_2,x_3) 是对应的模拟观测值，$y=\tilde{y}+\Delta_y$、$x_1=\tilde{x}_1+\Delta_x$、$x_2=\tilde{x}_2+\Delta_{x2}$、$x_3=\tilde{x}_3+\Delta_{x3}$。在 EIV 误差模型下解算三元线性回归方程时，观测数据为 (y,x_1,x_2,x_3)；在 EIOO 模型下解算时，观测数据为 $(y,\tilde{x}_1,\tilde{x}_2,\tilde{x}_3)$；在 EIVO 模型下解算时，观测数据为 $(\tilde{y},x_1,x_2,x_3)$。

表 10.27　EIV 模型回归系数估值、相对真误差以及相对均方误差

项目	理论值	$\hat{b}$	R_b	$\hat{\sigma}_{b0}$	R_{b0}
b_0	−158.759	−672.700	323.7	4.766	0.7
b_1	3.381	3.916	15.8	0.005	0.1

续表

项目	理论值	$\hat{b}$	R_b	$\hat{\sigma}_{b0}$	R_{b0}
b_2	0.133	0.204	53.3	0.001	0.3
b_3	−0.057	−0.046	19.6	0.000	0.1

注：$\hat{b}$ 表示回归系数估值，R_b 表示回归系数估值 $(\hat{b}_0,\hat{b}_1,\hat{b}_2,\hat{b}_3)$ 的相对真误差(%)；$\hat{\sigma}_{b0}$ 表示回归系数估值的均方误差，R_{b0} 表示回归系数估值 $(\hat{b}_0,\hat{b}_1,\hat{b}_2,\hat{b}_3)$ 的相对均方误差(%)。表 10.29 和表 10.31 中的数值含义与表 10.27 相同。观测值验后中误差为 0.0120。

表 10.28　EIV 模型观测值真误差及其相对真误差(%)

序号	$\hat{y}$	$\hat{x}_1$	$\hat{x}_2$	$\hat{x}_3$	f_y	f_{x1}	f_{x2}	f_{x3}	R_y	R_{x1}	R_{x2}	R_{x3}
1	1537.611	367.020	4117.390	1532.370	−0.200	0.756	−0.310	−0.330	0.01	0.21	0.01	0.02
2	1541.231	372.300	4071.110	1624.880	−0.330	1.501	0.710	−0.320	0.02	0.40	0.02	0.02
3	1548.243	374.340	4131.830	1826.630	−0.310	0.485	−0.270	0.530	0.02	0.13	0.01	0.03
4	1561.831	376.810	4142.600	1747.170	0.740	1.052	−1.200	0.770	0.05	0.28	0.03	0.04
5	1564.785	373.630	4227.640	1683.810	−0.220	1.075	0.040	1.310	0.01	0.29	0.00	0.08
6	1512.112	364.310	4149.070	1946.950	0.860	0.122	−0.930	−1.650	0.06	0.03	0.02	0.08
7	1478.259	355.440	4180.540	2085.640	−0.400	−0.246	0.540	0.240	0.03	0.07	0.01	0.01
8	1484.425	347.310	4221.770	1582.010	0.730	0.323	−0.430	0.110	0.05	0.09	0.01	0.01
9	1473.292	333.860	4390.430	1443.690	−0.390	−1.216	−0.570	−0.610	0.03	0.36	0.01	0.04
10	1414.511	298.790	4830.990	1331.330	0.130	0.380	−0.010	−0.870	0.01	0.13	0.00	0.07

注：$(f_y,f_{x1},f_{x2},f_{x3})$ 分别表示 (y,x_1,x_2,x_3) 的真误差；$(R_y,R_{x1},R_{x2},R_{x3})$ 分别表示 $(\hat{y},\hat{x}_1,\hat{x}_2,\hat{x}_3)$ 的相对真误差(%)。表 10.30 和表 10.32 中的数值含义与表 10.28 相同。

表 10.29　EIOO 模型回归系数估值、相对真误差以及相对均方误差(%)

项目	理论值	$\hat{b}$	R_b	$\hat{\sigma}_{b0}$	R_{b0}
b_0	−158.759	−175.480	10.5	0.141	0.08
b_1	3.381	3.399	0.5	0.000	0.01
b_2	0.133	0.135	1.4	0.000	0.01
b_3	−0.057	−0.057	0.4	0.000	0.01

注：观测值验后中误差为 0.0038。

表 10.30　EIOO 模型观测值真误差及其相对真误差(%)

序号	$\hat{y}$	$\hat{x}_1$	$\hat{x}_2$	$\hat{x}_3$	f_y	f_{x1}	f_{x2}	f_{x3}	R_y	R_{x1}	R_{x2}	R_{x3}
1	1537.611	366.270	4117.700	1532.700	−0.200	0.000	0.000	0.000	0.01	0.00	0.00	0.00
2	1541.231	370.800	4070.400	1625.200	−0.330	−0.001	0.000	0.000	0.02	0.00	0.00	0.00
3	1548.243	373.850	4132.100	1826.100	−0.310	−0.003	0.000	0.000	0.02	0.00	0.00	0.00
4	1561.831	375.750	4143.800	1746.400	0.740	0.003	0.000	0.000	0.05	0.00	0.00	0.00
5	1564.785	372.540	4227.600	1682.500	−0.220	−0.003	0.000	0.000	0.01	0.00	0.00	0.00
6	1512.112	364.190	4150.000	1948.600	0.860	0.004	0.000	0.000	0.06	0.00	0.00	0.00
7	1478.259	355.690	4180.000	2085.400	−0.400	−0.003	0.000	0.000	0.03	0.00	0.00	0.00
8	1484.425	347.000	4222.200	1581.900	0.730	0.005	0.000	0.000	0.05	0.00	0.00	0.00
9	1473.292	335.090	4391.000	1444.300	−0.390	−0.002	0.000	0.000	0.03	0.00	0.00	0.00
10	1414.511	298.400	4831.000	1332.200	0.130	0.000	0.000	0.000	0.01	0.00	0.00	0.00

表 10.31　EIVO 模型回归系数估值、相对真误差以及相对均方误差(%)

项目	理论值	$\hat{b}$	R_b	$\hat{\sigma}_{b0}$	R_{b0}
b_0	−158.759	−695.801	338.3	4.943	0.7
b_1	3.381	3.944	16.6	0.006	0.1
b_2	0.133	0.207	55.6	0.001	0.3
b_3	−0.057	−0.046	19.5	0.000	0.1

注：观测值验后中误差为 0.0120。

表 10.32　EIVO 模型观测值真误差及其相对真误差(%)

序号	$\hat{y}$	$\hat{x}_1$	$\hat{x}_2$	$\hat{x}_3$	f_y	f_{x1}	f_{x2}	f_{x3}	R_y	R_{x1}	R_{x2}	R_{x3}
1	1537.811	367.020	4117.390	1532.370	0.000	0.756	−0.310	−0.330	0.00	0.21	0.01	0.02
2	1541.561	372.300	4071.110	1624.880	0.000	1.501	0.710	−0.320	0.00	0.40	0.02	0.02
3	1548.553	374.340	4131.830	1826.630	0.000	0.485	−0.270	0.530	0.00	0.13	0.01	0.03
4	1561.091	376.810	4142.600	1747.170	0.000	1.051	−1.200	0.770	0.00	0.28	0.03	0.04
5	1565.005	373.630	4227.640	1683.810	0.000	1.075	0.040	1.310	0.00	0.29	0.00	0.08
6	1511.252	364.310	4149.070	1946.950	0.000	0.121	−0.930	−1.650	0.00	0.03	0.02	0.08
7	1478.659	355.440	4180.540	2085.640	0.000	−0.246	0.540	0.240	0.00	0.07	0.01	0.01
8	1483.695	347.310	4221.770	1582.010	0.000	0.322	−0.430	0.110	0.00	0.09	0.01	0.01
9	1473.682	333.860	4390.430	1443.690	0.000	−1.215	−0.570	−0.610	0.00	0.36	0.01	0.04
10	1414.381	298.790	4830.990	1331.330	0.000	0.380	−0.010	−0.870	0.00	0.13	0.00	0.07

1. 回归系数的估值漂移

在 EIV 误差模型下，由表 10.27 可知，回归系数的理论值$\tilde{b}_0=-158.759$、$\tilde{b}_1=3.381$、$\tilde{b}_2=0.133$和$\tilde{b}_3=-0.057$，回归系数的估值$\hat{b}_0=-672.700$、$\hat{b}_1=3.916$、$\hat{b}_2=0.204$和$\hat{b}_3=-0.046$，$\hat{b}_0$的相对真误差为 323.7%(大于 50%)，$\hat{b}_1$的相对真误差为 15.8%(小于 50%)，$\hat{b}_2$的相对真误差为 53.3%(大于 50%)，$\hat{b}_3$的相对真误差为 19.6%(小于 50%)，即回归系数估值$\hat{b}_0$和$\hat{b}_2$存在显著的估值漂移。由表 10.28 可知，观测值的估值相对真误差绝对值最大值为 0.29%，即观测值的估值不存在显著的估值漂移。

在 EIOO 误差模型下，由表 10.29 可知，回归系数的估值$\hat{b}_0=-175.480$、$\hat{b}_1=3.399$、$\hat{b}_2=0.135$和$\hat{b}_3=-0.057$，$\hat{b}_0$的相对真误差为 10.5%(小于 50%)，$\hat{b}_1$的相对真误差为 0.5%(小于 50%)，$\hat{b}_2$的相对真误差为 1.4%(小于 50%)，$\hat{b}_3$的相对真误差为 0.4%(小于 50%)，即回归系数估值不存在显著的估值漂移。由表 10.30 可知，观测值的估值相对真误差绝对值最大值为 0.06%，即观测值的估值不存在显著的估值漂移。

在EIVO误差模型下，由表10.31可知，回归系数的估值$\hat{b}_0=-695.801$、$\hat{b}_1=3.944$、$\hat{b}_2=0.207$和$\hat{b}_3=-0.046$，$\hat{b}_0$的相对真误差为 338.3%(大于 50%)，$\hat{b}_1$的相对真误差为 16.6%(小于 50%)，$\hat{b}_2$的相对真误差为 55.6%(大于 50%)，$\hat{b}_3$的相对真误差为 19.5%(小于 50%)，即回归系数估值$\hat{b}_0$和$\hat{b}_2$存在显著的估值漂移。由表 10.32 可知，观测值的估值相对真误差绝对值最大值为 0.40%，即观测值的估值不存在显著的估值漂移。

2. 方差因子的有效性

在 EIV 误差模型下，由表 10.27 可知，回归系数估值$\hat{b}_0$、$\hat{b}_1$、$\hat{b}_2$和$\hat{b}_3$的相对真误差分别为 323.7%、15.8%、53.3%和 19.6%，它们的相对均方误差分别为 0.7%、0.1%、0.3%和 0.1%，回归系数估值的相对均方误差与对应的相对真误差差异显著，观测值验后中误差估值$\hat{\sigma}_0=0.0120$，小于观测值验前中误差$\sigma_0=0.75$，即方差因子的估值偏小，缺乏足够的可信度。

在 EIOO 误差模型下，由表 10.29 可知，回归系数估值$\hat{b}_0$、$\hat{b}_1$、$\hat{b}_2$和$\hat{b}_3$的相对真误差分别为 10.5%、0.5%、1.4%和 0.4%，它们的相对均方误差分别为 0.08%、0.01%、0.01%和 0.01%，回归系数估值的相对均方误差与对应的相对真误差差异显著，观测值验后中误差估值$\hat{\sigma}_0=0.0038$，小于观测值验前中误差$\sigma_0=0.75$，即方差因子的估值偏小，缺乏足够的可信度。

在 EIVO 误差模型下，由表 10.31 可知，回归系数估值$\hat{b}_0$、$\hat{b}_1$、$\hat{b}_2$和$\hat{b}_3$的相对真误差分别为 338.3%、16.6%、55.6%和 19.5%，它们的相对均方误差分别为 0.7%、0.1%、0.3%和 0.1%，回归系数估值的相对均方误差与对应的相对真误差差异显著，观测值验后中误差估值$\hat{\sigma}_0 = 0.0120$，小于观测值验前中误差$\sigma_0 = 0.75$，即方差因子的估值偏小，缺乏足够的可信度。

10.3.2　三元线性回归仿真实验

1. 仿真实验一

理论回归方程$\tilde{y} = 1.63613 + 0.16071\tilde{x}_1 - 0.30332\tilde{x}_2 + 0.11899\tilde{x}_3$的 12 组理论观测值见表 10.33，理论观测值绝对值的平均值约为 11。三种不同的误差模型分别进行了 1000 次仿真实验，回归系数估值相对真误差均小于等于给定限值的百分比见表 10.34，回归系数估值相对均方误差均小于等于给定限值的百分比见表 10.35，不同误差模型的回归系数估值相对真误差平均值和相对均方误差平均值见表 10.36(EIV 模型)、表 10.37(EIOO 模型)和表 10.38(EIVO 模型)。

表 10.33　三元线性回归的理论观测值

序号	$\tilde{y}$	$\tilde{x}_1$	$\tilde{x}_2$	$\tilde{x}_3$	序号	$\tilde{y}$	$\tilde{x}_1$	$\tilde{x}_2$	$\tilde{x}_3$
1	8.9110	40.7	8.8	28.6	7	10.5992	50.0	11.3	36.6
2	9.0021	41.1	9.3	30.1	8	11.1498	52.5	12.3	40.4
3	10.1142	44.7	8.6	32.8	9	11.9169	55.0	12.9	45.0
4	10.1738	45.3	8.8	33.0	10	12.3431	56.1	14.0	49.9
5	10.3488	46.7	9.2	33.6	11	12.7885	58.5	16.0	55.5
6	10.7412	49.5	9.9	34.9	12	13.0780	60.3	18.3	60.6

表 10.34　不同误差模型回归系数估值相对真误差均小于等于$\bar{d}$的百分比(%)

序号	$\sigma_0(\omega)$	$\bar{d}_{11}$	$\bar{d}_{12}$	$\bar{d}_{13}$	$\bar{d}_{21}$	$\bar{d}_{22}$	$\bar{d}_{23}$	$\bar{d}_{31}$	$\bar{d}_{32}$	$\bar{d}_{33}$
1	0.55(5.00%)	0.0	0.0	0.0	0.0	0.0	0.0	14.7	0.1	0.0
2	0.11(1.00%)	61.9	4.0	0.0	71.6	4.3	0.0	100.0	55.6	0.2
3	0.055(0.50%)	99.9	28.3	0.0	100.0	30.3	0.2	100.0	95.1	2.1
4	0.011(0.10%)	100.0	100.0	9.2	100.0	100.0	8.6	100.0	100.0	59.5

续表

序号	$\sigma_0(\omega)$	$\bar{d}_{11}$	$\bar{d}_{12}$	$\bar{d}_{13}$	$\bar{d}_{21}$	$\bar{d}_{22}$	$\bar{d}_{23}$	$\bar{d}_{31}$	$\bar{d}_{32}$	$\bar{d}_{33}$
5	0.0055(0.05%)	100.0	100.0	31.0	100.0	100.0	34.0	100.0	100.0	96.4
6	0.0011(0.01%)	100.0	100.0	100.0	100.0	100.0	100.0	100.0	100.0	100.0
7	0.0006(0.005%)	100.0	100.0	100.0	100.0	100.0	100.0	100.0	100.0	100.0
8	0.0001(0.001%)	100.0	100.0	100.0	100.0	100.0	100.0	100.0	100.0	100.0

表 10.35　不同误差模型回归系数估值相对均方误差均小于等于 ξ 的百分比(%)

序号	$\sigma_0(\omega)$	ξ_{11}	ξ_{12}	ξ_{13}	ξ_{21}	ξ_{22}	ξ_{23}	ξ_{31}	ξ_{32}	ξ_{33}
1	0.55(5.00%)	63.8	9.0	0.2	58.6	2.0	0.0	78.5	13.0	0.0
2	0.11(1.00%)	98.4	35.1	0.0	99.2	33.5	0.0	100.0	99.8	0.0
3	0.055(0.50%)	100.0	87.0	0.0	100.0	92.9	0.1	100.0	100.0	1.6
4	0.011(0.10%)	100.0	100.0	18.2	100.0	100.0	23.3	100.0	100.0	100.0
5	0.0055(0.05%)	100.0	100.0	92.5	100.0	100.0	96.4	100.0	100.0	100.0
6	0.0011(0.01%)	100.0	100.0	100.0	100.0	100.0	100.0	100.0	100.0	100.0
7	0.0006(0.005%)	100.0	100.0	100.0	100.0	100.0	100.0	100.0	100.0	100.0
8	0.0001(0.001%)	100.0	100.0	100.0	100.0	100.0	100.0	100.0	100.0	100.0

表 10.36　EIV 模型回归系数估值相对真误差平均值和相对均方误差平均值(%)

序号	$\sigma_0(\omega)$	db_0	db_1	db_2	db_3	wb_0	wb_1	wb_2	wb_3	σ_0
1	0.55(5.00%)	2842.4	1166.4	381.1	883.8	35.9	59.9	83.4	32.1	0.0803
2	0.11(1.00%)	43.3	18.5	14.8	18.2	14.3	10.9	8.9	8.5	0.0447
3	0.055(0.50%)	13.5	6.2	7.4	8.0	6.9	3.5	4.5	4.4	0.0246
4	0.011(0.10%)	2.3	1.0	1.5	1.4	1.4	0.6	0.9	0.9	0.0049
5	0.0055(0.05%)	1.2	0.5	0.7	0.7	0.7	0.3	0.5	0.5	0.0025
6	0.0011(0.01%)	0.2	0.1	0.2	0.1	0.1	0.1	0.1	0.1	0.0005
7	0.0006(0.005%)	0.1	0.1	0.1	0.1	0.1	0.0	0.0	0.0	0.0003
8	0.0001(0.001%)	0.0	0.0	0.0	0.0	0.0	0.0	0.0	0.0	0.0001

注：σ_0 表示随机误差母体的均方误差，ω 表示均方误差系数；db_i 表示回归系数估值 $\hat{b}_i$ 相对真误差的总体平均值，wb_i 表示回归系数估值 $\hat{b}_i$ 相对均方误差的总体平均值，$i=0,1,2,3$ 。后续表格中讨论多元线性回归方程的均方误差，其中 i 的取值随着回归系数的不同而不同，其表格所表达内容相同。表 10.37、表 10.38 中的数值含义与表 10.36 相同。

表 10.37　EIOO 模型回归系数估值相对真误差平均值和相对均方误差平均值(%)

序号	$\sigma_0(\omega)$	db_0	db_1	db_2	db_3	wb_0	wb_1	wb_2	wb_3	σ_0
1	0.55(5.00%)	2791.1	1166.5	117.4	979.5	18.0	33.6	98.4	20.6	0.0799
2	0.11(1.00%)	36.9	15.7	14.1	16.5	13.2	8.8	8.2	7.9	0.0433
3	0.055(0.50%)	12.5	5.5	6.9	7.0	6.5	3.2	4.2	4.1	0.0230
4	0.011(0.10%)	2.1	1.0	1.4	1.4	1.3	0.6	0.9	0.9	0.0047
5	0.0055(0.05%)	1.1	0.5	0.7	0.7	0.6	0.3	0.4	0.4	0.0023
6	0.0011(0.01%)	0.2	0.1	0.1	0.1	0.1	0.1	0.1	0.1	0.0005
7	0.0006(0.005%)	0.1	0.1	0.1	0.1	0.1	0.0	0.0	0.0	0.0003
8	0.0001(0.001%)	0.0	0.0	0.0	0.0	0.0	0.0	0.0	0.0	0.0001

表 10.38　EIVO 模型回归系数估值相对真误差平均值和相对均方误差平均值(%)

序号	$\sigma_0(\omega)$	db_0	db_1	db_2	db_3	wb_0	wb_1	wb_2	wb_3	σ_0
1	0.55(5.00%)	120.6	51.7	44.4	26.3	44.9	185.7	163.1	29.9	0.0570
2	0.11(1.00%)	8.0	3.6	4.9	4.9	4.6	2.2	3.1	3.0	0.0168
3	0.055(0.50%)	3.7	1.7	2.5	2.6	2.4	1.1	1.6	1.6	0.0084
4	0.011(0.10%)	0.8	0.4	0.5	0.5	0.5	0.2	0.3	0.3	0.0017
5	0.0055(0.05%)	0.4	0.2	0.2	0.2	0.2	0.1	0.2	0.2	0.0009
6	0.0011(0.01%)	0.1	0.0	0.1	0.1	0.1	0.0	0.0	0.0	0.0002
7	0.0006(0.005%)	0.0	0.0	0.0	0.0	0.0	0.0	0.0	0.0	0.0001
8	0.0001(0.001%)	0.0	0.0	0.0	0.0	0.0	0.0	0.0	0.0	0.0001

1) 回归系数的估值漂移

在 EIV 误差模型下(表 10.34)，当 $\omega=1.00\%$ 时，回归系数估值的相对真误差均小于等于 $\overline{d}=50\%$ 的百分比是 61.9%；当 $\omega=0.50\%$ 时，回归系数估值的相对真误差均小于等于 $\overline{d}=50\%$ 的百分比是 99.9%；即当 $\omega>0.50\%$ 时，回归系数可能产生显著的估值漂移。

在 EIOO 误差模型下(表 10.34)，当 $\omega=1.00\%$ 时，回归系数估值的相对真误差均小于等于 $\overline{d}=50\%$ 的百分比是 71.6%；当 $\omega=0.50\%$ 时，回归系数估值的相对真误差均小于等于 $\overline{d}=50\%$ 的百分比是 100.0%；即当 $\omega>0.50\%$ 时，回归系数可能产生显著的估值漂移。

在 EIVO 误差模型下(表 10.34)，当 $\omega=5.00\%$ 时，回归系数估值的相对真误差均小于等于 $\overline{d}=50\%$ 的百分比是 14.7%；当 $\omega=1.00\%$ 时，回归系数估值的相对真误差均小于等于 $\overline{d}=50\%$ 的百分比是 100.0%；即当 $\omega>1.00\%$ 时，回归系数可能产生显著的估值漂移。

2) 回归系数估值的有效性和 ω 的选取

在 EIV 误差模型下(表 10.34)，当 $\omega=0.50\%$ 时，回归系数估值的相对真误差均小于等于 $\overline{d}=50\%$ 的百分比是 99.9%，即当 $\omega\approx0.50\%$ 或 $\omega<0.50\%$ 时，回归系数估值的相对真误差均小于等于 $\overline{d}=50\%$；当 $\omega=0.10\%$ 时，回归系数估值的相对真误差均小于等于 $\overline{d}=10\%$ 的百分比是 100.0%，即当 $\omega\approx0.10\%$ 或 $\omega<0.10\%$ 时，回归系数估值的相对真误差均小于等于 $\overline{d}=10\%$；当 $\omega=0.05\%$ 时，回归系数估值的相对真误差均小于等于 $\overline{d}=1\%$ 的百分比是 92.5%，即当 $\omega\approx0.05\%$ 或 $\omega<0.05\%$ 时，回归系数估值的相对真误差均小于等于 $\overline{d}=1\%$。

在 EIOO 误差模型下(表 10.34)，当 $\omega=0.50\%$ 时，回归系数估值的相对真误差均小于等于 $\overline{d}=50\%$ 的百分比是 100.0%，即当 $\omega\approx0.50\%$ 或 $\omega<0.50\%$ 时，回归系数估值的相对真误差均小于等于 $\overline{d}=50\%$；当 $\omega=0.10\%$ 时，回归系数估值的相对真误差均小于等于 $\overline{d}=10\%$ 的百分比是 100.0%，即当 $\omega\approx0.10\%$ 或 $\omega<0.10\%$ 时，回归系数估值的相对真误差均小于等于 $\overline{d}=10\%$；当 $\omega=0.01\%$ 时，回归系数估值的相对真误差均小于等于 $\overline{d}$ 的百分比是 100.0%，即当 $\omega\approx0.01\%$ 或 $\omega<0.01\%$ 时，回归系数估值的相对真误差均小于等于 $\overline{d}=1\%$。

在 EIVO 误差模型下(表 10.34)，当 $\omega=1.00\%$ 时，回归系数估值的相对真误差均小于等于 $\overline{d}=50\%$ 的百分比是 100.0%，即当 $\omega\approx1.00\%$ 或 $\omega<1.00\%$ 时，回归系数估值的相对真误差均小于等于 $\overline{d}=50\%$；当 $\omega=0.50\%$ 时，回归系数估值的相对真误差均小于等于 $\overline{d}=10\%$ 的百分比是 95.1%，即当 $\omega\approx0.50\%$ 或 $\omega<0.50\%$ 时，回归系数估值的相对真误差均小于等于 $\overline{d}=10\%$；当 $\omega=0.05\%$ 时，回归系数估值的相对真误差均小于等于 $\overline{d}=1\%$ 的百分比是 96.4%，即当 $\omega\approx0.05\%$ 或 $\omega<0.05\%$ 时，回归系数估值的相对真误差均小于等于 $\overline{d}=1\%$。

3) 方差因子的有效性

(1) 在 EIV 误差模型下方差因子的有效性。由表 10.34 和表 10.35 可知，当

$\omega = 0.50\%$ 时，回归系数估值的相对真误差均小于等于 $\bar{d} = 50\%$ 的百分比是 99.9%，而回归系数估值的相对均方误差均小于等于 $\bar{d} = 50\%$ 的百分比是 100.0%；回归系数估值的相对真误差均小于等于 $\bar{d} = 10\%$ 的百分比是 28.3%，而回归系数估值的相对均方误差均小于等于 $\bar{d} = 10\%$ 的百分比是 87.0%；回归系数估值的相对真误差均小于等于 $\bar{d} = 1\%$ 的百分比是 0.0%，回归系数估值的相对均方误差均小于等于 $\bar{d} = 1\%$ 的百分比也是 0.0%。对于不同的 ω，总有回归系数估值的相对均方误差均小于等于 $\bar{d}$ 的百分比大于等于回归系数估值的相对真误差均小于等于 $\bar{d}$ 的百分比，特别是当 $\omega > 0.50\%$ 时，两者存在显著的差异，参数估计方法得到的方差因子偏小，缺乏足够的可信度。

由表 10.36 可知，当 ω=0.50%时，回归系数估值 $\hat{b}_0$、$\hat{b}_1$、$\hat{b}_2$ 和 $\hat{b}_3$ 的相对真误差的平均值分别是 13.5%、6.2%、7.4%和 8.0%，而回归系数估值 $\hat{b}_0$、$\hat{b}_1$、$\hat{b}_2$ 和 $\hat{b}_3$ 的相对均方误差的平均值分别是 6.9%、3.5%、4.5%和 4.4%。对于不同的 ω，回归系数估值相对均方误差的平均值小于等于回归系数估值相对真误差的平均值，特别是当 $\omega > 0.50\%$ 时，回归系数估值相对均方误差的平均值比回归系数估值相对真误差的平均值要小得多，参数估计方法得到的方差因子偏小，缺乏足够的可信度。

(2) 在 EIOO 误差模型下方差因子的有效性。由表 10.34 和表 10.35 可知，当 $\omega = 0.50\%$ 时，回归系数估值的相对真误差均小于等于 $\bar{d} = 50\%$ 的百分比是 100.0%，回归系数估值的相对均方误差均小于等于 $\bar{d} = 50\%$ 的百分比也是 100.0%；回归系数估值的相对真误差均小于等于 $\bar{d} = 10\%$ 的百分比是 30.3%，而回归系数估值的相对均方误差均小于等于 $\bar{d} = 10\%$ 的百分比是 92.9%；回归系数估值的相对真误差均小于等于 $\bar{d} = 1\%$ 的百分比是 0.2%，而回归系数估值的相对均方误差均小于等于 $\bar{d} = 1\%$ 的百分比是 0.1%。对于不同的 ω，总有回归系数估值的相对均方误差均小于等于 $\bar{d}$ 的百分比大于等于回归系数估值的相对真误差均小于等于 $\bar{d}$ 的百分比，特别是当 $\omega > 0.50\%$ 时，两者存在显著的差异，参数估计方法得到的方差因子偏小，缺乏足够的可信度。

由表 10.37 可知，当 ω=0.50%时，回归系数估值 $\hat{b}_0$、$\hat{b}_1$、$\hat{b}_2$ 和 $\hat{b}_3$ 的相对真误差的平均值分别是 12.5%、5.5%、6.9%和 7.0%，而回归系数估值 $\hat{b}_0$、$\hat{b}_1$、$\hat{b}_2$ 和 $\hat{b}_3$ 的相对均方误差的平均值分别是 6.5%、3.2%、4.2%和 4.1%。总体上，对于不同的 ω，回归系数估值相对均方误差的平均值小于等于回归系数估值相对真误差的平均值，特别是当 ω>0.50%时，回归系数估值相对均方误差的平均值比回归系数估值相对真误差的平均值要小得多，参数估计方法得到的方差因子偏小，缺乏足够的可信度。

(3) 在 EIVO 误差模型下方差因子的有效性。由表 10.34 和表 10.35 可知，当 $\omega=1.00\%$ 时，回归系数估值的相对真误差均小于等于 $\bar{d}=50\%$ 的百分比是 100.0%，回归系数估值的相对均方误差均小于等于 $\bar{d}=50\%$ 的百分比也是 100.0%；回归系数估值的相对真误差均小于等于 $\bar{d}=10\%$ 的百分比是 55.6%，而回归系数估值的相对均方误差均小于等于 $\bar{d}=10\%$ 的百分比是 99.8%；回归系数估值的相对真误差均小于等于 $\bar{d}=1\%$ 的百分比是 0.2%，而回归系数估值的相对均方误差均小于等于 $\bar{d}=1\%$ 的百分比是 0.0%。对于不同的 ω，总有回归系数估值的相对均方误差均小于等于 $\bar{d}$ 的百分比大于等于回归系数估值的相对真误差均小于等于 $\bar{d}$ 的百分比，特别是当 $\omega>1.00\%$ 时，两者存在显著的差异，参数估计方法得到的方差因子偏小，缺乏足够的可信度。

由表 10.38 可知，当 $\omega=1.00\%$ 时，回归系数估值 $\hat{b}_0$、$\hat{b}_1$、$\hat{b}_2$ 和 $\hat{b}_3$ 相对真误差的平均值分别是 8.0%、3.6%、4.9%和 4.9%，而回归系数估值 $\hat{b}_0$、$\hat{b}_1$、$\hat{b}_2$ 和 $\hat{b}_3$ 的相对均方误差的平均值分别是 4.6%、2.2%、3.1%和 3.0%。总体上，对于不同的 ω，回归系数估值相对均方误差的平均值小于等于回归系数估值相对真误差的平均值，特别是当 $\omega>1.00\%$ 时，回归系数估值相对均方误差的平均值比回归系数估值相对真误差的平均值要小得多，即参数估计方法得到的方差因子偏小，缺乏足够的可信度。

2. 仿真实验二

理论回归方程 $\tilde{y}=-6.7731+0.7759\tilde{x}_1+0.6672\tilde{x}_2+0.7766\tilde{x}_3$ 的 10 组理论观测值见表 10.39，理论观测值绝对值的平均值约为 45。三种不同的误差模型分别进行了 1000 次仿真实验，回归系数估值相对真误差均小于等于给定限值的百分比见表 10.40，回归系数估值相对均方误差均小于等于给定限值的百分比见表 10.41。

表 10.39　三元线性回归的理论观测值

序号	$\tilde{y}$	$\tilde{x}_1$	$\tilde{x}_2$	$\tilde{x}_3$	序号	$\tilde{y}$	$\tilde{x}_1$	$\tilde{x}_2$	$\tilde{x}_3$
1	32.2329	1	31.39	22.26	6	46.5152	6	36.32	31.42
2	34.634	2	32.08	23.76	7	49.1611	7	36.69	33.51
3	37.3922	3	33.34	25.23	8	54.6775	8	38.15	38.36
4	40.5779	4	34.88	27.01	9	60.0064	9	39.55	43.02
5	43.5419	5	35.82	29.02	10	65.4149	10	40.86	47.86

表 10.40　不同误差模型回归系数估值相对真误差均小于等于 $\bar{d}$ 的百分比(%)

序号	$\sigma_0(\omega)$	$\bar{d}_{11}$	$\bar{d}_{12}$	$\bar{d}_{13}$	$\bar{d}_{21}$	$\bar{d}_{22}$	$\bar{d}_{23}$	$\bar{d}_{31}$	$\bar{d}_{32}$	$\bar{d}_{33}$
1	2.25(5.00%)	0.0	0.0	0.0	0.0	0.0	0.0	0.0	0.0	0.0
2	0.45(1.00%)	0.0	0.0	0.0	0.0	0.0	0.0	0.0	0.0	0.0
3	0.225(0.50%)	0.0	0.0	0.0	0.4	0.0	0.0	0.0	0.0	0.0
4	0.045(0.10%)	49.6	6.2	0.0	96.2	27.6	1.4	81.8	16.6	0.4
5	0.0225(0.05%)	100.0	38.2	1.4	100.0	67.6	4.4	100.0	52.6	4.4
6	0.0045(0.01%)	100.0	100.0	25.0	100.0	100.0	42.6	100.0	100.0	34.8
7	0.0023(0.005%)	100.0	100.0	49.8	100.0	100.0	73.6	100.0	100.0	61.6
8	0.0005(0.001%)	100.0	100.0	100.0	100.0	100.0	100.0	100.0	100.0	100.0

表 10.41　不同误差模型回归系数估值相对均方误差均小于等于 ξ 的百分比(%)

序号	$\sigma_0(\omega)$	ξ_{11}	ξ_{12}	ξ_{13}	ξ_{21}	ξ_{22}	ξ_{23}	ξ_{31}	ξ_{32}	ξ_{33}
1	2.25(5.00%)	95.0	87.0	8.0	96.3	87.2	9.0	95.8	87.0	10.0
2	0.45(1.00%)	95.0	67.0	2.0	96.8	89.0	8.5	96.2	79.0	8.1
3	0.225(0.50%)	93.0	50.0	1.0	97.1	88.3	10.0	95.1	83.3	11.0
4	0.045(0.10%)	100.0	95.0	0.0	100.0	96.5	9.0	100.0	96.0	10.0
5	0.0225(0.05%)	100.0	100.0	5.0	100.0	100.0	15.0	100.0	100.0	15.0
6	0.0045(0.01%)	100.0	100.0	100.0	100.0	100.0	100.0	100.0	100.0	100.0
7	0.0023(0.005%)	100.0	100.0	100.0	100.0	100.0	100.0	100.0	100.0	100.0
8	0.0005(0.001%)	100.0	100.0	100.0	100.0	100.0	100.0	100.0	100.0	100.0

1) 回归系数的估值漂移

在 EIV 误差模型下(表 10.40)，当 $\omega = 0.10\%$ 时，回归系数估值的相对真误差均小于等于 $\bar{d} = 50\%$ 的百分比是 49.6%；当 $\omega = 0.05\%$ 时，回归系数估值的相对真误差均小于等于 $\bar{d} = 50\%$ 的百分比是 100.0%；即当 $\omega > 0.05\%$ 时，回归系数可能产生显著的估值漂移。

在 EIOO 误差模型下(表 10.40)，当 $\omega = 0.50\%$ 时，回归系数估值的相对真误差均小于等于 $\bar{d} = 50\%$ 的百分比是 0.4%；当 $\omega = 0.10\%$ 时，回归系数估值的相对真误差均小于等于 $\bar{d} = 50\%$ 的百分比是 96.2%；即当 $\omega > 0.10\%$ 时，回归系数可能产生显著的估值漂移。

在 EIVO 误差模型下(表 10.40)，当 $\omega = 0.10\%$ 时，回归系数估值的相对真误差均小于等于 $\bar{d} = 50\%$ 的百分比是 81.8%；当 $\omega = 0.05\%$ 时，回归系数估值的相对真误差均小于等于 $\bar{d} = 50\%$ 的百分比是 100.0%；即当 $\omega > 0.05\%$ 时，回归系数可能产生显著的估值漂移。

2) 回归系数估值的有效性和 ω 的选取

在 EIV 误差模型下(表 10.40)，当 $\omega=0.05\%$ 时，回归系数估值的相对真误差均小于等于 $\bar{d}=50\%$ 的百分比是 100.0%，即当 $\omega\approx0.05\%$ 或 $\omega<0.05\%$ 时，回归系数估值的相对真误差均小于等于 $\bar{d}=50\%$；当 $\omega=0.01\%$ 时，回归系数估值的相对真误差均小于等于 $\bar{d}=10\%$ 的百分比是 100.0%，即当 $\omega\approx0.01\%$ 或 $\omega<0.01\%$ 时，回归系数估值的相对真误差均小于等于 $\bar{d}=10\%$；当 $\omega=0.001\%$ 时，回归系数估值的相对真误差均小于等于 $\bar{d}=1\%$ 的百分比是 100.0%，即当 $\omega\approx0.001\%$ 或 $\omega<0.001\%$ 时，回归系数估值的相对真误差均小于等于 $\bar{d}=1\%$。

在 EIOO 误差模型下(表 10.40)，当 $\omega=0.10\%$ 时，回归系数估值的相对真误差均小于等于 $\bar{d}=50\%$ 的百分比是 96.2%，即当 $\omega\approx0.10\%$ 或 $\omega<0.10\%$ 时，回归系数估值的相对真误差均小于等于 $\bar{d}=50\%$；当 $\omega=0.01\%$ 时，回归系数估值的相对真误差均小于等于 $\bar{d}=10\%$ 的百分比是 100.0%，即当 $\omega\approx0.01\%$ 或 $\omega<0.01\%$ 时，回归系数估值的相对真误差均小于等于 $\bar{d}=10\%$；当 $\omega=0.001\%$ 时，回归系数估值的相对真误差均小于等于 $\bar{d}=1\%$ 的百分比是 100.0%，即当 $\omega\approx0.001\%$ 或 $\omega<0.001\%$ 时，回归系数估值的相对真误差均小于等于 $\bar{d}=1\%$。

在 EIVO 误差模型下(表 10.40)，当 $\omega=0.05\%$ 时，回归系数估值的相对真误差均小于等于 $\bar{d}=50\%$ 的百分比是 100.0%，即当 $\omega\approx0.05\%$ 或 $\omega<0.05\%$ 时，回归系数估值的相对真误差均小于等于 $\bar{d}=50\%$；当 $\omega=0.10\%$ 时，回归系数估值的相对真误差均小于等于 $\bar{d}=10\%$ 的百分比是 100.0%，即当 $\omega\approx0.01\%$ 或 $\omega<0.01\%$ 时，回归系数估值的相对真误差均小于等于 $\bar{d}=10\%$；当 $\omega=0.001\%$ 时，回归系数估值的相对真误差均小于等于 $\bar{d}=1\%$ 的百分比是 100.0%，即当 $\omega\approx0.001\%$ 或 $\omega<0.001\%$ 时，回归系数估值的相对真误差均小于等于 $\bar{d}=1\%$。

3) 方差因子的有效性

在 EIV 误差模型下，由表 10.40 和表 10.41 可知，当 $\omega=0.10\%$ 时，回归系数估值的相对真误差均小于等于 $\bar{d}=50\%$ 的百分比是 49.26%，而回归系数估值的相对均方误差均小于等于 $\bar{d}=50\%$ 的百分比是 100.0%；回归系数估值的相对真误差均小于等于 $\bar{d}=10\%$ 的百分比是 6.2%，而回归系数估值的相对均方误差均小于等于 $\bar{d}=10\%$ 的百分比是 95.0%；回归系数估值的相对真误差均小于等于 $\bar{d}=1\%$ 的百分比是 0.0%，回归系数估值的相对均方误差均小于等于 $\bar{d}=1\%$ 的百分比也是 0.0%。

在 EIOO 误差模型下，由表 10.40 和表 10.41 可知，当 $\omega=0.10\%$ 时，回归系数估值的相对真误差均小于等于 $\bar{d}=50\%$ 的百分比是 96.2%，而回归系数估值的相对均方误差均小于等于 $\overline{d}=50\%$ 的百分比是 100.0%；回归系数估值的相对真误差均小于等于 $\overline{d}=10\%$ 的百分比是 27.6%，而回归系数估值的相对均方误差均小于等于 $\overline{d}=10\%$ 的百分比是 96.5%；回归系数估值的相对真误差均小于等于 $\overline{d}=1\%$ 的百分比是 1.4%，而回归系数估值的相对均方误差均小于等于 $\overline{d}=1\%$ 的百分比是 9.0%。

在 EIVO 误差模型下，由表 10.40 和表 10.41 可知，当 $\omega=0.10\%$ 时，回归系数估值的相对真误差均小于等于 $\overline{d}=50\%$ 的百分比是 81.8%，而回归系数估值的相对均方误差均小于等于 $\overline{d}=50\%$ 的百分比是 100.0%；回归系数估值的相对真误差均小于等于 $\overline{d}=10\%$ 的百分比是 16.6%，而回归系数估值的相对均方误差均小于等于 $\overline{d}=10\%$ 的百分比是 96.0%；回归系数估值的相对真误差均小于等于 $\overline{d}=1\%$ 的百分比是0.4%，而回归系数估值的相对均方误差均小于等于 $\overline{d}=1\%$ 的百分比是10.0%。

对于不同的误差模型和不同的 ω，总有回归系数估值的相对均方误差均小于等于 $\overline{d}$ 的百分比大于等于回归系数估值的相对真误差均小于等于 $\overline{d}$ 的百分比，特别是当 $\omega>0.10\%$ 时，两者存在显著的差异，参数估计方法得到的方差因子偏小，缺乏足够的可信度。

10.3.3　三元线性回归估值漂移的讨论

1. 回归系数的估值漂移

在 EIV 误差模型下，当 $\omega>0.05\%$ 时，回归系数可能产生显著的估值漂移。在 EIOO 误差模型下，当 $\omega>0.10\%$ 时，回归系数可能产生显著的估值漂移。在 EIVO 误差模型下，当 $\omega>0.05\%$ 时，回归系数可能产生显著的估值漂移。

2. 回归系数估值的有效性和 ω 的选取

在 EIV 误差模型下，当 $\omega\approx0.05\%$ 或 $\omega<0.05\%$ 时，回归系数估值的相对真误差均小于等于 $\overline{d}=50\%$；当 $\omega\approx0.01\%$ 或 $\omega<0.01\%$ 时，回归系数估值的相对真误差均小于等于 $\overline{d}=10\%$；当 $\omega\approx0.001\%$ 或 $\omega<0.001\%$ 时，回归系数估值的相对真误差均小于等于 $\overline{d}=1\%$。

在 EIOO 误差模型下，当 $\omega\approx0.10\%$ 或 $\omega<0.10\%$ 时，回归系数估值的相对真误差均小于等于 $\overline{d}=50\%$；当 $\omega\approx0.01\%$ 或 $\omega<0.01\%$ 时，回归系数估值的相对真误差均小于等于 $\overline{d}=10\%$；当 $\omega\approx0.001\%$ 或 $\omega<0.001\%$ 时，回归系数估值的相对真误差均小于等于 $\overline{d}=1\%$。

在 EIVO 误差模型下，当 $\omega\approx0.05\%$ 或 $\omega<0.05\%$ 时，回归系数估值的相对真误差均小于等于 $\overline{d}=50\%$；当 $\omega\approx0.01\%$ 或 $\omega<0.01\%$ 时，回归系数估值的相对真

误差均小于等于 $\bar{d}=10\%$；当 $\omega\approx0.001\%$ 或 $\omega<0.001\%$时，回归系数估值的相对真误差均小于等于 $\bar{d}=1\%$。

3. 方差因子的有效性

在三种不同的误差模型下，对于不同的 ω，总有回归系数估值的相对均方误差均小于等于 $\bar{d}$ 的百分比大于等于回归系数估值的相对真误差均小于等于 $\bar{d}$ 的百分比，以及回归系数估值相对均方误差的平均值小于等于回归系数估值相对真误差的平均值，特别是当 $\omega>0.05\%$ 时，两者存在显著的差异，参数估计方法得到的方差因子偏小，缺乏足够的可信度。

10.4　四元线性回归的估值漂移

10.4.1　四元线性回归仿真实验

1. 仿真实验一

理论回归方程 $\tilde{y}=10.63613+1.6071\tilde{x}_1-1.0332\tilde{x}_2+0.2899\tilde{x}_3+0.38324\tilde{x}_4$ 的 16 组理论观测值见表 10.42，理论观测值绝对值的平均值约为 42。三种不同的误差模型分别进行了 1000 次仿真实验，回归系数估值的相对真误差均小于等于给定限值的百分比见表 10.43，回归系数估值的相对均方误差均小于等于给定限值的百分比见表 10.44，不同误差模型的回归系数估值相对真误差平均值和相对均方误差平均值见表 10.45(EIV 模型)、表 10.46(EIOO 模型)和表 10.47(EIVO 模型)。

表 10.42　四元线性回归的理论观测值

序号	$\tilde{y}$	$\tilde{x}_1$	$\tilde{x}_2$	$\tilde{x}_3$	$\tilde{x}_4$	序号	$\tilde{y}$	$\tilde{x}_1$	$\tilde{x}_2$	$\tilde{x}_3$	$\tilde{x}_4$
1	27.7233	1	31.39	50.26	87.0	9	43.7542	9	39.55	83.02	92.5
2	30.4036	2	32.08	55.76	87.5	10	45.6025	10	40.86	87.86	93.0
3	33.6458	3	33.34	65.23	88.0	11	48.3472	11	41.00	90.30	94.5
4	34.3695	4	34.88	67.01	88.5	12	51.0014	12	43.50	101.50	95.5
5	35.9713	5	35.82	69.02	89.5	13	52.5154	13	44.00	102.30	96.0
6	37.9492	6	36.32	71.42	90.0	14	50.2043	14	48.50	103.50	97.0
7	39.8948	7	36.69	73.51	90.3	15	51.8253	15	48.70	103.60	97.5
8	41.8594	8	38.15	78.36	91.5	16	53.4301	16	49.00	104.00	98.0

表 10.43　不同误差模型回归系数估值相对真误差均小于等于 $\bar{d}$ 的百分比(%)

序号	$\sigma_0(\omega)$	$\bar{d}_{11}$	$\bar{d}_{12}$	$\bar{d}_{13}$	$\bar{d}_{21}$	$\bar{d}_{22}$	$\bar{d}_{23}$	$\bar{d}_{31}$	$\bar{d}_{32}$	$\bar{d}_{33}$
1	2.1(5.00%)	0.0	0.0	0.0	0.0	0.0	0.0	0.0	0.0	0.0
2	0.42(1.00%)	0.0	0.0	0.0	0.0	0.0	0.0	0.0	0.0	0.0
3	0.21(0.50%)	0.0	0.0	0.0	0.0	0.0	0.0	0.0	0.0	0.0
4	0.042(0.10%)	0.0	0.0	0.0	28.6	1.8	0.4	0.2	0.0	0.0
5	0.021(0.05%)	24.6	0.8	0.0	100.0	33.0	4.0	38.2	3.2	0.0
6	0.0042(0.01%)	100.0	92.4	13.6	100.0	100.0	29.4	100.0	95.2	18.2
7	0.0021(0.005%)	100.0	100.0	28.8	100.0	100.0	59.2	100.0	100.0	32.2
8	0.0004(0.001%)	100.0	100.0	95.2	100.0	100.0	100.0	100.0	100.0	96.6

表 10.44　不同误差模型回归系数估值相对均方误差均小于等于 ξ 的百分比(%)

序号	$\sigma_0(\omega)$	ξ_{11}	ξ_{12}	ξ_{13}	ξ_{21}	ξ_{22}	ξ_{23}	ξ_{31}	ξ_{32}	ξ_{33}
1	2.1(5.00%)	97.2	91.6	24.8	98.8	92.9	10.4	98.6	88.8	7.4
2	0.42(1.00%)	98.6	92.0	21.6	97.8	93.7	17.3	96.8	88.4	18.6
3	0.21(0.50%)	96.8	85.0	18.4	98.0	87.6	9.2	97.0	86.0	12.2
4	0.042(0.10%)	90.0	42.8	0.4	92.5	61.8	0.9	90.4	51.8	0.2
5	0.021(0.05%)	99.8	98.6	5.0	100.0	99.8	10.4	100.0	99.8	8.8
6	0.0042(0.01%)	100.0	100.0	100.0	100.0	100.0	100.0	100.0	100.0	100.0
7	0.0021(0.005%)	100.0	100.0	100.0	100.0	100.0	100.0	100.0	100.0	100.0
8	0.0004(0.001%)	100.0	100.0	100.0	100.0	100.0	100.0	100.0	100.0	100.0

表 10.45　EIV 模型回归系数估值相对真误差平均值和相对均方误差平均值(%)

序号	$\sigma_0(\omega)$	db_0	db_1	db_2	db_3	db_4	wb_0	wb_1	wb_2	wb_3	wb_4	σ_0
1	2.1(5.00%)	48266.4	1161.0	983.6	3233.1	16324.2	1.1	1.9	4.7	1.8	1.1	0.0264
2	0.42(1.00%)	18827.4	799.8	345.8	296.7	6503.4	1.0	2.0	1.9	2.5	1.1	0.0071
3	0.21(0.50%)	13829.2	616.2	220.8	169.0	4760.0	1.4	2.8	3.5	4.8	1.5	0.0054
4	0.042(0.10%)	492.2	21.3	8.1	6.5	169.8	3.0	1.1	0.6	0.4	56.9	0.0041
5	0.021(0.05%)	74.3	3.2	1.5	1.4	25.7	2.1	0.2	0.1	0.1	2.1	0.0031

续表

序号	$\sigma_0(\omega)$	db_0	db_1	db_2	db_3	db_4	wb_0	wb_1	wb_2	wb_3	wb_4	σ_0
6	0.0042(0.01%)	4.6	0.3	0.2	0.2	1.6	0.5	0.0	0.0	0.0	0.2	0.0008
7	0.0021(0.005%)	2.2	0.1	0.1	0.1	0.8	0.2	0.0	0.0	0.0	0.1	0.0004
8	0.0004(0.001%)	0.4	0.0	0.0	0.0	0.1	0.0	0.0	0.0	0.0	0.0	0.0001

注：σ_0 表示随机误差母体的均方误差，ω 表示均方误差系数；db_i 表示回归系数估值 $\hat{b}_i$ 相对真误差的总体平均值，wb_i 表示回归系数估值 $\hat{b}_i$ 相对均方误差的总体平均值，$i=0,1,2,3,4$。后续表格中讨论多元线性回归方程的均方误差，其中 i 的取值随着回归系数的不同而不同，其表格所表达内容相同。表 10.46、表 10.47 中的数值含义与表 10.45 相同。

表 10.46　EIOO 模型回归系数估值相对真误差平均值和相对均方误差平均值(%)

序号	$\sigma_0(\omega)$	db_0	db_1	db_2	db_3	db_4	wb_0	wb_1	wb_2	wb_3	wb_4	σ_0
1	2.1(5.00%)	67993.2	3014.5	1044.1	834.9	23382.4	1.2	1.9	4.6	1.7	1.1	0.0259
2	0.42(1.00%)	27948.4	1238.1	428.8	345.1	9611.6	1.1	2.0	1.7	2.6	1.6	0.0073
3	0.21(0.50%)	6892.7	305.5	105.4	85.3	2370.1	1.3	2.8	3.8	4.4	1.4	0.0052
4	0.042(0.10%)	64.5	2.8	1.2	1.2	22.2	3.1	1.1	0.5	0.3	30.0	0.0041
5	0.021(0.05%)	15.9	0.8	0.5	0.5	5.5	2.0	0.2	0.2	0.1	2.1	0.0029
6	0.0042(0.01%)	2.0	0.1	0.1	0.1	0.7	0.6	0.0	0.0	0.0	0.2	0.0007
7	0.0021(0.005%)	1.0	0.1	0.0	0.0	0.3	0.3	0.0	0.0	0.0	0.1	0.0004
8	0.0004(0.001%)	0.2	0.0	0.0	0.0	0.1	0.0	0.0	0.0	0.0	0.0	0.0001

表 10.47　EIVO 模型回归系数估值相对真误差平均值和相对均方误差平均值(%)

序号	$\sigma_0(\omega)$	db_0	db_1	db_2	db_3	db_4	wb_0	wb_1	wb_2	wb_3	wb_4	σ_0
1	2.1(5.00%)	16012.5	700.2	254.1	322.4	5501.5	1.1	1.5	3.7	1.9	1.2	0.0261
2	0.42(1.00%)	9446.4	408.3	249.1	467.6	3258.7	1.2	2.0	1.5	2.5	1.4	0.0072
3	0.21(0.50%)	7320.9	208.7	210.6	458.2	2513.2	1.0	2.5	3.0	4.0	1.5	0.0054
4	0.042(0.10%)	461.7	19.8	7.7	6.5	159.5	2.0	1.0	0.6	0.4	24.3	0.0040
5	0.021(0.05%)	57.9	2.5	1.2	1.2	20.0	2.0	0.2	0.1	0.1	2.0	0.0029
6	0.0042(0.01%)	4.0	0.2	0.2	0.2	1.4	0.5	0.0	0.0	0.0	0.1	0.0007
7	0.0021(0.005%)	1.9	0.1	0.1	0.1	0.7	0.1	0.0	0.0	0.0	0.1	0.0004
8	0.0004(0.001%)	0.4	0.0	0.0	0.0	0.1	0.0	0.0	0.0	0.0	0.0	0.0001

1) 回归系数的估值漂移

在 EIV 误差模型下(表 10.43)，当ω=0.05%时，回归系数估值的相对真误差均小于等于$\overline{d}=50\%$的百分比是 24.6%；当ω=0.01%时，回归系数估值的相对真误差均小于等于$\overline{d}=50\%$的百分比是 100.0%；即当ω>0.01%时，回归系数可能产生显著的估值漂移。

在 EIOO 误差模型下(表 10.43)，当$\omega=0.10\%$时，回归系数估值的相对真误差均小于等于$\overline{d}=50\%$的百分比是 28.6%；当$\omega=0.05\%$时，回归系数估值的相对真误差均小于等于$\overline{d}=50\%$的百分比是 100.0%；即当$\omega>0.05\%$时，回归系数可能产生显著的估值漂移。

在 EIVO 误差模型下(表 10.43)，当$\omega=0.05\%$时，回归系数估值的相对真误差均小于等于$\overline{d}=50\%$的百分比是 38.2%；当$\omega=0.01\%$时，回归系数估值的相对真误差均小于等于$\overline{d}=50\%$的百分比是 100.0%；即当$\omega>0.01\%$时，回归系数可能产生显著的估值漂移。

2) 回归系数估值的有效性和ω的选取

在 EIV 误差模型下(表 10.43)，当$\omega=0.01\%$时，回归系数估值的相对真误差均小于等于$\overline{d}=50\%$的百分比是 100.0%，即当$\omega\approx0.01\%$或$\omega<0.01\%$时，回归系数估值的相对真误差均小于等于$\overline{d}=50\%$；当$\omega=0.01\%$时，回归系数估值的相对真误差均小于等于$\overline{d}=10\%$的百分比是 92.4%，即当$\omega\approx0.01\%$或$\omega<0.01\%$时，回归系数估值的相对真误差均小于等于$\overline{d}=10\%$；当$\omega=0.001\%$时，回归系数估值的相对真误差均小于等于$\overline{d}=1\%$的百分比是 95.2%，即当$\omega\approx0.001\%$或$\omega<0.001\%$时，回归系数估值的相对真误差均小于等于$\overline{d}=1\%$。

在 EIOO 误差模型下(表 10.43)，当ω=0.05%时，回归系数估值的相对真误差均小于等于$\overline{d}=50\%$的百分比是 100.0%，即当$\omega\approx0.05\%$或ω<0.05%时，回归系数估值的相对真误差均小于等于$\overline{d}=50\%$；当ω=0.01%时，回归系数估值的相对真误差均小于等于$\overline{d}=10\%$的百分比是 100.0%，即当$\omega\approx0.01\%$或ω<0.01%时，回归系数估值的相对真误差均小于等于$\overline{d}=10\%$；当ω=0.001%时，回归系数估值的相对真误差均小于等于$\overline{d}=1\%$的百分比是 100.0%，即当$\omega\approx0.001\%$或ω<0.001%时，回归系数估值的相对真误差均小于等于$\overline{d}=1\%$。

在 EIVO 误差模型下(表 10.43)，当$\omega=0.01\%$时，回归系数估值的相对真误差均小于等于$\overline{d}=50\%$的百分比是 100.0%，即当$\omega\approx0.01\%$或$\omega<0.01\%$时，回归系数估值的相对真误差均小于等于$\overline{d}=50\%$；当$\omega=0.01\%$时，回归系数估值的相对真误差均小于等于$\overline{d}=10\%$的百分比是 95.2%，即当$\omega\approx0.01\%$或$\omega<0.01\%$

时，回归系数估值的相对真误差均小于等于 $\bar{d}=10\%$；当 $\omega=0.001\%$ 时，回归系数估值的相对真误差均小于等于 $\bar{d}=1\%$ 的百分比是 96.6%，即当 $\omega\approx0.001\%$ 或 $\omega<0.001\%$ 时，回归系数估值的相对真误差均小于等于 $\bar{d}=1\%$。

3) 方差因子的有效性

(1) 在 EIV 误差模型下方差因子的有效性。由表 10.43 和表 10.44 可知，当 $\omega=0.05\%$ 时，回归系数估值的相对真误差均小于等于 $\bar{d}=50\%$ 的百分比是 24.6%，而回归系数估值的相对均方误差均小于等于 $\bar{d}=50\%$ 的百分比是 99.8%；回归系数估值的相对真误差均小于等于 $\bar{d}=10\%$ 的百分比是 0.8%，而回归系数估值的相对均方误差均小于等于 $\bar{d}=10\%$ 的百分比是 98.6%；回归系数估值的相对真误差均小于等于 $\bar{d}=1\%$ 的百分比是 0.0%，而回归系数估值的相对均方误差均小于等于 $\bar{d}=1\%$ 的百分比是 5.0%。对于不同的 ω，总有回归系数估值的相对均方误差均小于等于 $\bar{d}$ 的百分比大于等于回归系数估值的相对真误差均小于等于 $\bar{d}$ 的百分比，特别是当 $\omega>0.05\%$ 时，两者存在显著的差异，参数估计方法得到的方差因子偏小，缺乏足够的可信度。

由表 10.45 可知，当 ω=0.05%时，回归系数估值 $\hat{b}_0$、$\hat{b}_1$、$\hat{b}_2$、$\hat{b}_3$ 和 $\hat{b}_4$ 的相对真误差平均值分别是 74.3%、3.2%、1.5%、1.4%和 25.7%，而回归系数估值 $\hat{b}_0$、$\hat{b}_1$、$\hat{b}_2$、$\hat{b}_3$ 和 $\hat{b}_4$ 的相对均方误差的平均值分别是 2.1%、0.2%、0.1%、0.1% 和 2.1%。对于不同的 ω，回归系数估值相对均方误差的平均值小于等于回归系数相对真误差的平均值，特别是当 $\omega>0.05\%$ 时，回归系数估值相对均方误差的平均值比回归系数估值相对真误差的平均值要小得多，参数估计方法得到的方差因子偏小，缺乏足够的可信度。

(2) 在 EIOO 误差模型下方差因子的有效性。由表 10.43 和表 10.44 可知，当 $\omega=0.05\%$ 时，回归系数估值的相对真误差均小于等于 $\bar{d}=50\%$ 的百分比是 100.0%，回归系数估值的相对均方误差均小于等于 $\bar{d}=50\%$ 的百分比也是 100.0%；回归系数估值的相对真误差均小于等于 $\bar{d}=10\%$ 的百分比是 33.0%，而回归系数估值的相对均方误差均小于等于 $\bar{d}=10\%$ 的百分比是 99.8%；回归系数估值的相对真误差均小于等于 $\bar{d}=1\%$ 的百分比是 4.0%，而回归系数估值的相对均方误差均小于等于 $\bar{d}=1\%$ 的百分比是 10.4%。对于不同的 ω，总有回归系数估值的相对均方误差均小于等于 $\bar{d}$ 的百分比大于等于回归系数估值的相对真误差均小于等于 $\bar{d}$ 的百分比，特别是当 $\omega>0.05\%$ 时，两者存在显著的差异，参数估计方法得到的方差因子偏小，缺乏足够的可信度。

由表 10.46 可知，当 ω=0.05%时，回归系数估值 $\hat{b}_0$、$\hat{b}_1$、$\hat{b}_2$、$\hat{b}_3$ 和 $\hat{b}_4$ 的相对

真误差平均值分别是 15.9%、0.8%、0.5%、0.5%和 5.5%，而回归系数估值$\hat{b}_0$、$\hat{b}_1$、$\hat{b}_2$、$\hat{b}_3$和$\hat{b}_4$的相对均方误差的平均值分别是 2.0%、0.2%、0.2%、0.1%和 2.1%。总体上，对于不同的ω，回归系数估值相对均方误差的平均值小于等于回归系数估值相对真误差的平均值，特别是当$\omega > 0.05\%$时，回归系数估值相对均方误差的平均值比回归系数估值相对真误差的平均值要小得多，参数估计方法得到的方差因子偏小，缺乏足够的可信度。

(3) 在 EIVO 误差模型下方差因子的有效性。由表 10.43 和表 10.44 可知，当$\omega = 0.05\%$时，回归系数估值的相对真误差均小于等于$\bar{d} = 50\%$的百分比是 38.2%，而回归系数估值的相对均方误差均小于等于$\bar{d} = 50\%$的百分比是 100.0%；回归系数估值的相对真误差均小于等于$\bar{d} = 10\%$的百分比是 3.2%，而回归系数估值的相对均方误差均小于等于$\bar{d} = 10\%$的百分比是 99.8%；回归系数估值的相对真误差均小于等于$\bar{d} = 1\%$的百分比是 0.0%，而回归系数估值的相对均方误差均小于等于$\bar{d} = 1\%$的百分比是 8.8%。对于不同的ω，总有回归系数估值的相对均方误差均小于等于$\bar{d}$的百分比大于等于回归系数估值的相对真误差均小于等于$\bar{d}$的百分比，特别是当$\omega > 0.05\%$时，两者存在显著的差异，参数估计方法得到的方差因子偏小，缺乏足够的可信度。

由表 10.47 可知，当ω=0.05%时，回归系数估值$\hat{b}_0$、$\hat{b}_1$、$\hat{b}_2$、$\hat{b}_3$和$\hat{b}_4$的相对真误差平均值分别是 57.9%、2.5%、1.2%、1.2%和 20.0%，而回归系数估值$\hat{b}_0$、$\hat{b}_1$、$\hat{b}_2$、$\hat{b}_3$和$\hat{b}_4$的相对均方误差的平均值分别是 2.0%、0.2%、0.1%、0.1%和 2.0%。总体上，对于不同的ω，回归系数估值相对均方误差的平均值小于等于回归系数估值相对真误差的平均值，特别是当$\omega > 0.05\%$时，回归系数估值相对均方误差的平均值比回归系数估值相对真误差的平均值要小得多，即参数估计方法得到的方差因子偏小，缺乏足够的可信度。

2. 仿真实验二

理论回归方程$\tilde{y} = -6.07401 - 0.02711\tilde{x}_1 + 5.99632\tilde{x}_2 + 0.01101\tilde{x}_3 + 0.01801\tilde{x}_4$的 14 组理论观测值见表 10.48，理论观测值绝对值的平均值约为 11。三种不同的误差模型分别进行了 1000 次仿真实验，回归系数估值的相对真误差均小于等于给定限值的百分比见表 10.49，回归系数估值的相对均方误差均小于等于给定限值的百分比见表 10.50。

表 10.48　四元线性回归的理论观测值

序号	$\tilde{y}$	$\tilde{x}_1$	$\tilde{x}_2$	$\tilde{x}_3$	$\tilde{x}_4$	序号	$\tilde{y}$	$\tilde{x}_1$	$\tilde{x}_2$	$\tilde{x}_3$	$\tilde{x}_4$
1	7.9806	3.458	0.30	821	183.8	8	11.3643	2.107	0.35	821	353.0
2	8.2475	3.772	0.35	825	180.0	9	10.7042	2.945	0.30	841	372.0
3	8.3079	1.544	0.35	825	180.0	10	12.4457	3.346	0.45	840	370.0
4	8.5380	2.955	0.45	808	172.0	11	12.5650	2.735	0.5	845	356.0
5	9.0372	3.335	0.45	851	174.0	12	12.8627	2.385	0.5	845	372.0
6	9.0820	2.587	0.50	826	174.0	13	13.6739	1.914	0.35	834	473.0
7	9.2500	1.877	0.50	831	179.2	14	14.1124	1.917	0.45	839	461.0

表 10.49　不同误差模型回归系数估值相对真误差均小于等于 $\bar{d}$ 的百分比(%)

序号	$\sigma_0(\omega)$	$\bar{d}_{11}$	$\bar{d}_{12}$	$\bar{d}_{13}$	$\bar{d}_{21}$	$\bar{d}_{22}$	$\bar{d}_{23}$	$\bar{d}_{31}$	$\bar{d}_{32}$	$\bar{d}_{33}$
1	0.55(5.00%)	0.0	0.0	0.0	0.0	0.0	0.0	0.0	0.0	0.0
2	0.11(1.00%)	0.0	0.0	0.0	4.3	0.2	0.0	0.0	0.0	0.0
3	0.055(0.50%)	0.0	0.0	0.0	42.2	2.4	0.1	0.0	0.0	0.0
4	0.011(0.10%)	28.9	1.7	0.0	99.7	44.0	1.1	28.1	1.1	0.0
5	0.0055(0.05%)	62.3	7.2	0.0	100.0	76.3	4.0	67.4	6.9	0.0
6	0.0011(0.01%)	100.0	65.9	2.5	100.0	100.0	44.7	100.0	62.6	2.2
7	0.0006(0.005%)	100.0	94.6	9.3	100.0	100.0	77.3	100.0	94.5	9.8
8	0.0001(0.001%)	100.0	100.0	90.7	100.0	100.0	100.0	100.0	100.0	89.2

表 10.50　不同误差模型回归系数估值相对均方误差均小于等于 ξ 的百分比(%)

序号	$\sigma_0(\omega)$	ξ_{11}	ξ_{12}	ξ_{13}	ξ_{21}	ξ_{22}	ξ_{23}	ξ_{31}	ξ_{32}	ξ_{33}
1	0.55(5.00%)	90.3	70.2	4.3	96.3	73.6	5.5	95.4	73.6	0.5
2	0.11(1.00%)	86.9	62.6	2.5	84.5	66.7	5.6	87.5	61.1	1.6
3	0.055(0.50%)	84.5	62.9	3.8	82.3	66.7	3.7	86.4	63.2	3.9
4	0.011(0.10%)	91.8	57.5	0.0	92.9	55.7	0.0	92.6	58.7	0.0
5	0.0055(0.05%)	98.4	81.9	0.0	98.8	85.7	0.0	97.8	80.7	0.0
6	0.0011(0.01%)	100.0	100.0	26.0	100.0	100.0	28.8	100.0	100.0	27.6
7	0.0006(0.005%)	100.0	100.0	99.3	100.0	100.0	100.0	100.0	100.0	100.0
8	0.0001(0.001%)	100.0	100.0	100.0	100.0	100.0	100.0	100.0	100.0	100.0

1) 回归系数的估值漂移

在 EIV 误差模型下(表 10.49)，当 $\omega=0.05\%$ 时，回归系数估值的相对真误差均小于等于 $\bar{d}=50\%$ 的百分比是 62.3%；当 $\omega=0.01\%$ 时，回归系数估值的相对真误差均小于等于 $\bar{d}=50\%$ 的百分比是 100.0%；即当 $\omega>0.01\%$ 时，回归系数可能产生显著的估值漂移。

在 EIOO 误差模型下(表 10.49)，当 $\omega=0.50\%$ 时，回归系数估值的相对真误差均小于等于 $\overline{d}=50\%$ 的百分比是 42.2%；当 $\omega=0.10\%$ 时，回归系数估值的相对真误差均小于等于 $\overline{d}=50\%$ 的百分比是 99.7%；即当 $\omega>0.10\%$ 时，回归系数可能产生显著的估值漂移。

在 EIVO 误差模型下(表 10.49)，当 $\omega=0.05\%$ 时，回归系数估值的相对真误差均小于等于 $\overline{d}=50\%$ 的百分比是 67.4%；当 $\omega=0.01\%$ 时，回归系数估值的相对真误差均小于等于 $\overline{d}=50\%$ 的百分比是 100.0%；即当 $\omega>0.01\%$ 时，回归系数可能产生显著的估值漂移。

2) 回归系数估值的有效性和 ω 的选取

在 EIV 误差模型下(表 10.49)，当 $\omega=0.01\%$ 时，回归系数估值的相对真误差均小于等于 $\overline{d}=50\%$ 的百分比是 100.0%，即当 $\omega\approx0.01\%$ 或 $\omega<0.01\%$ 时，回归系数估值的相对真误差均小于等于 $\overline{d}=50\%$；当 $\omega=0.005\%$ 时，回归系数估值的相对真误差均小于等于 $\overline{d}=10\%$ 的百分比是 94.6%，即当 $\omega\approx0.005\%$ 或 $\omega<0.005\%$ 时，回归系数估值的相对真误差均小于等于 $\overline{d}=10\%$；当 $\omega=0.001\%$ 时，回归系数估值的相对真误差均小于等于 $\overline{d}=1\%$ 的百分比是 90.7%，即当 $\omega\approx0.001\%$ 或 $\omega<0.001\%$ 时，回归系数估值的相对真误差均小于等于 $\overline{d}=1\%$。

在 EIOO 误差模型下(表 10.49)，当 $\omega\approx0.10\%$ 时，回归系数估值的相对真误差均小于等于 $\overline{d}=50\%$ 的百分比是 99.7%，即当 $\omega\approx0.10\%$ 或 $\omega<0.10\%$ 时，回归系数估值的相对真误差均小于等于 $\overline{d}=50\%$；当 $\omega=0.01\%$ 时，回归系数估值的相对真误差均小于等于 $\overline{d}=10\%$ 的百分比是 100.0%，即当 $\omega\approx0.01\%$ 或 $\omega<0.01\%$ 时，回归系数估值的相对真误差均小于等于 $\overline{d}=10\%$；当 $\omega=0.001\%$ 时，回归系数估值的相对真误差均小于等于 $\overline{d}=1\%$ 的百分比是 100.0%，即当 $\omega\approx0.001\%$ 或 $\omega<0.001\%$ 时，回归系数估值的相对真误差均小于等于 $\overline{d}=1\%$。

在 EIVO 误差模型下(表 10.49)，当 $\omega=0.01\%$ 时，回归系数估值的相对真误差均小于等于 $\overline{d}=50\%$ 的百分比是 100.0%，即当 $\omega\approx0.01\%$ 或 $\omega<0.01\%$ 时，回归系数估值的相对真误差均小于等于 $\overline{d}=50\%$；当 $\omega=0.005\%$ 时，回归系数估值的相对真误差均小于等于 $\overline{d}=10\%$ 的百分比是 94.5%，即当 $\omega\approx0.005\%$ 或 $\omega<0.005\%$ 时，回归系数估值的相对真误差均小于等于 $\overline{d}=10\%$；当 $\omega=0.001\%$ 时，回归系数估值的相对真误差均小于等于 $\overline{d}=1\%$ 的百分比是 89.2%(接近 90%，因实验整体一致性，故不作后续模拟)，即当 $\omega\approx0.001\%$ 或 $\omega<0.001\%$ 时，回归系数估值的相对真误差均小于等于 $\overline{d}=1\%$。

3) 方差因子的有效性

在 EIV 误差模型下，由表 10.49 和表 10.50 可知，当 $\omega = 0.01\%$ 时，回归系数估值的相对真误差均小于等于 $\bar{d} = 50\%$ 的百分比是 100.0%，回归系数估值的相对均方误差均小于等于 $\bar{d} = 50\%$ 的百分比也是 100.0%；回归系数估值的相对真误差均小于等于 $\bar{d} = 10\%$ 的百分比是 65.9%，而回归系数估值的相对均方误差均小于等于 $\bar{d} = 10\%$ 的百分比是 100.0%；回归系数估值的相对真误差均小于等于 $\bar{d} = 1\%$ 的百分比是 2.5%，而回归系数估值的相对均方误差均小于等于 $\bar{d} = 1\%$ 的百分比是 26.0%。

在 EIOO 误差模型下，由表 10.49 和表 10.50 可知，当 $\omega = 0.01\%$ 时，回归系数估值的相对真误差均小于等于 $\bar{d} = 50\%$ 的百分比是 100.0%，回归系数估值的相对均方误差均小于等于 $\bar{d} = 50\%$ 的百分比也是 100.0%；回归系数估值的相对真误差均小于等于 $\bar{d} = 10\%$ 的百分比是 100.0%，回归系数估值的相对均方误差均小于等于 $\bar{d} = 10\%$ 的百分比也是 100.0%；回归系数估值的相对真误差均小于等于 $\bar{d} = 1\%$ 的百分比是 44.7%，而回归系数估值的相对均方误差均小于等于 $\bar{d} = 1\%$ 的百分比是 28.8%。

在 EIVO 误差模型下，由表 10.49 和表 10.50 可知，当 $\omega = 0.01\%$ 时，回归系数估值的相对真误差均小于等于 $\bar{d} = 50\%$ 的百分比是 100.0%，回归系数估值的相对均方误差均小于等于 $\bar{d} = 50\%$ 的百分比是 100.0%；回归系数估值的相对真误差均小于等于 $\bar{d} = 10\%$ 的百分比是 62.6%，而回归系数估值的相对均方误差均小于等于 $\bar{d} = 10\%$ 的百分比是 100.0%；回归系数估值的相对真误差均小于等于 $\bar{d} = 1\%$ 的百分比是 2.2%，而回归系数估值的相对均方误差均小于等于 $\bar{d} = 1\%$ 的百分比是 27.6%。

对于不同的误差模型和不同的 ω，总有回归系数估值的相对均方误差均小于等于 $\bar{d}$ 的百分比大于等于回归系数估值的相对真误差均小于等于 $\bar{d}$ 的百分比，特别是当 $\omega > 0.01\%$ 时，两者存在显著的差异，参数估计方法得到的方差因子偏小，缺乏足够的可信度。

10.4.2 四元线性回归估值漂移的讨论

1. 回归系数的估值漂移

在 EIV 误差模型下，当 $\omega > 0.01\%$ 时，回归系数可能产生显著的估值漂移。在 EIOO 误差模型下，当 $\omega > 0.05\%$ 时，回归系数可能产生显著的估值漂移。在 EIVO 误差模型下，当 $\omega > 0.01\%$ 时，回归系数可能产生显著的估值漂移。

2. 回归系数估值的有效性和 ω 的选取

在 EIV 误差模型下，当 $\omega \approx 0.01\%$ 或 $\omega < 0.01\%$ 时，回归系数估值的相对真误

差均小于等于 $\bar{d}=50\%$；当 $\omega\approx 0.005\%$ 或 $\omega<0.005\%$ 时，回归系数估值的相对真误差均小于等于 $\bar{d}=10\%$；当 $\omega\approx 0.001\%$ 或 $\omega<0.001\%$ 时，回归系数估值的相对真误差均小于等于 $\bar{d}=1\%$。

在 EIOO 误差模型下，当 $\omega\approx 0.01\%$ 或 $\omega<0.01\%$ 时，回归系数估值的相对真误差均小于等于 $\bar{d}=50\%$；当 $\omega\approx 0.005\%$ 或 $\omega<0.005\%$ 时，回归系数估值的相对真误差均小于等于 $\bar{d}=10\%$；当 $\omega\approx 0.001\%$ 或 $\omega<0.001\%$ 时，回归系数估值的相对真误差均小于等于 $\bar{d}=1\%$。

在 EIVO 误差模型下，当 $\omega\approx 0.01\%$ 或 $\omega<0.01\%$ 时，回归系数估值的相对真误差均小于等于 $\bar{d}=50\%$；当 $\omega\approx 0.005\%$ 或 $\omega<0.005\%$ 时，回归系数估值的相对真误差均小于等于 $\bar{d}=10\%$；当 $\omega\approx 0.001\%$ 或 $\omega<0.001\%$ 时，回归系数估值的相对真误差均小于等于 $\bar{d}=1\%$。

3. *方差因子的有效性*

在三种不同的误差模型下，对于不同的 ω，总有回归系数估值的相对均方误差均小于等于 $\bar{d}$ 的百分比大于等于回归系数估值的相对真误差均小于等于 $\bar{d}$ 的百分比，以及回归系数估值相对均方误差的平均值小于等于回归系数估值相对真误差的平均值，特别是当 $\omega>0.01\%$ 时，两者存在着显著的差异，参数估计方法得到的方差因子偏小，缺乏足够的可信度。

10.5　五元线性回归的估值漂移

10.5.1　五元线性回归估值漂移算例

五元线性回归的理论回归方程为

$$\tilde{y}=-77.8891-0.9808\tilde{x}_1-0.2357\tilde{x}_2-0.0586\tilde{x}_3+0.3741\tilde{x}_4+0.5845\tilde{x}_5$$

14 组观测值真值 $(\tilde{y},\tilde{x}_1,\tilde{x}_2,\tilde{x}_3,\tilde{x}_4,\tilde{x}_5)$ 加随机误差 $(\varDelta_y,\varDelta_{x1},\varDelta_{x2},\varDelta_{x3},\varDelta_{x4},\varDelta_{x5})$ 得到模拟观测值 (y,x_1,x_2,x_3,x_4,x_5)（简称观测值），随机误差 $(\varDelta_y,\varDelta_{x1},\varDelta_{x2},\varDelta_{x3},\varDelta_{x4},\varDelta_{x5})$ 均服从 $N(0.0,\sigma_0^2)$，$\sigma_0^2=0.47^2$，均方误差 0.47 为观测值绝对值均值 $\bar{y}=93$ 的 0.50%。在三种误差模型下，分别用总体最小二乘法计算其回归方程 $\hat{y}=\hat{b}_0+\hat{b}_1\hat{x}_1+\hat{b}_2\hat{x}_2+\hat{b}_3\hat{x}_3+\hat{b}_4\hat{x}_4+\hat{b}_5\hat{x}_5$。模型理论观测值和模拟观测值见表 10.51，对于不同误差模型的回归系数估值、相对真误差以及相对均方误差见表 10.52(EIV 模型)、表 10.54(EIOO 模型)和表 10.56(EIVO 模型)，对于不同误差模型的观测值真误差以及相对真误差见表 10.53(EIV 模型)、表 10.55(EIOO 模型)和表 10.57(EIVO 模型)。

表 10.51　模型理论观测值和模拟观测值

序号	$\tilde{y}$	$\tilde{x}_1$	$\tilde{x}_2$	$\tilde{x}_3$	$\tilde{x}_4$	$\tilde{x}_5$	$\varDelta_y$	$\varDelta_{x1}$	$\varDelta_{x2}$
1	90.649	87.2	147.8	308.0	112.1	453.4	0.25	0.69	0.66
2	93.395	87.1	150.0	320.6	116.6	457.2	0.85	0.33	0.76
3	95.089	88.6	153.5	297.9	113.4	463.8	−1.05	−0.14	0.14
4	96.294	90.0	157.3	303.5	117.0	468.0	0.40	−0.50	−0.38
5	94.399	91.1	159.7	296.0	117.5	466.5	0.15	0.64	−0.80
6	93.752	89.8	154.6	285.8	113.8	462.5	−0.61	0.15	−0.40
7	92.981	90.7	151.7	301.1	114.2	462.8	−0.20	0.51	0.52
8	92.897	91.8	149.4	261.9	111.3	461.5	0.16	−0.52	0.00
9	90.541	89.8	148.7	253.4	108.3	454.9	−0.63	−0.10	0.52
10	91.648	86.0	138.8	267.6	106.5	449.0	0.34	0.51	0.72
11	90.934	82.8	137.8	258.0	106.1	441.3	−0.03	−0.49	1.09
12	90.391	81.9	134.6	245.7	106.0	436.4	0.33	0.41	−0.36
13	89.792	80.8	131.6	243.1	110.0	429.5	−0.10	−0.08	−0.09
14	90.649	87.2	147.8	308.0	112.1	453.4	−0.06	0.74	−0.37

序号	$\varDelta_{x3}$	$\varDelta_{x4}$	$\varDelta_{x5}$	y	x_1	x_2	x_3	x_4	x_5
1	0.66	0.31	−0.56	90.899	87.89	148.46	308.66	112.41	452.84
2	0.23	0.48	0.34	94.248	87.43	150.76	320.83	117.08	457.54
3	−0.37	0.41	−0.53	94.039	88.46	153.64	297.53	113.81	463.27
4	0.67	0.15	−0.35	96.695	89.50	156.92	304.17	117.15	467.65
5	−0.05	−0.11	0.15	94.547	91.74	158.90	295.95	117.39	466.65
6	−0.01	−0.08	0.29	93.144	89.95	154.20	285.79	113.72	462.79
7	−0.40	0.04	−0.56	92.779	91.21	152.22	300.70	114.24	462.24
8	0.71	−0.36	0.17	93.056	91.28	149.40	262.61	110.94	461.67
9	−0.51	0.02	0.26	89.913	89.70	149.22	252.89	108.32	455.16
10	0.04	−0.69	−0.35	91.985	86.51	139.52	267.64	105.81	448.65
11	−0.29	0.35	−0.09	90.905	82.31	138.89	257.71	106.45	441.21
12	−0.65	−0.66	0.23	90.723	82.31	134.24	245.05	105.34	436.63
13	0.66	0.14	0.09	89.697	80.72	131.51	243.76	110.14	429.59
14	0.32	0.39	−0.11	90.591	87.94	147.43	308.32	112.49	453.29

注：$(\varDelta_y,\varDelta_{x1},\varDelta_{x2},\varDelta_{x3},\varDelta_{x4},\varDelta_{x5})$ 表示模拟真误差，$(\tilde{y},\tilde{x}_1,\tilde{x}_2,\tilde{x}_3,\tilde{x}_4,\tilde{x}_5)$ 为理论观测值，(y,x_1,x_2,x_3,x_4,x_5) 为对应的模拟观测值，$y=\tilde{y}+\varDelta_y$ 、 $x_1=\tilde{x}_1+\varDelta_x$ 、 $x_2=\tilde{x}_2+\varDelta_{x2}$ 、 $x_3=\tilde{x}_3+\varDelta_{x3}$ 、 $x_4=\tilde{x}_4+\varDelta_{x4}$ 、 $x_5=\tilde{x}_5+\varDelta_{x5}$ 。在 EIV 误差模型下解算回归方程时，观测数据为 (y,x_1,x_2,x_3,x_4,x_5) ；在 EIOO 模型下解算时，观测数据为 $(y,\tilde{x}_1,\tilde{x}_2,\tilde{x}_3,\tilde{x}_4,\tilde{x}_5)$ ；在 EIVO 模型下解算时，观测数据为 $(\tilde{y},x_1,x_2,x_3,x_4,x_5)$ 。

表 10.52　EIV 模型回归系数估值、相对真误差以及相对均方误差

项目	理论值	$\hat{b}$	R_b	$\hat{\sigma}_{b0}$	R_{b0}
b_0	−77.889	−137.566	76.6	0.429	0.3
b_1	−0.981	−0.847	13.7	0.002	0.2
b_2	−0.236	−0.675	186.4	0.002	0.3
b_3	−0.059	−0.032	45.1	0.000	0.4
b_4	0.374	0.490	31.0	0.001	0.3
b_5	0.585	0.788	34.8	0.002	0.2

注：$\hat{b}$ 表示回归系数估值；R_b 表示回归系数估值 $(\hat{b}_0,\hat{b}_1,\hat{b}_2,\hat{b}_3,\hat{b}_4,\hat{b}_5)$ 的相对真误差(%)；$\hat{\sigma}_{b0}$ 表示回归系数估值的均方误差；R_{b0} 表示回归系数估值 $(\hat{b}_0,\hat{b}_1,\hat{b}_2,\hat{b}_3,\hat{b}_4,\hat{b}_5)$ 的相对均方误差(%)。观测值估值验后中误差为 0.0065。表 10.54 和表 10.56 中的数值含义与表 10.52 相同。

表 10.53　EIV 模型观测值真误差及其相对真误差(%)

序号	$\hat{y}$	$\hat{x}_1$	$\hat{x}_2$	$\hat{x}_3$	$\hat{x}_4$	$\hat{x}_5$	f_y	f_{x1}	f_{x2}
1	90.899	87.893	148.455	308.659	112.412	452.838	0.250	0.700	0.655
2	94.248	87.434	150.758	320.827	117.081	457.538	0.853	0.333	0.758
3	94.039	88.459	153.637	297.534	113.813	463.267	−1.050	−0.149	0.137
4	96.695	89.503	156.924	304.169	117.151	467.649	0.401	−0.499	−0.376
5	94.547	91.737	158.904	295.952	117.388	466.648	0.148	0.646	−0.796
6	93.144	89.945	154.198	285.786	113.723	462.792	−0.608	0.143	−0.402
7	92.779	91.208	152.216	300.698	114.236	462.235	−0.202	0.506	0.516
8	93.056	91.282	149.397	262.613	110.942	461.673	0.159	−0.525	−0.003
9	89.913	89.695	149.220	252.894	108.315	455.157	−0.628	−0.102	0.520
10	91.985	86.512	139.518	267.640	105.806	448.655	0.337	0.513	0.718
11	90.905	82.306	138.893	257.714	106.448	441.211	−0.029	−0.492	1.093
12	90.723	82.313	134.244	245.048	105.339	436.627	0.332	0.418	−0.356
13	89.697	80.718	131.509	243.760	110.136	429.592	−0.095	−0.085	−0.091
14	90.591	87.938	147.426	308.324	112.488	453.287	−0.058	0.736	−0.374

序号	f_{x3}	f_{x4}	f_{x5}	R_y	R_{x1}	R_{x2}	R_{x3}	R_{x4}	R_{x5}
1	0.659	0.312	−0.562	0.3	0.8	0.4	0.2	0.3	0.1
2	0.227	0.481	0.338	0.9	0.4	0.5	0.1	0.4	0.1
3	−0.366	0.413	−0.533	1.1	0.2	0.1	0.1	0.4	0.1
4	0.669	0.151	−0.351	0.4	0.6	0.2	0.2	0.1	0.1
5	−0.047	−0.112	0.148	0.2	0.7	0.5	0.0	0.1	0.0

续表

序号	f_{x3}	f_{x4}	f_{x5}	R_y	R_{x1}	R_{x2}	R_{x3}		R_{x4}	R_{x5}
6	−0.014	−0.077	0.292	0.6	0.2	0.3	0.0	0.1	0.1
7	−0.402	0.036	−0.565	0.2	0.6	0.3	0.1	0.0	0.1
8	0.713	−0.358	0.173	0.2	0.6	0.0	0.3	0.3	0.0
9	−0.506	0.015	0.257	0.7	0.1	0.3	0.2	0.0	0.1
10	0.040	−0.694	−0.345	0.4	0.6	0.5	0.0	0.7	0.1
11	−0.286	0.348	−0.089	0.0	0.6	0.8	0.1	0.3	0.0
12	−0.652	−0.661	0.227	0.4	0.5	0.3	0.3	0.6	0.1
13	0.660	0.136	0.092	0.1	0.1	0.1	0.3	0.1	0.0
14	0.324	0.388	−0.113	0.1	0.8	0.3	0.1	0.3	0.0

注：($f_y, f_{x1}, f_{x2}, f_{x3}, f_{x4}, f_{x5}$) 分别表示观测值估值 ($\hat{y}, \hat{x}_1, \hat{x}_2, \hat{x}_3, \hat{x}_4, \hat{x}_5$) 的真误差；($R_y, R_{x1}, R_{x2}, R_{x3}, R_{x4}, R_{x5}$) 分别表示观测值 ($\hat{y}, \hat{x}_1, \hat{x}_2, \hat{x}_3, \hat{x}_4, \hat{x}_5$) 的相对真误差(%)。表 10.55 和表 10.57 中的数值含义与表 10.53 相同。

表 10.54　EIOO 模型回归系数估值、相对真误差以及相对均方误差(%)

项目	理论值	$\hat{b}$	R_b	$\hat{\sigma}_{b0}$	R_{b0}
b_0	−77.889	−122.784	57.6	0.254	0.2
b_1	−0.981	−1.058	7.8	0.002	0.1
b_2	−0.236	−0.471	100.0	0.001	0.2
b_3	−0.059	−0.061	4.4	0.000	0.2
b_4	0.374	0.550	47.1	0.001	0.2
b_5	0.585	0.733	25.4	0.001	0.1

注：观测值估值验后中误差为 0.0050。

表 10.55　EIOO 模型观测值真误差及其相对真误差(%)

序号	$\hat{y}$	$\hat{x}_1$	$\hat{x}_2$	$\hat{x}_3$	$\hat{x}_4$	$\hat{x}_5$	f_y	f_{x1}	f_{x2}
1	90.899	87.200	147.800	308.000	112.100	453.400	0.250	0.004	0.000
2	94.245	87.100	150.000	320.600	116.600	457.200	0.850	0.002	0.000
3	94.039	88.600	153.500	297.900	113.400	463.800	−1.050	−0.009	0.000
4	96.694	90.000	157.300	303.500	117.000	468.000	0.400	0.000	0.000
5	94.549	91.100	159.700	296.000	117.500	466.500	0.150	0.005	0.000
6	93.142	89.800	154.600	285.800	113.800	462.500	−0.610	−0.002	0.000
7	92.781	90.700	151.700	301.100	114.200	462.800	−0.200	−0.005	0.000
8	93.057	91.800	149.400	261.900	111.300	461.500	0.160	0.000	0.000
9	89.911	89.800	148.700	253.400	108.300	454.900	−0.630	0.003	0.000

续表

序号	$\hat{y}$	$\hat{x}_1$	$\hat{x}_2$	$\hat{x}_3$	$\hat{x}_4$	$\hat{x}_5$	f_y	f_{x1}	f_{x2}
10	91.988	86.000	138.800	267.600	106.500	449.000	0.340	−0.001	0.000
11	90.904	82.800	137.800	258.000	106.100	441.300	−0.030	0.002	0.000
12	90.721	81.900	134.600	245.700	106.000	436.400	0.330	0.004	0.000
13	89.692	80.800	131.600	243.100	110.000	429.500	−0.100	−0.003	0.000
14	90.589	87.200	147.800	308.000	112.100	453.400	−0.060	0.001	0.000

序号	f_{x3}	f_{x4}	f_{x5}	R_y	R_{x1}	R_{x2}	R_{x3}	R_{x4}	R_{x5}
1	0.000	0.000	0.000	0.3	0.0	0.0	0.0	0.0	0.0
2	0.000	0.000	0.000	0.9	0.0	0.0	0.0	0.0	0.0
3	0.000	0.000	0.000	1.1	0.0	0.0	0.0	0.0	0.0
4	0.000	0.000	0.000	0.4	0.0	0.0	0.0	0.0	0.0
5	0.000	0.000	0.000	0.2	0.0	0.0	0.0	0.0	0.0
6	0.000	0.000	0.000	0.7	0.0	0.0	0.0	0.0	0.0
7	0.000	0.000	0.000	0.2	0.0	0.0	0.0	0.0	0.0
8	0.000	0.000	0.000	0.2	0.0	0.0	0.0	0.0	0.0
9	0.000	0.000	0.000	0.7	0.0	0.0	0.0	0.0	0.0
10	0.000	0.000	0.000	0.4	0.0	0.0	0.0	0.0	0.0
11	0.000	0.000	0.000	0.0	0.0	0.0	0.0	0.0	0.0
12	0.000	0.000	0.000	0.4	0.0	0.0	0.0	0.0	0.0
13	0.000	0.000	0.000	0.1	0.0	0.0	0.0	0.0	0.0
14	0.000	0.000	0.000	0.1	0.0	0.0	0.0	0.0	0.0

表 10.56　EIVO 模型回归系数估值、相对真误差以及相对均方误差(%)

项目	理论值	$\hat{b}$	R_b	$\hat{\sigma}_{b0}$	R_{b0}
b_0	−77.889	−89.365	14.7	0.277	0.3
b_1	−0.981	−0.813	17.1	0.001	0.2
b_2	−0.236	−0.390	65.6	0.001	0.4
b_3	−0.059	−0.036	39.1	0.000	0.3
b_4	0.374	0.345	7.7	0.001	0.3
b_5	0.585	0.621	6.2	0.001	0.2

注：观测值估值验后中误差为 0.0053。

表 10.57　EIVO 模型观测值真误差及其相对真误差(%)

序号	$\hat{y}$	$\hat{x}_1$	$\hat{x}_2$	$\hat{x}_3$	$\hat{x}_4$	$\hat{x}_5$	f_y	f_{x1}	f_{x2}
1	90.649	87.890	148.460	308.660	112.410	452.840	0.000	0.695	0.660
2	93.395	87.430	150.760	320.830	117.080	457.540	0.000	0.326	0.760
3	95.089	88.460	153.640	297.530	113.810	463.270	0.000	−0.140	0.140
4	96.294	89.500	156.920	304.170	117.150	467.650	0.000	−0.503	−0.380
5	94.399	91.740	158.900	295.950	117.390	466.650	0.000	0.647	−0.800
6	93.752	89.950	154.200	285.790	113.720	462.790	0.000	0.150	−0.400
7	92.981	91.210	152.220	300.700	114.240	462.240	0.000	0.512	0.520
8	92.897	91.280	149.400	262.610	110.940	461.670	0.000	−0.529	0.000
9	90.541	89.700	149.220	252.890	108.320	455.160	0.000	−0.099	0.520
10	91.648	86.510	139.520	267.640	105.810	448.650	0.000	0.513	0.720
11	90.934	82.310	138.890	257.710	106.450	441.210	0.000	−0.491	1.090
12	90.391	82.310	134.240	245.050	105.340	436.630	0.000	0.414	−0.360
13	89.792	80.720	131.510	243.760	110.140	429.590	0.000	−0.080	−0.090
14	90.649	87.940	147.430	308.320	112.490	453.290	0.000	0.737	−0.370

序号	f_{x3}	f_{x4}	f_{x5}	R_y	R_{x1}	R_{x2}	R_{x3}	R_{x4}	R_{x5}
1	0.660	0.310	−0.560	0.0	0.8	0.4	0.2	0.3	0.1
2	0.230	0.480	0.340	0.0	0.4	0.5	0.1	0.4	0.1
3	−0.370	0.410	−0.530	0.0	0.2	0.1	0.1	0.4	0.1
4	0.670	0.150	−0.350	0.0	0.6	0.2	0.2	0.1	0.1
5	−0.050	−0.110	0.150	0.0	0.7	0.5	0.0	0.1	0.0
6	−0.010	−0.080	0.290	0.0	0.2	0.3	0.0	0.1	0.1
7	−0.400	0.040	−0.560	0.0	0.6	0.3	0.1	0.0	0.1
8	0.710	−0.360	0.170	0.0	0.6	0.0	0.3	0.3	0.0
9	−0.510	0.020	0.260	0.0	0.1	0.3	0.2	0.0	0.1
10	0.040	−0.690	−0.350	0.0	0.6	0.5	0.0	0.6	0.1
11	−0.290	0.350	−0.090	0.0	0.6	0.8	0.1	0.3	0.0
12	−0.650	−0.660	0.230	0.0	0.5	0.3	0.3	0.6	0.1
13	0.660	0.140	0.090	0.0	0.1	0.1	0.3	0.1	0.0
14	0.320	0.390	−0.110	0.0	0.8	0.3	0.1	0.3	0.0

1. 回归系数的估值漂移

在 EIV 误差模型下，由表 10.52 可知，回归系数的理论值 $\tilde{b}_0=-77.889$、$\tilde{b}_0=-0.981$、$\tilde{b}_0=-0.236$、$\tilde{b}_0=-0.059$、$\tilde{b}_0=0.374$ 和 $\tilde{b}_0=0.585$，回归系数的估

值$\hat{b}_0=-137.566$、$\hat{b}_1=-0.847$、$\hat{b}_2=-0.675$、$\hat{b}_3=-0.032$、$\hat{b}_4=0.490$和$\hat{b}_5=0.788$，$\hat{b}_0$的相对真误差为 76.6%(大于 50%)，$\hat{b}_1$的相对真误差为 13.7%(小于 50%)，$\hat{b}_2$的相对真误差为 186.4%(大于 50%)，$\hat{b}_3$的相对真误差为 45.1%(小于 50%)，$\hat{b}_4$的相对真误差为 31.0%(小于 50%)，$\hat{b}_5$的相对真误差为 34.8%(小于 50%)，即回归系数估值$\hat{b}_0$和$\hat{b}_2$存在显著的估值漂移。由表 10.53 可知，观测值估值的相对真误差绝对值最大值为 1.1%，即观测值的估值不存在显著的估值漂移。

在 EIOO 误差模型下，由表 10.54 可知，回归系数的估值$\hat{b}_0=-122.784$、$\hat{b}_1=-1.058$、$\hat{b}_2=-0.471$、$\hat{b}_3=-0.061$、$\hat{b}_4=0.550$和$\hat{b}_5=0.733$，$\hat{b}_0$的相对真误差为 57.6%(大于 50%)，$\hat{b}_1$的相对真误差为 7.8%(小于 50%)，$\hat{b}_2$的相对真误差为 100.0%(大于 50%)，$\hat{b}_3$的相对真误差为 4.4%(小于 50%)，$\hat{b}_4$的相对真误差为 47.1%(小于 50%)，$\hat{b}_5$的相对真误差为 25.4%(小于 50%)，即回归系数估值$\hat{b}_0$和$\hat{b}_2$存在显著的估值漂移。由表 10.55 可知，观测值估值的相对真误差绝对值最大值为 1.1%，即观测值的估值不存在显著的估值漂移。

在 EIVO 误差模型下，由表 10.56 可知，回归系数的估值$\hat{b}_0=-89.365$、$\hat{b}_1=-0.813$、$\hat{b}_2=-0.390$、$\hat{b}_3=-0.036$、$\hat{b}_4=0.345$和$\hat{b}_5=0.621$，$\hat{b}_0$的相对真误差为 14.7%(小于 50%)，$\hat{b}_1$的相对真误差为 17.1%(小于 50%)，$\hat{b}_2$的相对真误差为 65.6%(大于 50%)，$\hat{b}_3$的相对真误差为 39.1%(小于 50%)，$\hat{b}_4$的相对真误差为 7.7%(小于 50%)，$\hat{b}_5$的相对真误差为 6.2%(小于 50%)，即仅回归系数估值$\hat{b}_2$存在显著的估值漂移。由表 10.57 可知，观测值估值的相对真误差绝对值最大值为 0.8%，即观测值的估值不存在显著的估值漂移。

2. 方差因子的有效性

在 EIV 误差模型下，由表 10.52 可知，回归系数估值$\hat{b}_0$、$\hat{b}_1$、$\hat{b}_2$、$\hat{b}_3$、$\hat{b}_4$和$\hat{b}_5$的相对真误差分别为 76.6%、13.7%、186.4%、45.1%、31.0%和 34.8%，它们的相对均方误差分别为 0.3%、0.2%、0.3%、0.4%、0.3%和 0.2%，回归系数估值的相对均方误差与对应的相对真误差差异显著，观测值验后中误差估值$\hat{\sigma}_0=0.0065$，小于观测值验前中误差$\sigma_0=0.47$，即方差因子的估值偏小，缺乏足够的可信度。

在 EIOO 误差模型下，由表 10.54 可知，回归系数估值$\hat{b}_0$、$\hat{b}_1$、$\hat{b}_2$、$\hat{b}_3$、$\hat{b}_4$和$\hat{b}_5$的相对真误差分别为 57.6%、7.8%、100.0%、4.4%、47.1%和 25.4%，它们的相对均方误差分别为 0.2%、0.1%、0.2%、0.2%、0.2%和 0.1%，回归系数估值的相对均方误差与对应的相对真误差差异显著，观测值验后中误差估值$\hat{\sigma}_0=0.0050$，小于

观测值验前中误差 $\sigma_0 = 0.47$，即方差因子的估值偏小，缺乏足够的可信度。

在 EIVO 误差模型下，由表 10.56 可知，回归系数估值 $\hat{b}_0$、$\hat{b}_1$、$\hat{b}_2$、$\hat{b}_3$、$\hat{b}_4$ 和 $\hat{b}_5$ 的相对真误差分别为 14.7%、17.1%、65.6%、39.1%、7.7%和 6.2%，它们的相对均方误差分别为 0.3%、0.2%、0.4%、0.3%、0.3%和 0.2%，回归系数估值的相对均方误差与对应的相对真误差差异显著，观测值验后中误差估值 $\hat{\sigma}_0 = 0.0053$，小于观测值验前中误差 $\sigma_0 = 0.47$，即方差因子的估值偏小，缺乏足够的可信度。

10.5.2 五元线性回归仿真实验

1. 仿真实验一

理论回归方程 $\tilde{y} = 40.63613 + 0.5607\tilde{x}_1 - 0.30332\tilde{x}_2 + 0.21899\tilde{x}_3 + 0.11324\tilde{x}_4 - 1.58324\tilde{x}_5$ 的 18 组理论观测值见表 10.58，理论观测值绝对值的平均值约为 33。三种不同的误差模型分别进行了 1000 次仿真实验，回归系数估值的相对真误差均小于等于给定限值的百分比见表 10.59，回归系数估值的相对均方误差均小于等于给定限值的百分比见表 10.60，对于不同误差模型的回归系数估值相对真误差平均值和相对均方误差平均值见表 10.61(EIV 模型)、表 10.62(EIOO 模型)和表 10.63(EIVO 模型)。

表 10.58 五元线性回归的理论观测值

序号	$\tilde{y}$	$\tilde{x}_1$	$\tilde{x}_2$	$\tilde{x}_3$	$\tilde{x}_4$	$\tilde{x}_5$	序号	$\tilde{y}$	$\tilde{x}_1$	$\tilde{x}_2$	$\tilde{x}_3$	$\tilde{x}_4$	$\tilde{x}_5$
1	28.6014	1	31.39	50.26	87.0	8.8	10	32.8676	10	40.86	87.86	93.0	12.9
2	29.4223	2	32.08	55.76	87.5	9.3	11	33.1976	11	41.00	90.30	94.5	13.0
3	32.8395	3	33.34	65.23	88.0	8.6	12	34.2617	12	43.50	101.50	95.5	14.0
4	33.0629	4	34.88	67.01	88.5	8.8	13	35.0468	13	44.00	102.30	96.0	14.3
5	33.2586	5	35.82	69.02	89.5	9.2	14	35.2127	14	48.50	103.50	97.0	14.5
6	33.1416	6	36.32	71.42	90.0	9.9	15	34.4678	15	48.70	103.60	97.5	15.0
7	31.8652	7	36.69	73.51	90.3	11.3	16	34.2548	16	49.00	104.00	98.0	15.5
8	32.8644	8	38.15	78.36	91.5	11.5	17	34.0771	17	49.50	104.50	98.5	15.7
9	28.6014	9	39.55	83.02	92.5	12.3	18	34.3356	18	50.00	105.00	99.0	15.8

表 10.59 不同误差模型回归系数估值相对真误差均小于等于 $\bar{d}$ 的百分比(%)

序号	$\sigma_0(\omega)$	$\bar{d}_{11}$	$\bar{d}_{12}$	$\bar{d}_{13}$	$\bar{d}_{21}$	$\bar{d}_{22}$	$\bar{d}_{23}$	$\bar{d}_{31}$	$\bar{d}_{32}$	$\bar{d}_{33}$
1	1.65(5.00%)	0.0	0.0	0.0	0.0	0.0	0.0	0.0	0.0	0.0
2	0.33(1.00%)	0.0	0.0	0.0	0.0	0.0	0.0	0.0	0.0	0.0
3	0.165(0.50%)	0.0	0.0	0.0	0.1	0.0	0.0	0.0	0.0	0.0
4	0.033(0.10%)	22.3	2.6	0.0	86.4	18.2	0.1	33.9	6.2	0.0

续表

序号	$\sigma_0(\omega)$	$\bar{d}_{11}$	$\bar{d}_{12}$	$\bar{d}_{13}$	$\bar{d}_{21}$	$\bar{d}_{22}$	$\bar{d}_{23}$	$\bar{d}_{31}$	$\bar{d}_{32}$	$\bar{d}_{33}$
5	0.0165(0.05%)	85.7	21.7	0.2	100.0	53.7	2.1	94.9	29.5	0.2
6	0.0033(0.01%)	100.0	95.5	14.4	100.0	100.0	29.9	100.0	97.4	15.4
7	0.0017(0.005%)	100.0	100.0	30.0	100.0	100.0	56.0	100.0	100.0	36.4
8	0.0003(0.001%)	100.0	100.0	95.7	100.0	100.0	100.0	100.0	100.0	98.3

表 10.60　不同误差模型回归系数估值相对均方误差均小于等于 ξ 的百分比(%)

序号	$\sigma_0(\omega)$	ξ_{11}	ξ_{12}	ξ_{13}	ξ_{21}	ξ_{22}	ξ_{23}	ξ_{31}	ξ_{32}	ξ_{33}
1	1.65(5.00%)	97.2	88.4	14.7	99.9	99.7	95.0	94.4	73.3	2.1
2	0.33(1.00%)	98.0	89.3	20.0	96.9	83.3	8.0	97.7	87.1	19.1
3	0.165(0.50%)	96.9	85.8	21.0	99.4	96.0	16.2	97.5	86.0	24.0
4	0.033(0.10%)	93.7	73.0	0.6	99.9	99.7	43.1	96.5	81.0	2.0
5	0.0165(0.05%)	100.0	99.7	44.3	100.0	100.0	100.0	100.0	100.0	67.3
6	0.0033(0.01%)	100.0	100.0	100.0	100.0	100.0	100.0	100.0	100.0	100.0
7	0.0017(0.005%)	100.0	100.0	100.0	100.0	100.0	100.0	100.0	100.0	100.0
8	0.0003(0.001%)	100.0	100.0	100.0	100.0	100.0	100.0	100.0	100.0	100.0

表 10.61　EIV 模型回归系数估值相对真误差平均值和相对均方误差平均值(%)

序号	$\sigma_0(\omega)$	db_0	db_1	db_2	db_3	db_4	db_5	wb_0	wb_1	wb_2	wb_3	wb_4	wb_5	σ_0
1	1.65(5.00%)	3019.8	713.3	859.3	493.2	10676.9	177.5	0.8	10.5	7.5	0.9	1.2	9.8	0.0200
2	0.33(1.00%)	3273.9	788.8	604.2	168.2	11350.7	247.7	0.8	0.7	6.1	0.4	0.9	3.6	0.0053
3	0.165(0.50%)	963.7	211.5	197.9	57.6	3393.7	82.2	0.8	0.6	6.2	0.6	1.2	1.4	0.0039
4	0.033(0.10%)	25.2	6.0	6.7	2.0	89.3	2.7	0.4	0.1	0.2	0.1	12.6	0.1	0.0018
5	0.0165(0.05%)	7.7	2.4	2.7	0.9	27.3	1.0	0.2	0.1	0.1	0.0	0.9	0.0	0.0010
6	0.0033(0.01%)	1.1	0.4	0.5	0.2	4.0	0.2	0.0	0.0	0.0	0.0	0.1	0.0	0.0002
7	0.0017(0.005%)	0.6	0.2	0.3	0.1	2.0	0.1	0.0	0.0	0.0	0.0	0.1	0.0	0.0001
8	0.0003(0.001%)	0.1	0.0	0.0	0.0	0.4	0.0	0.0	0.0	0.0	0.0	0.0	0.0	0.0000

注：σ_0 表示随机误差母体的均方误差，ω 表示均方误差系数；db_i 表示回归系数估值 $\hat{b}_i$ 相对真误差的总体平均值，wb_i 表示回归系数估值 $\hat{b}_i$ 相对均方误差的总体平均值，$i=0,1,2,3,4,5$。后续表格中讨论多元线性回归方程的均方误差，其中 i 的取值随着回归系数的不同而不同，其表格所表达内容相同。表 10.62、表 10.63 中的数值含义与表 10.61 相同。

表 10.62　EIOO 模型回归系数估值相对真误差平均值和相对均方误差平均值(%)

序号	$\sigma_0(\omega)$	db_0	db_1	db_2	db_3	db_4	db_5	wb_0	wb_1	wb_2	wb_3	wb_4	wb_5	σ_0
1	1.65(5.00%)	22703.1	5354.0	4466.7	1335.6	79471.5	1700.6	0.3	0.3	0.3	1.1	0.3	0.4	0.0040
2	0.33(1.00%)	1876.3	442.9	368.3	110.7	6567.2	140.5	1.1	0.9	7.9	0.7	1.2	11.2	0.0038
3	0.165(0.50%)	178.9	42.2	35.6	11.0	626.2	13.5	0.9	0.5	2.1	0.4	2.2	0.4	0.0032
4	0.033(0.10%)	7.8	2.5	2.7	0.8	27.3	1.0	0.2	0.1	0.1	0.0	1.3	0.0	0.0010
5	0.0165(0.05%)	3.2	1.2	1.3	0.4	11.1	0.5	0.1	0.0	0.1	0.0	0.4	0.0	0.0005
6	0.0033(0.01%)	0.6	0.2	0.3	0.1	2.0	0.1	0.0	0.0	0.0	0.0	0.1	0.0	0.0001
7	0.0017(0.005%)	0.3	0.1	0.1	0.0	1.0	0.0	0.0	0.0	0.0	0.0	0.0	0.0	0.0001
8	0.0003(0.001%)	0.1	0.0	0.0	0.0	0.2	0.0	0.0	0.0	0.0	0.0	0.0	0.0	0.0000

表 10.63　EIVO 模型回归系数估值相对真误差平均值和相对均方误差平均值(%)

序号	$\sigma_0(\omega)$	db_0	db_1	db_2	db_3	db_4	db_5	wb_0	wb_1	wb_2	wb_3	wb_4	wb_5	σ_0
1	1.65(5.00%)	335.2	122.5	117.5	51.1	1271.0	108.7	0.9	10.0	8.3	0.8	1.0	9.8	0.0166
2	0.33(1.00%)	1816.7	338.7	457.2	120.8	6482.3	157.7	0.8	0.8	6.0	0.5	0.8	4.0	0.0052
3	0.165(0.50%)	718.8	157.9	139.0	40.2	2526.3	66.4	0.7	0.6	6.0	0.5	1.2	1.5	0.0038
4	0.033(0.10%)	19.7	4.9	5.7	1.7	70.0	2.3	0.4	0.1	0.2	0.1	11.6	0.1	0.0016
5	0.0165(0.05%)	6.0	2.0	2.3	0.7	21.2	0.9	0.2	0.1	0.1	0.0	0.8	0.0	0.0009
6	0.0033(0.01%)	1.0	0.4	0.4	0.1	3.6	0.2	0.0	0.0	0.0	0.0	0.0	0.0	0.0002
7	0.0017(0.005%)	0.5	0.2	0.2	0.1	1.7	0.1	0.0	0.0	0.0	0.0	0.0	0.0	0.0001
8	0.0003(0.001%)	0.1	0.0	0.0	0.0	0.3	0.0	0.0	0.0	0.0	0.0	0.0	0.0	0.0000

1) 回归系数的估值漂移

在 EIV 误差模型下(表 10.59)，当 $\omega = 0.05\%$ 时，回归系数估值的相对真误差均小于等于 $\bar{d} = 50\%$ 的百分比是 85.7%；当 $\omega = 0.01\%$ 时，回归系数估值的相对真误差均小于等于 $\bar{d} = 50\%$ 的百分比是 100.0%；即当 $\omega > 0.01\%$ 时，回归系数可能产生显著的估值漂移。

在 EIOO 误差模型下(表 10.59)，当 $\omega = 0.10\%$ 时，回归系数估值的相对真误差均小于等于 $\bar{d} = 50\%$ 的百分比是 86.4%；当 $\omega = 0.05\%$ 时，回归系数估值的相对真误差均小于等于 $\bar{d} = 50\%$ 的百分比是 100.0%；即当 $\omega > 0.05\%$ 时，回归系数可能产生显著的估值漂移。

在 EIVO 误差模型下(表 10.59)，当 $\omega = 0.05\%$ 时，回归系数估值的相对真误差均小于等于 $\bar{d} = 50\%$ 的百分比是 94.9%；即当 $\omega > 0.05\%$ 时，回归系数可能产生显著的估值漂移。

2) 回归系数估值的有效性和 ω 的选取

在 EIV 误差模型下(表 10.59)，当 $\omega=0.01\%$ 时，回归系数估值的相对真误差均小于等于 $\bar{d}=50\%$ 的百分比是 100.0%，即当 $\omega\approx0.01\%$ 或 $\omega<0.01\%$ 时，回归系数估值的相对真误差均小于等于 $\bar{d}=50\%$；当 $\omega=0.01\%$ 时，回归系数估值的相对真误差均小于等于 $\bar{d}=10\%$ 的百分比是 95.5%，即当 $\omega\approx0.01\%$ 或 $\omega<0.01\%$ 时，回归系数估值的相对真误差均小于等于 $\bar{d}=10\%$；当 $\omega=0.001\%$ 时，回归系数估值的相对真误差均小于等于 $\bar{d}=1\%$ 的百分比是 95.7%，即当 $\omega\approx0.001\%$ 或 $\omega<0.001\%$ 时，回归系数估值的相对真误差均小于等于 $\bar{d}=1\%$。

在 EIOO 误差模型下(表 10.59)，当 $\omega=0.05\%$ 时，回归系数估值的相对真误差均小于等于 $\bar{d}=50\%$ 的百分比是 94.9%，即当 $\omega\approx0.05\%$ 或 $\omega<0.05\%$ 时，回归系数估值的相对真误差均小于等于 $\bar{d}=50\%$；当 $\omega=0.01\%$ 时，回归系数估值的相对真误差均小于等于 $\bar{d}=10\%$ 的百分比是 100.0%，即当 $\omega\approx0.01\%$ 或 $\omega<0.01\%$ 时，回归系数估值的相对真误差均小于等于 $\bar{d}=10\%$；当 $\omega=0.001\%$ 时，回归系数估值的相对真误差均小于等于 $\bar{d}=1\%$ 的百分比是 100.0%，即当 $\omega\approx0.001\%$ 或 $\omega<0.001\%$ 时，回归系数估值的相对真误差均小于等于 $\bar{d}=1\%$。

在 EIVO 误差模型下(表 10.59)，当 $\omega=0.05\%$ 时，回归系数估值的相对真误差均小于等于 $\bar{d}=50\%$ 的百分比是 94.9%，即当 $\omega\approx0.05\%$ 或 $\omega<0.05\%$ 时，回归系数估值的相对真误差均小于等于 $\bar{d}=50\%$；当 $\omega=0.01\%$ 时，回归系数估值的相对真误差均小于等于 $\bar{d}=10\%$ 的百分比是 97.4%，即当 $\omega\approx0.01\%$ 或 $\omega<0.01\%$ 时，回归系数估值的相对真误差均小于等于 $\bar{d}=10\%$；当 $\omega=0.001\%$ 时，回归系数估值的相对真误差均小于等于 $\bar{d}=1\%$ 的百分比是 98.3%，即当 $\omega\approx0.001\%$ 或 $\omega<0.001\%$ 时，回归系数估值的相对真误差均小于等于 $\bar{d}=1\%$。

3) 方差因子的有效性

(1) 在 EIV 误差模型下方差因子的有效性。由表 10.59 和表 10.60 可知，当 $\omega=0.01\%$ 时，回归系数估值的相对真误差均小于等于 $\bar{d}=50\%$ 的百分比是 100.0%，回归系数估值的相对均方误差均小于等于 $\bar{d}=50\%$ 的百分比也是 100.0%；回归系数估值的相对真误差均小于等于 $\bar{d}=10\%$ 的百分比是 95.5%，而回归系数估值的相对均方误差均小于等于 $\bar{d}=10\%$ 的百分比是 100.0%；回归系数估值的相对真误差均小于等于 $\bar{d}=1\%$ 的百分比是 14.4%，而回归系数估值的相对均方误差均小于等于 $\bar{d}=1\%$ 的百分比是 100.0%。对于不同的 ω，总有回归系数估值的相对均方误差均小于等于 $\bar{d}$ 的百分比大于等于回归系数估值的相对真误差均小于等于 $\bar{d}$ 的百分比，特别是当 $\omega>0.01\%$ 时，两者存在显著的差异，参数估计方法得到的方差因子偏小，缺乏足够的可信度。

由表 10.61 可知，当$\omega=0.01\%$时，回归系数估值$\hat{b}_0$、$\hat{b}_1$、$\hat{b}_2$、$\hat{b}_3$、$\hat{b}_4$和$\hat{b}_5$的相对真误差平均值分别是 1.1%、0.4%、0.5%、0.2%、4.0%和 0.2%，而当$\omega=0.01\%$时，回归系数估值$\hat{b}_0$、$\hat{b}_1$、$\hat{b}_2$、$\hat{b}_3$、$\hat{b}_4$和$\hat{b}_5$的相对均方误差的平均值分别是 0.0%、0.0%、0.0%、0.0%、0.1%和 0.0%。对于不同的ω，回归系数估值相对均方误差的平均值小于等于回归系数估值相对真误差的平均值，特别是当$\omega>0.01\%$时，回归系数估值相对均方误差的平均值比回归系数估值相对真误差的平均值要小得多，参数估计方法得到的方差因子偏小，缺乏足够的可信度。

(2) 在 EIOO 误差模型下方差因子的有效性。由表 10.59 和表 10.60 可知，当$\omega=0.05\%$时，回归系数估值的相对真误差均小于等于$\overline{d}=50\%$的百分比是 100.0%，回归系数估值的相对均方误差均小于等于$\overline{d}=50\%$的百分比也是 100.0%；回归系数估值的相对真误差均小于等于$\overline{d}=10\%$的百分比是 53.7%，而回归系数估值的相对均方误差均小于等于$\overline{d}=10\%$的百分比是 100.0%；回归系数估值的相对真误差均小于等于$\overline{d}$的百分比是 2.1%，而回归系数估值的相对均方误差均小于等于$\overline{d}$的百分比是 100.0%。对于不同的ω，总有回归系数估值的相对均方误差均小于等于$\overline{d}$的百分比大于等于回归系数估值的相对真误差均小于等于$\overline{d}$的百分比，特别是当$\omega>0.05\%$时，两者存在显著的差异，参数估计方法得到的方差因子偏小，缺乏足够的可信度。

由表 10.62 可知，当$\omega=0.05\%$时，回归系数估值$\hat{b}_0$、$\hat{b}_1$、$\hat{b}_2$、$\hat{b}_3$、$\hat{b}_4$和$\hat{b}_5$的相对真误差平均值分别是 3.2%、1.2%、1.3%、0.4%、11.1%和 0.5%，回归系数估值$\hat{b}_0$、$\hat{b}_1$、$\hat{b}_2$、$\hat{b}_3$、$\hat{b}_4$和$\hat{b}_5$的相对均方误差的平均值分别是 0.1%、0.0%、0.1%、0.0%、0.4%和 0.0%。总体上，对于不同的ω，回归系数估值相对均方误差的平均值小于等于回归系数相对真误差的平均值，特别是当$\omega>0.01\%$时，回归系数估值相对均方误差的平均值比回归系数估值相对真误差的平均值要小得多，参数估计方法得到的方差因子偏小，缺乏足够的可信度。

(3) 在 EIVO 误差模型下方差因子的有效性。由表 10.59 和表 10.60 可知，当$\omega=0.01\%$时，回归系数估值的相对真误差均小于等于$\overline{d}=50\%$的百分比是 100.0%，回归系数估值的相对均方误差均小于等于$\overline{d}=50\%$的百分比也是 100.0%；回归系数估值的相对真误差均小于等于$\overline{d}=10\%$的百分比是 97.4%，而回归系数估值的相对均方误差均小于等于$\overline{d}=10\%$的百分比是 100.0%；回归系数估值的相对真误差均小于等于$\overline{d}=1\%$的百分比是 15.4%，而回归系数估值的相对均方误差均小于等于$\overline{d}=1\%$的百分比是 100.0%。对于不同的ω，总有回归系数估值的相对均方误差均小于等于 $\bar{d}$ 的百分比大于等于回归系数估值的相对真误差均小于等于 $\bar{d}$ 的百分比，特别是当 $\omega > 0.01\%$ 时，两者存在显著的差异，参数估计方法得到的方差因子偏小，缺乏足够的可信度。

由表 10.63 可知，当 $\omega = 0.01\%$ 时，回归系数估值 $\hat{b}_0$、$\hat{b}_1$、$\hat{b}_2$、$\hat{b}_3$、$\hat{b}_4$ 和 $\hat{b}_5$ 的相对真误差平均值分别是 1.0%、0.4%、0.4%、0.1%、3.6%和 0.2%，回归系数估值 $\hat{b}_0$、$\hat{b}_1$、$\hat{b}_2$、$\hat{b}_3$、$\hat{b}_4$ 和 $\hat{b}_5$ 的相对均方误差的平均值分别是 0.0%、0.0%、0.0%、0.0%、0.0%和 0.0%。总体上，对于不同的 ω，回归系数估值相对均方误差的平均值小于等于回归系数相对真误差的平均值，特别是当 $\omega > 0.01\%$ 时，回归系数估值相对均方误差的平均值比回归系数估值相对真误差的平均值要小得多，即参数估计方法得到的方差因子偏小，缺乏足够的可信度。

2. 仿真实验二

理论回归方程 $\tilde{y} = 116.170 + 0.269\tilde{x}_1 + 0.916\tilde{x}_2 + 41.804\tilde{x}_3 - 0.169\tilde{x}_4 + 0.041\tilde{x}_5$ 的 16 组理论观测值见表 10.64，理论观测值绝对值的平均值约为 10。三种不同的误差模型分别进行了 1000 次仿真实验，回归系数估值的相对真误差均小于等于给定限值的百分比见表 10.65，回归系数估值的相对均方误差均小于等于给定限值的百分比见表 10.66。

表 10.64　五元线性回归的理论观测值

序号	$\tilde{y}$	$\tilde{x}_1$	$\tilde{x}_2$	$\tilde{x}_3$	$\tilde{x}_4$	$\tilde{x}_5$	序号	$\tilde{y}$	$\tilde{x}_1$	$\tilde{x}_2$	$\tilde{x}_3$	$\tilde{x}_4$	$\tilde{x}_5$
1	3.4882	3.684	6	0.00	840	250.0	9	9.7444	3.097	10	0.45	843	176.5
2	5.0442	3.268	6	0.35	840	239.7	10	10.5732	2.947	6	0.50	830	182.5
3	5.9912	2.306	10	0.35	838	171.5	11	10.6908	2.711	6	0.50	843	240.5
4	6.3436	2.919	6	0.35	818	183.0	12	11.6609	1.667	8	0.50	828	164.5
5	7.2303	2.885	8	0.30	825	240.0	13	13.8289	4.439	12	0.45	846	235.0
6	7.358	3.309	10	0.35	840	206.5	14	14.4604	2.351	12	0.50	845	209.0
7	7.7375	2.335	8	0.35	825	205.0	15	14.761	3.604	12	0.50	840	187.5
8	8.4572	1.953	6	0.45	835	209.0	16	18.7633	3.741	12	0.50	830	243.0

表 10.65　不同误差模型回归系数估值相对真误差均小于等于 $\bar{d}$ 的百分比(%)

序号	$\sigma_0(\omega)$	$\bar{d}_{11}$	$\bar{d}_{12}$	$\bar{d}_{13}$	$\bar{d}_{21}$	$\bar{d}_{22}$	$\bar{d}_{23}$	$\bar{d}_{31}$	$\bar{d}_{32}$	$\bar{d}_{33}$
1	0.5(5.00%)	0.0	0.0	0.0	44.7	2.2	0.0	0.0	0.0	0.0
2	0.1(1.00%)	0.0	0.0	0.0	99.8	45.3	0.4	0.0	0.0	0.0
3	0.05(0.50%)	0.0	0.0	0.0	100.0	76.8	2.7	0.0	0.0	0.0
4	0.01(0.10%)	52.8	4.6	0.0	100.0	100.0	45.4	54.7	4.9	0.0

续表

序号	$\sigma_0(\omega)$	$\bar{d}_{11}$	$\bar{d}_{12}$	$\bar{d}_{13}$	$\bar{d}_{21}$	$\bar{d}_{22}$	$\bar{d}_{23}$	$\bar{d}_{31}$	$\bar{d}_{32}$	$\bar{d}_{33}$
5	0.005(0.05%)	85.6	21.0	0.0	100.0	100.0	76.8	88.6	28.9	0.0
6	0.001(0.01%)	100.0	84.7	6.4	100.0	100.0	100.0	100.0	94.3	8.3
7	0.0005(0.005%)	100.0	99.5	18.2	100.0	100.0	100.0	100.0	99.5	33.5
8	0.0001(0.001%)	100.0	100.0	90.0	100.0	100.0	100.0	100.0	100.0	90.8

表 10.66　不同误差模型回归系数估值相对均方误差均小于等于 ξ 的百分比(%)

序号	$\sigma_0(\omega)$	ξ_{11}	ξ_{12}	ξ_{13}	ξ_{21}	ξ_{22}	ξ_{23}	ξ_{31}	ξ_{32}	ξ_{33}
1	0.5(5.00%)	99.2	95.2	59.0	99.2	97.2	72.6	98.4	95.4	62.0
2	0.1(1.00%)	99.4	95.8	49.4	100.0	100.0	100.0	99.0	96.4	54.0
3	0.05(0.50%)	99.4	97.0	59.6	100.0	100.0	100.0	99.8	96.6	57.8
4	0.01(0.10%)	99.8	98.6	76.8	100.0	100.0	100.0	100.0	98.6	77.8
5	0.005(0.05%)	100.0	99.6	98.4	100.0	100.0	100.0	100.0	100.0	98.0
6	0.001(0.01%)	100.0	100.0	100.0	100.0	100.0	100.0	100.0	100.0	100.0
7	0.0005(0.005%)	100.0	100.0	100.0	100.0	100.0	100.0	100.0	100.0	100.0
8	0.0001(0.001%)	100.0	100.0	100.0	100.0	100.0	100.0	100.0	100.0	100.0

1) 回归系数的估值漂移

在 EIV 误差模型下(表 10.65)，当 $\omega = 0.05\%$ 时，回归系数估值的相对真误差均小于等于 $\bar{d} = 50\%$ 的百分比是 85.6%；当 $\omega = 0.01\%$ 时，回归系数估值的相对真误差均小于等于 $\bar{d} = 50\%$ 的百分比是 100.0%；即当 $\omega > 0.01\%$ 时，回归系数可能产生显著的估值漂移。

在 EIOO 误差模型下(表 10.65)，当 $\omega = 5.00\%$ 时，回归系数估值的相对真误差均小于等于 $\bar{d} = 50\%$ 的百分比是 44.7%；当 $\omega = 1.00\%$ 时，回归系数估值的相对真误差均小于等于 $\bar{d} = 50\%$ 的百分比是 99.8%；即当 $\omega > 1.00\%$ 时，回归系数可能产生显著的估值漂移。

在 EIVO 误差模型下(表 10.65)，当 $\omega = 0.05\%$ 时，回归系数估值的相对真误差均小于等于 $\bar{d} = 50\%$ 的百分比是 88.6%；当 $\omega = 0.01\%$ 时，回归系数估值的相对真误差均小于等于 $\bar{d} = 50\%$ 的百分比是 100.0%；即当 $\omega > 0.01\%$ 时，回归系数可能产生显著的估值漂移。

2) 回归系数估值的有效性和 ω 的选取

在 EIV 误差模型下(表 10.65)，当 $\omega = 0.01\%$ 时，回归系数估值的相对真误差均小于等于 $\bar{d} = 50\%$ 的百分比是 100.0%，即当 $\omega \approx 0.01\%$ 或 $\omega < 0.01\%$ 时，回归系

数估值的相对真误差均小于等于 $\overline{d}=50\%$；当 $\omega=0.005\%$ 时，回归系数估值的相对真误差均小于等于 $\overline{d}=10\%$ 的百分比是 99.5%，即当 $\omega\approx0.005\%$ 或 $\omega<0.005\%$ 时，回归系数估值的相对真误差均小于等于 $\overline{d}=10\%$；当 $\omega=0.001\%$ 时，回归系数估值的相对真误差均小于等于 $\overline{d}=1\%$ 的百分比是 100.0%，即当 $\omega\approx0.001\%$ 或 $\omega<0.001\%$ 时，回归系数估值的相对真误差均小于等于 $\overline{d}=1\%$。

在 EIOO 误差模型下(表 10.65)，当 $\omega=1.00\%$ 时，回归系数估值的相对真误差均小于等于 $\overline{d}=50\%$ 的百分比是 99.8%，即当 $\omega\approx1.00\%$ 或 $\omega<1.00\%$ 时，回归系数估值的相对真误差均小于等于 $\overline{d}=50\%$；当 $\omega=0.10\%$ 时，回归系数估值的相对真误差均小于等于 $\overline{d}=10\%$ 的百分比是 100.0%，即当 $\omega\approx0.10\%$ 或 $\omega<0.10\%$ 时，回归系数估值的相对真误差均小于等于 $\overline{d}=10\%$；当 $\omega=0.01\%$ 时，回归系数估值的相对真误差均小于等于 $\overline{d}=1\%$ 的百分比是 90.0%，即当 $\omega\approx0.01\%$ 或 $\omega<0.01\%$ 时，回归系数估值的相对真误差均小于等于 $\overline{d}=1\%$。

在 EIVO 误差模型下(表 10.65)，当 $\omega=0.01\%$ 时，回归系数估值的相对真误差均小于等于 $\overline{d}=50\%$ 的百分比是 100.0%，即当 $\omega\approx0.01\%$ 或 $\omega<0.01\%$ 时，回归系数估值的相对真误差均小于等于 $\overline{d}=50\%$；当 $\omega=0.01\%$ 时，回归系数估值的相对真误差均小于等于 $\overline{d}=10\%$ 的百分比是 94.3%，即当 $\omega\approx0.01\%$ 或 $\omega<0.01\%$ 时，回归系数估值的相对真误差均小于等于 $\overline{d}=10\%$；当 $\omega=0.001\%$ 时，回归系数估值的相对真误差均小于等于 $\overline{d}=1\%$ 的百分比是 90.8%，即当 $\omega\approx0.001\%$ 或 $\omega<0.001\%$ 时，回归系数估值的相对真误差均小于等于 $\overline{d}=1\%$。

3) 方差因子的有效性

在 EIV 误差模型下，由表 10.65 和表 10.66 可知，当 $\omega=0.05\%$ 时，回归系数估值的相对真误差均小于等于 $\overline{d}=50\%$ 的百分比是 85.6%，而回归系数估值的相对均方误差均小于等于 $\overline{d}=50\%$ 的百分比是 100.0%；回归系数估值的相对真误差均小于等于 $\overline{d}=10\%$ 的百分比是 21.0%，而回归系数估值的相对均方误差均小于等于 $\overline{d}=10\%$ 的百分比是 99.6%；回归系数估值的相对真误差均小于等于 $\overline{d}=1\%$ 的百分比是 0.0%，而回归系数估值的相对均方误差均小于等于 $\overline{d}=1\%$ 的百分比是 98.4%。

在 EIOO 误差模型下，由表 10.65 和表 10.66 可知，当 $\omega=0.05\%$ 时，回归系数估值的相对真误差均小于等于 $\overline{d}=50\%$ 的百分比是 100.0%，回归系数估值的相对均方误差均小于等于 $\overline{d}=50\%$ 的百分比也是 100.0%；回归系数估值的相对真误差均小于等于 $\overline{d}=10\%$ 的百分比是 100.0%，而回归系数估值的相对均方误差均小于等于 $\overline{d}=10\%$ 的百分比是 100.0%；回归系数估值的相对真误差均小于等于

$\bar{d}=1\%$ 的百分比是 76.8%，而回归系数估值的相对均方误差均小于等于 $\bar{d}=1\%$ 的百分比是 100.0%。

在 EIVO 误差模型下，由表 10.65 和表 10.66 可知，当 $\omega=0.05\%$ 时，回归系数估值的相对真误差均小于等于 $\bar{d}=50\%$ 的百分比是 88.6%，而回归系数估值的相对均方误差均小于等于 $\bar{d}=50\%$ 的百分比是 100.0%；回归系数估值的相对真误差均小于等于 $\bar{d}=10\%$ 的百分比是 28.9%，而回归系数估值的相对均方误差均小于等于 $\bar{d}=10\%$ 的百分比是 100.0%；回归系数估值的相对真误差均小于等于 $\bar{d}=1\%$ 的百分比是 0.0%，而回归系数估值的相对均方误差均小于等于 $\bar{d}=1\%$ 的百分比是 98.0%。

对于不同的误差模型和不同的 ω，总有回归系数估值的相对均方误差均小于等于 $\bar{d}$ 的百分比大于等于回归系数估值的相对真误差均小于等于 $\bar{d}$ 的百分比，特别是当 $\omega>0.01\%$ 时，两者存在显著的差异，参数估计方法得到的方差因子偏小，缺乏足够的可信度。

10.5.3　五元线性回归估值漂移的讨论

1. 回归系数的估值漂移

在 EIV 误差模型下，当 $\omega>0.01\%$ 时，回归系数估值可能产生显著的估值漂移。在 EIOO 误差模型下，当 $\omega>0.05\%$ 时，回归系数可能产生显著的估值漂移。在 EIVO 误差模型下，当 $\omega>0.01\%$ 时，回归系数可能产生显著的估值漂移。

2. 回归系数估值的有效性和 ω 的选取

在 EIV 误差模型下，当 $\omega\approx0.01\%$ 或 $\omega<0.01\%$ 时，回归系数估值的相对真误差均小于等于 $\bar{d}=50\%$；当 $\omega\approx0.005\%$ 或 $\omega<0.005\%$ 时，回归系数估值的相对真误差均小于等于 $\bar{d}=10\%$；当 $\omega\approx0.001\%$ 或 $\omega<0.001\%$ 时，回归系数估值的相对真误差均小于等于 $\bar{d}=1\%$。

在 EIOO 误差模型下，当 $\omega\approx1.00\%$ 或 $\omega<1.00\%$ 时，回归系数估值的相对真误差均小于等于 $\bar{d}=50\%$；当 $\omega\approx0.10\%$ 或 $\omega<0.10\%$ 时，回归系数估值的相对真误差均小于等于 $\bar{d}=10\%$；当 $\omega\approx0.01\%$ 或 $\omega<0.01\%$ 时，回归系数估值的相对真误差均小于等于 $\bar{d}=1\%$。

在 EIVO 误差模型下，当 $\omega\approx0.01\%$ 或 $\omega<0.01\%$ 时，回归系数估值的相对真误差均小于等于 $\bar{d}=50\%$；当 $\omega\approx0.005\%$ 或 $\omega<0.005\%$ 时，回归系数估值的相对真误差均小于等于 $\bar{d}=10\%$；当 $\omega\approx0.001\%$ 或 $\omega<0.001\%$ 时，回归系数估值的相对真误差均小于等于 $\bar{d}=1\%$。

3. 方差因子的有效性

在三种不同的误差模型下，对于不同的ω，总有回归系数估值的相对均方误差均小于等于$\bar{d}$的百分比大于等于回归系数估值的相对真误差均小于等于$\bar{d}$的百分比，回归系数估值相对均方误差的平均值小于等于回归系数估值相对真误差的平均值，特别是当$\omega > 0.01\%$时，两者存在显著的差异，参数估计方法得到的方差因子偏小，缺乏足够的可信度。

10.6　总体最小二乘法线性回归估值漂移总结

通过一元至五元线性回归算例和仿真实验，说明了 TLS 法在三种误差影响模型下解算一元至五元线性回归中回归系数估值存在的估值漂移问题。本章讨论在三种误差模型下，回归系数估值出现漂移的可能性与均方误差系数的关系，确定了一元至五元线性回归中可能出现估值漂移的均方误差系数，即回归系数估值可能发生漂移时的均方误差系数ω。三种误差模型下 TLS 法一元至五元线性回归系数估值漂移的均方误差系数见表 10.67。

表 10.67　TLS 法线性回归系数估值漂移的均方误差系数 ω (%)

序号	维数	$\bar{d}_{11}$	$\bar{d}_{12}$	$\bar{d}_{13}$	$\bar{d}_{21}$	$\bar{d}_{22}$	$\bar{d}_{23}$	$\bar{d}_{31}$	$\bar{d}_{32}$	$\bar{d}_{33}$
1	一元	1.00	0.10	0.01	1.00	0.50	0.05	1.00	0.10	0.01
2	二元	0.10	0.05	0.005	0.5	0.10	0.01	0.10	0.05	0.005
3	三元	0.05	0.01	0.001	0.10	0.01	0.001	0.05	0.01	0.001
4	四元	0.01	0.005	0.001	0.05	0.01	0.001	0.01	0.005	0.001
5	五元	0.01	0.005	0.001	0.05	0.01	0.001	0.01	0.005	0.001

注：$\bar{d}_{i1}$ 表示回归系数估值的相对真误差均小于等于 $\bar{d}=50\%$ 的均方误差系数，$\bar{d}_{i2}$ 表示回归系数估值的相对真误差均小于等于 $\bar{d}=10\%$ 的均方误差系数，$\bar{d}_{i3}$ 表示回归系数估值的相对真误差均小于等于 $\bar{d}=1\%$ 的均方误差系数；$i=1$ 表示 EIV 模型，$i=2$ 表示 EIOO 模型，$i=3$ 表示 EIVO 模型。

1. 总体最小二乘法线性回归估值漂移的初步判定

(1) TLS 法线性回归估值漂移的判定方法。用σ_0表示观测值母体的均方误差，$|\bar{y}|$表示参与回归计算的观测值绝对值的平均值，ω表示均方误差系数，当

$$\hat{\omega}=\frac{\sigma_0}{|\bar{y}|}>\omega$$

时就认为回归系数估值可能产生估值漂移。在实际应用中用均方误差的估值 $\hat{\sigma}_0$ 代替观测值母体的均方误差 σ_0 ，$\hat{\sigma}_0$ 可用 LS 法计算得到。

(2) 一元线性回归的估值漂移。当 $\hat{\omega}>1.0\%$ 时，回归系数的估值就可能产生估值漂移。总体上，当 $\hat{\omega}\approx 1.0\%$ 或 $\hat{\omega}<1.0\%$ 时，参数估值的有效数字为 1 位；当 $\hat{\omega}\approx 0.1\%$ 或 $\hat{\omega}<0.1\%$ 时，参数估值的有效数字为 2 位；当 $\hat{\omega}\approx 0.01\%$ 或 $\hat{\omega}<0.01\%$ 时，参数估值的有效数字为 3 位。

(3) 二元线性回归的估值漂移。当 $\hat{\omega}>0.1\%$ 时，回归系数的估值就可能产生估值漂移。总体上，当 $\hat{\omega}\approx 0.1\%$ 或 $\hat{\omega}<0.1\%$ 时，参数估值的有效数字为 1 位；当 $\hat{\omega}\approx 0.05\%$ 或 $\hat{\omega}<0.05\%$ 时，参数估值的有效数字为 2 位；当 $\hat{\omega}\approx 0.005\%$ 或 $\hat{\omega}<0.005\%$ 时，参数估值的有效数字为 3 位。

(4) 三元线性回归的估值漂移。当 $\hat{\omega}>0.05\%$ 时，回归系数的估值就可能产生估值漂移。总体上，当 $\hat{\omega}\approx 0.05\%$ 或 $\hat{\omega}<0.05\%$ 时，参数估值的有效数字为 1 位；当 $\hat{\omega}\approx 0.01\%$ 或 $\hat{\omega}<0.01\%$ 时，参数估值的有效数字为 2 位；当 $\hat{\omega}\approx 0.001\%$ 或 $\hat{\omega}<0.001\%$ 时，参数估值的有效数字为 3 位。

(5) 四元和五元线性回归的估值漂移。当 $\hat{\omega}>0.01\%$ 时，回归系数的估值就可能产生估值漂移。总体上，当 $\hat{\omega}\approx 0.01\%$ 或 $\hat{\omega}<0.01\%$ 时，参数估值的有效数字为 1 位；当 $\hat{\omega}\approx 0.005\%$ 或 $\hat{\omega}<0.005\%$ 时，参数估值的有效数字为 2 位；当 $\hat{\omega}\approx 0.001\%$ 或 $\hat{\omega}<0.001\%$ 时，参数估值的有效数字为 3 位。

对于一元至五元线性回归，为了确保线性回归系数的有效性，应使 $\hat{\omega}\approx 0.01\%$ 或 $\hat{\omega}<0.01\%$ 。

2. 回归系数的估值可能产生显著的估值漂移

一元至五元线性回归的算例和仿真实验说明，TLS 法解算得到的观测值估值 $\hat{Y}$ 和 $\hat{X}$ 通常不会发生显著的估值漂移，回归系数的估值则可能产生显著的估值漂移。

3. 验后方差因子的有效性

一元至五元线性回归算例和仿真实验说明，TLS 法解算得到的方差因子通常比观测值的随机误差母体的方差偏小，而且差异还比较显著，缺乏足够的可信度。

参 考 文 献

[1] 郑振华. 统计学基础与应用[M]. 北京: 清华大学出版社, 2011.
[2] 谢宇. 回归分析[M]. 北京: 社会科学文献出版社, 2013.
[3] 张娟娟. 稳健线性回归中再生权最小二乘法的有效性研究[D]. 太原: 太原理工大学, 2013.
[4] 马立平. 回归分析[M]. 北京: 机械工业出版社, 2014.
[5] 魏世丽, 葛永慧. 一元非线性回归两种不同模型的比较[J]. 统计与决策, 2015, (4): 29-31.
[6] Ge Y H, Yuan Y, Jia N N. More efficient methods among commonly used robust estimation methods for GPS coordinate transformation[J]. Survey Review, 2013, 45(330): 229-234.
[7] Ge Y H, Han X H. The extent of gross errors eliminated by robust multiple linear regressions[J]. Communications in Statistics—Theory and Methods, 2013, 42(23): 4210-4221.
[8] 贾宁宁. 再生权最小二乘法在测量控制网平差中的应用[D]. 太原: 太原理工大学, 2013.
[9] 姜佃高. 观测值不等权条件下稳健估计方法的稳健特性研究[D]. 太原: 太原理工大学, 2014.
[10] 董阳武. 广义正态分布的应用研究[D]. 太原: 太原理工大学, 2009.
[11] 张超, 杨秉赓. 计量地理学基础[M]. 北京: 高等教育出版社, 2006.
[12] 赵丽娟, 冯韶华. Excel 在一元线性回归预测分析中的应用[J]. 邯郸职业技术学院学报, 2006, 19(4): 66-71.
[13] 董凤鸣, 周萍. Excel 在一元线性回归分析中的应用[J]. 科技信息, 2007, (12): 144-146.
[14] 任建英. 一元线性回归分析及其应用[J]. 才智, 2012, (22): 116, 117.
[15] 韩小慧, 葛永慧. 自变量优化的一元线性回归[J]. 测绘工程, 2012, 21(3): 13-17.
[16] 韩小慧. 稳健多元线性回归在地理数据处理中的应用[D]. 太原: 太原理工大学, 2012.
[17] 康来鹏. 一元非线性回归分析中的线性差分法及其在化学分析中的应用[J]. 真空电子技术, 1986, (4): 29-31.
[18] 周永生, 肖玉欢, 黄润生. 基于多元线性回归的广西粮食产量预测[J]. 南方农业学报, 2011, 42(9): 1165-1167.
[19] 赵卫亚. 计量经济学教程[M]. 上海: 上海财经大学出版社, 2010.
[20] 陈楠. 福建半日潮区理论深度基准面值回归方程的建立[J]. 测绘通报, 1999, 9: 28, 29.
[21] 傅蜀燕, 欧正峰. 基于逐步回归的 BP 网络混合模型在大坝变形分析中的应用[J]. 人民珠江, 2014, 3: 46-48.
[22] 江平, 康晓慧. 用逐步回归分析模型预测水稻稻瘟病流行趋势[J]. 广东农业科学, 2014, 4: 72-74.
[23] 李汉林. 石油数学地质[M]. 北京: 中国石油大学出版社, 2008.
[24] 徐振邦. 数学地质基础[M]. 北京: 北京大学出版社, 1994.
[25] 郑冬梅, 张书颖, 周志强, 等. 逐步回归分析在渤海海冰等级预报中的应用[J]. 海洋预报, 2015, (2): 57-61.
[26] 罗传义, 时景荣. 逐步回归分析 VBA 程序[J]. 吉林化工学院学报, 2007, (4): 56-60.
[27] 阮思新. 一些回归分析方法的实现、改进与应用[D]. 长春: 吉林大学, 2005.
[28] 唐启义. DPS 数据处理系统[M]. 北京: 科学出版社, 2013.

[29] 刘大杰, 陶本藻. 实用测量数据处理方法[M]. 北京: 测绘出版社, 2000.
[30] 王新洲, 陶本藻, 邱卫宁, 等. 高等测量平差[M]. 北京: 测绘出版社, 2006.
[31] 葛永慧. 测量平差基础[M]. 北京: 煤炭工业出版社, 2007.
[32] Baselga S. Global optimization solution of robust estimation[J]. Journal of Surveying Engineering, 2007, 133(3): 123-128.
[33] Pennacchi P. Robust estimate of excitations in mechanical systems using M-estimators—Theoretical background and numerical applications[J]. Journal of Sound and Vibration, 2008, 310(4-5): 923-946.
[34] Knightn L, Wang J L. A comparison of outlier detection procedures and robust estimation methods in GPS positioning[J]. Journal of Navigation, 2009, 62(4): 699-709.
[35] 李浩军, 唐诗华, 黄杰. 抗差估计中几种选权迭代法常数选取的探讨[J]. 测绘科学, 2006, 31(6): 70, 71.
[36] Chang Z Q, Hao J M, Zhang C J, et al. Regularization combined with robust estimation and its application for GPS rapid position[J]. Journal of Geodesy and Geodynamics, 2008, 28(3): 83-86.
[37] 文援兰, 杨元喜, 王威. 卫星精密轨道抗差估计的研究[J]. 空间科学学报, 2001, 21(4): 341-350.
[38] Yuan Y, Ge Y H. More efficient methods among commonly used robust estimation methods for similarity transformation[J]. Advanced Materials Research, 2013, 712-715: 2497-2500.
[39] 董巧玲, 葛永慧. 常用稳健估计方法在测边网解算中的应用[J]. 测绘科学, 2016, (5): 147-151.
[40] 葛永慧. 再生权最小二乘法[J]. 测绘通报, 2014, (8): 36-39.
[41] 袁媛. 基于再生权最小二乘法的坐标系统转换参数优化[D]. 太原: 太原理工大学, 2013.
[42] 丁娟. 图像几何纠正中再生权最小二乘法的稳健性分析[D]. 太原: 太原理工大学, 2013.
[43] 丁娟, 葛永慧. 遥感图像几何精纠正中相对更为有效的稳健估计方法[J]. 太原理工大学学报, 2013, 44(4): 496-500.
[44] 葛永慧. 再生权最小二乘法稳健估计[M]. 北京: 科学出版社, 2015.
[45] Zhang J J, Ge Y H. More efficient methods among commonly used robust estimation methods for robust unitary linear regression[J]. Advanced Materials Research, 2013, 712-715: 2493-2496.
[46] 姜佃高, 张娟娟, 葛永慧. 稳健估计方法在多元线性回归中的有效性研究[J]. 统计与决策, 2014, (18): 77-80.
[47] 董巧玲. 不同误差影响模型下总体最小二乘法在多元线性回归中的应用研究[D]. 太原: 太原理工大学, 2016.
[48] Golub G H, van Loan C F. An analysis of the total least squares problem[J]. SIAM Journal on Numerical Analysis, 1980, 17(6): 883-893.
[49] 刘清, 葛永慧. 系数矩阵包含粗差时稳健总体最小二乘法一元线性回归的相对有效性[J]. 测绘通报, 2016, (S2): 37-39.
[50] 高庚, 葛永慧. 稳健总体最小二乘法在测边网解算中的相对有效性[J]. 测绘通报, 2016, (S2): 49-52.

[51] Eckart C, Young G. The approximation of one matrix by another if lower rank[J]. Psychometrika, 1936, 1(3): 211-218.

[52] Mirsky L. Symmetric gauge functions and unitarily invariant norms[J]. Signal Processing, 2007, 87: 2283-2302.

[53] Schaffrin B, Felus Y A. On Total Least-Squares Adjustment with Constraints[M]. Berlin: Springer, 2005.

[54] Strang G. Linear Algebra and Applications[M]. 3rd ed. San Diego: Harcourt Brace Jovanovich, 1988.

[55] 蒲正川, 杨秀伶. 总体最小二乘与经典最小二乘法的几何解释[J]. 科技界, 2013, 5: 142, 143.

[56] 刘清. 不同误差影响模型下稳健总体最小二乘法在线性回归中的应用研究[D]. 太原: 太原理工大学, 2017.

[57] 刘清, 葛永慧. 稳健总体最小二乘法一元线性回归的相对有效性[J]. 统计与决策, 2017(已录用).

[58] Shen Y, Li B, Chen Y. An iterative solution of weighted total least-squares adjustment[J]. Journal of Geodesy, 2011, 85(4): 229-238.

[59] 汪奇生, 杨德宏. 基于总体最小二乘的线性回归迭代算法[J]. 大地测量与地球动力学, 2013, 33(6): 112-115.

[60] 汪奇生, 杨德宏, 杨腾飞. 线性回归模型的稳健总体最小二乘解算[J]. 大地测量与地球动力学, 2015, 35(2): 126-128.

[61] 高庚, 吴悠, 葛永慧. 多元线性回归的估值漂移及其判定方法[J]. 统计与决策, 2018(已录用).

[62] 高庚, 葛永慧. 总体最小二乘法线性回归中的估值漂移及其判定[J]. 北京测绘, 2017, (S1): 259-263.

[63] 张明媚, 高庚, 葛永慧. 总体最小二乘法线性回归中精度评定的可靠性分析[J]. 北京测绘, 2017, (S1): 286-289.